"十四五"职业教育国家规划教材

"十三五"江苏省高等学校重点教材

国家在线精品课程　　　　　　　职业教育工业分析技术专业
配套教材　　　　　　　　　　　教学资源库（国家级）配套教材

仪器分析

第三版

于晓萍　主　编

丁邦东　于　辉　副主编

化学工业出版社

·北京·

内 容 简 介

《仪器分析》第三版以工作过程系统化的理念为编写指导，以典型项目任务为依托，以仪器的实际分析应用为学习项目，每个学习项目是以一个具体的测试项目为主线，通过知识点拨、知识运用和知识拓展等环节全面介绍了常用仪器分析的基本原理、方法、典型案例以及操作练习等。

《仪器分析》第三版内容丰富，结构紧凑，图文并茂，通俗易懂，符合认知规律；坚持立德树人根本目标，融入党的二十大精神。项目、任务的内容选择均来自生产实践，具有较强实用性和科学性。每个学习项目中均穿插学习评价习题，便于及时检查、总结和提高。同时本书还是一本信息化教材，学习知识点时通过扫描二维码和播放AR（增强现实），可以观看相关内容的动画、视频、测试题等，便于学生对重点、难点知识的掌握，进行在线测试。教材最后的活页式操作练习，方便教学时取下使用。

本书可作为高职高专分析检验技术、高职本科现代分析测试技术及其他化工专业类的教材，也可作为成人教育和职业培训的指导教材，对从事企业生产、分析操作人员和相关工程技术人员也具有一定的参考价值。

图书在版编目（CIP）数据

仪器分析/于晓萍主编；丁邦东，于辉副主编.—3版.
—北京：化学工业出版社，2022.1（2024.11重印）
ISBN 978-7-122-40710-8

Ⅰ.①仪… Ⅱ.①于… ②丁… ③于… Ⅲ.①仪器分析-高等职业教育-教材 Ⅳ.①O657

中国版本图书馆 CIP 数据核字（2022）第 019309 号

责任编辑：刘心怡　王海燕　　　　　　　　装帧设计：王晓宇
责任校对：李雨晴

出版发行：化学工业出版社（北京市东城区青年湖南街13号　邮政编码100011）
印　　装：中煤（北京）印务有限公司
787mm×1092mm　1/16　印张19¾　字数457千字　2024年11月北京第3版第8次印刷

购书咨询：010-64518888　　　　　　　　　　售后服务：010-64518899
网　　址：http://www.cip.com.cn

凡购买本书，如有缺损质量问题，本社销售中心负责调换。

定　　价：49.00元　　　　　　　　　　　　　　　　　版权所有　违者必究

前言

  2019年1月国务院颁布了《国家职业教育改革实施方案》，2020年9月教育部颁布了《职业教育提质培优行动计划（2020—2023年）》，将教材作为"三教"改革的重要方面之一。在此背景下，《仪器分析》教材编写团队积极探索教材的新形态体例、数字化资源建设方法，持续推进教材建设。本教材第二版是"十三五"职业教育国家规划教材、"十三五"江苏省高等学校重点教材。教材第三版在保留第二版编写内容的系统性、逻辑性、科学性、先进性、新颖性和实用性的基础上，更新了二维码扫描的动画、微课内容，更新了与生产、生活关联度高的知识点以及与课程思政融合的素质拓展阅读内容，优化了AR（增强现实）动画播放功能，增加了活页式操作练习，加强课本与"仪器分析"国家精品在线开放课程、国家级"职业教育工业分析技术专业教学资源库"之间的关联度，开发"互联网+资源库"特色的信息化立体教材，可以让教师和学生随时随地调用"好看、好玩、好学"的课程资源。修改后的教材主要具有以下特色：

  1.遵照教育部对教材编写工作的相关要求，本教材在编写、修订及进一步完善过程中，注重融入课程思政，体现党的二十大精神，以潜移默化、润物无声的方式适当渗透德育，适时跟进时政，让学生及时了解最新前沿信息，力图更好地达到新时代教材与时俱进、科学育人之效果。

  2.教材的项目任务选择均来自生产实践，采用"项目·任务"的编写方式，真正达到高职高专教改教材的要求，任务实实在在，过程清清楚楚，在做中学，学中做。

  3.突出和强化与生产、生活关联度高的知识点，并与课程思政有效融合。

  4.教材结构的安排符合学生认知规律，工作项目主要针对被分析的不同对象选用不同仪器，在每个工作项目中又根据不同分析原理和方法分为若干学习任务。

  5.书中所有操作练习按照实际产品分析检测要求，符合岗位职业技能标准，配套的活页式操作练习，方便师生随时取下使用。

  6.教材信息量大、资源全。本教材是"仪器分析"国家精品在线开放课程、国家级"工业分析技术专业教学资源库"核心课程——"仪器分析"的配套教材。书中所有微课、视频、动画及配套资源均可从网上直接下载。进入江苏省课程中心（爱课程）检索"仪器分析"，可以参加国家精品在线开放课程的在线学习。

7. 使用了二维码扫描和AR动画播放功能，其中，将AR技术引入教材中，读者可用手机扫描封面上的二维码，下载"生动课本"App。当启用App并用摄像头对准书中带有AR标识的黑白原理图时，图片就会像《哈利·波特》中的魔法书一样动起来，帮助读者理解仪器原理和其他知识。

本书由扬州工业职业技术学院于晓萍主编，扬州工业职业技术学院丁邦东、泰兴华盛精细化工有限公司于辉副主编，扬州工业职业技术学院龚爱琴、金党琴及江苏扬农化工集团有限公司徐林参编，扬州工业职业技术学院王斌主审。于晓萍编写项目1、项目2、全书的操作练习、二维码扫描和AR动画内容的整理和编排；龚爱琴编写项目6；金党琴编写项目4、项目7；丁邦东和于辉共同编写项目3、项目8；丁邦东和龚爱琴共同编写项目5；于晓萍、于辉、徐林负责整本书的策划、编排和统稿。本书在编写过程中得到了北京东方仿真软件技术有限公司、天津渤海职业技术学院、南京科技职业学院、安徽职业技术学院、江苏省盐城技师学院、徐州工业职业技术学院、扬州职业大学、南通农业职业技术学院的大力支持以及许多宝贵的建议，在此一并表示感谢。

由于作者水平有限，书中难免有不妥之处，恳请读者批评指正。

编者

第一版前言

"仪器分析"("微量组分分析")是一门实践性很强的课程。为了适应现代高等职业教育的特点和学生的认知规律，本书从职业教育的特点出发，针对仪器分析对生产原料、中间体和产品分析的职业岗位需求，以仪器分析应用能力的培养为重点，以工作过程系统化的理念为指导，以典型项目为依托，实现"教、学、做"合一。

本书在内容的选取上立足于技能型人才培养的知识要求，不再对仪器分析理论做过深入的研究，而是主要介绍分析岗位上常用仪器分析的基本原理、方法以及操作练习等知识。在内容的编排上打破传统教材模式，构建学习项目展开教学，在项目的实施过程中实现知识和技能的学习与训练，以利于学生今后工作中能很快适应岗位的需要，应用所学知识解决现场遇到的技术问题。

本书针对采用分析仪器的不同分为8个学习项目，在每个学习项目中又根据不同测定原理和方法分为若干学习任务。每个学习任务按照知识点拨、知识运用、知识拓展、知识总结评价的顺序进行，满足工作前、工作时、工作后的知识需求。项目1为"有色、无色可显色物质的分析"，利用有色或者本身无色但是可以通过显色生成有色物质的颜色与可见光的关系进行分析；项目2为"对紫外线有吸收物质的分析"，利用物质含有对紫外线有吸收的基团开展分析工作；项目3为"红外分光光度法确定有机物的结构"，利用红外光谱仪对物质进行结构分析；项目4为"原子吸收法对金属离子的测定"，利用火焰和石墨炉原子吸收分光光度计对化合物中的金属离子开展分析；项目5为"电化学分析法测定物质的含量"，主要利用电化学仪器，采用直接电位法和电位滴定法开展分析工作；项目6为"气相色谱对微量组分分析"，利用气相色谱仪对气态或沸点较低的液、固态混合组分进行分离和定性、定量分析工作；项目7为"高效液相色谱对微量组分分析"，利用先进的高效液相色谱仪对绝大多数的有机混合物开展分离和定性、定量分析工作；项目8为"其他仪器的微量组分分析"，对目前较为前沿和适用的高端分析仪器的分析原理、过程做简单的介绍，为读者今后的知识拓展打下一定的基础。本书内容丰富、结构紧凑、图文并茂、通俗易懂。

本书由扬州工业职业技术学院于晓萍主编，丁邦东副主编，沈发治主审。于晓萍编写项目1、项目2和全书的操作练习，于晓萍和丁邦东共同编写项目3，金党琴编写项目4、项目7，丁邦东和龚爱琴共同编写项目5，龚爱琴编写项目6，丁邦东编写项目8。于晓萍和扬农化工集团的刘平负责整本书的策划、编排和统稿。在编写过程中得到了安徽职业技术学院、江苏省盐城技师学院、江苏畜牧职业技术学院、扬州职业大学、南通农业职业技术学院的大力支持，并给予了许多宝贵的建议，在此一并表示感谢。

由于编者水平有限，书中难免有不妥之处，恳请读者批评指正。

编者

2013年3月

第二版前言

《仪器分析》第一版已经出版三年，在三年使用过程中，广大师生对教材使用反映良好，也有部分老师和学生提出了一些修改建议，笔者按照所收集的意见对教材进行了修改，把"新"和"实用""适用"有机结合，使本书进一步显现"新"和"实用"的特点。在保留第一版编写内容的系统性、逻辑性、科学性、先进性、新颖性和实用性的基础上新添加了二维码扫描和AR（增强现实）动画播放功能，加强课本与资源库之间的关联度，开发了这本"互联网+资源库"特色的信息化立体教材，可以让教师和学生随时随地调用资源。修改后的教材主要具有以下特色：

1. 以工作过程和工作任务设计安排教材内容，以项目化引领教材编写，真正达到高职高专教改教材的要求，任务实实在在，过程清清楚楚，在做中学，学中做；

2. 教材结构的安排符合学生认知规律，工作项目主要针对被分析的不同对象选用不同仪器，在每个工作项目中又根据不同分析原理和方法分为若干学习任务；

3. 教材的项目任务选择均来自生产实践，选择代表性的案例和项目，具有一定的准确性、实用性和科学性；

4. 教材信息量大、资源全，本教材是国家级"工业分析技术专业教学资源库"核心课程——"仪器分析"的配套教材。

5. 使用了二维码扫描和AR动画播放功能，其中，将AR技术引入教材，还是一种全新的尝试，读者可用手机扫描封面上的二维码，下载"生动课本"App，当启用App并用摄像头对准书中带有AR标识的黑白原理图时，图片就会像哈利·波特中的魔法图片一般地动起来，帮助读者理解仪器原理和其他知识。

本教材是国家级"工业分析技术专业教学资源库"核心课程"仪器分析"的配套教材，同时也是江苏省在线开放课程"仪器分析"的配套教材，国家级工业分析技术专业教学资源库、江苏省在线开放课程网站中有丰富的教学资源，书中所有微课、视频、动画及配套资源均可从网上直接下载。进入江苏省课程中心（爱课程）检索课程"仪器分析"，也可以进行在线学习。

本书的配套资源也可从化学工业出版社教学资源网上免费下载。

本书由扬州工业职业技术学院于晓萍主编，扬州工业职业技术学院丁邦东、江苏农牧科技职业学院陈圆任副主编，扬州工业职业技术学院龚爱琴、金党琴、黄永兰、陈海燕、宁夏工商职业技术学院马兰英及扬农化工集团陶鑫、陈娟、范长春参编，扬州工业职业技术学院沈发治主审。于晓萍负责项目1、项目2、全书的操作练习的编写，于晓萍和丁邦东共同编写了项目3，金党琴编写了项目4、项目7，丁邦东和龚爱琴共同编写了项目5，龚爱琴编写了项目6，丁邦东编写了项目8，于晓萍和陈圆负责二维码和AR动画内容的整理和编排，于晓萍、黄永兰、宁夏工商职业技术学院马兰英和扬农化工集团的陶鑫、陈娟、范长春负责整本书的策划、编排和统稿。北京东方仿真软件技术有限公司、天津渤海职业技术学院、南京科技职业学院、安徽职业技术学院、江苏省盐城技师学院、江苏农牧科技职业学院、宁夏工商职业技术学院、南通农业职业技术学院给予本书编写以大力支持以及许多宝贵的建议，在此一并表示感谢。

由于水平有限，书中难免有缺点和不妥之处，恳请读者批评指正。

编者
2017年6月

目录

认识仪器分析（微量组分分析） ——001

0.1 仪器分析的特点　　001
0.2 仪器分析方法的分类　　001
0.3 仪器分析的发展趋势　　002

项目1　有色、无色可显色物质的分析 ——003

任务1.1　可见分光光度法的方法认识　　004
 1.1.1　概述　　004
 1.1.2　分光光度法的分类　　004
 1.1.3　可见分光光度法的特点　　004
任务1.2　光分析基本原理　　005
 1.2.1　光的基本特性　　005
 1.2.2　物质对光的选择性吸收　　006
 1.2.3　吸收定律　　008
 1.2.4　目视比色法　　012
任务1.3　认识可见分光光度计　　013
 1.3.1　仪器的基本组成部件　　013
 1.3.2　可见分光光度计的类型及特点　　016
 1.3.3　常用可见分光光度计的使用　　016
任务1.4　可见分光光度法　　018
 1.4.1　显色反应和显色剂　　018
 1.4.2　显色条件的选择　　020
 1.4.3　测量条件的选择　　024
 1.4.4　定量方法　　026
 1.4.5　定量方法　　032
 1.4.6　应用　　033

项目2　对紫外线有吸收物质的分析 ——041

任务2.1　紫外分光光度法的方法认识　　042
 2.1.1　神奇的紫外线　　042
 2.1.2　紫外分光光度法的认识　　043
任务2.2　认识紫外分光光度计　　044
 2.2.1　仪器的基本组成部件　　044
 2.2.2　紫外-可见分光光度计的类型及特点　　045
 2.2.3　常用紫外-可见分光光度计的使用　　047
任务2.3　紫外分光光度法　　048
 2.3.1　概述　　048
 2.3.2　方法原理　　049
 2.3.3　常见有机化合物紫外吸收光谱　　053
任务2.4　紫外吸收光谱的应用　　055
 2.4.1　定性鉴定　　055
 2.4.2　定量分析　　057

项目3　红外分光光度法确定有机物的结构 ——063

任务3.1　红外吸收光谱分析法的基础　　064
 3.1.1　红外线的发现　　064
 3.1.2　物质对红外线的选择性吸收　　064
 3.1.3　红外吸收光谱的产生　　064
 3.1.4　红外吸收光谱的表示法　　065
 3.1.5　红外光谱法的特点　　065
 3.1.6　产生红外吸收光谱的原因　　066
 3.1.7　红外吸收光谱与分子结构关系的基本概念　　069
任务3.2　红外光谱仪　　071
 3.2.1　色散型红外吸收光谱仪　　071
 3.2.2　傅里叶变换红外吸收光谱仪　　073
任务3.3　常见红外光谱仪的使用　　076
 3.3.1　AVATAR 360型红外光谱仪的构造特点　　076
 3.3.2　AVATAR 360型红外光谱仪的使用

	方法	076	3.4.5 漫反射光谱技术 080
任务 3.4	**红外制样技术**	**077**	3.4.6 衰减全反射光谱技术 080
3.4.1	固体样品制样	077	**任务 3.5 红外光谱法的应用 081**
3.4.2	液体样品制样	079	3.5.1 定性分析 081
3.4.3	载样材料的选择	080	3.5.2 定量分析 084
3.4.4	镜面反射光谱技术	080	

项目 4　原子吸收法对金属离子的测定 —————————————— 086

任务 4.1　原子吸收光谱法的认识　087
4.1.1　原子吸收光谱的发现与发展　087
4.1.2　原子吸收光谱分析过程　087
4.1.3　原子吸收光谱法的特点和应用范围　088

任务 4.2　原子吸收光谱法基本原理　088
4.2.1　共振线和吸收线　088
4.2.2　谱线轮廓与谱线变宽　089
4.2.3　原子蒸气中基态与激发态原子的分配　090
4.2.4　原子吸收值与待测元素浓度的定量关系　091

任务 4.3　认识原子吸收分光光度计　093
4.3.1　原子吸收分光光度计的主要部件　093
4.3.2　原子吸收分光光度计的类型和主要性能　100

任务 4.4　原子吸收光谱法　102
4.4.1　试样的制备　102
4.4.2　标准样品溶液的配制　104
4.4.3　测定条件的选择　104
4.4.4　干扰及其消除技术　107
4.4.5　定量方法　111
4.4.6　灵敏度、检出限和回收率　116

项目 5　电化学分析法测定物质的含量 —————————————— 120

任务 5.1　电化学分析基础知识　121
5.1.1　电化学分析的特点　121
5.1.2　电化学分析的分类　121
5.1.3　电化学分析方法介绍　122

任务 5.2　化学电池与电极电位　123
5.2.1　电化学电池　123
5.2.2　电极电位　124

任务 5.3　直接电位分析法的应用　139
5.3.1　pH 的测定　139
5.3.2　离子活度（或浓度）的测定　141

任务 5.4　电位滴定分析法　146
5.4.1　基本原理　146
5.4.2　电位滴定装置与测定过程　147
5.4.3　滴定终点的确定方法　148

项目 6　气相色谱对微量组分分析 —————————————— 153

任务 6.1　气相色谱法的方法原理　154
6.1.1　色谱法概述　154
6.1.2　色谱图及有关术语　155
6.1.3　气相色谱法的分离原理　158
6.1.4　气相色谱法的特点和应用范围　159

任务 6.2　认识气相色谱仪　160
6.2.1　气相色谱仪基本构造和分析流程　160
6.2.2　气路系统　162
6.2.3　进样系统　166
6.2.4　分离系统　168

6.2.5　检测系统　170
6.2.6　数据处理系统和温度控制系统　171

任务 6.3　气相色谱仪常用检测器　174
6.3.1　热导检测器　174
6.3.2　氢火焰离子化检测器　178
6.3.3　电子捕获检测器　181
6.3.4　火焰光度检测器　183

任务 6.4　气相色谱基本理论　184
6.4.1　塔板理论　184
6.4.2　速率理论　186
6.4.3　色谱柱的总分离效能指标——分

| | | 离度 | 188 | 6.6.1 | 利用保留值定性 | 198 |

任务6.5　分离操作条件的选择　189
　6.5.1　载气及其流速的选择　189
　6.5.2　色谱柱的选择　190
　6.5.3　柱温的选择　196
　6.5.4　汽化室温度的选择　197
　6.5.5　进样量与进样技术　197
任务6.6　气相色谱定性分析　198
　6.6.1　利用保留值定性　198
　6.6.2　利用保留指数定性　199
　6.6.3　联机定性　200
任务6.7　气相色谱定量分析　202
　6.7.1　定量分析基础　202
　6.7.2　定量方法　204
　6.7.3　气相色谱法的应用实例　210

项目7　高效液相色谱对微量组分分析 —— 215

任务7.1　认识高效液相色谱法　216
　7.1.1　高效液相色谱法的由来　216
　7.1.2　高效液相色谱法与经典液相色谱法比较　216
　7.1.3　高效液相色谱法与气相色谱法比较　216
任务7.2　高效液相色谱法基本原理　217
　7.2.1　液-固吸附色谱　217
　7.2.2　液-液分配色谱　219
　7.2.3　键合相色谱法　222
　7.2.4　凝胶色谱法　224
任务7.3　认识高效液相色谱仪　225
　7.3.1　仪器工作流程　225
　7.3.2　仪器基本结构　226
任务7.4　高效液相色谱法　235
　7.4.1　高效液相色谱分析方法建立的一般步骤　235
　7.4.2　定性与定量方法　235

项目8　其他仪器的微量组分分析

任务8.1　原子发射光谱法　002
　8.1.1　基本原理　002
　8.1.2　发射光谱分析仪器　007
　8.1.3　实验技术　010
任务8.2　在线分析技术　011
　8.2.1　在线检测的特点　012
　8.2.2　在线检测的仪器分类　013
　8.2.3　在线近红外光谱分析技术　014
　8.2.4　在线碱度分析技术　015
　8.2.5　在线检测的应用　016
任务8.3　质谱法　017
　8.3.1　基本原理　017
　8.3.2　质谱计　019
任务8.4　仪器联用技术简介　021
　8.4.1　气相色谱-质谱联用　022
　8.4.2　液相色谱-质谱联用　022
　8.4.3　气相色谱-傅里叶变换红外光谱联用　023

附录 —— 239

附录1　标准电极电位表（18～25℃）　239
附录2　某些氧化还原电对的条件电位　241
附录3　一些重要的物理常数　242
附录4　增强现实AR使用说明　242

参考答案 —— 242

参考文献 —— 243

操作练习

本教材正文知识点处有相应操作练习的目的要求和基本原理，整体的操作练习报告以工作页的形式另附，教学时读者可撕下填写实训数据，操作练习的具体如下。

操作练习 1	比色皿成套性及仪器波长准确性的检查
操作练习 2	邻二氮菲分光光度法测定微量铁
操作练习 3	邻二氮菲光度法测铁条件试验
操作练习 4	混合液中 Co^{2+} 和 Cr^{3+} 双组分的光度法测定
操作练习 5	差示法测定样品中高含量镍
操作练习 6	配合物组成的光度测定（一）
操作练习 7	配合物组成的光度测定（二）
操作练习 8	紫外分光光度法测定水中硝酸盐氮
操作练习 9	分光光度法测定蔬菜中维生素C的含量
操作练习 10	紫外吸收光谱法测定阿司匹林肠溶片剂中乙酰水杨酸的含量
操作练习 11	样品的制备
操作练习 12	傅里叶红外光谱仪的使用及未知物测定
操作练习 13	火焰原子吸收光谱法测定水样中的镁
操作练习 14	火焰原子吸收光谱法测定水样中的铜
操作练习 15	大米、黄豆中微量元素含量的测定
操作练习 16	正常人头发中微量元素含量的测定
操作练习 17	水样pH的测定
操作练习 18	离子选择性电极法测定水中氟含量
操作练习 19	牙膏中氟含量的测定——工作曲线法
操作练习 20	重铬酸钾电位滴定法测定铁
操作练习 21	苯系物的气相色谱分析
操作练习 22	酒中甲醇含量的测定
操作练习 23	乙醇中微量水分的测定
操作练习 24	可乐、咖啡、茶叶中咖啡因的高效液相色谱分析
操作练习 25	饮料中苯甲酸、山梨酸含量的高效液相色谱分析

认识仪器分析（微量组分分析）

0.1 仪器分析的特点

利用仪器分析试样组分具有操作简便、快速的特点，特别是对于低含量（如质量分数为 10^{-8} 或 10^{-9} 量级）组分的测定，更是具有独特之处，而这样的样品若采用化学方法来测定是徒劳的，因而称为微量分析。

仪器分析法是以测量物质的物理和物理化学性质为基础的分析方法。由于这类方法通常要使用较特殊的仪器，因而又称之为"仪器分析"。

随着科学技术的发展，仪器分析法吸收了当代科学技术的最新成就，不仅强化和改善了原有仪器的性能，而且有很多新的分析测试仪器不断涌现，为科学研究和生产实际提供了更多、更新和更全面的信息，成为现代实验化学的重要支柱。因此，每位分析人员必须要掌握常用仪器分析方法的一些基本原理和实验技术，才会迅速而精确地获得物质系统的各种信息，并能充分利用这些信息得到科学的结论。

绝大多数分析仪器都是将被测组分的浓度变化或物理性质变化转变成某种电性能（如电阻、电导、电位、电容、电流等），因此仪器分析法容易实现自动化和智能化，使人们摆脱传统的实验室手工操作。仪器分析除了能完成定性和定量分析外，还能提供物质的结构、组分价态、元素在微区的空间分布等方面的信息。当然应该指出，仪器分析用于成分分析仍存在一定局限性。除了由于方法本身所固有的一些原因之外，仪器分析还有一个共同点就是准确度不够高，通常相对误差在百分之几左右，有的甚至更大。这样的准确度对低含量组分的分析已能完全满足要求，但对常量组分就不能达到像化学分析法所具有的高的准确度。因此，在选择方法时，必须考虑这一点。此外，进行仪器分析之前，时常需要用化学方法对试样进行预处理（如富集、除去干扰物质等）。同时，进行仪器分析一般都要用标准物质进行定量工作曲线的校准，而很多标准物质却需要用化学分析法进行准确含量的测定。因此，正如著名分析化学家梁树权先生所说"化学分析和仪器分析同是分析化学的两大支柱，两者唇齿相依，相辅相成，彼此相得益彰"。

0.2 仪器分析方法的分类

仪器分析法种类繁多，为了便于学习和掌握，现将部分常用的仪器分析法按其最后测量过程中所观测的性质进行分类，见表0-1。

本书重点介绍紫外-可见分光光度法、红外吸收光谱法、原子吸收光谱法、电位分析法、气相色谱法、高效液相色谱法。简要介绍原子发射光谱法、原子荧光光谱法、离子色谱法、毛细管电泳法、质谱法、核磁共振波谱法、库仑分析法和仪器联用技术等。

表 0-1　仪器分析方法的分类

方法的分类	被测物理性质	相应的分析方法（部分）
光学分析法	辐射的发射	原子发射光谱法（AES）
	辐射的吸收	原子吸收光谱法（AAS）、红外吸收光谱法（IR）、紫外-可见吸收光谱法（UV-VIS）、核磁共振波谱法（NMR）、荧光光谱法（AFS）
	辐射的散射	浊度法、拉曼光谱法
	辐射的衍射	X射线衍射法、电子衍射法
电化学分析法	电导	电导法
	电流	电流滴定法
	电位	电位分析法
	电量	库仑分析法
	电流-电压特性	极谱分析法，伏安法
色谱分析法	两相间的分配	气相色谱法（GC）、高效液相色谱法（HPLC）、离子色谱法
其他分析法	质荷比	质谱法

0.3　仪器分析的发展趋势

现代科学技术的发展、生产的需要和人民生活水平的提高对分析化学提出了新的要求，特别是近几年来，环境科学、医药卫生、生命科学和材料科学的发展和深入研究对分析化学提出更为苛刻的要求。为了适应科学的发展，仪器分析随之也将出现以下发展趋势。

（1）方法不断创新　进一步提高仪器分析方法的灵敏度、选择性和准确度。各种检测技术和多组分同时分析技术等是当前仪器分析研究的重要课题。

（2）分析仪器智能化　微机在仪器分析法中不仅只运算分析结果，而且可以储存分析方法和标准数据，控制仪器的全部操作，实现分析操作自动化和智能化。

（3）新型动态分析检测和非破坏性检测　运用先进的技术和分析原理，建立有效而实用的实时、在线和高灵敏度、高选择性的新型动态分析检测和非破坏性检测，将是今后仪器分析发展的主流。目前，生物传感器如酶传感器、免疫传感器、DNA传感器、细胞传感器等不断涌现；纳米传感器的出现也为活体分析带来了机遇。

（4）多种方法的联合使用　仪器分析方法的联合使用可以发挥每种方法的优点，补救每种方法的缺点。联用分析技术已成为当前仪器分析的重要发展方向。

（5）扩展时空多维信息　随着环境科学、宇宙科学、能源科学、生命科学、临床化学、生物医学等学科的兴起，现代仪器分析的发展已不局限于将待测组分分离出来进行表征和测量，而且成为一门为物质提供尽可能多的化学信息的科学。随着人们对客观物质认识的深入，某些过去不熟悉的领域（如多维、不稳态和边界条件等）也逐渐提到日程上来。采用现代核磁共振光谱、质谱、红外光谱等分析方法，可提供有机物分子的精细结构、空间排列构型及瞬态变化等信息，为人们对化学反应历程及生命的认识奠定重要基础。

总之，仪器分析正在向准确、快速、自动、灵敏及不断满足特殊分析的方向迅速发展。

项目1
有色、无色可显色物质的分析

在我们身边,许多物质都是有颜色的,另有一些物质虽然没有颜色,但是可以通过自然演变、化学反应等方式变成有颜色的物质。颜色赋予了我们许多美好的遐想,更给了我们探索的动力,我们可以利用它们的颜色,对它们进行分析,即将颜色与化学、颜色与分析联系在一起,是不是很期待去探索一下呢?

项目描述

学习目标	任务	教学建议	课时计划
1.使学生对光分析方法有初步的认识,理解一些基本的概念	1.可见分光光度法的方法认识	通过一些生动的实例,使学生对颜色、光、仪器、分析产生联想,产生强烈的探索兴趣和动力。引导学生多观察、多思考、多提问	2学时
2.使学生认识到可以利用光来进行分析,而且有朗伯-比尔定律作为技术支撑,应用前景非常广阔	2.光分析基本原理	通过生动的实例,使学生自然地将颜色、光、分析联系在一起,并产生强烈的求知欲望	4学时
3.使学生对仪器的各个主要组成部件的功能、特点有深入的了解,并能正确操作仪器	3.认识可见分光光度计	能够将颜色、光、分析联系在一起的仪器,它从技术上达到了什么要求,能否满足我们探索之需?让学生在研究中认识仪器的功能和特点。引导学生多观察、多思考、多提问	4学时
4.使学生对显色、显色反应、显色剂、显色条件有充分的认识,并具备相应的应用能力	4.可见分光光度法	通过实例分析,使学生对显色、显色反应、显色剂、显色条件产生认识,并产生研究、探索、开发、应用的强烈求知动力	24学时

项目1的主要任务是通过对颜色、光、仪器、分析的联系和探讨,掌握利用有色或无色可显色物质的颜色,对微量组分进行分析的方法。

具体要求如下:
① 仪器波长及比色皿成套性检查;
② 邻二氮菲光度法测定铁;
③ 邻二氮菲光度法测铁条件试验;
④ 混合组分的光度测定;
⑤ 差示法测定样品中高含量镍;
⑥ 配合物组成的光度测定。

将以上6个具体要求分别对应7个操作练习,分步在任务中完成,通过后续任务的学习,最后完成该项目的目标。

任务1.1 可见分光光度法的方法认识

1.1.1 概述

可见分光光度法（VIS）是基于物质分子对400～780nm区域内光辐射的吸收而建立起来的分析方法。由于400～780nm光辐射的能量主要与物质中原子的价电子的能级跃迁相适应，可以导致这些电子的跃迁，所以可见分光光度法又称为电子光谱法。

1.1.2 分光光度法的分类

我们知道，许多物质都具有颜色，例如，高锰酸钾水溶液呈紫色，重铬酸钾水溶液呈橙色。当含有这些物质的溶液浓度改变时，溶液颜色的深浅度也会随之变化，溶液愈浓，颜色愈深。因此利用比较待测溶液本身的颜色或加入试剂后呈现的颜色的深浅来测定溶液中待测物质的浓度的方法就称为比色分析法。这种方法仅在可见光区适用。比色分析中根据所用检测器的不同分为目视比色法和光电比色法。以人的眼睛来检测颜色深浅的方法称为目视比色法；以光电转换器件（如光电池）为检测器来区别颜色深浅的方法称为光电比色法。随着近代测试仪器的发展，目前已普遍使用分光光度计进行检测。应用分光光度计，根据物质对不同波长的单色光的吸收程度不同而对物质进行定性和定量分析的方法称分光光度法（又称吸光光度法）。分光光度法中，按所用光的波谱区域不同又可分为可见分光光度法（400～780nm）、紫外分光光度法（200～400nm）和红外分光光度法（$3×10^3～3×10^4$nm）。

1.1.3 可见分光光度法的特点

码1-1 认识可见分光光度法

可见分光光度法是仪器分析中应用最为广泛的分析方法之一。它所测试的浓度下限可达$10^{-5}～10^{-6}$mol·L^{-1}（达μg量级），在某些条件下甚至可测定10^{-7}mol·L^{-1}的物质，因而它具有较高的灵敏度，适用于微量组分的测定。

可见分光光度法测定的相对误差为2%～5%，若采用精密分光光度计进行测量，相对误差可达1%～2%。显然，对于常量组分的测定，准确度不及化学法，但对于微量组分的测定，已完全能满足要求。因此，它特别适合于测定低含量和微量组分，而不适用于中、高含量组分的测定。不过，如果采取适当的技术措施，比如差示法，则可提高准确度，可用于测定高含量组分的含量。

可见分光光度法分析速度快，仪器设备不复杂，操作简便，价格低廉，应用广泛。凡是有色或无色可显色物质的微量成分都可以用这种方法进行测定。

现代分析仪器制造技术和计算机技术的迅猛发展，使光度分析展现出十分诱人的前景。

各种输出方式（如导数、多波长等）和多维数据（如反应浓度、酸度、时间、速度、温度等与吸光度的关系）与计算机技术相结合，使人们获得更多、更准确的物质的信息和知识，为光度分析的发展注入新的活力。

> **思考与练习1.1**
>
> 1.何谓分光光度法？
> 2.可见分光光度法具有什么特点？

任务1.2　光分析基本原理

物质的颜色与光有密切关系，例如蓝色硫酸铜溶液放在钠光灯（黄光）下就呈黑色；如果将它放在暗处，则什么颜色也看不到了。可见，物质的颜色不仅与物质本质有关，也与有无光照和光的组成有关。因此为了深入了解物质对光的选择性吸收，首先对光的基本性质应有所了解。

1.2.1　光的基本特性

1.2.1.1　电磁波谱

光是一种电磁波，具有波动性和粒子性。光既是一种波，因而它具有波长（λ）和频率（ν）；光也是一种粒子，它具有能量（E）。它们之间的关系为

$$E = h\nu = h\frac{c}{\lambda} \tag{1-1}$$

式中，E为能量，eV；h为普朗克常数，6.626×10^{-34} J·s；ν为频率，Hz；c为光速，真空中约为3×10^{10} cm·s^{-1}；λ为波长，nm。

从式（1-1）可知，不同波长的光能量不同。波长愈长，能量愈小；波长愈短，能量愈大。若将各种电磁波（光）按其波长或频率大小顺序排列画成图表，则称为该图表为电磁波谱。表1-1列出了电磁波谱的有关参数。

码1-2　光的基本特性

表1-1　电磁波谱

波谱区名称	波长范围	波数/cm^{-1}	频率/MHz	光子能量/eV	跃迁能级类型
γ射线	$5 \times 10^{-3} \sim 0.14$nm	$2 \times 10^{10} \sim 7 \times 10^{7}$	$6 \times 10^{14} \sim 2 \times 10^{12}$	$2.5 \times 10^{6} \sim 8.3 \times 10^{3}$	核能级
X射线	$10^{-2} \sim 10$nm	$10^{10} \sim 10^{6}$	$3 \times 10^{14} \sim 3 \times 10^{10}$	$1.2 \times 10^{6} \sim 1.2 \times 10^{2}$	内层电子能级
远紫外线 近紫外线 可见光	$10 \sim 200$nm $200 \sim 380$nm $380 \sim 780$nm	$10^{6} \sim 5 \times 10^{4}$ $5 \times 10^{4} \sim 2.5 \times 10^{4}$ $2.5 \times 10^{4} \sim 1.3 \times 10^{4}$	$3 \times 10^{10} \sim 1.5 \times 10^{9}$ $1.5 \times 10^{9} \sim 7.5 \times 10^{8}$ $7.5 \times 10^{8} \sim 4.0 \times 10^{8}$	$125 \sim 6$ $6 \sim 3.1$ $3.1 \sim 1.7$	原子及分子的价电子或成键电子能级
近红外线 中红外线	$0.75 \sim 2.5$μm $2.5 \sim 50$μm	$1.3 \times 10^{4} \sim 4 \times 10^{3}$ $4000 \sim 200$	$4.0 \times 10^{8} \sim 1.2 \times 10^{8}$ $1.2 \times 10^{8} \sim 6.0 \times 10^{6}$	$1.7 \sim 0.5$ $0.5 \sim 0.02$	分子振动能级
远红外线 微波	$50 \sim 1000$μm $0.1 \sim 100$cm	$200 \sim 10$ $10 \sim 0.01$	$6.0 \times 10^{6} \sim 10^{5}$ $10^{5} \sim 10^{2}$	$2 \times 10^{-2} \sim 4 \times 10^{-4}$ $4 \times 10^{-4} \sim 4 \times 10^{-7}$	分子转动能级
射频	$1 \sim 1000$m	$10^{-2} \sim 10^{-5}$	$10^{2} \sim 0.1$	$4 \times 10^{-7} \sim 4 \times 10^{-10}$	核自旋能级

1.2.1.2　单色光和互补光

具有同一种波长的光，称为单色光。单色光很难获得，激光的单色性虽然很好，但也

只接近于单色光。含有多种波长的光称为复合光，白光就是复合光。日光、白炽灯光等白光都是复合光。

人的眼睛对不同波长的光的感觉是不一样的。凡是能被肉眼感觉到的光称为可见光，其波长范围为 400～780nm。凡是波长小于 400nm 的紫外线或波长大于 780nm 的红外线均不能被人的眼睛感觉出来，所以这些波长范围的光是看不到的。在可见光的范围内，不同波长的光刺激眼睛后会产生不同颜色的感觉，但由于受到人的视觉分辨能力的限制，实际上是一个波段的光给人一种颜色的感觉。图 1-1 列出了各种色光的近似波长范围。

日常见到的日光、白炽灯光等白光就是由这些波长不同的有色光混合而成的。这可以用一束白光通过棱镜后色散为红、橙、黄、绿、青、蓝、紫七色光来证实。如果把适当颜色的两种光按一定强度比例混合，也可成为白光，这两种颜色的光称为互补色光。图 1-2 为互补色光示意图。图中处于直线关系的两种颜色的光即为互补色光，如绿色光与紫红色光互补、蓝色光与黄色光互补等，它们按一定强度比混合都可以得到白光，所以日光等白光实际上是由一对对互补色光按适当强度比混合而成的。

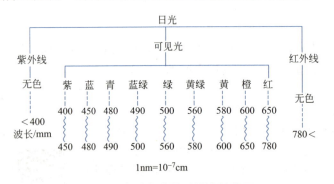

图 1-1　各种色光的近似波长范围

图 1-2　互补色光示意图

1.2.2　物质对光的选择性吸收

1.2.2.1　物质颜色的产生

当一束白光通过某透明溶液时，如果该溶液对可见光区各波长的光都不吸收，即入射光全部通过溶液，这时看到的溶液透明无色。当该溶液对可见光区各种波长的光全部吸收时，此时看到的溶液呈黑色。若某溶液选择性地吸收了可见光区某波长的光，则该溶液即呈现出被吸收光的互补色光的颜色。例如，当一束白光通过 $KMnO_4$ 溶液时，该溶液选择性地吸收了 500～560nm 的绿色光，而将其他的色光两两互补成白光而通过，只剩下紫红色光未被互补，所以 $KMnO_4$ 溶液呈现紫红色。同样道理，K_2CrO_4 溶液对可见光中的蓝色光有最大吸收，所以溶液呈蓝色的互补光——黄色。可见物质的颜色是基于物质对光有选择性吸收的结果，而物质呈现的颜色则是被物质吸收光的互补色。

以上是用溶液对有色光的选择性吸收说明溶液的颜色，若要更精确地说明物质具有选择性吸收不同波长范围光的性质，则必须用光吸收曲线来描述。

1.2.2.2 物质的吸收光谱曲线

吸收光谱曲线是通过实验获得的，具体方法是：将不同波长的光依次通过某一固定浓度和厚度的有色溶液，分别测出它们对各种波长光的吸收程度（用吸光度A表示），以波长为横坐标，以吸光度为纵坐标作图，画出曲线，此曲线即称为该物质的光吸收曲线或吸收光谱曲线，它描述了物质对不同波长光的吸收程度。图1-3所示为三种不同浓度的$KMnO_4$溶液的三条光吸收曲线。

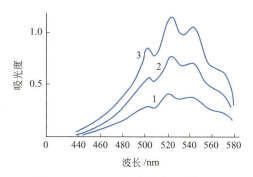

图1-3 $KMnO_4$溶液的光吸收曲线
1—c（$KMnO_4$）=1.56×10^{-4}mol·L^{-1}；
2—c（$KMnO_4$）=3.12×10^{-4}mol·L^{-1}；
3—c（$KMnO_4$）=4.68×10^{-4}mol·L^{-1}

① 高锰酸钾溶液对不同波长的光的吸收程度是不同的，对波长为525nm的绿色光吸收最多，在吸收曲线上有一高峰（称为吸收峰）。光吸收程度最大处的波长称为最大吸收波长（常以λ_{max}表示）。在进行光度测定时，通常是选取在λ_{max}的波长处来测量，因为这时可得到最大的灵敏度。

② 不同浓度的高锰酸钾溶液，其吸收曲线的形状相似，最大吸收波长也一样。所不同的是吸收峰峰高随浓度的增加而增高。

③ 不同物质的吸收曲线，其形状和最大吸收波长都各不相同。因此，可利用吸收曲线来作为物质定性分析的依据。

1.2.2.3 分子吸收光谱产生的机理

（1）分子运动及其能级跃迁　物质总是在不断地运动着，而构成物质的分子及原子具有一定的运动方式。通常认为分子内部运动方式有三种，即分子内电子相对原子核的运动（称为电子运动）；分子内原子在其平衡位置上的振动（称分子振动）；以及分子本身绕其重心的转动（称分子转动）。分子以不同方式运动时所具有的能量也不相同，这样分子内就对应三种不同的能级，即电子能级、振动能级和转动能级。图1-4是双原子分子能级跃迁示意图。

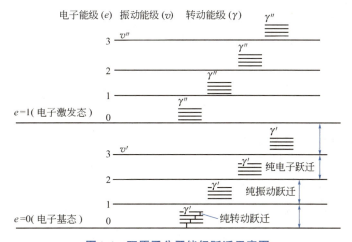

图1-4　双原子分子能级跃迁示意图

由图1-4可知，在同一电子能级中因分子的振动能量不同，分为几个振动能级。而在同一振动能级中，也因为转动能量不同，又分为几个转动能级。因此每种分子运动的能量都是不连续的，即量子化的。也就是说，每种分子运动所吸收（或发射）的能量，必须等于其能级差的特定值（光能量$h\nu$的整数倍），否则它就不吸收（或发射）能量了。

通常化合物的分子处于稳定的基态，但当它受光照射时，则根据分子吸收光能的大小，引起分子转动、振动或电子跃迁，同时产生三种吸收光谱。分子由一个能级E_1跃迁到另一个能级E_2时的能量变化ΔE为二者能级之差，即

$$\Delta E = E_2 - E_1 = h\frac{c}{\lambda} \tag{1-2}$$

（2）分子吸收光谱的产生　一个分子的内能E是它的转动能$E_{转}$、振动能$E_{振}$和电子能$E_{电子}$之和，即

$$E = E_{转} + E_{振} + E_{电子} \tag{1-3}$$

分子跃迁的总能量变化为

$$\Delta E = \Delta E_{转} + \Delta E_{振} + \Delta E_{电子} \tag{1-4}$$

由图1-4可知，转动能级间隔$\Delta E_{转}$最小，一般小于0.05eV，因此分子转动能级产生的转动光谱处于远红外和微波区。

由于振动能级的间隔$\Delta E_{振}$比转动能级间隔大得多，一般为0.05～1eV，因此分子振动所需能量较大，其能级跃迁产生的振动光谱处于近红外区和中红外区。

由于分子中原子价电子的跃迁所需的能量$\Delta E_{电子}$比分子振动所需的能量大得多，一般为1～20eV，因此分子中电子跃迁产生的电子光谱处于紫外区和可见光区。

由于$\Delta E_{电子} > \Delta E_{振} > \Delta E_{转}$，因此在振动能级跃迁时也伴有转动能级跃迁；在电子能级跃迁时，同时伴有振动能级、转动能级的跃迁。所以分子光谱是由密集谱线组成的带光谱，而不是"线"光谱。

综上所述，由于各种分子运动所处的能级和产生能级跃迁时能量变化都是量子化的，因此在分子运动产生能级跃迁时，只能吸收分子运动相对应的特定频率（或波长）的光能。而不同物质分子内部结构不同，分子的能级也是千差万别的，各种能级之间的间隔也互不相同，这样就决定了它们对不同波长光的选择性吸收。

1.2.3　吸收定律

1.2.3.1　朗伯-比尔定律

当一束平行的单色光垂直照射到一定浓度的均匀透明的溶液时（见图1-5），入射光被溶液吸收的程度与溶液厚度的关系为

$$\lg\frac{\Phi_0}{\Phi_{tr}} = kb \tag{1-5}$$

式中，Φ_0为入射光通量；Φ_{tr}为通过溶液后透射光通量；b为溶液液层厚度，或称

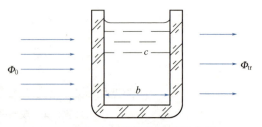

图1-5　单色光通过盛有溶液的比色皿

光程长度；k 为比例常数，它与入射光波长、溶液性质、浓度和温度有关。这就是朗伯（S.H.Lambert）定律。

Φ_{tr}/Φ_0 表示溶液对光的透射程度，称为透射比，用符号 τ 表示。透射比愈大，说明透过的光愈多。而 Φ_0/Φ_{tr} 是透射比的倒数，它表示入射光 Φ_0 一定时，透过光通量愈小，即 $\lg\dfrac{\Phi_0}{\Phi_{tr}}$ 愈大，光吸收愈多。所以 $\lg\dfrac{\Phi_0}{\Phi_{tr}}$ 表示了单色光通过溶液时被吸收的程度，通常称为吸光度，用 A 表示，即

$$A = \lg\frac{\Phi_0}{\Phi_{tr}} = \lg\frac{1}{\tau} = -\lg\tau \tag{1-6}$$

当一束平行单色光垂直照射到同种物质不同浓度、相同液层厚度的均匀透明溶液时，入射光通量与溶液浓度的关系为

$$\lg\frac{\Phi_0}{\Phi_{tr}} = k'c \tag{1-7}$$

式中，k' 为另一比例常数，它与入射光波长、液层厚度、溶液性质和温度有关；c 为溶液浓度。这就是比尔（Beer）定律。比尔定律表明：当溶液液层厚度和入射光通量一定时，光吸收的程度与溶液浓度呈正比。必须指出的是：比尔定律只能在一定浓度范围内才适用。因为浓度过低或过高时，溶质会发生电离或聚合而产生误差。

当溶液厚度和浓度都可改变时，这时就要考虑两者同时对透射光通量的影响，则有

$$A = \lg\frac{\Phi_0}{\Phi_{tr}} = \lg\frac{1}{\tau} = Kbc \tag{1-8}$$

式中，K 为比例常数，与入射光的波长、物质的性质和溶液的温度等因素有关。这就是朗伯-比尔定律，即光吸收定律。它是紫外-可见分光光度法进行定量分析的理论基础。

光吸收定律表明：当一束平行单色光垂直射入均匀、透明的吸光物质的稀溶液时，溶液对光的吸收程度与溶液的浓度及液层厚度的乘积成正比。

朗伯-比尔定律应用的条件：一是必须使用单色光；二是吸收发生在均匀的介质中；三是吸收过程中，吸收物质互相不发生作用。

码1-4 光的吸收定律

1.2.3.2 吸光系数

式（1-8）中比例常数 K 称为吸光系数。其物理意义是：单位浓度的溶液液层厚度为 1cm 时，在一定波长下测得的吸光度。

K 值的大小取决于吸光物质的性质、入射光波长、溶液温度和溶剂性质等，与溶液浓度大小和液层厚度无关。但 K 值大小因溶液浓度所采用的单位的不同而异。

（1）摩尔吸光系数 ε 当溶液的浓度以物质的量浓度（$mol \cdot L^{-1}$）表示，液层厚度以厘米（cm）表示时，相应的比例常数 K 称为摩尔吸光系数，以 ε 表示，其单位为 $L \cdot mol^{-1} \cdot cm^{-1}$。这样，式（1-8）可以改写成

$$A = \varepsilon bc \tag{1-9}$$

摩尔吸光系数的物理意义是：浓度为 $1mol \cdot L^{-1}$ 的溶液，于厚度为 1cm 的比色皿中，在一定波长下测得的吸光度。

摩尔吸光系数是吸光物质的重要参数之一，它表示物质对某一特定波长光的吸收能

力。ε 愈大，表示该物质对某波长光的吸收能力愈强，测定的灵敏度也就愈高。因此，测定时，为了提高分析的灵敏度，通常选择摩尔吸光系数大的有色化合物进行测定，选择具有最大 ε 值波长的光作入射光。一般认为 $\varepsilon < 1 \times 10^4 \text{L} \cdot \text{mol}^{-1} \cdot \text{cm}^{-1}$，灵敏度较低；$\varepsilon$ 在 $1 \times 10^4 \sim 6 \times 10^4 \text{L} \cdot \text{mol}^{-1} \cdot \text{cm}^{-1}$，属中等灵敏度；$\varepsilon > 6 \times 10^4 \text{L} \cdot \text{mol}^{-1} \cdot \text{cm}^{-1}$，属高灵敏度。

摩尔吸光系数由实验测得。在实际测量中，不能直接取 $1 \text{mol} \cdot \text{L}^{-1}$ 这样高浓度的溶液去测量摩尔吸光系数，只能在稀溶液中测量后，换算成摩尔吸光系数。

【例1-1】 已知含 Fe^{3+} 浓度为 $500 \mu g \cdot L^{-1}$ 的溶液用 KCNS 显色，在波长 480nm 处用 2cm 比色皿测得 $A=0.197$，计算摩尔吸光系数。

解
$$c(Fe^{3+}) = \frac{500 \times 10^{-6}}{55.85} = 8.95 \times 10^{-6} (\text{mol} \cdot \text{L}^{-1})$$

$$\varepsilon = \frac{A}{bc}$$

$$\varepsilon = \frac{0.197}{8.95 \times 10^{-6} \times 2} = 1.10 \times 10^4 (\text{L} \cdot \text{mol}^{-1} \cdot \text{cm}^{-1})$$

（2）质量吸光系数　质量吸光系数适用于摩尔质量未知的化合物。若溶液浓度以质量浓度 ρ（$g \cdot L^{-1}$）表示，液层厚度以厘米（cm）表示，相应的吸光系数则为质量吸光系数，以 a 表示，其单位为 $L \cdot g^{-1} \cdot cm^{-1}$。这样式（1-8）可表示为

$$A = ab\rho \tag{1-10}$$

1.2.3.3　吸光度的加和性

多组分的体系中，在某一波长下，如果各种对光有吸收的物质之间没有相互作用，则体系在该波长处的总吸光度等于各组分吸光度之和，即吸光度具有加和性，称为吸光度加和性原理。可表示如下

$$A_{总} = A_1 + A_2 + \cdots + A_n = \sum A_n \tag{1-11}$$

式中，各吸光度的下标表示组分 1，2，$\cdots$，n。

吸光度的加和性对多组分同时定量测定、校正干扰等都极为有用。

1.2.3.4　影响吸收定律的主要因素

根据吸收定律，在理论上，吸光度对溶液浓度作图所得的直线的截距为零，斜率为 εb。实际上吸光度与浓度关系有时是非线性的，或者不通过零点，这种现象称为偏离光吸收定律。

如果溶液的实际吸光度比理论值大，则为正偏离吸收定律；吸光度比理论值小，为负偏离吸收定律，如图 1-6 所示。引起偏离吸收定律的原因主要有以下几方面。

（1）入射光非单色性引起偏离　吸收定律成立的前提是入射光是单色光。但实际上，一般单色器所提供的入射光并非纯单色光，而是由波长范围较窄的光带组成的复合光。而物质对不同波长光的吸收程度不同（即吸光系数不同），因而导致了对吸光定律的偏离。入射光中不同波长光的摩尔吸光系数差别愈大，偏离吸收定律就愈严重。实验证明，只要所选的入射光，其所含的波长范围在被测溶液的吸收曲线较平坦的部分，偏离程度就会较小（见图 1-7）。

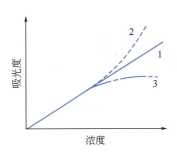

图1-6 偏离吸收定律
1—无偏离；2—正偏离；3—负偏离

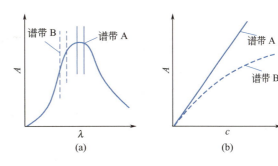

图1-7 入射光的非单色性对吸收定律的影响

（2）溶液的化学因素引起偏离　溶液中的吸光物质因离解、缔合，形成新的化合物而改变了吸光物质的浓度，也会导致偏离吸收定律。因此，测量前的化学预处理工作十分重要，如控制好显色反应条件、控制溶液的化学平衡等，以防止产生偏离。

（3）比尔定律的局限性引起偏离　严格地说，比尔定律是一个有限定律，它只适用于浓度小于 $0.01mol·L^{-1}$ 的稀溶液。因为浓度高时，吸光粒子间平均距离减小，以致每个粒子都会影响其邻近粒子的电荷分布。这种相互作用使它们的摩尔吸光系数 ε 发生改变，因而导致偏离比尔定律。为此，在实际工作中，待测溶液的浓度应控制在 $0.01mol·L^{-1}$ 以下。

> **素质拓展阅读**
>
> ### 中国仪器分析的开拓者——著名分析化学家李家熙研究员
>
> 20世纪50年代，我国地质样品分析处于起步阶段，李家熙研究员结合水地球化学元素迁移、集散的模拟实验，开展方法研究，完善了水分析操作规程，研制了适合野外分析的测定仪。20世纪70～80年代，李家熙教授与地质实验室的专家们系统总结出版了《岩石矿物分析》，在岩石矿物痕量元素分析方法和分析技术等方面取得突破性进展，获得地质矿产部科技成果一等奖。同时，组织地质矿产部省局实验室研制标准物质、建立标准方法，使地质、地球化学各类标准物质（含岩石、矿石、土壤、水系沉积物、海洋沉积物和单矿物共238个）达到国际先进水平，被国内外广泛使用，该项目获地矿部门科技成果二等奖。
>
> 创新是一个国家兴旺发达的不竭动力，她曾多次强调：一定要从应用中找到创新点，创新要在前人和国际国内先进水平的基础上，与科研、生产结合起来进行。
>
> 1973年，李家熙教授在地科院实验管理处领导下，积极组织了地质系统的第一个分析仪器（原子吸收分光光度计）的"产、学、研"三结合的攻关班子，有地科院测试所、物探所、南京仪器室、北京地质仪器厂等单位参加。1974年地质仪器厂的第一台分析仪器——GGX-1型原子吸收分光光度计问世，产品达到国内领先、国际先进水平。
>
> 在科学的道路上没有平坦的大道可走，只有沿着陡峭山路不断攀登的人，才有希望达到光辉的顶点。仪器发展史就是创新史，在我们学习仪器分析的过程中，也要多一些创新和发明创造，以共同推动仪器分析的发展与应用。在仪器分析的学习过程中，更应传承"爱岗敬业、精益求精"的工匠精神。

1.2.4 目视比色法

用眼睛观察比较溶液颜色深浅来确定物质含量的分析方法称为目视比色法,虽然目视比色法测定的准确度较差(相对误差为5%～20%),但由于它所需要的仪器简单、操作简便,仍然广泛应用于准确度要求不高的一些中间控制分析中,更主要的是应用在限界分析中。限界分析是指确定样品中待测杂质含量是否在规定的最高含量限界以下。

1.2.4.1 方法原理

目视比色法的原理是:将有色的标准溶液(下角标为s)和被测溶液(下角标为x)在相同条件下对颜色进行比较,当溶液液层厚度相同、颜色深度一致时,两者的浓度相等。

根据光吸收定律:

$$A_s = \varepsilon_s c_s b_s$$

$$A_x = \varepsilon_x c_x b_x$$

当被测溶液的颜色深浅度与标准溶液相同时,则$A_s = A_x$;又因为是同一种有色物质,同样的光源(太阳光或普通灯光),所以$\varepsilon_s = \varepsilon_x$,而且液层厚度相等,即$b_s = b_x$,因此$c_s = c_x$。

1.2.4.2 测定方法

目视比色法常用标准系列法进行定量。具体方法是:向插在比色管架上(见图1-8)的一套直径、长度、玻璃厚度、玻璃成分等都相同的平底比色管中,依次加入不同量的待测组分标准溶液和一定量显色剂及其他辅助试剂,并用蒸馏水或其他溶剂稀释到同样体积,配成一套颜色逐渐加深的标准色阶。将一定量待测试液在同样条件下显色,并同样稀释至相同体积。然后从管口垂直向下观察,比较待测溶液与标准色阶中各标准溶液的颜色。如果待测溶液与标准色阶中某一标准溶液颜色深度相同,则其浓度亦相同。如果介于相邻两标准溶液之间,则被测溶液浓度为这两标准溶液浓度的平均值。

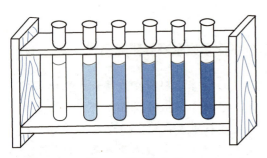

图1-8 目视比色管

如果需要进行的是"限界分析",即要求某组分含量应在某浓度以下,那么只需要配制浓度为该限界浓度的标准溶液,并与试样同时显色后进行比较。若试样的颜色比标准溶液深,则说明试样中待测组分含量已超出允许的限界。

1.2.4.3 目视比色法的特点

目视比色法的优点是:仪器简单、操作方便,适宜于大批样品的分析;由于比色管长度长,自上而下观察,即使溶液颜色很浅也容易比较出深浅,灵敏度较高。另外,它不需要单色光,可直接在白光下进行,对浑浊溶液也可进行分析。

目视比色法的缺点是:主观误差大、准确度差,而且标准色阶不宜保存,需要定期重新配制,较费时。

思考与练习1.2

1. 解释下列名词术语

比色分析法 分光光度法 目视比色法 单色光 复合光 互补光 吸收光谱曲线 透射比 吸光度 摩尔吸光系数 质量吸光系数 光程长度

2. 朗伯定律是说明在一定条件下，光的吸收与_____成正比；比尔定律是说明在一定条件下，光的吸收与_____成正比，二者合为一体称为朗伯-比尔定律，其数学表达式为_____。

3. 摩尔吸光系数的单位是____，它表示物质的浓度为____、液层厚度为____时，在一定波长下溶液的吸光度。常用符号____表示。因此光的吸收定律的表达式可写为____。

4. 吸光度和透射比的关系是：_____。

5. 人眼能感觉到的光称为可见光，其波长范围是（　　）。
   A. 400～780nm   B. 200～400nm   C. 200～1000nm   D. 400～1000nm

6. 物质吸收光辐射后产生紫外-可见吸收光谱，这是由于（　　）。
   A. 分子的振动   B. 分子的转动
   C. 原子核外层电子的跃迁   D. 分子的振动和转动跃迁

7. 物质的颜色是由于选择性吸收了白光中的某些波长的光所致。$CuSO_4$溶液呈现蓝色是由于它吸收了白光中的（　　）。
   A. 蓝色光波   B. 绿色光波   C. 黄色光波   D. 青色光波

8. 吸光物质的摩尔吸光系数与下面因素中有关的是（　　）。
   A. 比色皿材料   B. 比色皿厚度   C. 吸光物质浓度   D. 入射光波长

9. 符合吸收定律的溶液稀释时，其最大吸收峰波长位置（　　）。
   A. 向长波移动   B. 向短波移动
   C. 不移动   D. 不移动，吸收峰值降低

10. 当吸光度$A=0$时，τ为（　　）。
    A. 0   B. 10%   C. 100%   D. ∞

11. 某试液显色后用2.0cm比色皿测量时，$\tau=50.0\%$。若用1.0cm或5.0cm比色皿测量，τ及A各为多少？

12. 某一溶液，每升含47.0mg Fe。吸取此溶液5.00mL于100mL容量瓶中，以邻二氮菲光度法测定铁，用1.0cm比色皿于508nm处测得吸光度为0.467。计算质量吸光系数a和摩尔吸光系数ε。已知$M(Fe)=55.85\mathrm{g \cdot mol^{-1}}$。

13. 何谓目视比色法？目视比色法所用的仪器是什么？

14. 何谓标准色阶？如何将试样显色液与标准色阶进行比色？

任务1.3 认识可见分光光度计

1.3.1 仪器的基本组成部件

在可见光区用于测定溶液吸光度的分析仪器称为可见分光光度计（简称分光光度计），

目前，可见分光光度计的型号较多，但它们的基本构造都相似，都由光源、单色器、样品吸收池、检测器和信号显示系统五大部件组成，其组成框图见图1-9。

图1-9　分光光度计组成部件框图

由光源发出的光，经单色器获得一定波长单色光照射到样品溶液上，被吸收后，经检测器将光强度变化转变为电信号变化，并经信号指示系统调制放大后，显示或打印出吸光度 A（或透射比 τ），完成测定。

1.3.1.1　光源

光源的作用是供给符合要求的入射光。分光光度计对光源的要求是：在使用波长范围内提供连续的光谱，光强应足够大，有良好的稳定性，使用寿命长。实际应用的光源一般为可见光光源。

钨丝灯是最常用的可见光光源，它可发射波长为325～2500nm范围的连续光谱，其中最适宜的使用范围为380～1000nm，除用作可见光源外，还可用作近红外光源。为了保证钨丝灯发光强度稳定，需要采用稳压电源供电，也可用12V直流电源供电。

目前不少分光光度计已采用卤钨灯代替钨丝灯，如7230型、754型分光光度计等。所谓卤钨灯是在钨丝中加入适量的卤化物或卤素，灯泡用石英制成。它具有较长的寿命和高的发光效率。

1.3.1.2　单色器

单色器的作用是把光源发出的连续光谱分解成单色光，并能准确方便地"取出"所需要的某一波长的光，它是分光光度计的"心脏"部分。单色器主要由狭缝、色散元件和透镜系统组成。其中色散元件是关键部件，色散元件是棱镜和反射光栅或两者的组合，它能将连续光谱色散成单色光。狭缝和透镜系统主要是用来控制光的方向，调节光的强度和"取出"所需要的单色光，狭缝对单色器的分辨率起重要作用，它对单色光的纯度在一定范围内起着调节作用。

码1-5　单色器光学系统

（1）棱镜单色器　棱镜单色器是利用不同波长的光在棱镜内折射率不同将复合光色散为单色光。棱镜色散作用的大小与棱镜制作材料及几何形状有关。常用的棱镜由玻璃或石英制成。可见分光光度计可以采用玻璃棱镜。

（2）光栅单色器　由于光栅单色器的分辨率比棱镜单色器分辨率高（可达±0.2nm），而且它可用的波长范围也比棱镜单色器宽。因此目前生产的紫外-可见分光光度计大多采用光栅作为色散元件。光栅单色器一般不用于可见分光光度计。

1.3.1.3　吸收池

吸收池又叫比色皿，是用于盛放待测液和决定透光液层厚度的器件。吸收池一般为长方体（也有圆鼓形或其他形状，但长方体最普遍），其底及两侧为毛玻璃，另两面为光学透光面。根据光学透光面的材质，吸收池有玻璃吸收池和石英吸收池两种。玻璃吸收池用于可见光光区的测定。吸收池的规格是以光程为标志的。可见分光光度计常用的吸收池规格有：0.5cm、1.0cm、2.0cm、3.0cm和5.0cm等，使用时根据实际需要选择。由于一般商品吸收池的光程精度往往不是很高，与其标示值有微小误差，即使是同一个厂出品的同规格的吸收池也不一定完全能够互换使用。所以，仪器出厂前吸收池都经过检验配套，在使用时不应混淆其配套关系。实际工作中，为了消除误差，在测量前还必须对吸收池进行配套性检验（检验方法见操作练习1），使用吸收池的过程中，也应特别注意保护两个光学面。为此，必须做到以下几点。

① 拿取吸收池时，只能用手指接触两侧的毛玻璃，不可接触光学面。

② 不能将光学面与硬物或脏物接触，只能用擦镜纸或丝绸擦拭光学面。

③ 凡含有腐蚀玻璃的物质（如F^-、$SnCl_2$、H_3PO_4等）的溶液，不得长时间盛放在吸收池中。

④ 吸收池使用后应立即用水冲洗干净。有色物污染可以用$3mol·L^{-1}$ HCl和等体积乙醇的混合液浸泡洗涤。生物样品、胶体或其他在吸收池光学面上形成薄膜的物质要用适当的溶剂洗涤。

⑤ 不得在火焰或电炉上进行加热或烘烤吸收池。

 操作练习1　比色皿成套性及仪器波长准确性的检查

> **一、目的要求**
>
> 1.学会比色皿成套性的检查方法。
> 2.了解仪器波长准确性的检查。
> 3.了解分光光度计的使用。
>
> **二、基本原理**
>
> 在分光光度分析中，能否得到准确、可靠的分析结果，受到许多因素的影响，如比色皿的成套性、仪器波长的准确性、光源电压的稳定性等。在一般分析中，实验前，通常需进行比色皿成套性和仪器波长准确性的检查。
>
> 在分析中，成套的比色皿说明它们具有相同的光程长度和透光特性，使之能正确地对溶液的吸光度（或透光度，即透射比）进行比较，保证了分析结果的准确性。同一套比色皿，要求相互间透光度（即透射比）之差在0.5%以内。
>
> 仪器的波长是否准确与分析结果的灵敏度和可靠性有着密切的关系，应定期检查其波长的准确性。一般是利用仪器所附的镨钕滤光片进行检查，若所测中心波长与镨钕滤光片的标准中心波长529.0nm相符，说明仪器波长准确。否则，就需要对仪器的波长进行校正。

1.3.1.4　检测器

检测器又称接收器，其作用是对透过吸收池的光做出响应，并把它转变成电信号输出，其输出电信号大小与透过光的强度成正比。常用的检测器有光电池、光电管及光电倍增管等，它们都是基于光电效应原理制成的。作为检测器，对光电转换器的要求是：光电转换有恒定的函数关系，响应灵敏度要高、速度要快、噪声低、稳定性高，产生的电信号

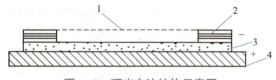

图 1-10 硒光电池结构示意图
1—透明金属膜(金、银或铂);2—金属集电环,负极;3—半导体,硒;4—基体(铁或铝),正极

易于检测放大等。可见分光光度计常配备的检测器一般是光电池。

光电池是由三层物质构成的薄片,表层是导电性能良好的可透光金属薄膜,中层是具有光电效应的半导体材料(如硒、硅等),底层是铁片或铝片(见图 1-10)。由于半导体材料的半导体性质,当光照到光电池上时,由半导体材料表面逸出的电子只能单向流动,使金属膜表面带负电,底层铁片带正电,线路接通就有光电流产生。光电流的大小与光电池受到光照的强度成正比。

光电池根据半导体材料来命名,常用的光电池是硒光电池和硅光电池。不同的半导体材料制成的光电池,对光的响应波长范围和最灵敏峰波长各不相同。硒光电池对光响应的波长范围一般为 250～750nm,灵敏区为 500～600nm,而最高灵敏峰约在 530nm。

光电池具有不需要外接电源、不需要放大装置而直接测量电流的优点。其不足之处是:由于内阻小,不能用一般的直流放大器放大,因而不适于较微弱光的测量。光电池受光照持续时间太久或受强光照射会产生"疲劳"现象,失去正常的响应,因此一般不能连续使用 2h 以上。

1.3.1.5 信号显示器

由检测器产生的电信号,经放大等处理后,用一定方式显示出来,以便于计算和记录。信号显示器有多种,随着电子技术的发展,这些信号显示和记录系统将越来越先进。

(1) 以检流计或微安表为指示仪表 这类指示仪表的表头标尺刻度值分上下两部分,上半部分是百分透射比 τ(原称透光度 T,目前部分仪器上还使用"T"表示透射比),均匀刻度;下半部分是与透射比相应的吸光度 A。由于 A 与 τ 是对数关系,所以 A 刻度不均匀,这种指示仪表的信号只能直读,不便自动记录,较为低档的可见分光光度计一般使用这类指示仪表。

(2) 数字显示和自动记录型装置 这类指示仪表用光电管或光电倍增管作检测器,产生的光电流经放大后由数码管直接显示出透射比或吸光度。这种数据显示装置方便、准确,避免了人为读数错误,而且还可以连接数据处理装置,能自动绘制工作曲线,计算分析结果并打印报告,实现了分析自动化。

1.3.2 可见分光光度计的类型及特点

可见分光光度计的使用波长范围是 400～780nm;可见分光光度计只能用于测量有色溶液的吸光度。

1.3.3 常用可见分光光度计的使用

目前,商品可见分光光度计的品种和型号繁多,虽然不同型号的仪器其操作方法略有不同(在使用前应详细阅读仪器说明书),但仪器上主要旋钮和按键的功能基本类似。较为常用的是 721 型可见分光光度计,仪器外形见图 1-11。

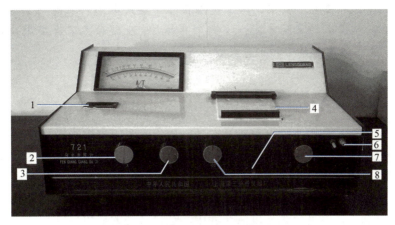

图1-11 721型可见分光光度计

1—波长显示窗；2—波长调节旋钮；3—调零旋钮；4—样品室盖；
5—样品槽控杆；6—电源指示灯；7—灵敏度旋钮；8—调100%旋钮

思考与练习1.3

1. 可见分光光度计由哪几个主要部件组成？各部件的作用是什么？
2. 可见分光光度计对光源有什么要求？常用的光源有哪些？它们使用的波长范围各是多少？
3. 吸收池的规格以什么作标志？可见光区使用什么材质的吸收池？
4. 在使用吸收池时，应如何保护吸收池光学面？
5. 什么叫检测器？可见分光光度计常用什么检测器？
6. 如何进行吸收池的配对检验？

素质拓展阅读

分光光度计守护我们的饮奶安全

1852年世界上第一台比色计问世，而后又出现分光光度计和分光光度法。分光光度法在分析领域中的应用也已经有数十年的历史，至今仍是应用最广泛的分析方法之一。分光光度计也发生了非常大的变化，在分光元器件方面，经历了棱镜、机刻光栅和全息光栅的过程；在仪器控制方面，从早期的人工控制到自动控制；显示装置由最初的表头（电位计）指示到数字显示、液晶屏幕或计算机屏幕显示；检测器由早期光电池、光电管到光电倍增管、光电二极管阵列；在构型方面，从单光束发展为双光束、双单色器，也出现了携带方便、应用广泛的小型甚至是掌上分光光度计。分光光度计已经普遍进入我国的食品、药品等检测领域，为我国人民的健康事业发挥了巨大的作用。我国检测人员利用分光光度计检测奶粉中的三聚氰胺，当三聚氰胺存在的时候，加入测试试剂后颜色在几秒钟内从红色变成蓝色，可以通过视觉观察和分光光度法进行检测；科学家们还发明了一种使用纳米颗粒的高灵敏度探测手段，从而防止人们因为摄入三聚氰胺而受到伤害，对乳制品早期筛查提供了一种可行的方法。

> 仪器研发人员不满足于现状，为了追求仪器卓越而做的一点点的尝试，正是我们在学习过程中应该追求的求真务实、实践创新精神；我国科学家在应用分光光度计方面的"爱岗敬业、精益求精"的工匠精神，是值得我们学习的。

任务1.4 可见分光光度法

可见分光光度法是利用测量有色物质对某一单色光吸收程度来进行定量的，而许多物质本身无色或色很浅，也就是说它们对可见光不产生吸收或吸收不大，这就必须事先通过适当的化学处理，使该物质转变为能对可见光产生较强吸收的有色化合物，然后再进行光度测定。将待测组分转变成有色化合物的反应称为显色反应；与待测组分形成有色化合物的试剂称为显色剂。在可见分光光度法实验中，选择合适的显色反应，并严格控制反应条件是十分重要的实验技术。

1.4.1 显色反应和显色剂

1.4.1.1 显色反应

显色反应可以是氧化还原反应，也可以是配位反应，或是兼有上述两种反应，其中配位反应应用最普遍，同一种组分可与多种显色剂反应生成不同有色物质。在分析时，究竟选用何种显色反应较适宜，应考虑下面几个因素。

① 选择性好。一种显色剂最好只与一种被测组分起显色反应，或显色剂与共存组分生成的化合物的吸收峰与被测组分的吸收峰相距比较远，干扰少。

② 灵敏度高。要求反应生成的有色化合物的摩尔吸光系数大。当然，实际分析中还应该综合考虑选择性。

③ 生成的有色化合物组成恒定、化学性质稳定，测量过程中应保持吸光度基本不变，否则将影响吸光度测定的准确度及再现性。

④ 如果显色剂有色，则要求有色化合物与显色剂之间的颜色差别要大，以减小试剂空白值，提高测定的准确度。通常把两种有色物质最大吸收波长之差称为"对比度"。一般要求显色剂与有色化合物的对比度$\Delta\lambda$在60nm以上。

⑤ 显色条件要易于控制，以保证其有较好的再现性。

1.4.1.2 显色剂

码1-6 显色反应和显色剂

常用的显色剂可分为无机显色剂和有机显色剂两大类。

（1）无机显色剂　许多无机试剂能与金属离子发生显色反应，但由于灵敏度和选择性都不高，具有实际应用价值的品种很有限。表1-2列出了几种常用的无机显色剂，以供参考。

（2）有机显色剂　有机显色剂与金属离子形成的配合物的稳定性、灵敏度和选择性都比较高，而且有机显色剂的种类较多，实际应用广。表1-3列出了几种重要的有机显色剂。

随着科学技术的发展，研究人员还在不断地合成出各种新的高灵敏度、高选择性的显色剂。显色剂的种类、性能及其应用可查阅有关手册。

表1-2　几种常用的无机显色剂

显色剂	测定元素	反应介质	有色化合物组成	颜色	λ_{max}/nm
硫氰酸盐	铁	$0.1\sim0.8$mol·L^{-1} HNO_3	$[Fe(CNS)_5]^{2-}$	红	480
	钼	$1.5\sim2$mol·L^{-1} H_2SO_4	$[Mo(CNS)_6]^-$ 或 $[MoO(CNS)_5]^{2-}$	橙	460
	钨	$1.5\sim2$mol·L^{-1} H_2SO_4	$[W(CNS)_6]^-$ 或 $[WO(CNS)_5]^{2-}$	黄	405
	铌	$3\sim4$mol·L^{-1} HCl	$[NbO(CNS)_4]^-$	黄	420
	铼	6mol·L^{-1} HCl	$[ReO(CNS)_4]^-$	黄	420
钼酸铵	硅	$0.15\sim3.0$mol·L^{-1} H_2SO_4	硅钼蓝	蓝	$670\sim820$
	磷	0.15mol·L^{-1} H_2SO_4	磷钼蓝	蓝	$670\sim820$
	钨	$4\sim6$mol·L^{-1} HCl	磷钨蓝	蓝	660
	硅	弱酸性	硅钼杂多酸	黄	420
	磷	稀HNO_3	磷钼钒杂多酸	黄	430
	钒	酸性	磷钼钒杂多酸	黄	420
氨水	铜	浓氨水	$[Cu(NH_3)_4]^{2+}$	蓝	620
	钴	浓氨水	$[Co(NH_3)_6]^{2+}$	红	500
	镍	浓氨水	$[Ni(NH_3)_6]^{2+}$	紫	580
过氧化氢	钛	$1\sim2$mol·L^{-1} H_2SO_4	$[TiO(H_2O_2)]^{2+}$	黄	420
	钒	$3\sim6.5$mol·L^{-1} H_2SO_4	$[VO(H_2O_2)]^{3+}$	红橙	$400\sim450$
	铌	18mol·L^{-1} H_2SO_4	$Nb_2O_3(SO_4)_2(H_2O_2)$	黄	365

表1-3　几种重要的有机显色剂

显色剂	测定元素	反应介质	λ_{max}/nm	ε/L·mol^{-1}·cm^{-1}
磺基水杨酸	Fe^{2+}	pH $2\sim3$	520	1.6×10^3
邻菲啰啉	Fe^{2+} Cu^+	pH $3\sim9$	510 435	1.1×10^4 7×10^3
丁二酮肟	Ni（Ⅳ）	氧化剂的存在，碱性	470	1.3×10^4
1-亚硝基-2-苯酚	Co^{2+}		415	2.9×10^4
钴试剂	Co^{2+}		570	1.13×10^5
双硫腙	Cu^{2+}、Pb^{2+}、Zn^{2+}、Cd^{2+}、Hg^{2+}	不同酸度	$490\sim550$ （Pb520）	$4.5\times10^4\sim3\times10^4$ （Pb6.8×10^4）
偶氮胂（Ⅲ）	Th（Ⅳ）、Zr（Ⅳ）、La^{3+}、Ce^{3+}、Ca^{2+}、Pb^{2+}等	强酸至弱酸	$665\sim675$ （Th665）	$10^4\sim1.3\times10^5$ （Th1.3×10^5）
PAR（吡啶偶氮间苯二酚）	Co、Pd、Nb、Ta、Th、In、Mn	不同酸度	（Nb550）	（Nb3.6×10^4）
二甲酚橙	Zr（Ⅳ）、Hf（Ⅳ）、Nb（Ⅴ）、UO_2^{2+}、Bi^{3+}、Pb^{2+}等	不同酸度	$530\sim580$ （Hf530）	$1.6\times10^4\sim5.5\times10^4$ Hf4.7×10^4
铬天青S	Al	pH $5\sim5.8$	530	5.9×10^4
结晶紫	Ca	7mol·L^{-1} HCl、$CHCl_3$-丙酮萃取		5.4×10^4
罗丹明B	Ca、Tl	6mol·L^{-1} HCl、苯萃取， 1mol·L^{-1} HBr、异丙醚萃取		6×10^4 1×10^5
孔雀绿	Ca	6mol·L^{-1} HCl、C_6H_5Cl-CCl_4萃取		9.9×10^4
亮绿	Tl B	$0.01\sim0.1$mol·L^{-1} HBr、乙酸乙酯萃取，pH 3.5苯萃取		7×10^4 5.2×10^4

（3）三元配合物　显色体系前面所介绍的多是一种金属离子（中心离子）与一种配位体配位的显色反应，这种反应生成的配合物是二元配合物。近年来以形成三元配合物为基

础的分光光度法已被广泛应用。有些成熟的方法，也已被纳入新修订的国家标准中，原因是利用三元配合物显色体系可以提高测定的灵敏度，改善分析特性。

所谓三元配合物是指由三种不同组分所形成的配合物。在三种不同的组分中至少有一种组分是金属离子，另外两种是配位体；或者至少有一种配位体，另外两种是不同的金属离子，前者称为单核三元配合物，后者称为双核三元配合物。例如，Al-CAS-CTMAC（铝-铬天青S-氯化十六烷基三甲铵）就是单核三元配合物，而[$FeSnCl_5$]是双核三元配合物。

显色过程的目的是要获得吸光能力强的有色物质，因此三元配合物中应用多的是颜色有显著变化的三元混配化合物、三元离子缔合物和三元胶束配合物。

操作练习2　邻二氮菲分光光度法测定微量铁

一、目的要求
1.掌握分光光度测定试样中微量铁的常用方法。
2.进一步了解朗伯-比尔定律的应用。
3.掌握吸收曲线的测绘方法，认识选择最大吸收波长的重要性。
4.熟悉分光光度计的使用方法。

二、基本原理
邻二氮菲是铁的最重要的显色剂之一，也是测定试样中微量铁的一种较好的显色剂。在pH为2～9的溶液中，邻二氮菲与Fe^{2+}生成稳定的橙红色配合物，反应如下：

橙红色配合物的$\lg K_稳$=21.3，最大吸收波长在510nm处，其摩尔吸光系数ε_{510nm}=1.1×10^4L·mol^{-1}·cm^{-1}。

该法可用于试样中微量Fe^{2+}的测定，如果铁以Fe^{3+}的形式存在，由于Fe^{3+}能与邻二氮菲生成淡蓝色的配合物，所以应预先加入盐酸羟胺（或抗坏血酸等）将Fe^{3+}还原成Fe^{2+}：

$$4Fe^{3+}+2NH_2OH \longrightarrow 4Fe^{2+}+N_2O+H_2O+4H^+$$

该法的灵敏度、稳定性、选择性均较好。但Bi^{3+}、Cd^{2+}、Hg^{2+}、Zn^{2+}、Ag^+等与邻二氮菲生成沉淀；Cu^{2+}、Co^{2+}、Ni^{2+}则形成有色配合物。因此，当这些离子共存时，应注意它们的干扰作用。铝和磷酸盐含量大时，使反应速率降低；CN^-存在将与Fe^{2+}生成配合物，严重干扰测定，需预先除去。

酸度对显色反应影响很大，酸度高时，反应进行缓慢而色浅；酸度太低，则Fe^{2+}水解，影响显色。故实际测定时，酸度一般控制在pH为4～6。

1.4.2　显色条件的选择

显色反应是否满足分光光度法的要求，除了与显色剂性质有关以外，控制好显色条件是十分重要的。

1.4.2.1　显色剂用量

设M为被测物质，R为显色剂，MR为反应生成的有色配合物，则此显色反应可以用下式表示：

$$M+R \rightleftharpoons MR$$

从反应平衡角度上看，加入过量的显色剂显然有利于MR的生成，但过量太多也会带来副作用，例如增加了试剂空白或改变了配合物的组成等。因此显色剂一般应适当过量。在实际工作中显色剂用量具体是多少需要经实验来确定，即通过作$A\text{-}c_R$曲线，来获得显色剂的适宜用量。其方法是：固定被测组分浓度和其他条件，然后加入不同量的显色剂，分别测定吸光度A值，绘制吸光度A-显色剂浓度c_R曲线（一般可得如图1-12所示的三种曲线）。若得到是图1-12（a）的曲线，则表明显色剂浓度在$a \sim b$范围内吸光度出现稳定值，因此可以在$a \sim b$间选择合适的显色剂用量。这类显色反应生成的配合物稳定，对显色剂浓度控制不太严格。若出现的是图1-12（b）的曲线，则表明显色剂浓度在$a' \sim b'$这一段范围内吸光度值比较稳定，因此在显色时要严格控制显色剂用量。而图1-12（c）曲线表明，随着显色剂浓度增大，吸光度不断增大，这种情况下必须十分严格控制显色剂加入量或者另换合适的显色剂。

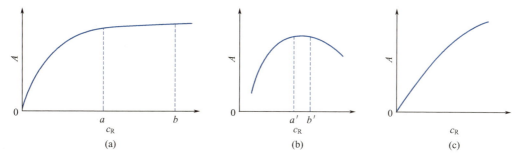

图1-12　吸光度与显色剂浓度的关系曲线

1.4.2.2　溶液酸度

酸度是显色反应的重要条件，它对显色反应的影响主要有以下几方面。

① 当酸度不同时，同种金属离子与同种显色剂反应，可以生成不同配位数的不同颜色的配合物。例如，Fe^{3+}可与水杨酸在不同pH条件下，生成配位比不同的配合物。

　　pH＜4　　　　　　$[Fe(C_7H_4O_3)]^+$　　紫红色（1:1）
　　pH≈4～7　　　　　$[Fe(C_7H_4O_3)_2]^-$　　橙红色（1:2）
　　pH≈8～10　　　　$[Fe(C_7H_4O_3)_3]^{3-}$　　黄　色（1:3）

可见只有控制溶液的pH在一定范围内，才能获得组成恒定的有色配合物，得到正确的测定结果。

② 溶液酸度过高会降低配合物的稳定性，特别是对弱酸型有机显色剂和金属离子形成的配合物的影响较大。当溶液酸度增大时显色剂的有效浓度要减少，显色能力被减弱。有色物的稳定性也随之降低。因此显色时，必须将酸度控制在某一适当范围内。

③ 溶液酸度变化，显色剂的颜色可能发生变化。其原因是：多数有机显色剂往往是一种酸碱指示剂，它本身所呈现的颜色是随着pH的变化而变化的。例如，PAR（吡啶偶氮间苯二酚）是一种二元酸（表示为H_2R），它所呈的颜色与pH的关系如下：

　　pH 2.1～4.2　　　　黄色（H_2R）
　　pH 4～7　　　　　　橙色（HR^-）

pH＞10　　　　　红色（R^{2-}）

PAR可作多种离子的显色剂，生成的配合物的颜色都是红色，因而这种显色剂不能在碱性溶液中使用。否则，因显色剂本身的颜色与有色配合物颜色相同或相近（对比度小），将无法进行分析。

④ 溶液酸度过低可能引起被测金属离子水解，因而破坏了有色配合物，使溶液颜色发生变化，甚至无法测定。

综上所述，酸度对显色反应的影响是很大的，而且是多方面的。显色反应适宜的酸度必须通过实验来确定。确定方法是：固定待测组分及显色剂浓度，改变溶液pH，制得数个显色液。在相同测定条件下分别测定其相应的吸光度，作出A-pH关系曲线，如图1-13所示。应选择曲线平坦部分对应的pH作为应该控制的pH范围。

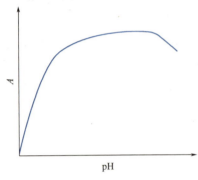

图1-13　吸光度A与pH的关系曲线

1.4.2.3　显色温度

不同的显色反应对温度的要求不同。大多数显色反应是在常温下进行的，但有些反应必须在较高温度下才能进行或进行得比较快。例如，Fe^{2+}和邻二氮菲的显色反应常温下就可完成，而硅钼蓝法测微量硅时，应先加热，使之生成硅钼黄，然后将硅钼黄还原为硅钼蓝，再进行光度法测定。也有的有色物质加热时容易分解，例如$Fe(SCN)_3$，加热时褪色很快。因此对不同的反应，应通过实验找出各自适宜的显色温度范围。由于温度对光的吸收及颜色的深浅都有影响，因此在绘制工作曲线和进行样品测定时应该使溶液温度保持一致。

1.4.2.4　显色时间

在显色反应中应该从两个方面来考虑时间的影响。一是显色反应完成所需要的时间，称为"显色（或发色）时间"；二是显色后有色物质色泽保持稳定的时间，称为"稳定时间"。确定适宜时间的方法：配制一份显色溶液，从加入显色剂开始，每隔一定时间测吸光度一次，绘制吸光度-时间关系曲线。曲线平坦部分对应的时间就是测定吸光度的最适宜时间。

1.4.2.5　溶剂的选择

有机溶剂常常可以降低有色物质的离解度，增加有色物质的溶解，从而提高测定的灵敏度，例如，$[Fe(CNS)]^{2+}$在水中的$K_{稳}$为200，而在90%乙醇中$K_{稳}$为5×10^4，可见$[Fe(CNS)]^{2+}$的稳定性大大提高，颜色也明显加深。因此，利用有色化合物在有机溶剂中稳定性好、溶解度大的特点，可以选择合适的有机溶剂，采用萃取光度法来提高方法的灵敏度和选择性。

1.4.2.6　显色反应中的干扰及消除

（1）干扰离子的影响　分光光度法中共存离子的干扰主要有以下几种情况。

① 共存离子本身具有颜色。如Fe^{3+}、Ni^{2+}、Co^{2+}、Cu^{2+}、Cr^{3+}等的存在影响被测离子的测定。

② 共存离子与显色剂或被测组分反应，生成更稳定的配合物或发生氧化还原反应，使显色剂或被测组分的浓度降低，妨碍显色反应的完成，导致测量结果偏低。

③ 共存离子与显色剂反应生成了有色化合物或沉淀，导致测量结果偏高。若共存离子与显色剂反应后生成无色化合物，但由于消耗了大量的显色剂，也会使显色剂与被测离子的显色反应不完全。

（2）干扰的消除方法　干扰离子的存在给分析工作带来不小的影响。为了获得准确的结果，需要采取适当的措施来消除这些影响。消除共存离子干扰的方法很多，此处仅介绍几种常用方法，以便在实际工作中选择使用。

① 控制溶液的酸度。这是消除共存离子干扰的一种简便而重要的方法。控制酸度使待测离子显色，而干扰离子不生成有色化合物。例如，以磺基水杨酸测定Fe^{3+}时，若Cu^{2+}共存，此时Cu^{2+}也能与磺基水杨酸形成黄色配合物而干扰测定。若溶液酸度控制在pH=2.5，此时铁能与磺基水杨酸形成稳定的配合物，而铜就不能，这样就可以消除Cu^{2+}的干扰。

② 加入掩蔽剂，掩蔽干扰离子。采用掩蔽剂来消除干扰的方法是一种有效而常用的方法。该方法要求加入的掩蔽剂不与被测离子反应，掩蔽剂和掩蔽产物的颜色必须不干扰测定。表1-4列出可见分光光度法中常用的掩蔽剂，以便在实际工作中参考使用。

表1-4　可见分光光度法部分常用的掩蔽剂

掩蔽剂	pH	被掩蔽的离子
KCN	>8	Cu^{2+}、Co^{2+}、Ni^{2+}、Zn^{2+}、Hg^{2+}、Ca^{2+}、Ag^+、Ti^{4+}及铂族元素
	6	Cu^{2+}、Co^{2+}、Ni^{2+}
NH_4F	4～6	Al^{3+}、Ti^{4+}、Sn^{4+}、Zr^{4+}、Nb^{5+}、Ta^{5+}、W^{6+}、Be^{2+}等
酒石酸	5.5	Fe^{3+}、Al^{3+}、Sn^{4+}、Sb^{3+}、Ca^{2+}
	5～6	UO_2^{2+}
	6～7.5	Mg^{2+}、Ca^{2+}、Fe^{3+}、Al^{3+}、Mo^{4+}、Nb^{5+}、Sb^{3+}、W^{6+}、UO_2^{2+}
	10	Al^{3+}、Sn^{4+}
草酸	2	Sn^{4+}、Cu^{2+}及稀土元素
	5.5	Zr^{4+}、Th^{4+}、Fe^{3+}、Fe^{2+}、Al^{3+}
柠檬酸	5～6	UO_2^{2+}、Th^{4+}、Sr^{2+}、Zr^{4+}、Sb^{3+}、Ti^{4+}
	7	Nb^{5+}、Ta^{5+}、Mo^{4+}、W^{6+}、Ba^{2+}、Fe^{3+}、Cr^{3+}
抗坏血酸（维生素C）	1～2	Fe^{3+}
	2.5	Cu^{2+}、Hg^{2+}、Fe^{3+}
	5～6	Cu^{2+}、Hg^{2+}

③ 改变干扰离子的价态以消除干扰。利用氧化还原反应改变干扰离子的价态，使干扰离子不与显色剂反应，以达到目的。例如，用铬天青S显色Al^{3+}时，若加入抗坏血酸或盐酸羟胺便可以使Fe^{3+}还原为Fe^{2+}，从而消除了干扰。

④ 选择适当的入射光波长消除干扰。例如，用4-安替吡啉显色测定废水中酚时，氧化剂铁氰化钾和显色剂都呈黄色，干扰测定，但若选择用520nm单色光为入射光，则可以消除干扰，获得满意的结果。因为黄色溶液在420nm左右有强吸收，但500nm后则无吸收。

⑤ 选择合适的参比溶液可以消除显色剂和某些有色共存离子的干扰（1.4.3.2将作详细介绍）。

⑥ 分离干扰离子。当没有适当掩蔽剂或无合适方法消除干扰时，应采用适当的分离方法（如电解法、沉淀法、溶剂萃取及离子交换法等），将被测组分与干扰离子分离，然后再进行测定。其中萃取分离法使用较多，可以直接在有机相中显色。

⑦ 可以利用双波长法、导数光谱法等新技术来消除干扰（这部分内容可以参阅有关资料和专著）。

 操作练习3　邻二氮菲光度法测铁条件试验

一、目的要求
1.通过分光光度法测定铁的条件试验，学会用实验方法确定显色反应的条件。
2.了解分光光度计的构造和性能，进一步熟悉分光光度计的使用。

二、基本原理

在分光光度分析中，为了使测定结果有较高的灵敏度和准确度，必须通过显色反应的条件试验，选择适宜的测量条件。条件试验一般包括溶液的酸度、显色剂的用量、溶剂、反应温度、干扰离子的影响、有色物质的稳定性等。

（1）溶液的酸度试验　溶液的酸度对有色配合物的组成、金属离子的状态、显色剂的浓度及颜色等方面有影响，进而影响测定的结果。合适酸度的选择，是固定其他条件，使反应在不同的pH条件下测定溶液的吸光度，然后绘制A-pH曲线，以吸光度大，且曲线较平稳的酸度范围作为适宜的酸度条件。

（2）显色剂用量试验　过量的显色剂，能使显色反应进行完全，但过量太多，可能会引起副反应，对测定产生副作用。显色剂合适用量的选择，是固定其他条件，分别测定不同显色剂加入量的溶液吸光度，然后绘制A-$V_{显色剂}$曲线，以吸光度大，且曲线较平稳、显色剂适当过量又不会减小吸光度的$V_{显色剂}$范围作为适宜的显色剂加入量。

（3）有色配合物的稳定性试验　有色配合物的颜色应有一定的稳定性，使得在测定过程中，吸光度基本不变，以保证测定结果的准确度。有色配合物稳定性的试验，是在溶液开始显色后，每隔一定时间测定一次吸光度，然后绘制A-t曲线，选择较平稳的时间范围作为合适的显色时间范围。

本实验只对部分条件做试验，其他条件可由学生试拟实验方案。

1.4.3　测量条件的选择

在测量吸光物质的吸光度时，测量准确度往往受多方面因素的影响，如仪器波长准确度、吸收池性能、参比溶液、入射光波长、测量的吸光度范围、被测量组分的浓度范围等都会对分析结果的准确度产生影响，必须加以控制。

1.4.3.1　入射光波长的选择

当用分光光度计测定被测溶液的吸光度时，首先需要选择合适的入射光波长。选择入射光波长的依据是该被测物质的吸收曲线。在一般情况下，应选用最大吸收波长作为入射光波长。在 λ_{max} 附近波长的稍许偏移引起的吸光度的变化较小，可得到较好的测量精度，而且以 λ_{max} 为入射光测定灵敏度高。但是，如果最大吸收峰附近有干扰存在（如共存离子或所使用试剂有吸收），则在保证有一定灵敏度的情况下，可以选择吸收曲线中其他波长进行测定（应选曲线较平坦处对应的波长），以消除干扰。

1.4.3.2 参比溶液的选择

在分光光度分析中测定吸光度时，入射光的反射，以及溶剂、试剂等对光的吸收会造成透射光通量的减弱。为了使光通量的减弱仅与溶液中待测物质的浓度有关，需要选择合适组分的溶液作参比溶液，先以它来调节透射比100%（$A=0$），然后再测定待测溶液的吸光度。这实际上是以通过参比池的光作为入射光来测定试液的吸光度。这样就可以消除显色溶液中其他有色物质的干扰，抵消吸收池和试剂对入射光的吸收，比较真实地反映了待测物质对光的吸收，因而也就比较真实地反映了待测物质的浓度。

（1）溶剂参比　当试样溶液的组成比较简单，共存的其他组分很少且对测定波长的光几乎没有吸收，仅有待测物质与显色剂的反应产物有吸收时，可采用溶剂作参比溶液，这样可以消除溶剂、吸收池等因素的影响。

（2）试剂参比　如果显色剂或其他试剂在测定波长有吸收，此时应采用试剂参比溶液，即按显色反应相同条件，只不加入试样，同样加入试剂和溶剂作为参比溶液。这种参比溶液可消除试剂中的组分产生的影响。

（3）试液参比　如果试样中其他共存组分有吸收，但不与显色剂反应，则当显色剂在测定波长无吸收时，可用试样溶液作参比溶液，即将试液与显色溶液作相同处理，只是不加显色剂。这种参比溶液可以消除有色离子的影响。

（4）褪色参比　如果显色剂及样品基体有吸收，这时可以在显色液中加入某种褪色剂，选择性地与被测离子配位（或改变其价态），生成稳定无色的配合物，使已显色的产物褪色，用此溶液作参比溶液，称为褪色参比溶液。例如，用铬天青S与 Al^{3+} 反应显色后，可以加入 NH_4F 夺取 Al^{3+}，形成无色的 $[AlF_6]^{3-}$。将此褪色后的溶液作参比可以消除显色剂的颜色及样品中微量共存离子的干扰。褪色参比是一种比较理想的参比溶液，但遗憾的是并非任何显色溶液都能找到适当的褪色方法。

总之，选择参比溶液时，应尽可能全部抵消各种共存有色物质的干扰，使试液的吸光度真正反映待测物的浓度。

1.4.3.3 吸光度测量范围的选择

任何类型的分光光度计都有一定的测量误差，但对一个给定的分光光度计来说，透射比读数误差 $\Delta\tau$ 都是一个常数（其值在 $\pm 0.2\% \sim 2\%$）。但透射比读数误差不能代表测定结果误差，测定结果误差常用浓度的相对误差 $\Delta c/c$ 表示。由于透射比 τ 与浓度之间为负对数关系，故同样透射比读数误差 $\Delta\tau$ 在不同透射比处所造成的 $\Delta c/c$ 是不同的，那么 τ 为多少时 $\Delta c/c$ 最小？

根据朗伯-比尔定律，则 $-\lg\tau=\varepsilon bc$。将该式微分后，经整理可得：

$$\frac{\Delta c}{c}=\frac{0.434}{\tau\lg\tau}\Delta\tau \tag{1-12}$$

令式(1-12)的导数为零,可求出当 $\tau=0.368$($A=0.434$)时,$\Delta c/c$ 最小 $\left(\dfrac{\Delta c}{c}=1.4\%\right)$。

假设 $\Delta\tau=\pm 0.5\%$,并将此值代入式(1-12),则可计算出不同透射比时浓度相对误差($\Delta c/c$),如表1-5所示。

表1-5　不同 τ(或 A)时的浓度相对误差(设 $\Delta\tau=\pm 0.5\%$)

$\tau/\%$	A	$\dfrac{\Delta c}{c}/\%$	$\tau/\%$	A	$\dfrac{\Delta c}{c}/\%$
95	0.022	±10.2	40	0.399	±1.36
90	0.046	±5.3	30	0.523	±1.38
80	0.097	±2.8	20	0.699	±1.55
70	0.155	±2.0	10	1.000	±2.17
60	0.222	±1.63	3	1.523	±4.75
50	0.301	±1.44	2	1.699	±6.38

由表1-5可以看出,浓度相对误差大小不仅与仪器精度有关,还和透射比读数范围有关。在仪器透射比读数绝对误差为 ±0.5% 时,透射比在 70%~10% 的范围内,浓度测量误差为 ±1.4%~±2.2%。测量吸光度过高或过低,误差都很大,**一般适宜的吸光度范围是 0.2~0.8**。实际工作中,可以通过调节被测溶液的浓度(如改变取样量、改变显色后溶液总体积等)、使用厚度不同的吸收池来调整待测溶液的吸光度,使其在适宜的吸光度范围内。

1.4.4　定量方法

可见分光光度法的最广泛和最重要的用途是作微量成分的定量分析,它在工业生产和科学研究中都占有十分重要的地位。进行定量分析时,由于样品的组成情况及分析要求的不同,分析方法也有所不同。

1.4.4.1　单组分样品的分析

如果样品是单组分的,且遵守吸收定律,这时只要测出被测吸光物质的最大吸收波长($\lambda_{\max}$),就可在此波长下,选用适当的参比溶液,测量试液的吸光度,然后再用工作曲线法或比较法求得分析结果。

(1)工作曲线法　工作曲线法是实际工作中使用最多的一种定量方法。工作曲线的绘制方法是:配制四个以上浓度不同的待测组分的标准溶液,在相同条件下显色并稀释至相同体积,以空白溶液为参比溶液,在选定的波长下,分别测定各标准溶液的吸光度。以标准溶液浓度为横坐标、吸光度为纵坐标,在坐标纸上绘制曲线(见图1-14),此曲线即称为工作曲线(或称标准曲线)。实际工作

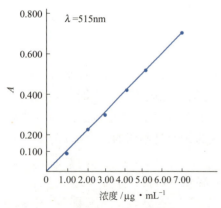

图1-14　工作曲线

码1-7　标准曲线的绘制

中，为了避免使用时出差错，在所作的工作曲线上还必须标明标准曲线的名称、所用标准溶液的（或标样）名称和浓度、坐标分度和单位、测量条件（仪器型号、入射光波长、吸收池厚度、参比液名称）以及制作日期和制作者姓名。

在测定样品时，应按相同的方法制备待测试液（为了保证显色条件一致，操作时一般是试样与标样同时显色），在相同测量条件下测量试液的吸光度，然后在工作曲线上查出待测试液的浓度。为了保证测定准确度，要求标样与试样溶液的组成保持一致，待测试液的浓度应在工作曲线线性范围内，最好在工作曲线中部。工作曲线应定期校准，如果实验条件变动（如更换标准溶液、所用试剂重新配制、仪器经过修理、更换光源等情况），工作曲线应重新绘制。如果实验条件不变，那么每次测量只要带一个标样，校验一下实验条件是否符合，就可直接用此工作曲线测量试样的含量。工作曲线法适于成批样品的分析，它可以消除一定的随机误差。

由于受到各种因素的影响，实验测出的各点可能不完全在一条直线上，这时"画"直线的方法就显得随意性大了一些，采用最小二乘法来确定直线回归方程，将要准确多了。

工作曲线可以用一元线性方程表示，即

$$y=a+bx \tag{1-13}$$

式中，x 为标准溶液的浓度；y 为相应的吸光度；a、b 为回归系数；直线称为回归直线。b 为直线斜率，可由式（1-14）求出。

$$b = \frac{\sum_{i=1}^{n}(x_i-\bar{x})(y_i-\bar{y})}{\sum_{i=1}^{n}(x_i-\bar{x})^2} \tag{1-14}$$

式中，$\bar{x}$、$\bar{y}$ 分别为 x 和 y 的平均值；x_i 为第 i 个点的标准溶液的浓度；y_i 为第 i 个点的吸光度（以下相同）。

a 为直线的截距，可由式（1-15）求出。

$$a = \frac{\sum_{i=1}^{n}y_i - b\sum_{i=1}^{n}x_i}{n} = \bar{y}-b\bar{x} \tag{1-15}$$

工作曲线线性的好坏可以用回归直线的相关系数来表示，相关系数 γ 可用式（1-16）求得。

$$\gamma = b\sqrt{\frac{\sum_{i=1}^{n}(x_i-\bar{x})^2}{\sum_{i=1}^{n}(y_i-\bar{y})^2}} \tag{1-16}$$

相关系数接近 1，说明工作曲线线性好，一般要求所作工作曲线的相关系数 γ 要大于 0.999。

【例 1-2】 用邻二氮菲法测定 Fe^{2+} 得下列实验数据，请确定工作曲线的直线回归方程，并计算相关系数。

解 设直线回归方程为：$y=a+bx$，令 $x=10^5 c$

则得 $\bar{x} = 4.00$，$\bar{y} = 0.439$

计算得
$$\sum_{i=1}^{n}(x_i - \bar{x})(y_i - \bar{y}) = 3.71$$

$$\sum_{i=1}^{n}(x_i - \bar{x})^2 = 34 \qquad \sum_{i=1}^{n}(y_i - \bar{y})^2 = 0.405$$

则
$$b = \frac{\sum_{i=1}^{n}(x_i - \bar{x})(y_i - \bar{y})}{\sum_{i=1}^{n}(x_i - \bar{x})^2} = \frac{3.71}{34} = 0.109$$

$$a = \bar{y} - b\bar{x} = 0.439 - 4 \times 0.109 = 0.003$$

得直线回归方程：$y = 0.003 + 0.109x$

相关系数：
$$\gamma = b\sqrt{\frac{\sum_{i=1}^{n}(x_i - \bar{x})^2}{\sum_{i=1}^{n}(y_i - \bar{y})^2}} = 0.109 \times \sqrt{\frac{34}{0.405}} = 0.999$$

可见实验所作的工作曲线线性符合要求。

由回归方程得
$$A_{试} = 0.003 + 0.109 \times 10^5 c_{试}$$

故
$$c_{试} = \frac{A_{试} - 0.003}{0.109 \times 10^5}$$

因而，只要在相同的条件下，测出试液吸光度 $A_{试}$ 代入上式，即可得到试样浓度 $c_{试}$。

（2）比较法　这种方法是用一个已知浓度的标准溶液（c_s），在一定条件下，测得其吸光度 A_s，然后在相同条件下测得试液 c_x 的吸光度 A_x，设试液、标准溶液完全符合朗伯-比尔定律，则

码1-8　紫外-可见分光光度法定量方法

$$c_x = \frac{A_x}{A_s} c_s \tag{1-17}$$

使用这种方法要求 c_x 与 c_s 浓度接近，且都符合吸收定律。比较法适于个别样品的测定。

1.4.4.2　多组分定量测定

多组分是指在被测溶液中含有两个或两个以上的吸光组分。进行多组分混合物定量分析的依据是吸光度的加和性。假设溶液中同时存在两种组分 x 和 y，它们的吸收光谱一般有下面两种情况。

① 吸收光谱曲线不重叠［见图1-15（a）］，或至少可找到在某一波长处 x 有吸收而 y 不吸收，在另一波长处 y 有吸收，x 不吸收［见图1-15（b）］，则可分别在波长 λ_1 和 λ_2 处测定组分 x 和 y，而相互不产生干扰。

② 吸收光谱曲线重叠（见图1-16）时，可选定两个波长 λ_1 和 λ_2 并分别在 λ_1 和 λ_2 处测定吸光度 A_1 和 A_2，根据吸光度的加和性，列出如下方程组：

$$\begin{cases} A_1 = \varepsilon_{x1}bc_x + \varepsilon_{y1}bc_y \\ A_2 = \varepsilon_{x2}bc_x + \varepsilon_{y2}bc_y \end{cases} \quad (1\text{-}18)$$

| (a) 不重叠 | (b) 部分重叠 |

图 1-15　吸收光谱不重叠或部分重叠　　　　图 1-16　吸收光谱重叠

式中，c_x、c_y 分别为 x 组分和 y 组分的浓度；ε_{x1}、ε_{y1} 分别为 x 组分和 y 组分在波长 λ_1 处的摩尔吸光系数；ε_{x2}、ε_{y2} 分别为 x 组分和 y 组分在波长 λ_2 处的摩尔吸光系数；ε_{x1}、ε_{y1}、ε_{x2}、ε_{y2} 可以用 x、y 的标准溶液分别在 λ_1 和 λ_2 处测定吸光度后计算求得。将 ε_{x1}、ε_{y1}、ε_{x2}、ε_{y2} 代入方程组，可得两组分的浓度。

用这种方法虽可以用于溶液中两种以上组分的同时测定，但组分数 $n>3$ 时结果误差增大。近年来由于电子计算机的广泛应用，多组分的各种计算方法得到快速发展，电子计算机提供了一种快速分析的服务。

【例 1-3】　为测定含 A 和 B 两种有色物质中 A 和 B 的浓度，先以纯 A 物质作工作曲线，求得 A 在 λ_1 和 λ_2 时 $\varepsilon_{A1}=4800 \text{L}\cdot\text{mol}^{-1}\cdot\text{cm}^{-1}$ 和 $\varepsilon_{A2}=700 \text{L}\cdot\text{mol}^{-1}\cdot\text{cm}^{-1}$；再以纯 B 物质作工作曲线，求得 $\varepsilon_{B1}=800 \text{L}\cdot\text{mol}^{-1}\cdot\text{cm}^{-1}$ 和 $\varepsilon_{B2}=4200 \text{L}\cdot\text{mol}^{-1}\cdot\text{cm}^{-1}$。对试液进行测定，得 $A_1=0.580$ 与 $A_2=1.10$。求试液中的 A 和 B 的浓度。在上述测定时均用 1cm 比色皿。

解　由题意根据式（1-18）可以列出如下方程组：

$$\begin{cases} A_1 = \varepsilon_{A1}bc_A + \varepsilon_{B1}bc_B \\ A_2 = \varepsilon_{A2}bc_A + \varepsilon_{B2}bc_B \end{cases}$$

代入数据得

$$\begin{cases} 0.580 = 4800c_A + 800c_B \\ 1.10 = 700c_A + 4200c_B \end{cases}$$

解方程组得 $c_A=7.94\times10^{-5}\text{mol}\cdot\text{L}^{-1}$；$c_B=2.48\times10^{-4}\text{mol}\cdot\text{L}^{-1}$。

操作练习 4　混合液中 Co^{2+} 和 Cr^{3+} 双组分的光度法测定

一、目的要求
掌握用分光光度法测定双组分的原理和方法。

二、基本原理
当试样溶液含有多种吸光物质，一定条件下分光光度法不经分离即可对混合物进行多组分分析。这是因为吸光度具有加和性，即在一定波长下，溶液的总吸光度等于各吸光组分的吸光度之和。

如果混合物中各组分的吸收光谱曲线互有重叠，只要它们能符合朗伯-比尔定律，对n个组分即可在n个适当的波长下进行n次吸光度测定，然后解n元联立方程，可求算各个组分的含量。

现以简单的二元组分混合物为例，若测定时用1cm比色皿，从下列方程组可求得a、b二元组分的浓度c_a和c_b。

$$\begin{cases} A_{\lambda_1}^{a+b} = A_{\lambda_1}^{a} + A_{\lambda_1}^{b} = \varepsilon_{\lambda_1}^{a} c_a + \varepsilon_{\lambda_1}^{b} c_b \\ A_{\lambda_2}^{a+b} = A_{\lambda_2}^{a} + A_{\lambda_2}^{b} = \varepsilon_{\lambda_2}^{a} c_a + \varepsilon_{\lambda_2}^{b} c_b \end{cases}$$

式中，$A_{\lambda_1}^{a+b}$、$A_{\lambda_2}^{a+b}$为所选两个波长下的测定值；λ_1、λ_2一般选各组分的最大吸收波长，以提高测定的灵敏度；$\varepsilon_{\lambda_1}^{a}$、$\varepsilon_{\lambda_1}^{b}$、$\varepsilon_{\lambda_2}^{a}$、$\varepsilon_{\lambda_2}^{b}$依次代表组分a及b分别在$\lambda_1$及$\lambda_2$处的摩尔吸光系数，可用已知浓度的a、b组分溶液分别测定，测定各ε值时最好采用标准曲线法，以标准曲线的斜率作为ε值较准确。

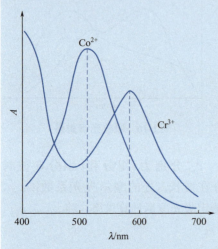

图1-17　Co^{2+}和Cr^{3+}的吸收曲线

本实验测定Co^{2+}及Cr^{3+}的有色混合物的组成。Co^{2+}和Cr^{3+}的吸收曲线见图1-17。

1.4.4.3　高含量组分的测定

紫外-可见分光光度法一般适用于含量为$10^{-6} \sim 10^{-2}$ mol·L^{-1}浓度范围的测定。过高或过低含量的组分，由于溶液偏离吸收定律或因仪器本身灵敏度的限制，会使测定产生较大误差，此时若使用差示法就可以解决这个问题。

差示法又称差示分光光度法。它与一般分光光度法区别仅仅在于它采用一个已知浓度成分与待测溶液相同的溶液作参比溶液（称参比标准溶液），而其测定过程与一般分光光度法相同。然而正是由于使用了这种参比标准溶液，才大大地提高测定的准确度，使其可用于测定过高或过低含量的组分。将这种以改进吸光度测量方法来扩大测量范围并提高灵敏度和准确度的方法称为差示法。差示法又可分为高吸光度差示法、低吸光度差示法、精密差示法和全差示光度测量法四种类型。由于后三种方法应用不多，本书只着重介绍应用于高浓度组分测定的高吸光度差示法。

该方法适用于分析$\tau < 10\%$的组分。具体方法是：在光源和检测器之间用光闸切断时，调节仪器的透射比为零，然后用一比待测溶液浓度稍低的已知浓度为c_0的待测组分标准溶液作参比溶液，置于光路，调节透射比$\tau=100\%$，再将待测样品（或标准系列溶液）置于光路，读出相应的透射比或吸光度。根据差示吸光度值$A_{测}$和试液与参比标准溶液浓度差值呈线性关系，用比较法或工作曲线法〔注意，是用标准溶液浓度c_s减参比标准溶液浓度c_0即（c_s-c_0）的值对相应的吸光度作图〕，求得待测溶液浓度与标准参比溶液浓度的差值（设为c'_x），则待测溶液的浓度：$c_x=c_0+c'_x$。

假设以空白溶液作参比，用普通光度法测出浓度为c_0的标准溶液$\tau_0=10\%$，浓度为c_x的试液$\tau_x=4\%$（见图1-18中上部分）。用差示法，以浓度为c_0的标准溶液作参比调节

$\tau'=100\%$，这就相当于将仪器的透射比读数标尺扩大了10倍，此时试液的$\tau'_x=40\%$，此读数落入适宜的范围内（见图1-18下部分），从而提高了测量准确度，使普通光度法无法测量的高浓度溶液得到满意的结果。高吸光度差示法误差可低至0.2%，其准确度可与滴定法或重量法相媲美。

使用这种方法要求仪器光源强度要足够大，仪器检测器要足够灵敏。因为只有这样的仪器才能将标准参比溶液调到τ为100%。

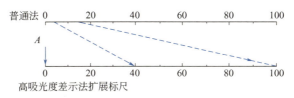

图1-18　高吸光度差示法标尺扩展示意图

 操作练习5　差示法测定样品中高含量镍

一、目的要求
1. 了解高吸光度差示法的基本原理及其优点。
2. 学会高吸光度差示法测定的基本操作以及消光片的使用方法。

二、基本原理
差示分光光度法和普通分光光度法的区别在于所用参比溶液的不同。差示法是采用一已知浓度的标准溶液代替普通分光光度法中的"空白"作参比来测定试样溶液的吸光度，而其测定过程则基本相同。

普通分光光度法在测定高含量或高吸收溶液时，偏离比耳定律及吸光度超出了准确测量的范围，因而高浓度样品的测定，采用高吸光度差示法则比较适宜。

高吸光度差示法以一个浓度比待测试样溶液稍低的已知浓度溶液作参比溶液，调节透光率（透射比）为100%（或吸光度为0），然后测量一个或数个标准溶液（其浓度均必须大于参比溶液的浓度）的吸光度和待测试样溶液的吸光度，用比较法或工作曲线法求得待测溶液的浓度。

应用高吸光度差示法，由于选择适宜的参比溶液浓度，通过调满度（即$\tau=100\%$或$A=0$），充分利用了仪器的灵敏度，扩展了读数标尺，使吸光度测量的相对误差$\Delta A/A$大为减小，从而提高了测量结果的准确度，使之在测定高含量组分时的浓度相对误差可与重量法或容量法相比。

本实验利用Ni^{2+}溶液本身的颜色，在400nm波长下进行高吸光度差示法测量，并和普通分光光度法测量结果进行比较。

1.4.4.4　双波长分光光度法

所谓双波长分光光度法就是从光源发出的光经过两个单色器，得到两束不同波长（λ_1和λ_2）的单色光，并借助切光器使λ_1和λ_2交替地通过同一吸收池（见图1-19），测定两波

长下吸光度差值 ΔA，求得待测组分含量的方法。

双波长分光光度法测定混合组分通常采用等吸收法。如图 1-20 所示，当 a 和 b 两组分共存时，如果要测定待测组分 b 的含量，而组分 a 为干扰组分时，则可以选择对干扰组分 a 具有等吸收的两波长 λ_1 和 λ_2，以 λ_1 为参比波长、λ_2 为测定波长，利用双波长分光光度计对混合液进行测定，测得混合液的吸光度差值为 ΔA。根据吸光度加和性，则

$$\Delta A = A_{\lambda_2} - A_{\lambda_1}$$

因为
$$A_{\lambda_2} = A_{\lambda_2}^a + A_{\lambda_2}^b$$

$$A_{\lambda_1} = A_{\lambda_1}^a + A_{\lambda_1}^b$$

则
$$\Delta A = (A_{\lambda_2}^a + A_{\lambda_2}^b) - (A_{\lambda_1}^a + A_{\lambda_1}^b)$$

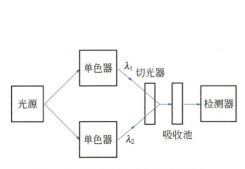

图 1-19　双波长分光光度计示意图

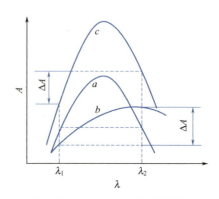

图 1-20　双波长法测定示意图
a，b—组分 a、b 的吸收曲线；
c—组分 a 和 b 的吸光度之和

由于干扰组分 a 在 λ_1 和 λ_2 处有等吸收，即 $A_{\lambda_2}^a = A_{\lambda_1}^a$，所以

$$\Delta A = A_{\lambda_2}^b - A_{\lambda_1}^b = (\varepsilon_{\lambda_2}^b - \varepsilon_{\lambda_1}^b) c_b b \tag{1-18}$$

因此 ΔA 与待测组分的浓度 c_b 成正比，而与干扰组分 a 的浓度无关，这样就可根据 ΔA-c 工作曲线进行定量测定。值得注意的是，所选择的两波长 λ_1 和 λ_2，除干扰组分在此两波长处的吸光度值要相等外，还要求待测组分在此两波长处的吸光系数的差值要大，这样才能保证测定的准确度和灵敏度。

双波长分光光度法适用于混合物和浑浊试样的测定。同时由于采用一个吸收池，消除了参比液和吸收池差异的影响，提高了方法的准确度。

1.4.5　定量方法

一种分析方法的准确度，往往受多方面的因素影响，对于分光光度法来说也不例外。影响分析结果准确度的因素主要是溶液因素误差和仪器因素误差两方面。

1.4.5.1　溶液因素误差

溶液因素误差主要是指溶液中有关化学方面的原因，它包含如下两方面。

（1）待测物质本身的因素引起误差　待测物本身的因素是指在一定条件下，待测物参

与了某化学反应,包括与溶剂或其他离子发生化学反应,以及本身发生离解或聚合等。例如 $Cr_2O_7^{2-}$ 在水中存在如下平衡:

$$Cr_2O_7^{2-} + H_2O \underset{\text{浓缩}}{\overset{\text{稀释}}{\rightleftharpoons}} 2CrO_4^{2-} + 2H^+$$

$$(\lambda_{max}=470nm) \quad (\lambda_{max}=450nm)$$

如果以470nm为入射光波长进行测定,则会产生偏离吸收定律的现象。因此,要避免这种误差产生就必须采取适当措施使溶液中吸光物质的浓度与被测物质的总浓度相等或成正比例地改变。例如 $Cr_2O_7^{2-}$ 在强酸溶液中就可以保证其几乎完全以 $Cr_2O_7^{2-}$ 形式存在,而消除误差。

实际工作中,被测元素所呈现的吸光物质往往随溶液的条件,诸如稀释、pH、温度及有关试剂的浓度等不同而改变,因而导致产生偏离吸收定律,产生溶液因素误差。

(2)溶液中其他因素引起误差 除了待测组分本身的原因外,溶液中其他因素,例如溶剂的性质及共存物质的不同,都会引起溶液误差。减除这类误差的方法,一般是选择合适的参比溶液,而最有效的方法是使用双波长分光光度计。

1.4.5.2 仪器因素误差

仪器误差是指由使用分光光度计所引入的误差。它包括如下几方面。

(1)仪器的非理想性引起的误差 例如,非单色光引起对吸收定律的偏离;波长标尺未作校正时引起光谱测量的误差;吸光度受吸光度标尺误差的影响等。

(2)仪器噪声的影响 例如,光源强度波动、光电管噪声、电子元件噪声等。

(3)吸收池引起的误差 吸收池不匹配或吸收池透光面不平行,吸收池定位不确定或吸收池对光方向不同均会使透射比产生差异,结果产生误差。

总之,实际工作中所遇到情况各不相同,这就要求操作者要在工作中积累经验,以便做出得当的处理。

1.4.6 应用

分光光度法主要用于微量组分的定量测定,也能用于常量组分的测定(利用差示法);可测单组分,也可测多组分。分光光度法还可用于测定配合物的组成及稳定常数;确定滴定终点等。下面主要介绍在配合物组成及其稳定常数测定和光度滴定等方面的应用。

1.4.6.1 配合物组成及其稳定常数的测定

用分光光度法可以测定配合物的组成,即金属离子M与配位剂R在形成配合物时的比例关系(也称配位数,即 MR_n 中 n 的数值)。配位数 n 的测定方法有多种,常用的是摩尔比法和连续变化法。

(1)摩尔比法 设:金属离子M与配位剂R的反应为

$$M + nR \rightleftharpoons MR_n$$

配制一适当浓度的金属离子M的标准溶液,分取等体积的数份,再于各份溶液中加入不同量的配位剂R并稀释至同一体积,然后在配合物的 λ_{max} 处分别测定溶液的吸光度。以吸光度 A 为纵坐标,以溶液中配位剂与金属离子的物质的量浓度的比值

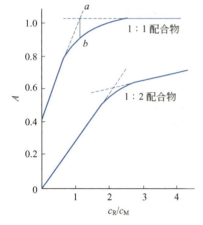

图1-21 摩尔比法测定配合物的配位比 n

$\dfrac{c_R}{c_M}$ 为横坐标作图,得如图1-21所示曲线。将曲线上两直线部分延长,交点处所对应的 $\dfrac{c_R}{c_M}$ 值即为该配合物的配位数 n,即配位化合物的配位比为 $1:n$。

由图1-21中可以看出:当 $\dfrac{c_R}{c_M} < n$ 时,金属离子没有完全配位,随配位剂量的增加,生成的配合物逐渐增多,吸光度不断提高。当 $\dfrac{c_R}{c_M} > n$ 时,M几乎全部生成 MR_n,吸光度趋于平稳。从理论上讲,应该得到两直线相交图形(如图1-21中虚线所示),但实际上得到的是弧形转角曲线。这主要是配合物离解造成的,配位物稳定常数越小,这种偏离会越大。因而在图1-21中,外延两直线交点 a 所对应的浓度是M与R完全配位达到其配位数而又没有离解时的 MR_n 的浓度,即 $c_M = \dfrac{A_a}{\varepsilon b}$;$b$ 点所对应的浓度则是离解平衡时 MR_n 的浓度,即 $[MR_n] = \dfrac{A_b}{\varepsilon b}$。根据配位反应的平衡关系

$$M + nR \rightleftharpoons MR_n$$

可得出

$$K = \dfrac{A_b (\varepsilon b)^n}{n^n (A_a - A_b)^{n+1}} \tag{1-19}$$

式中,A_a、A_b 可由 $A - \dfrac{c_R}{c_M}$ 曲线上查得;εb 可由 $\dfrac{A_a}{c_M}$ 求出,因而利用式(1-19)可以求出配位数为 n 的配合物稳定常数。当 $n=1$ 时,式(1-19)即可写成:

$$K = \dfrac{A_b (\varepsilon b)^2}{(A_a - A_b)^2} = \dfrac{A_b A_a}{(A_a - A_b)^2 c_M}$$

用摩尔比法确定配合物的配位数适用于稳定性好、离解度小的配合物的测定,离解度大的配合物由于所绘制的 $A - \dfrac{c_R}{c_M}$ 曲线较为平直,不易确定两直线的交点,因而无法准确确定配位数。

操作练习6 配合物组成的光度测定(一)

目的要求
1. 初步掌握用光度测定的实验方法确定配合物的组成。
2. 进一步熟悉分光光度计的使用。

(2)连续变化法 连续变化法是测定配合物组成应用最广的方法之一。它是保持 $c_M + c_R$ 为恒定值,连续改变 c_M 与 c_R 的相对比值,根据所测的吸光度与这种相对比值的关系

曲线确定配合物的组成。

具体方法是：预先配制好物质的量浓度相同的金属离子M和配位剂R的标准溶液，将两溶液依次按体积比 $\dfrac{V_R}{V_R+V_M}$ 为 0、0.1、0.2、0.3、…、1.0 的比例混合，各溶液总体积（V_R+V_M）保持相同。在同一实验条件下，依次测其吸光度。若M、R无吸收，体系中只有 MR_n 有吸收，则以吸光度 A 为纵坐标，以 $\dfrac{V_R}{V_R+V_M}$ 为横坐标作

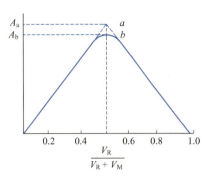

图1-22 连续变化法确定配位数 n

图，得一峰形曲线（见图1-22）。将曲线两侧直线部分延长并相交，由交点对应的 $\dfrac{V_R}{V_R+V_M}$ 值算出配位数 n，$n=\dfrac{V_R}{V_M}$。如图1-22中，$\dfrac{V_R}{V_R+V_M}=0.5$，则 $\dfrac{V_R}{V_M}=1$，所以 $n=1$，该配合物配位比为 1∶1。

码1-9 紫外-可见分光光度法应用

连续变化法应用前提是体系只形成一种配合物。在体系中可能同时存在几种配合物时，必须用其他方法校验结果。

 操作练习7　配合物组成的光度测定（二）

> **目的要求**
> 1.初步掌握用光度测定的实验方法确定配合物的组成。
> 2.进一步熟悉分光光度计的使用。

1.4.6.2　光度滴定法

根据被滴定溶液在滴定过程中吸光度的变化来确定滴定终点的方法称为光度滴定法。光度滴定通常是用经过改装的光路中可插入滴定容器的分光光度计来进行的。通过测定滴定过程中溶液相应的吸光度，然后绘制滴定剂加入体积和对应吸光度的曲线，再根据滴定曲线确定滴定终点。图1-23是用光度法确定EDTA连续滴定 Bi^{3+} 和 Pb^{2+} 的终点的实例。吸光度滴定可以在240nm波长处进行。由于EDTA与 Bi^{3+} 的配合物的稳定性大于与 Pb^{2+} 的配合物的稳定性，因此EDTA首先滴定 Bi^{3+}，在 Bi^{3+} 完全配位后 Pb^{2+} 开始与EDTA配位。因为在240nm处 Pb^{2+}-EDTA的吸收较 Bi^{3+}-EDTA的吸收强烈得多，此时滴定曲线急剧上升，当 Pb^{2+} 全部被滴定后曲线又转向平缓。因此由滴定曲线可得两个滴定终点。

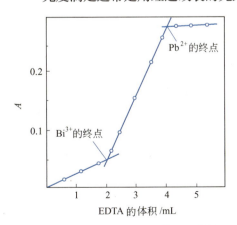

图1-23　EDTA同时滴定 Bi^{3+} 和 Pb^{2+} 的滴定曲线

光度滴定曲线的形状是多种多样的，它取决于在给定波长处反应体系各组分的吸收情况。

思考与练习1.4

1. 解释下列名词术语

   显色剂　三元配合物　工作曲线　差示法　双波长分光光度法

2. 高吸光度差示法和一般的分光光度法不同点在于参比溶液不同，前者的参比溶液为（　　）。

   A. 溶剂

   B. 试剂空白

   C. 比被测试液浓度稍高的待测组分标准溶液

   D. 比被测试液浓度稍低的待测组分标准溶液

3. 双波长分光光度计的输出信号是（　　）。

   A. 试样在λ_1吸收与参比在λ_2吸收之差　　B. 试样在λ_1和λ_2吸收之差

   C. 试样在λ_1和λ_2吸收之和　　　　　　D. 试样在λ_1吸收与参比在λ_2吸收之和

4. 下列条件适合于连续变化法测定配合物吸收之和组成的是（　　）。

   A. 固定金属离子浓度

   B. 固定显色剂的浓度

   C. 固定金属离子和显色剂的总浓度不变

   D. 以$[R]/(c_R+c_M)$的值直接确定配合物的组成

5. 用摩尔比法测定Al^{3+}与某显色剂形成的配合物的组成时，在同样加入$1.0\times10^{-3}mol\cdot L^{-1}$ Al^{3+}溶液2.00mL的情况下，分别加入$1.0\times10^{-3}mol\cdot L^{-1}$的显色剂R的体积为2.0mL、3.0mL、4.0mL、5.0mL、6.0mL、8.0mL、10.0mL、12.0mL，在相同条件下用1.0cm比色皿在一定波长下测得吸光度为0.220、0.340、0.450、0.573、0.680、0.699、0.699、0.699。因此，Al^{3+}与显色剂R配合物的组成是（　　）。

   A. 1∶2　　　　　B. 1∶3　　　　　C. 1∶1　　　　　D. 2∶1

6. 在分光光度分析中，常出现工作曲线不过原点的情况，下列说法中不会引起这一现象的是（　　）。

   A. 测量和参比溶液所用吸收池不对称　　B. 参比溶液选择不当

   C. 显色反应灵敏度太低　　　　　　　　D. 显色反应的检测下限太高

7. 可见分光光度法中，选择显色反应时，应考虑的因素有哪些？

8. 可见分光光度法测定物质含量时，当显色反应确定以后，应从哪几方面选择实验条件？

9. 在456nm处，用1cm比色皿测定显色的锌配合物标准溶液得到下列数据：

$\rho(Zn)/\mu g\cdot mL^{-1}$	2.00	4.00	6.00	8.00	10.00
A	0.105	0.205	0.310	0.415	0.515

要求：

① 绘制工作曲线；

② 求摩尔吸光系数；

③ 求吸光度为0.260的未知试液的浓度。

10. 用磺基水杨酸法测定微量铁。称取0.2160g的$NH_4Fe(SO_4)_2 \cdot 12H_2O$溶于水并稀释至500mL，得铁标准溶液。按下表所列数据取不同体积的标准溶液，显色后稀释至相同体积，在相同条件下分别测定各吸光值的数据如下：

V/mL	0.00	2.00	4.00	6.00	8.00	10.00
A	0.000	0.165	0.320	0.480	0.630	0.790

取待测试液5.00mL，稀释至250mL。移取2.00mL，在与绘制工作曲线相同的条件下显色后测其吸光度得$A=0.500$。用工作曲线法求试液中铁含量（以$mg \cdot mL^{-1}$表示）。已知$M[NH_4Fe(SO_4)_2 \cdot 12H_2O] = 482.178 g \cdot mol^{-1}$。

11. 称取0.5000g钢样溶解后将其中Mn^{2+}氧化为MnO_4^-，在100mL容量瓶中稀释至标线。将此溶液在525nm处用2cm比色皿测得其吸光度为0.620，已知MnO_4^-在525nm处的$\varepsilon = 2235 L \cdot mol^{-1} \cdot cm^{-1}$，计算钢样中锰的含量。

12. 在440nm处和545m处用分光光度法在1cm比色皿中测得浓度为$8.33 \times 10^{-4} mol \cdot L^{-1}$的$K_2Cr_2O_7$标准溶液的吸光度分别为0.308和0.009；又测得浓度为$3.77 \times 10^{-4} mol \cdot L^{-1}$的$KMnO_4$溶液的吸光度为0.035和0.886，并且在上述两波长处测得某$K_2Cr_2O_7$和$KMnO_4$的混合吸光度分别为0.385和0.653。计算该混合液中$K_2Cr_2O_7$和$KMnO_4$物质的量浓度。

仪器分析操作考核实验方法1
考题1　分光光度法测定金属离子

（考试前由老师指定待测定金属离子）

1. 仪器

紫外-可见分光光度计。配石英比色皿（1cm），2个。普通玻璃比色皿（1cm），4个。

容量瓶：100mL 5个，50mL 10个。

吸量管：10mL 2支，5mL 1支。

移液管：25mL、10mL各1支。

量杯（筒）：5mL、10mL各1只。

烧杯：800mL 1个，250mL 1个，100mL 5个。

2. 试剂

浓盐酸。

浓氨水。

乙酸-乙酸钠缓冲溶液（$1 mol \cdot L^{-1}$），pH=4.8。

抗坏血酸，$100 g \cdot L^{-1}$。

邻菲啰啉盐酸一水合物或邻菲啰啉一水合物，$1.5 g \cdot L^{-1}$溶液。

铁标准储备溶液，$0.400 g \cdot L^{-1}$。

铁标准溶液，40.0μg·mL^{-1}、20.0μg·mL^{-1}。
磺基水杨酸溶液，100g·L^{-1}。
铬天青S-乙醇溶液，0.3g·L^{-1}。
铝标准溶液，1.50μg·mL^{-1}。
六亚甲基四胺，300g·L^{-1}。

未知液：铁试液浓度为150～200μg·mL^{-1}、200～250μg·mL^{-1}，铝试液浓度为10～15μg·mL^{-1}。其必为铁、铝两种标准物质中的一种。

以上所用试剂除铁、铝标准储备溶液用优级纯试剂配制外，其余所用试剂均为分析纯，用水为去离子水。

3.实验操作

（1）比色皿的校正 比色皿装蒸馏水，于最大吸收波长处，以一个比色皿为参比，对其余比色皿进行校正。

（2）吸收曲线绘制及测定波长的选择

① 邻菲啰啉分光光度法测定铁含量：移取20.0μg·mL^{-1}的铁标准使用溶液2.00mL、4.00mL、6.00mL、8.00mL、10.00mL于50mL容量瓶中，加入1mL抗坏血酸（100g·L^{-1}）溶液，摇匀，再加入5mL HAc-NaAc缓冲溶液、2mL邻菲啰啉溶液，摇匀。用水稀释至刻度，摇匀，放置15min后，用1cm比色皿，以试剂空白为参比，在400～780nm范围内测定吸光度，并作吸收曲线，从曲线上确定最大吸收波长作为定量测定时的测量波长。

② 磺基水杨酸分光光度法测定铁含量：移取40.0μg·mL^{-1}的铁标准使用溶液2.00mL、4.00mL、6.00mL、8.00mL、10.00mL于50mL容量瓶中，加5mL磺基水杨酸，用浓氨水调至黄色，再加2mL浓氨水，摇匀。用水稀释至刻度，摇匀，放置15min后，用1cm比色皿，以试剂空白为参比，在400～780nm范围内测定吸光度，并作吸收曲线，从曲线上确定最大吸收波长作为定量测定时的测量波长。

③ 铬天青S分光光度法测定铝含量：移取1.50μg·mL^{-1}的铝标准使用溶液2.00mL、4.00mL、6.00mL、8.00mL、10.00mL于50mL容量瓶中，加入5mL抗坏血酸（10g·L^{-1}）溶液，摇匀。再加入5mL铬天青S-乙醇溶液、2.5mL六亚甲基四胺，摇匀。用水稀释至刻度，摇匀，放置15min后，用1cm比色皿，以试剂空白为参比，在400～780nm范围内测定吸光度，并作吸收曲线，从曲线上确定最大吸收波长作为定量测定时的测量波长。

（3）校准曲线的绘制及试样中铁或铝含量的测定

根据吸收曲线上最大吸收波长处的吸光度及未知液的浓度范围，确定未知液的稀释倍数，并合理配制标准系列溶液，在最大吸收波长处，以试剂空白为参比，测定各自的吸光度。以浓度、质量或体积为横坐标，以相应的吸光度为纵坐标绘制校准曲线。

在相同条件下，测定样品稀释溶液的吸光度，并计算出样品稀释液的浓度。试样平行测定三份。

4.结果计算

根据未知溶液的稀释倍数，求出未知溶液中铁或铝的含量。

分光光度法测定金属离子考核成绩评定表

单位：_____ 教师姓名：_____ 考位号：_____ 得分：_____

序号	作业项目	考核内容	配分	操作要求	考核记录	扣分	得分
1	溶液配制（8分）	仪器洗涤	1	干净			
		吸量管的选择	1	正确			
		吸量管润洗	1	润洗三次			
		溶液移取	2	动作规范、移取量准确，各1分			
		容量瓶试漏	1	装蒸馏水至刻度，倒置2min。各0.5分			
		稀释定容	2	2/3水平摇动、定容准确、摇匀动作正确 各0.5分			
2	仪器准备（8分）	预热	2	20min以上			
		同套比色皿的校正方法、操作	3	方法选择、操作动作正确。各1.5分			
		比色皿校正值记录、使用正确	3	记录、使用正确。各1.5分			
3	比色皿使用（9分）	比色皿洗涤	1	干净			
		比色皿润洗	1	润洗三次			
		装溶液量	2	2/3～3/4			
		抓取比色皿	2	不抓光学面			
		擦拭方法	2	沿一个方向擦			
		放置位置	1	正确			
4	吸光度测量（6分）	关盖时动作幅度	2	动作轻			
		波长的改变	2	波长改变的方法、操作正确			
		吸光度的测量	2	方法、操作正确			
5	数据记录（2分）	数据记录	2	用仿宋体，及时，每个0.5分			
6	作图（22分）	坐标选择	2	正确			
		坐标名称及单位标注	3	有标注			
		图的名称	2	有			
		标出点的位置	2	标出			
		测定波长的确定	3	正确			
		线性	10	4个9 — 扣0分；3个9 — 扣5分；3个9以下 — 扣10分			

续表

序号	作业项目	考核内容	配分	操作要求		考核记录	扣分	得分
7	结果 （41分）	计算	5	每个错误0.5分				
		精密度	16	精密度≤0.5%	扣0分			
				0.5%＜精密度≤0.7%	扣4分			
				0.7%＜精密度≤0.9%	扣8分			
				0.9%＜精密度≤1.1%	扣12分			
				精密度＞1.1%	扣16分			
		准确度	20	准确度≤0.5%	扣0分			
				0.5%＜准确度≤0.7%	扣4分			
				0.7%＜准确度≤0.9%	扣8分			
				0.9%＜准确度≤1.1%	扣12分			
				1.1%＜准确度≤1.3%	扣16分			
				准确度＞1.3%	扣20分			
8	文明操作 结束工作 （4分）	物品摆放整齐、清洁、卫生	4					
9	总时间	≤210min		每超时1min扣1分				
10	其他							
	合计		100					

评分人：　　　　　年　月　日　　　　　　　　　核分人：　　　　　年　月　日

项目2
对紫外线有吸收物质的分析

在我们身边,许多物质虽然没有我们的肉眼能观察到的颜色,但它们也和有色物质一样,和光有着密切的关系,那是不是和可见光一样,也可以用于分析呢?答案是肯定的,在这一项目中大家将要共同去探索一下神秘的紫外线和分析的关系,是不是很期待呢?

 项目描述

学习目标	任务	教学建议	课时计划
1.使学生对紫外线和紫外分光光度法有初步的认识,理解一些基本的概念	1.紫外分光光度法的方法认识	通过一些生动的实例,学生将了解紫外线,想要更深入地研究紫外线,产生强烈的探索兴趣和动力。引导学生多观察、多思考、多提问	2学时
2.使学生对仪器的各个主要组成部件的功能、特点有深入的了解,并能正确操作仪器	2.认识紫外分光光度计	能够将紫外线、分析联系在一起的仪器,它从技术上达到了什么要求,能否满足我们的探索之需?让学生在研究中认识仪器的功能、特点。引导学生多观察、多思考、多提问	2学时
3.使学生对有机化合物紫外吸收光谱的产生原因有充分的认识,并具备应用于判别物质对紫外线能否产生吸收的能力	3.紫外分光光度法	通过结构分析,使学生对有机化合物紫外吸收光谱的产生原因产生研究、探索的兴趣,弄清哪些物质会对紫外线产生吸收	2学时
4.使学生了解紫外吸收光谱,并应用于实践操作中	4.紫外吸收光谱的应用	通过对紫外吸收光谱的定性、定量应用的实际案例,增强学生分析问题、解决问题的能力	8学时

 项目分析

项目2的主要任务是通过对紫外线、仪器、分析的联系和探讨,掌握利用物质对紫外线有吸收,对微量组分进行分析的方法。

具体要求如下:
① 紫外分光光度法测硝酸盐中氮;
② 紫外吸收光谱定性分析的应用;
③ 邻二氮菲光度法测铁条件试验;
④ 混合组分的光度测定;
⑤ 差示法测定样品中高含量镍;
⑥ 配合物组成的光度测定。

将以上6个具体要求分别对应6个操作练习,分步在子情境中完成,通过后续任务的学习,最后完成该项目的目标。

任务2.1 紫外分光光度法的方法认识

2.1.1 神奇的紫外线

(1) 紫外线的来源及发现 紫外线是电磁波谱中波长为 10～400nm 辐射的总称，不能引起人们的视觉反应。

1801年，德国物理学家里特发现在日光光谱的紫端外侧一段能够使含有溴化银的照相底片感光，因而发现了紫外线的存在。

自然界的主要紫外线光源是太阳。太阳光透过大气层时波长短于290nm的紫外线被大气层中的臭氧吸收掉。人工的紫外线光源有多种气体的电弧（如低压汞弧、高压汞弧）。紫外线有化学作用，能使照相底片感光；荧光作用强，日光灯、各种荧光灯和农业上用来诱杀害虫的黑光灯都是用紫外线激发荧光物质发光的；紫外线还可以防伪；紫外线还有生理作用，能杀菌、消毒、治疗皮肤病和软骨病等。紫外线的粒子性较强，能使各种金属产生光电效应。

(2) 紫外线的三个区域 紫外线根据波长分为：近紫外线、远紫外线和超短紫外线。紫外线对人体皮肤的渗透程度是不同的。紫外线的波长愈短，对人类皮肤危害愈大。短波紫外线可穿过真皮，中波则可进入真皮。

人类对自然环境破坏的日益加重，使人们对太阳逐渐恐惧起来。由此人类为防止太阳光线对肌肤造成伤害所进行的研究也成为永恒课题。下面先来了解一下紫外线的相关知识。

紫外线是位于日光高能区的不可见光线。依据紫外线自身波长的不同，可将近紫外线分为三个区域，即短波紫外线、中波紫外线和长波紫外线。

① 短波紫外线。简称UVC。是波长200～280nm的紫外线。短波紫外线在经过地球表面同温层时被臭氧层吸收，不能到达地球表面，不会对人体产生重要作用。但短波紫外线对人体的伤害很大，短时间照射即可灼伤皮肤，因此，对短波紫外线应引起足够的重视。

② 中波紫外线。简称UVB。是波长280～320nm的紫外线。中波紫外线对人体皮肤有一定的生理作用。此类紫外线的极大部分被皮肤表皮所吸收，不能再渗入皮肤内部。但由于其能量较高，对皮肤可产生强烈的光损伤，被照射部位真皮血管扩张，皮肤可出现红肿、水泡等症状。长久照射皮肤会出现红斑、炎症、皮肤老化，严重者可引起皮肤癌。中波紫外线又被称作紫外线的晒伤（红）段，是应重点预防的紫外线波段。

③ 长波紫外线。简称UVA。是波长320～400nm的紫外线。长波紫外线对衣物和人体皮肤的穿透性远比中波紫外线要强，可达到真皮深处，并可对表皮部位的黑色素起作用，从而引起皮肤黑色素沉着，使皮肤变黑。皮肤变黑可起到防御紫外线、保护皮肤的作用。因而长波紫外线也被称作"晒黑段"。长波紫外线虽不会引起皮肤急性炎症，但对皮肤的作用缓慢，可长期积累，是导致皮肤老化和严重损害的原因之一。

由此可见，防止紫外线照射给人体造成的皮肤伤害，主要是防止紫外线UVB的照射；而防止UVA紫外线，则是为了避免皮肤晒黑。在欧

码2-1 神奇的紫外光

美，人们认为皮肤黝黑是健美的象征，所以反而在化妆品中要添加晒黑剂，而不考虑对长波紫外线的防护。近年来这种观点已有改变，由于认识到长波紫外线对人体可能产生的长期的严重损害，所以人们开始加强对长波紫外线的防护。

2.1.2 紫外分光光度法的认识

紫外分光光度法（UV）是基于物质分子对200～400nm区域内光辐射的吸收而建立起来的分析方法。 由于200～400nm光辐射的能量主要与物质中原子的价电子的能级跃迁相适应，可以导致这些电子的跃迁，所以紫外分光光度法和可见分光光度法都称为电子光谱法。

2.1.2.1 紫外分光光度法的分类

随着近代测试仪器的发展，目前已普遍使用分光光度计进行分析。应用分光光度计，根据物质对不同波长的单色光的吸收程度不同而对物质进行定性和定量分析的方法称为分光光度法（又称吸光光度法）。分光光度法中，按所用光的波谱区域不同又可分为可见分光光度法（400～780nm）、紫外分光光度法（200～400nm）和红外分光光度法（$3×10^3$～$3×10^4$nm）。由于近代测试仪器的发展，仪器厂商常将紫外分光光度计和可见分光光度计合二为一，紫外分光光度法和可见分光光度法合称紫外-可见分光光度法。

2.1.2.2 紫外-可见分光光度法的特点

紫外-可见分光光度法是仪器分析中应用最为广泛的分析方法之一。它所测试液的浓度下限可达10^{-5}～10^{-6}mol·L^{-1}（达μg量级），在某些条件下甚至可测定10^{-7}mol·L^{-1}的物质，因而它具有较高的灵敏度，适用于微量组分的测定。

紫外-可见分光光度法测定的相对误差为2%～5%，若采用精密分光光度计进行测量，相对误差可达1%～2%。显然，对于常量组分的测定，准确度不及化学法，但对于微量组分的测定，已完全能满足要求。因此，它特别适合于测定低含量和微量组分，而不适用于中、高含量组分的测定。不过，如果采取适当的技术措施，比如用差示法，则可提高准确度，可用于测定高含量组分。

紫外-可见分光光度法分析速度快，仪器设备不复杂，操作简便，价格低廉，应用广泛。大部分无机离子和许多有机物质的微量成分都可以用这种方法进行测定。紫外吸收光谱法还可用于芳香化合物及含共轭体系化合物的鉴定及结构分析。此外，紫外-可见分光光度法还常用于化学平衡等的研究。

现代分析仪器制造技术和计算机技术的迅猛发展，使光度分析展现出十分诱人的前景。

各种输出方式（如导数、多波长等）和多维数据（如反应浓度、酸度、时间、反应速率、温度等与吸光度的关系）与计算机技术相结合，使人们获得更多、更准确的物质的信息和知识，为光度分析的发展注入新的活力。

> **思考与练习2.1**
>
> 1. 紫外线分为哪几个区域，哪几个波段？波长范围各为多少？
> 2. 紫外-可见分光光度法有何特点？

任务2.2　认识紫外分光光度计

由于紫外分光光度计与可见分光光度计在结构上的相似性，厂家在生产时为了提高仪器的应用价值和性价比，通常都会在紫外分光光度计的基础上附加可见分光光度计的功能，合称为紫外-可见分光光度计。

2.2.1　仪器的基本组成部件

在紫外及可见光区用于测定溶液吸光度的分析仪器称为紫外-可见分光光度计（简称分光光度计），目前，紫外-可见分光光度计的型号较多，但它们的基本构造都相似，都由光源、单色器、吸收池、检测器和信号显示系统五大部件组成，其组成框图见图2-1。

码2-2　紫外-可见分光光度计的基本组成部件

图2-1　分光光度计组成部件框图

由光源发出的光，经单色器获得一定波长单色光照射到样品溶液中，被吸收后，经检测器将光强度变化转变为电信号变化，并经信号指示系统调制放大后，显示或打印出吸光度 A（或透射比 τ），完成测定。

2.2.1.1　光源

光源的作用是供给符合要求的入射光。分光光度计对光源的要求是：在使用波长范围内提供连续的光谱，光强应足够大，有良好的稳定性，使用寿命长。实际应用的光源一般分为紫外线光源和可见光光源。

（1）可见光光源　与项目1中的任务1.3中可见分光光度计对光源的要求相同。

（2）紫外线光源　紫外线光源多为气体放电光源，如氢、氘、氙放电灯等。其中应用最多的是氢灯及其同位素氘灯，其使用波长范围为185～375nm。为了保证发光强度稳定，也要用稳压电源供电。氘灯的光谱分布与氢灯相同，但光强比同功率氢灯要大3～5倍，寿命比氢灯长。

近年来，具有高强度和高单色性的激光已被开发用作紫外光源。已商品化的激光光源有氩离子激光器和可调谐染料激光器。

2.2.1.2　单色器

单色器的作用是把光源发出的连续光谱分解成单色光，并能准确方便地"取出"所需要的某一波长的光，它是分光光度计的心脏部分。单色器主要由狭缝、色散元件和透镜系统组成。其中色散元件是关键部件，色散元件是棱镜和反射光栅或两者的组合（见1.3.1.2节），它能将连续光谱色散成单色光。狭缝和透镜系统主要是用来控制光的方向，调节光的强度和"取出"所需要的单色光，狭缝对单色器的分辨率起重要作用，它对单色光的纯度在一定范围内起着调节作用。

值得提出的是：无论何种单色器，出射光光束常混有少量与仪器所指示波长十分不同的光波，即"杂散光"。杂散光会影响吸光度的正确测量，其产生的主要原因是光学部件和单色器内外壁的反射和大气或光学部件表面上尘埃的散射等。为了减少杂散光，单色器用涂以黑色的罩壳封起来，通常不允许任意打开罩壳。

2.2.1.3 吸收池

在紫外线区测定，则必须使用石英比色皿。比色皿的规格是以光程为标志的。常见的石英比色皿的规格是1.0cm。由于一般商品比色皿的光程精度往往不是很高，与其标示值有微小误差，即使是同一个厂出品的同规格的吸收池也不一定完全能够互换使用。所以，仪器出厂前比色皿都经过检验配套，在使用时不应混淆其配套关系。实际工作中，为了消除误差，在测量前还必须对比色皿进行配套性检验和校正，使用比色皿过程中，也应特别注意保护两个光学面。其使用注意事项与普通有机玻璃的比色皿相同。

2.2.1.4 检测器

目前紫外-可见分光光度计广泛使用光电倍增管作检测器。

2.2.1.5 信号显示系统

由检测器产生的电信号，经放大等处理后，用一定方式显示出来，以便于计算和记录。信号显示器有多种，随着电子技术的发展，这些信号显示和记录系统将越来越先进。

用光电管或光电倍增管作检测器，产生的光电流经放大后由数码管直接显示出透射比或吸光度。这种数据显示装置方便、准确，避免了人为读数错误，而且还可以连接数据处理装置，能自动绘制工作曲线，计算分析结果并打印报告，实现分析自动化。

2.2.2 紫外-可见分光光度计的类型及特点

紫外-可见分光光度计按使用波长的范围可分为：可见分光光度计和紫外-可见分光光度计两类。前者的使用波长范围为400～780nm；后者的使用波长范围为200～1000nm。可见分光光度计只能用于测量有色溶液的吸光度，而紫外-可见分光光度计可测量在紫外、可见光及近红外区有吸收的物质的吸光度。

紫外-可见分光光度计按光路可分为单光束式及双光束式两类；按测量时提供的波长数又可分为单波长分光光度计和双波长分光光度计两类。

2.2.2.1 单光束分光光度计

所谓单光束是指从光源中发出的光，经过单色器等一系列光学元件及吸收池后，最后照在检测器上时始终为一束光。其工作原理见图2-2。常用的单光束紫外-可见分光光度计有：751G型、752型、754型、756MC型、普析通用T6型、北京瑞利UV1801型等。

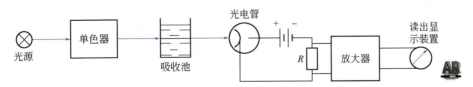

图2-2 单光束分光光度计原理示意图

单光束分光光度计的特点是结构简单、价格低，主要适用于做定量分析。其不足之处是测定结果受光源强度波动的影响较大,因而给定量分析结果带来较大误差。

2.2.2.2 双光束分光光度计

双光束分光光度计工作原理如图2-3所示。从光源发出的光经过单色器后被一个旋转的扇形反射镜(即切光器)分为强度相等的两束光,分别通过参比溶液和样品溶液。利用另一个与前一个切光器同步的切光器,使两束光在不同时间交替地照在同一个检测器上,通过一个同步信号发生器对来自两个光束的信号加以比较,并将两信号的比值经对数变换后转换为相应的吸光度值。

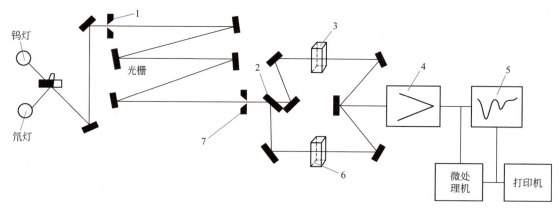

图2-3 双光束紫外-可见分光光度计

1—进口狭缝;2—切光器;3—参比池;4—检测器;5—记录仪;6—试样池;7—出口狭缝

常用的双光束紫外-可见分光光度计有普析通用1901型、日本岛津UV-210型等。这类仪器的特点是:能连续改变波长,自动地比较样品及参比溶液的透光强度,自动消除光源强度变化所引起的误差。对于必须在较宽的波长范围内获得复杂的吸收光谱曲线的分析,此类仪器极为合适。

2.2.2.3 双波长分光光度计

双波长分光光度计与单波长分光光度计的主要区别在于采用双单色器,以同时得到两束波长不同的单色光,其工作原理如图2-4所示。

光源发出的光分成两束,分别经两个可以自由转动的光栅单色器,得到两束具有不同波长λ_1和λ_2的单色光。通过切光器,使两束光以一定的时间间隔交替照射到装有试液的吸收池,由检测器显示出试液在波长λ_1和λ_2的透射比差值$\Delta\tau$或吸光度差值ΔA,则

$$\Delta A = A_{\lambda_1} - A_{\lambda_2} = (\varepsilon_{\lambda_1} - \varepsilon_{\lambda_2})bc \tag{2-1}$$

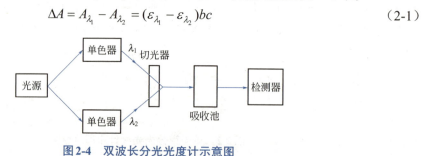

图2-4 双波长分光光度计示意图

由式(2-1)可知,ΔA与吸光物质c成正比。这就是双波长分光光度计进行定量分析

的理论根据。

常用的双波长分光光度计有国产WFZ800S、日本岛津UV-300、日本岛津UV-365。

这类仪器的特点是：不用参比溶液，只用一个待测溶液，因此可以消除背景吸收干扰，包括待测溶液与参比溶液组成的不同及吸收液厚度的差异的影响，提高了测量的准确度。它特别适合混合物和浑浊样品的定量分析，可进行导数光谱分析等。其不足之处是价格昂贵。

2.2.3 常用紫外-可见分光光度计的使用

目前，商品紫外-可见分光光度计的品种和型号繁多，虽然不同型号的仪器其操作方法略有不同（在使用前应详细阅读仪器说明书），但仪器上主要旋钮和按键的功能基本类似。下面介绍两种较为常用的分光光度计上的主要旋钮和按键的功能及仪器的一般操作方法。

2.2.3.1 普析通用T6型紫外-可见分光光度计

仪器初始化结束后进入图2-5所示的主菜单。

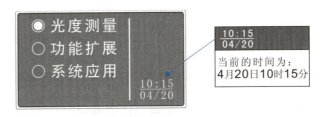

图2-5 系统主菜单1

使用键盘上的翻页键 ▲ 与 ▼ 使光标移动到相应的功能选项上，随后按 ENTER 键即可进入所选的相应功能；按 RETURN 键即可返回上一级目录。

主菜单中功能选项共有三项：

① 光度测量。在此功能下，可进行固定波长吸光度或透光率的测量及K系数的测量和打印。

② 功能扩展。在仪器扩展口中插入相应的功能卡，便可执行相应的扩展功能，如定量法测量、DNA蛋白测量等。当仪器扩展口中没有插入功能卡时，此功能选项无效。

③ 系统应用。在此功能下，可进行仪器的工作参数设定，如钨灯氘灯的开关、仪器运行模式的选择、时间设定、波长校正以及暗电流校正等。

关于操作系统软件的应用将在后面的操作练习中得到学习。

2.2.3.2 北京瑞利1801型紫外-可见分光光度计

仪器初始化结束后进入图2-6所示的主菜单。

（1）波长扫描测量方式　波长扫描测量方式可以用于样品的定性分析，它将样品的全波长图谱如实地显示在液晶显示屏上，或打印出来。

（2）光度测量方式　此种测量方法可以用于多个波长的定点测量，最大波长点数为9个，所设置的波长对应每个样品。

```
        主菜单
    1  波长扫描
    2  光度测量
    3  定量分析
    4  时间扫描
    5  实时测量
    6  系统设置
```

图 2-6 系统主菜单 2

（3）定量分析 通过绘制工作曲线的方法得出未知样品的浓度。

（4）时间扫描测量方式（动力学扫描测量方式）用此测量方式可以观察样品随时间的变化情况，并通过选择时间段计算样品在这段时间里的活性值，还可用此功能考察仪器的稳定性及噪声。

（5）实时测量 此功能显示直观、控制方便、操作简单，在不需要存储时可替代定波长测量及浓度测量。

（6）系统设置 系统设置菜单，其中开机波长、仪器编号为输入需确认型参数，其余均为选择型参数。

> **思考与练习 2.2**
>
> 1. 分光光度计对光源有什么要求？常用光源有哪些？它们使用的波长范围各是多少？
> 2. 紫外-可见分光光度计按光路可分为哪几类？它们各有什么特点？721 型可见分光光度计和 UV1801 型紫外-可见分光光度计属于哪一类分光光度计？

任务 2.3　紫外分光光度法

2.3.1　概述

紫外分光光度法是基于物质对紫外线的选择性吸收来进行分析测定的方法。根据电磁波谱，紫外区的波长范围是 10～400nm，紫外分光光度法主要是利用 200～400nm 的近紫外区的辐射（200nm 以下远紫外线辐射会被空气强烈吸收）进行测定。

紫外吸收光谱与可见吸收光谱同属电子光谱，都是由分子中价电子能级跃迁产生的，不过紫外吸收光谱与可见吸收光谱相比，却具有一些突出的特点。它可用来对在紫外区内有吸收峰的物质进行鉴定和结构分析，虽然这种鉴定和结构分析由于紫外吸收光谱较简单、特征性不强，必须与其他方法（如红外光谱、核磁共振波谱和质谱等）配合使用，才能得出可靠的结论，但它还是能提供分子中助色团、生色团和共轭程度的一些信息，这些信息对有机化合物的结构推断往往是很重要的。紫外分光光度法可以测定在近紫外区有吸收的无色透明的化合物，而不像可见分光光度法那样需要加显色剂显色后再测定，因此它的测定方法简便且快速。由于具有 π 电子和共轭双键的化合物，在紫外区会产生强烈的吸收，其摩尔吸光系数可达$10^4 \sim 10^5 \text{L} \cdot \text{mol}^{-1} \cdot \text{cm}^{-1}$，因此紫外分光光度法的定量分析具有很高的灵敏度和准确度，可测至$10^{-7} \sim 10^{-4} \text{g} \cdot \text{mL}^{-1}$，相对误差可达1%以下，因而它在定量分析领域有广泛的应用。

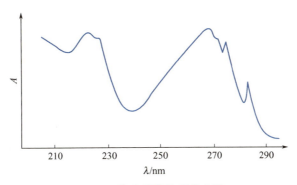

图2-7　茴香醛紫外吸收光谱

紫外吸收光谱与可见吸收光谱一样，常用吸收光谱曲线来描述，即用一束具有连续波长的紫外线照射一定浓度的样品溶液，分别测量不同波长下溶液的吸光度，以吸光度对波长作图得到该化合物的紫外吸收光谱。如图2-7所示的紫外吸收光谱可以用曲线上吸收峰所对应的最大吸收波长λ_{max}和该波长下的摩尔吸光系数ε_{max}来表示茴香醛的紫外吸收特征。

2.3.2　方法原理

2.3.2.1　有机化合物紫外吸收光谱的产生

紫外吸收光谱是由化合物分子中三种不同类型的价电子，在各种不同能级上跃迁产生的。这三种不同类型的价电子是：形成单键的σ电子、形成双键的π电子和氧或氮、硫、卤素等含未成键的n电子。如甲醛分子所示：

$$\begin{array}{c} \text{O:} \longleftarrow \text{n电子} \\ \| \longleftarrow \pi\text{电子} \\ \text{H}-\text{C} \longleftarrow \sigma\text{电子} \\ | \\ \text{H} \end{array}$$

电子围绕分子或原子运动的概率分布称为轨道。电子所具有的能量不同，它所处的轨道也不同。根据分子轨道理论，σ和π电子所占有的轨道称为成键分子轨道；n为非键分子轨道。当化合物分子吸收光辐射后，这些价电子跃迁到较高能态的轨道，称为σ*、π*反键轨道，它们的能级高低依次为：σ<π<n<π*<σ*。当分子吸收一定能量的光辐射时，分子内σ电子、π电子或n电子将由较低能级跃迁到较高能级，即由成键轨道或n非键轨道跃迁到相应的反键轨道中（见图2-8）。三种价电子可能产生σ→σ*、σ→π*、π→π*、π→σ*、n→σ*、n→π*共六种形式电子跃迁，其中较为常见是σ→σ*跃迁、n→σ*跃迁、π→π*跃迁和n→π*跃迁四种类型，这些跃迁所需能量大小为

$$\sigma \to \sigma^* > n \to \sigma^* > \pi \to \pi^* > n \to \pi^*$$

（1）σ→σ*跃迁　这类跃迁的吸收带出现在200nm以下的远紫外区。如甲烷的λ_{max}=125nm，它的吸收光谱曲线必须在真空中测定。

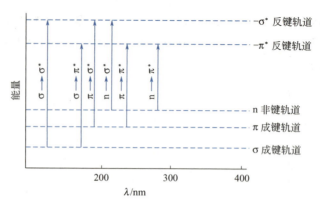

图2-8 分子轨道能级图及电子跃迁形式

（2）n→σ*跃迁 含有氧、氮、硫、卤素等杂原子的饱和烃衍生物都可发生n→σ*跃迁。大多数n→σ*跃迁的吸收带一般仍然低于200nm，通常仅能见到末端吸收。例如饱和脂肪族醇或醚在180～185nm；饱和脂肪胺在190～200nm；饱和脂肪族氯化物在170～175nm；饱和脂肪族溴化物在200～210nm。当分子中含有硫、碘等电离能较低的原子时，吸收波长高于200nm（如CH_3I的n→σ*吸收峰在258nm）。

（3）π→π*跃迁 分子中含有双键、三键的化合物和芳环及共轭烯烃可发生此类跃迁。孤立双键的最大吸收波长小于200nm（例如乙烯的λ_{max}=180nm）。随着共轭双键数的增加，吸收峰向长波方向移动。π→π*跃迁的吸收峰多为强吸收，其ε值很大，一般情况下，$\varepsilon_{max} \geq 10^4 L \cdot mol^{-1} \cdot cm^{-1}$。

（4）n→π*跃迁 分子中含有孤对电子的原子和π键同时存在并共轭时（如含 C=O、C=S、—N=O、—N=N—），会发生n→π*跃迁。这类跃迁的吸收波长大于200nm，但吸收强度弱，ε一般低于$100 L \cdot mol^{-1} \cdot cm^{-1}$。

一般紫外-可见分光光度计只能提供190～850nm范围的单色光，因此只能测量n→σ*跃迁和n→π*跃迁以及部分π→π*跃迁的吸收，无法测量产生200nm以下吸收的σ→σ*跃迁。

2.3.2.2 紫外吸收光谱常用术语

（1）生色团和助色团 所谓生色团是指在200～1000nm波长范围内产生特征吸收带的具有一个或多个不饱和键和未共用电子对的基团。如 C=C、C=O、—N=N—、—C≡N、—C≡C—、—COOH、—N=O等。表2-1列出一些生色团的最大吸收波长。如果两个生色团相邻，形成共轭基，则原来各自的吸收带将消失，并在较长的波长处产生强度比原吸收带强的新吸收带。

表2-1 常见孤立生色团的吸收特征

生色团	实例	溶剂	λ_{max}/nm	ε_{max}/L·mol^{-1}·cm^{-1}	跃迁类型
C=C	$C_6H_{13}CH=CH_2$	正庚烷	177	13000	π→π*
—C≡C—	$C_5H_{11}C\equiv CCH_3$	正庚烷	170	10000	π→π*
C=N—	$(CH_3)_2C=NOH$	气态	190, 300	5000，—	π→π* n→π*

续表

生色团	实例	溶剂	λ_{max}/nm	ε_{max}/L·mol^{-1}·cm^{-1}	跃迁类型
—C≡N	CH$_3$C≡N	气态	167	—	$\pi \to \pi^*$
>C=O	CH$_3$COCH$_3$	正己烷	186, 280	1000, 16	$n \to \sigma^*$ $n \to \pi^*$
—COOH	CH$_3$COOH	乙醇	204	41	$n \to \pi^*$
—CONH$_2$	CH$_3$CONH$_2$	水	214	60	$n \to \pi^*$
>C=S	CH$_3$CSCH$_3$	水	400	—	$n \to \pi^*$
—N=N—	CH$_3$N=NCH$_3$	乙醇	339	4	$n \to \pi^*$
—NO$_2$	CH$_3$NO$_2$	乙醇	271	186	$n \to \pi^*$
—N=O	C$_4$H$_9$NO	乙醚	300, 665	100, 20	—, $n \to \pi^*$
—O—NO$_2$	C$_2$H$_5$ONO$_2$	二氧六环	270	12	$n \to \pi^*$
>S=O	C$_6$H$_{11}$SOCH$_3$	乙醇	210	1500	$n \to \pi^*$
—C$_6$H$_5$	C$_6$H$_5$OCH$_3$	甲醇	217, 269	640, 148	$\pi \to \pi^*$ $\pi \to \pi^*$

所谓**助色团是一些含有未共用电子对的氧原子、氮原子或卤素原子的基团**。如—OH、—OR、—NH$_2$、—NHR、—SH、—Cl、—Br、—I 等。助色团不会使物质具有颜色，但引进这些基团能增加生色团的生色能力，使其吸收波长向长波方向移动，并增加了吸收强度。

（2）红移和蓝移　由于取代基或溶剂的影响造成有机化合物结构的变化，使吸收峰向长波方向移动的现象称为吸收峰"**红移**"。能使有机化合物的 λ_{max} 向长波方向移动的基团（如助色团、生色团）称为向红基团。

由于取代基或溶剂的影响造成有机化合物结构的变化，使吸收峰向短波方向移动的现象称为吸收峰"**蓝移**"。能使有机化合物的 λ_{max} 向短波方向移动的基团（如—CH$_3$、—O—CO—CH$_3$ 等）称为向蓝基团。

（3）增色效应和减色效应　由于有机化合物的结构变化使吸收峰摩尔吸光系数增加的现象称为**增色效应**。由于有机化合物的结构变化使吸收峰的摩尔吸光系数减小的现象称为**减色效应**。

（4）溶剂效应　由于溶剂的极性不同引起某些化合物的吸收峰的波长、强度及形状产生变化，这种现象称为**溶剂效应**。例如，异丙亚乙基丙酮[(CH$_3$)$_2$C=CHCO—CH$_3$]分子中有 $\pi \to \pi^*$ 跃迁和 $n \to \pi^*$ 跃迁，当用非极性溶剂正己烷时，$\pi \to \pi^*$ 跃迁的 λ_{max}=230nm，而用水作溶剂时，λ_{max}=243nm，可见在极性溶剂中 $\pi \to \pi^*$ 跃迁产生的吸收带红移了。而 $n \to \pi^*$ 跃迁产生的吸收峰却恰恰相反，以正己烷作溶剂时，λ_{max}=329nm，而用水作溶剂时，λ_{max}=305nm，吸收峰产生了蓝移。

又如苯在非极性溶剂庚烷中（或气态存在）时，在230～270nm处，有一系列中等强度吸收峰并有精细结构（见图2-9），但在极性溶剂中，精细结构变得不明显或全部消失，呈现一宽峰。

（5）吸收带的类型　吸收带是指吸收峰在紫外光谱中谱带的位置。化合物的结构不同，跃迁的类型不同，吸收带的位置、形状、强度均不相同。根据电子及分子轨道的种类，吸收带可分为如下四种类型。

① R吸收带。R吸收带由德文Radikal（基团）而得名。它是由$n \to \pi^*$跃迁产生的。特点是强度弱（$\varepsilon < 100 L \cdot mol^{-1} \cdot cm^{-1}$），吸收波长较长（$>270nm$）。例如$CH_2=CH-CHO$的$\lambda_{max}=315nm$（$\varepsilon=14 L \cdot mol^{-1} \cdot cm^{-1}$）的吸收带为$n \to \pi^*$跃迁产生，属R吸收带。R吸收带随溶剂极性的增加而蓝移，但当附近有强吸收带时则产生红移，有时被掩盖。

② K吸收带。K吸收带由德文Konjugation（共轭作用）得名。它是由$\pi \to \pi^*$跃迁产生的。其特点是强度高（$\varepsilon > 10^4 L \cdot mol^{-1} \cdot cm^{-1}$），吸收波长比R吸收带短（$217 \sim 280nm$），并且随共轭双键数的增加，产生红移和增色效应。共轭烯烃和取代的芳香化合物可以产生这类谱带。例如：$CH_2=CH-CH=CH_2$，$\lambda_{max}=217nm$（$\varepsilon=10000 L \cdot mol^{-1} \cdot cm^{-1}$），属K吸收带。

③ B吸收带。B吸收带由德文Benzenoid（苯的）得名。它是由苯环振动和$\pi \to \pi^*$跃迁重叠引起的芳香族化合物的特征吸收带。其特点是在$230 \sim 270nm$（$\varepsilon=200 L \cdot mol^{-1} \cdot cm^{-1}$）谱带上出现苯的精细结构吸收峰（见图2-9），可用于辨识芳香族化合物。当在极性溶剂中测定时，B吸收带会出现一宽峰，产生红移，当苯环上氢被取代后，苯的精细结构也会消失，并发生红移和增色效应。

④ E吸收带。E吸收带由德文Ethylenic（乙烯型）而得名。它属于$\pi \to \pi^*$跃迁，也是芳香族化合物的特征吸收带。苯的E带分为E_1带和E_2带。E_1带$\lambda_{max}=184nm$（$\varepsilon=60000 L \cdot mol^{-1} \cdot cm^{-1}$），$E_2$带$\lambda_{max}=204nm$（$\varepsilon=7900 L \cdot mol^{-1} \cdot cm^{-1}$）。当苯环上的氢被助色团取代时，$E_2$带红移，一般在210nm左右；当苯环上氢被生色团取代，并与苯环共轭时，E_2带和K带合并，吸收峰红移。例如乙酰苯可产生K吸收带（$\pi \to \pi^*$），其$\lambda_{max}=240nm$（见图2-10）。此时B吸收带（$\pi \to \pi^*$跃迁）也发生红移（$\lambda_{max}=278nm$）。可见K吸收带与苯的E带相比显著红移，这是由于乙酰苯中羰基与苯环形成共轭体系的缘故。

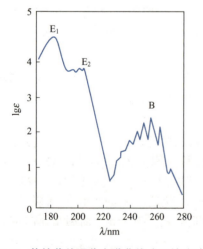

图2-9　苯的紫外吸收光谱曲线（己烷为溶剂）

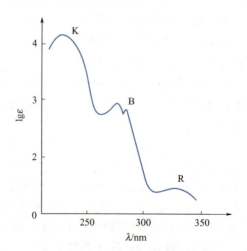

图2-10　乙酰苯的紫外吸收光谱

2.3.3 常见有机化合物紫外吸收光谱

2.3.3.1 饱和烃

饱和单键碳氢化合物只有σ电子，因而只能产生σ→σ*跃迁。由于σ电子最不易激发，需要吸收很大的能量，才能产生σ→σ*跃迁，因而这类化合物在200nm以上无吸收。所以它们在紫外光谱分析中常用作溶剂使用，如己烷、环己烷、庚烷等。

当饱和单键碳氢化合物中的氢被氧、氮、卤素、硫等原子取代时，这类化合物既有σ电子，又有n电子，可以实现σ→σ*跃迁和n→σ*跃迁，其吸收峰可以落在远紫外区和近紫外区。例如：甲烷的吸收峰在125nm，而碘甲烷的σ→σ*跃迁为150～210nm，n→σ*跃迁为259nm；氯甲烷相应为154～161nm及173nm。可见，烷烃和卤代烃的紫外吸收很小，它们的紫外吸收光谱直接用于分析这类化合物的价值不大。不过，饱和醇类化合物如甲醇、乙醇都由于在近紫外区无吸收，常被用作紫外光谱分析的溶剂。表2-2列出了常用的紫外吸收光谱溶剂允许使用的截止波长。

表2-2 紫外吸收光谱中常用的溶剂

溶剂	截止波长/nm	溶剂	截止波长/nm	溶剂	截止波长/nm
十氢化萘	200	正丁醇	210	N,N-二甲基甲酰胺	270
十二烷	200	乙腈	210	苯	280
己烷	210	甲醇	215	四氯乙烯	290
环己烷	210	异丙醇	215	二甲苯	295
庚烷	210	1,4-二噁烷	225	苄腈	300
异辛烷	210	二氯甲烷	235	吡啶	305
甲基环己烷	210	1,2-二氯乙烷	235	丙酮	330
水	210	氯仿	245	溴仿	335
乙醇	210	甲酸甲酯	260	二硫化碳	380
乙醚	210	四氯化碳	265	硝基苯	380

2.3.3.2 不饱和脂肪烃

（1）含孤立不饱和键的烃类化合物 具有孤立双键或三键的烯烃或炔烃，它们都产生π→π*跃迁，但多数在200nm以上无吸收。如乙烯吸收峰在171nm，乙炔吸收峰在173nm，丁烯在178nm。若烯分子中氢被助色团如—OH、—NH$_2$、—Cl等取代时，吸收峰发生红移，吸收强度也有所增加。

对于含有 〉C=O、〉C=S等生色团的不饱和烃类，会产生π→π*跃迁和n→π*跃迁，它们的吸收带处于近紫外区，甚至到达可见光区。如丙酮吸收峰在194nm（π→π*跃迁）和280nm（n→π*跃迁），亚硝基丁烷（C_4H_8NO）吸收峰在300nm（π→π*跃迁）和665nm（呈红色，n→π*跃迁）。

（2）含共轭体系的不饱和烃 具有共轭双键的化合物，相间的π键相互作用生成大π键，由于大π键各能级之间的距离较近，电子易被激发，所以产生了K吸收带，其吸收峰一般在217～280nm。如丁二烯（CH$_2$=CH—CH=CH$_2$）吸收峰在217nm，吸收强度也显著增加（$\varepsilon=21000\text{L}\cdot\text{mol}^{-1}\cdot\text{cm}^{-1}$）。K 吸收带的波长及强度与共轭体系的长短、位置、取代基种类等有关，共轭双键越多，波长越长，甚至出现颜色。因此可据此判断共轭体系的存在情况。表 2-3 列出共轭双键增加与吸收波长变化的关系。

表 2-3 共轭双键对吸收波长影响

名　　称	波长 λ_{max}/nm	摩尔吸光系数 ε/L·mol^{-1}·cm^{-1}	颜色
己三烯(C=C)$_3$	258	35000	无色
二甲基八碳四烯(C=C)$_4$	296	52000	无色
十碳五烯(C=C)$_5$	335	118000	微黄
二甲基十二碳六烯(C=C)$_6$	360	70000	微黄
双氢-β-胡萝卜素(C=C)$_8$	415	210000	黄
双氢-α-胡萝卜素(C=C)$_{10}$	445	63000	橙
番茄红素(C=C)$_{11}$	470	185000	红

共轭分子除共轭烯烃外，还有 α、β 不饱和醛、酮（C=C—C=O，带 R/H），α、β 不饱和酸，芳香核与双键或羰基的共轭等。如乙酰苯（C$_6$H$_5$—CO—CH$_3$）。由于羰基与苯环双键共轭，因此在它们的紫外吸收光谱中（见图 2-10）可以看到很强的 K 吸收带，另外是苯环的特征吸收 B 带，以及由—C=O 中 n→π^* 跃迁而产生的 R 带。

2.3.3.3　芳香化合物

苯的紫外吸收光谱是由 $\pi\rightarrow\pi^*$ 跃迁组成的三个谱带（见图 2-9），即 E_1 带、E_2 带和具有精细结构的 B 吸收带。当苯环上引入取代基时，E_2 带和 B 吸收带一般产生红移且强度加强。

如果苯环上有两个取代基，则两个取代基的吸收光谱与取代基的种类及取代位置有关。任何种类的取代基都能使苯的 E_2 带发生红移。当两个取代基在对位时，ε_{max} 和 λ_{max} 都较间位和邻位取代时大。例如：

HO—⟨⟩—NO$_2$　　HO—⟨⟩—NO$_2$（间）　　HO—⟨⟩—O$_2$N（邻）
317nm　　　　　　273.5nm　　　　　　　278.5nm

当对位二取代苯中一个取代基为斥电子基，另一个为吸电子基时，吸收带红移最明显。例如：

⟨⟩—NO$_2$　　⟨⟩—NH$_2$　　H$_2$N—⟨⟩—NO$_2$
269nm　　　　230nm　　　　　　381nm

稠环芳烃母体吸收带的最大吸收波长大于苯，这是由于它有两个或两个以上共轭的苯环，苯环数目越多，λ_{max} 越大。例如，苯（255nm）和萘（275nm）均为无色，而并四苯为橙色，吸收峰波长在 460nm。并五苯为紫色，吸收峰波长为 580nm。

2.3.3.4　杂环化合物

在杂环化合物中，只有不饱和的杂环化合物在近紫外区才有吸收。以 O、S 或 NH 取

代环戊二烯的 CH_2 的五元不饱和杂环化合物，如呋喃、噻吩和吡咯等，既有 $\pi \rightarrow \pi^*$ 跃迁引起的吸收谱带，又有 $n \rightarrow \pi^*$ 跃迁引起的谱带。

吡啶是含有一个杂原子的六元杂环芳香化合物，也是一个共轭体系，也有 $\pi \rightarrow \pi^*$ 跃迁和 $n \rightarrow \pi^*$ 跃迁。它的紫外吸收光谱与苯相似，同样，喹啉和萘、氮蒽和蒽的紫外吸收光谱也都很相似。

> **思考与练习2.3**
>
> 1. 解释下列名词术语　生色团和助色团　红移和蓝移　增色效应和减色效应　溶剂效应
> 2. 下列含有杂质原子的饱和有机化合物均有 $n \rightarrow \sigma^*$ 电子跃迁，试指出哪种化合物出现此吸收带的波长较长？
>   A. 甲醇　　　　　B. 氯仿　　　　　C. 一氟甲烷　　　D. 碘仿
> 3. 在紫外-可见光区有吸收的化合物是（　　）。
>   A. $CH_3—CH_2—CH_3$　　　　　　　B. $CH_3—CH_2—OH$
>   C. $CH_2=CH—CH_2—CH=CH_2$　　D. $CH_3—CH=CH—CH=CH—CH_3$
> 4. 下列化合物中，吸收波长最长的是（　　）。
>   A. 　　　B. 　　　C. 　　　D.
> 5. 某非水溶性化合物，在 200～250nm 有吸收，当测定其紫外-可见光谱时，应选用的合适溶剂是（　　）。
>   A. 正己烷　　　　B. 丙酮　　　　C. 甲酸甲酯　　　D. 四氯乙烯
> 6. 在异丙亚乙基丙酮 $CH_3—C—CH=C\begin{smallmatrix}CH_3\\CH_3\end{smallmatrix}$ 中，$n \rightarrow \pi^*$ 跃迁的吸收带，在下述哪一种溶剂中测定时，其最大吸收的波长最长？
>   A. 水　　　　　　B. 甲醇　　　　C. 正己烷　　　　D. 氯仿
> 7. 某化合物在正己烷和乙醇中分别测得最大吸收波长 $\lambda_{max}=305nm$ 和 $\lambda_{max}=307nm$，试指出该吸收是由哪一种跃迁类型所引起的？
> 8. 在下列信息的基础上，说明各属于哪种异构体：α-异构体的吸收峰在 228nm（$\varepsilon=14000 L \cdot mol^{-1} \cdot cm^{-1}$），而 β-异构体在 296nm 处有一吸收带（$\varepsilon=11000 L \cdot mol^{-1} \cdot cm^{-1}$），这两种结构是：
>
> (a)　　　　　　　　　　　(b)

任务2.4　紫外吸收光谱的应用

2.4.1　定性鉴定

不同的有机化合物具有不同的吸收光谱，因此根据化合物的紫外吸收光谱中特征吸收峰的波长和强度可以进行物质的鉴定和纯度的检查。

码2-3　紫外-可见分光光度法定性鉴定

2.4.1.1 未知试样的定性鉴定

紫外吸收光谱定性分析一般采用比较光谱法。所谓比较光谱法是将经提纯的样品和标准物用相同溶剂配成溶液,并在相同条件下绘制吸收光谱曲线,比较其吸收光谱是否一致。如果紫外光谱曲线完全相同(包括曲线形状、λ_{max}、λ_{min}、吸收峰数目、拐点及ε_{max}等),则可初步认为是同一种化合物。为了进一步确认可更换一种溶剂重新测定后再做比较。

如果没有标准物,则可借助各种有机化合物的紫外-可见标准谱图及有关电子光谱的文献资料进行比较。最常用的谱图资料是萨特勒标准谱图及手册,它由美国费城Sadtler研究实验室编辑出版。萨特勒谱图集收集了46000种化合物的紫外光谱图,并附有5种索引,方便查找。使用与标准谱图比较的方法时,要求仪器准确度、精密度要高,操作时测定条件要完全与文献规定的条件相同,否则可靠性较差。

紫外吸收光谱只能表现化合物生色团、助色团和分子母核,而不能表达整个分子的特征,因此只靠紫外吸收光谱曲线来对未知物进行定性是不可靠的,还要参照一些经验规则以及其他方法(如红外光谱法、核磁共振波谱、质谱,以及化合物某些物理常数等)配合来确定。

此外,对于一些不饱和有机化合物也可采用一些经验规则,如伍德沃德(Woodward)规则、斯科特(Scott)规则,通过计算其最大吸收波长与实测值比较后,进行初步定性鉴定(具体规定和计算方法可查分析化学手册)。

2.4.1.2 推测化合物的分子结构

紫外吸收光谱在研究化合物结构中的主要作用是推测官能团、结构中的共轭关系和共轭体系中取代基的位置、种类和数目。

(1)推定化合物的共轭体系、部分骨架 先将样品尽可能提纯,然后绘制紫外吸收光谱。由所测出的光谱特征,根据一般规律对化合物作初步判断。如果样品在200~400nm无吸收($\varepsilon<10$ L·mol^{-1}·cm^{-1}),则说明该化合物可能是直链烷烃或环烷烃及脂肪族饱和胺、醇、醚、腈、羧酸和烷基氟或烷基氯,不含共轭体系,没有醛基、酮基、溴或碘。如果在210~250nm有强吸收带,表明含有共轭双键。若ε值在$1\times10^4\sim2\times10^4$ L·mol^{-1}·cm^{-1}之间,说明为二烯或不饱和酮;若在260~350nm有强吸收带,可能有3~5个共轭单位。如果在250~300nm有弱吸收带,ε为10~100 L·mol^{-1}·cm^{-1},则含有羰基;在此区域内若有中强吸收带,表示具有苯的特征,可能有苯环。如果化合物有许多吸收峰,甚至延伸到可见光区,则可能为一长链共轭化合物或多环芳烃。

按以上规律进行初步推断后,能缩小该化合物的归属范围,然后再按前面介绍的对比法做进一步确认。当然还需要其他方法配合才能得出可靠结论。

(2)区分化合物的构型 例如,肉桂酸有以下两种构型:

(顺式)
$\lambda_{max}=280$nm
$\varepsilon_{max}=7000$ L·mol^{-1}·cm^{-1}

(反式)
$\lambda_{max}=295$nm
$\varepsilon_{max}=13500$ L·mol^{-1}·cm^{-1}

它们的波长和吸收强度不同。由于反式构型没有立体障碍，偶极矩大，而顺式构型有立体障碍，因此反式的吸收波长和强度都比顺式的大。

（3）互变异构体的鉴别　紫外吸收光谱除应用于推测所含官能团外，还可对某些同分异构体进行判别。例如，异丙亚乙基丙酮有以下两种异构体：

$$\underset{\underset{CH_3}{|}}{CH_3-C}=CHCOCH_3 \qquad \underset{\underset{CH_3}{|}}{CH_2=C}-CH_2COCH_3$$

$$\text{(a)} \qquad\qquad\qquad \text{(b)}$$

经紫外光谱法测定，其中的一个化合物在235nm（$\varepsilon=12000 L\cdot mol^{-1}\cdot cm^{-1}$）有吸收带，而另一个在220nm以上没有强吸收带，所以可以肯定，在235nm有吸收带的应具有共轭体系的结构，如（a）所示。而另一个的结构式则如（b）所示。

2.4.1.3　化合物纯度的检测

紫外吸收光谱能检查化合物中是否含具有紫外吸收的杂质，如果化合物在紫外区没有明显的吸收峰，而它所含的杂质在紫外区有较强的吸收峰，就可以检测出该化合物所含的杂质。例如要检查乙醇中的杂质苯，由于苯在256nm处有吸收，而乙醇在此波长下无吸收，因此可利用这特征检定乙醇中的杂质苯。又如要检查四氯化碳中有无CS_2杂质，只要观察在318nm处有无CS_2的吸收峰就可以确定。

另外，还可以用吸光系数来检查物质的纯度。一般认为，当试样测出的摩尔吸光系数比标准样品测出的摩尔吸光系数小时，其纯度不如标样。相差越大，试样纯度越低。例如菲的氯仿溶液，在296nm处有强吸收（$lg\varepsilon=4.10$），用某方法精制的菲测得ε值比标准菲低10%，说明实际含量只有90%，其余很可能是蒽醌等杂质。

2.4.2　定量分析

紫外分光光度定量分析与可见分光光度定量分析的定量依据和定量方法相同，这里不再重复。值得提出的是，在进行紫外定量分析时应选择好测定波长和溶剂。通常情况下一般选择λ_{max}作测定波长，若在λ_{max}处共存的其他物质也有吸收，则应另选ε较大，而共存物质没有吸收的波长作测定波长。选择溶剂时要注意所用溶剂在测定波长处应没有明显的吸收，而且对被测物溶解性要好，不和被测物发生作用，不含干扰测定的物质。

操作练习8　紫外分光光度法测定水中硝酸盐氮

一、目的要求
1. 学习用紫外分光光度法测定水中硝酸盐氮的方法。
2. 学习紫外分光光度计的使用。

二、基本原理
本实验采用的是不经显色反应，利用NO_3^-在220nm波长处的特征吸收直接测定的方法，它对于一般饮用水和其他较洁净的地面水中NO_3^-的测定具有简单、快速、准确的优点。

天然水中悬浮物以及Fe^{3+}、Cr^{3+}对本法有干扰，可采用$Al(OH)_3$絮凝共沉淀以排除。SO_4^{2-}、Cl^-不干扰测定，Br^-对测定有干扰，一般淡水中不常见。HCO_3^-、CO_3^{2-}在220nm处有微弱吸收，加入一定量的盐酸以消除HCO_3^-、CO_3^{2-}以及絮凝中带来的细微胶体等的影响，并在其中加入氨基磺酸用以在消除亚硝酸盐的干扰时起辅助作用。亚硝酸盐氮低于$0.1mg\cdot L^{-1}$时可以不加氨基磺酸，对于饮用水和较清洁水可以不作预处理。水中有机物在220nm产生吸收干扰，可利用有机物在275nm有吸收，而NO_3^-在275nm无吸收这一特征，对水样在220nm和275nm处分别测定吸光度，从A_{220}减去A_{275}即扣除有机物的干扰，这种经验性的校正方法对有机物含量不太高或者稀释后的水样可以得到相当准确的结果。

本法最低检出浓度为$0.08mg\cdot L^{-1}$硝酸盐氮，测定上限为$4mg\cdot L^{-1}$硝酸盐氮。

> **思考与练习2.4**
>
> 1. 如何根据紫外吸收光谱确定未知物？
> 2. 紫外吸收光谱曲线的绘制需要标注哪些项目？

> **素质拓展阅读**
>
> ### 农药残留的"快、准、省"检测
>
> 　　一次，上海理工大学华泽钊教授参加一个在上海召开的学术会议。一日晚餐后，有一半的就餐人员食物中毒，华教授也不幸名列其中。那天晚上，估计是吃了含有农药残留的蔬菜，他上吐下泻，高烧39℃，不得不住院治疗一周。在病床上的华教授并没有闲着，一直暗自思忖：蔬菜是上海人餐桌上的最爱，而每年因此中毒者众多，如果有办法能快速检测果蔬中的农药残留，方便在菜场或者家中检测，对果蔬的农药残留安全意义很大。华泽钊教授痊愈后，带领他的团队潜心钻研，成功研究出新型的"农药残留现场快速检测技术"。在此之前的农药残留检测方法比较复杂，先要经过取样、提取、净化、浓缩等诸多过程，然后用气相色谱、高效液相色谱等方法进行检测，这些方法的分析仪器贵重、运行费用高、检测时间长，不适合现场的快速检测。华泽钊教授课题组发明的"农药残留现场快速检测技术"可迅速、方便、快捷地检测到蔬菜是否存在农药残留，整个过程只要9分钟，费用2角钱。
> 　　*我们也应像华教授一样，从身边需要解决的困难和问题入手，成为一个心系社会、有时代担当的，具有"爱岗敬业、精益求精"工匠精神的高素质技术技能人才。*

操作练习9　分光光度法测定蔬菜中维生素C的含量

> **一、目的要求**
>
> 学习在紫外光谱区测定蔬菜中维生素C。

二、基本原理

维生素C在食品中能起抗氧化剂的作用，即它在一定时间内能防止油脂变酸。维生素C是水溶性的，本练习在紫外光区测定蔬菜中维生素C的含量。

操作练习10　紫外吸收光谱法测定阿司匹林肠溶片剂中乙酰水杨酸的含量

一、目的要求
1. 了解紫外-可见分光光度计的性能、结构及其使用方法。
2. 掌握紫外-可见分光光度法定量分析的基本原理和实验技术。

二、基本原理

阿司匹林肠溶片，研磨成粉末，用稀NaOH水溶液溶解提取，乙酰水杨酸水解成水杨酸钠进入水溶液，该提取液在295nm左右有一个吸收峰，测出稀释成一定浓度的提取液的吸光度值，并用已知浓度的水杨酸的NaOH水溶液作出一条标准曲线，则可从标准曲线上求出相当于乙酰水杨酸的含量。根据两者的分子量，即可求得阿司匹林肠溶片中乙酰水杨酸的含量。溶剂和其他成分不干扰测定。

$$\text{乙酰水杨酸浓度} = \text{水杨酸浓度} \times \frac{180.15}{138.12}$$

仪器分析操作考核实验方法2
考题2　紫外分光光度法测定未知物

一、目的要求
1. 了解紫外-可见分光光度计的性能、结构及其使用方法。
2. 掌握紫外-可见分光光度法定性、定量分析的基本原理和实验技术。

二、基本原理

苯甲酸和水杨酸均能在紫外区产生吸收，通过定性确定试样为什么物质，进而对试样中所含有的物质进行定量分析。

三、仪器与试剂

1. 仪器

紫外分光光度计（756或T6型），配石英比色皿（1cm）。容量瓶（100mL、50mL），各10只。吸量管（1mL、2mL、5mL、10mL），各1支。移液管（20mL、25mL、50mL），各1支。

2. 试剂

标准溶液（1.0000mg·mL^{-1}）：水杨酸、苯甲酸两种物质，分别配成1.0000mg·mL^{-1}

的标准溶液，作为储备液。

未知液：浓度为40～60μg·mL^{-1}。其必为给出的两种标准物质中的一种。

四、实验步骤

1. 未知物的定性分析

将两种标准储备液和未知液均配成浓度约为10μg·mL^{-1}的待测溶液。以蒸馏水为参比，于波长200～350nm范围内测定三种溶液的吸光度，并作吸收曲线。根据吸收曲线的形状确定未知物，并从曲线上确定最大吸收波长作为定量测定时的测量波长。

2. 比色皿配套性检查

石英比色皿在最大吸收波长处装蒸馏水，以一个比色皿为参比，调节A为0.000，测定其余比色皿的吸光度，记录其余比色皿的吸光度值作为校正值。

3. 未知物的定量分析

根据未知液吸收曲线上最大吸收波长处的吸光度，确定未知液的稀释倍数，并配制待测溶液。合理配制标准系列溶液（推荐：标准储备液先稀释10倍，制得浓度为100μg·mL^{-1}，然后再配制成所需浓度），于最大吸收波长处分别测出其吸光度。然后以浓度为横坐标，以相应的吸光度为纵坐标绘制标准曲线。根据待测溶液的吸光度，从标准曲线上查出未知样品的浓度。未知样要平行测定两次。

五、推荐方法

1. 苯甲酸含量的测定

准确吸取1.0000mg·mL^{-1}的苯甲酸标准储备液10.00mL，在100mL容量瓶中定容（此溶液的浓度为100.0μg·mL^{-1}）。再分别准确移取0.00mL、1.00mL、2.00mL、4.00mL、6.00mL、8.00mL、10.00mL上述溶液，在100mL容量瓶中定容（浓度分别为0.00μg·mL^{-1}、1.00μg·mL^{-1}、2.00μg·mL^{-1}、4.00μg·mL^{-1}、6.00μg·mL^{-1}、8.00μg·mL^{-1}、10.00μg·mL^{-1}）。准确移取10mL苯甲酸未知液，在100mL容量瓶中定容，于最大吸收波长处分别测定以上溶液的吸光度。然后以浓度为横坐标，以相应的吸光度为纵坐标绘制标准曲线。从标准曲线上查得未知液的浓度。

2. 水杨酸含量的测定

准确吸取1.0000mg·mL^{-1}的水杨酸标准储备液10.00mL，在100mL容量瓶中定容（此溶液的浓度为100.0μg·mL^{-1}）。再分别准确移取0.00mL、1.00mL、2.00mL、4.00mL、6.00mL、8.00mL、10.00mL上述溶液，在50mL容量瓶中定容（浓度分别为0.00μg·mL^{-1}、2.00μg·mL^{-1}、4.00μg·mL^{-1}、8.00μg·mL^{-1}、12.00μg·mL^{-1}、16.00μg·mL^{-1}、20.00μg·mL^{-1}）。准确移取10mL水杨酸未知液，在50mL容量瓶中定容，于最大吸收波长处分别测定以上溶液的吸光度。然后以浓度为横坐标，以相应的吸光度为纵坐标绘制标准曲线。从标准曲线上查得未知液的浓度。

六、结果计算

根据未知液的稀释倍数，可求出未知溶液的浓度。

水杨酸或苯甲酸分光光度法测定考核成绩评定表

单位：_____ 教师姓名：_____ 考位号：_____ 得分：_____

序号	作业项目	考核内容	配分	操作要求	考核记录	扣分	得分
1	溶液配制（8分）	仪器洗涤	1	干净			
		吸量管选择	1	正确			
		吸量管润洗	1	润洗3次			
		溶液移取	2	动作规范、移取量准确。各1分			
		容量瓶试漏	1	装蒸馏水至刻线，倒置2min。各0.5分			
		稀释定容	2	2/3水平摇动、定容准确、摇匀动作正确。各0.5分			
2	仪器准备（8分）	预热	2	20min以上			
		同套比色皿的校正方法、操作	3	方法选择、操作动作正确。各1.5分			
		比色皿校正值记录、使用正确	3	记录、使用正确。各1.5分			
3	比色皿使用（9分）	比色皿洗涤	1	干净			
		比色皿润洗	1	润洗3次			
		装溶液量	2	2/3～3/4			
		抓取比色皿	2	不抓光学面			
		擦拭方法	2	沿一个方向擦			
		放置位置	1	正确			
4	吸光度测量（6分）	关盖时动作幅度	2	动作轻			
		波长的改变	2	波长改变的方法、操作正确			
		吸光度的测量	2	方法、操作正确			
5	数据记录（2分）	数据记录	2	用仿宋体，及时每个0.5分			
6	作图（22分）	坐标选择	2	正确			
		坐标名称及单位标注	3	有标注			
		图的名称	2	有			
		标出点的位置	2	标出			
		测定波长确定	3	正确			
		线性	10	4个9	扣0分		
				3个9	扣5分		
				3个9以下	扣10分		

续表

序号	作业项目	考核内容	配分	操作要求	考核记录	扣分	得分
7	结果 （41分）	计算	5	每个错误0.5分			
		精密度	16	精密度≤0.5%	扣0分		
				0.5%＜精密度≤0.7%	扣4分		
				0.7%＜精密度≤0.9%	扣8分		
				0.9%＜精密度≤1.1%	扣12分		
				精密度＞1.1%	扣16分		
		准确度	20	准确度≤0.5%	扣0分		
				0.5%＜准确度≤0.7%	扣4分		
				0.7%＜准确度≤0.9%	扣8分		
				0.9%＜准确度≤1.1%	扣12分		
				1.1%＜准确度≤1.3%	扣16分		
				准确度＞1.3%	扣20分		
8	文明操作 结束工作 （4分）	物品摆放整齐、清洁卫生	4				
9	总时间	≤210min		每超时1min扣1分			
10	其他						
	合计		100				

评分人：　　　　　　年　月　日　　　　　　　　核分人：　　　　　　年　月　日

项目3
红外分光光度法确定有机物的结构

利用物质的分子对红外辐射的吸收,并由其振动或转动引起偶极矩的变化,产生分子振动和转动能级从基态到激发态的跃迁,得到分子振动能级和转动能级变化产生的振动-转动光谱,又称为红外光谱,它属于分子吸收光谱的范畴。物质对辐射能的吸收作为一种分析方法的最大进展也许是在红外光谱领域,早在20世纪40年代,商品红外光谱仪器就已经投入应用,揭开了有机化合物结构鉴定的新篇章。红外光谱经历了从棱镜红外光谱、光栅红外光谱,目前已进入傅里叶变换红外光谱(FTIR)发展阶段,并积累了十几万张标准谱图,使红外光谱成为分子结构鉴定的重要手段。

项目描述

学习目标	任务	教学建议	课时计划
1.使学生对红外光谱有初步的认识,理解一些基本的概念	1.红外光谱分析基础知识的掌握	通过理论的介绍,使学生初步了解仪器分析中红外光谱分析的相关内容,产生强烈的探索兴趣和动力。引导学生多观察、多思考、多提问	1学时
2.使学生认识到可以利用红外线来进行物质定性,从而认识相关技术支持、广阔的应用前景	2.红外光谱仪的基本原理	通过日常生活中的实例,使学生自然地将红外线、能量与物质分子运动联系在一起,并产生强烈的求知欲望	3学时
3.使学生对仪器主要组成部件的功能、特点有深入的了解,并能正确、合理地操作、维护仪器和相关配件	3.认识红外光谱仪和在现代分析领域的作用	要用红外光谱对物质的属性进行分析,更要了解与之联系在一起的仪器、分析软件和技术技能手段,要让学生在研究中认识和掌握仪器的功能、特点。引导学生多观察、多思考、多提问。并通过实例分析,使学生产生强烈的探索动力	2学时
4.使学生学习并掌握红外样品的制备技术	4.红外制样技术	通过各种红外制样技术方法的介绍,让学生比较各种方法的差异和方法特点,引导学生多观察、多思考、多提问,使学生产生强烈的探索动力,并通过操作练习掌握这门技术	4学时
5.通过红外样品分析定性、定量方法的介绍,让学生能学会通过分析图谱,对实际样品进行分析	5.红外光谱法的应用	通过实例分析,使学生对红外定性、定量方法产生认识,并产生研究、探索、开发、应用的强烈求知动力	4学时

项目分析

项目3的主要任务是通过对红外光谱分析相关知识的学习及探讨,掌握利用物质的分子对红外辐射的吸收,并由产生的红外光谱对物质进行定性鉴定或对部分微量组分进行定量分析的方法。

具体要求如下：
① 学会对不同类型的物质进行测试前样品的制备；
② 利用谱图检索进行未知物分析的方法。
将以上2个具体要求容纳在对应的操作练习中，分布在具体的任务中完成，通过后续任务的学习，最终完成该项目的目标。

任务3.1　红外吸收光谱分析法的基础

3.1.1　红外线的发现

1800年，英国天文学家赫谢尔（F.W.Herschel）用温度计测量太阳光的可见光区内、外温度时，发现红色光以外"黑暗"部分的温度比可见光部分的高，从而意识到在红色光之外还存有一种肉眼看不见的"光"，因此把它称之为红外线，而对应的这段光区便称为红外光区。

码3-1　红外光的发现

3.1.2　物质对红外线的选择性吸收

赫谢尔在温度计前放置了一个水溶液，结果发现温度计的示值下降，这说明溶液对红外线具有一定的吸收。然后，他用不同的溶液重复了类似的实验，结果发现不同的溶液对红外线的吸收程度是不一样的。赫谢尔意识到这个实验的重要性，于是，他固定用同一种溶液，改变红外线的波长做类似的实验，结果发现同一种溶液对不同的红外线也具有不同程度的吸收，也就是说对某些波长的红外线吸收得多，而对某些波长的红外线却几乎不吸收，所以说，**物质对红外线具有选择性吸收**。

码3-2　物质对红外线的选择性吸收

3.1.3　红外吸收光谱的产生

显然，如果用一种仪器把物质对红外线的吸收情况记录下来，这就是该物质的红外吸收光谱图，横坐标是波长，纵坐标为该波长下物质对红外线的吸收程度。

由于物质对红外线具有选择性的吸收，因此，不同的物质便有不同的红外吸收光谱图，所以，可以从未知物质的红外吸收光谱图反过来求证该物质究竟是什么物质。这正是红外光谱定性的依据。

红外光谱在可见光区和微波区之间，**其波长范围为0.75～1000μm**。根据实验技术和应用的不同。通常**将红外光谱划分为三个区域**，如表3-1所示。

其中，远红外光谱是由分子转动能级跃迁产生的转动光谱；中红外和近红外光谱是由分子振动能级跃迁产生的振动光谱。只有简单的气体或气态分子才能产生纯转动光谱，而大量复杂的气、液、固态物质分子主要产生振动光谱。由于目前广泛用于化合物定性、定量和结构分析以及其他化学过程研究的红外吸收光谱，主要是波长处于中红外区的振动光谱，因此本章主要讨论中红外吸收光谱。

表3-1 红外光区的划分

区域	波长 λ/μm	波数 $\bar{\nu}$/cm^{-1}	能级跃迁类型
近红外区	0.75～2.5	13300～4000	分子化学键振动的倍频和组合频
中红外区	2.5～25	4000～400	化学键振动的基频
远红外区	25～1000	400～10	骨架振动、转动

3.1.4 红外吸收光谱的表示法

样品的红外吸收曲线称为红外吸收光谱，多用百分透射比与波数（τ-$\bar{\nu}$）或百分透射比与波长（τ-λ）曲线来描述。τ-$\bar{\nu}$或τ-λ曲线上的"谷"是光谱吸收峰，两种吸收曲线的形状略有差异。下面以聚苯乙烯的红外吸收光谱（见图3-1和图3-2）为例加以说明。

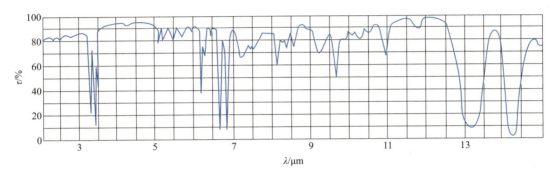

图3-1 聚苯乙烯的红外吸收光谱图（1）

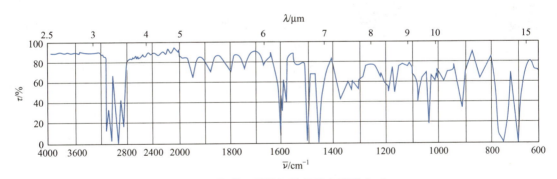

图3-2 聚苯乙烯的红外吸收光谱图（2）

比较图3-1和图3-2发现，τ-λ曲线"前密后疏"，τ-$\bar{\nu}$曲线"前疏后密"。这是因为τ-λ曲线是波长等距，而τ-$\bar{\nu}$是波数等距的缘故。一般红外光谱的横坐标都有两种标度，但以波数等距为主。为了防止吸收曲线在高波数（短波长）区过分扩张，通常采用两种比例尺，多以2000cm^{-1}（5μm）为界。在红外吸收光谱中，波长的单位用微米（μm），波数的单位为cm^{-1}，二者的关系为：

$$\bar{\nu}=\frac{10^4}{\lambda}$$

3.1.5 红外光谱法的特点

红外光谱法具有如下特点。

① 应用面广，提供信息多且具有特征性。依据分子红外光谱的吸收峰位置、吸收峰的数目及其强度，可以鉴定未知化合物的分子结构或确定其化学基团；依据吸收峰的强度与分子或某化学基团的含量有关，可进行定量分析和纯度鉴定。

② 不受样品相态的限制，亦不受熔点、沸点和蒸气压的限制。无论是固态、液态以及气态样品都能直接测定，甚至对一些表面涂层和不溶、不熔融的弹性体（如橡胶），也可直接获得其红外光谱图。

③ 样品用量少且可回收，不破坏试样，分析速度快，操作方便。

④ 现在已经积累了大量标准红外光谱图（如Sadtler标准红外光谱集等）可供查阅。

⑤ 红外吸收光谱法也有其局限性，即有些物质不能产生红外吸收峰，还有些物质（如旋光异构体，不同分子量的同一种高聚物）不能用红外吸收光谱法鉴别。此外，红外吸收光谱图上的吸收峰有一些是不能作出理论上的解释的，因此可能干扰分析测定，而且，红外吸收光谱法定量分析的准确度和灵敏度均低于可见、紫外吸收分光光度法。

3.1.6 产生红外吸收光谱的原因

3.1.6.1 分子振动

在分子中，原子的运动方式有三种，即平动、转动和振动。实验证明，当分子间的振动能产生偶极矩周期性的变化时，对应的分子才具有红外活性，红外吸收光谱图才可给出有价值的定性定量信息。因此，下面主要讨论分子的振动。

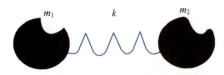

图3-3 双原子分子振动模型

（1）分子振动方程式　分子振动可以近似地看作是分子中的原子以平衡点为中心，以很小的振幅做周期性的振动。这种分子振动的模型可以用经典的方法来模拟，如图3-3所示。对双原子分子而言，可以把它看成是一个弹簧连接两个小球，m_1和m_2分别代表两个小球的质量，即两个原子的质量，弹簧的长度就是分子化学键的长度。这个体系的振动频率取决于弹簧的强度，即化学键的强度和小球的质量。其振动是在连接两个小球的键轴方向发生的。用经典力学的方法可以得到如下计算公式。

$$\nu = \frac{1}{2\pi}\sqrt{\frac{k}{\mu}}$$

或

$$\bar{\nu} = \frac{1}{2\pi c}\sqrt{\frac{k}{\mu}}$$

可简化为

$$\bar{\nu} = 1304\sqrt{\frac{k}{\mu}}$$

式中，ν是频率，Hz；$\bar{\nu}$是波数，cm^{-1}；k是化学键的力常数，$g \cdot s^{-2}$；c是光速，$3 \times 10^{10} cm \cdot s^{-1}$；$\mu$是原子的折合质量，$\mu = \dfrac{m_1 m_2}{m_1 + m_2}$。

一般来说，单键的$k=(4 \sim 6) \times 10^5 g \cdot s^{-2}$；双键的$k=(8 \sim 12) \times 10^5 g \cdot s^{-2}$；三键的$k=(12 \sim 20) \times 10^5 g \cdot s^{-2}$。

双原子分子的振动只发生在连接两个原子的直线上，并且只有一种振动方式，而多原子分子则有多种振动方式。假设分子由 n 个原子组成，每一个原子在空间都有 3 个自由度，则分子有 $3n$ 个自由度。非线性分子的转动有 3 个自由度，线性分子则只有两个转动自由度，因此非线性分子有 $3n-6$ 种基本振动，而线性分子有 $3n-5$ 种基本振动。

（2）简正振动　分子中任何一个复杂振动都可以看成是不同频率的简正振动的叠加。简正振动是指这样一种振动状态，分子中所有原子都在其平衡位置附近做简谐振动，其振动频率和位相都相同，只是振幅可能不同，即每个原子都在同一瞬间通过其平衡位置，且同时到达其最大位移值，每一个简正振动都有一定的频率，称为基频。水（H_2O）和二氧化碳（CO_2）的简正振动如图 3-4 和图 3-5 所示。

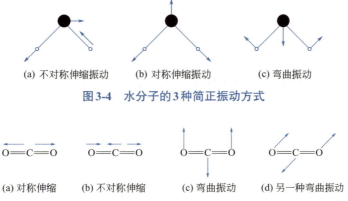

(a) 不对称伸缩振动　(b) 对称伸缩振动　(c) 弯曲振动

图 3-4　水分子的 3 种简正振动方式

(a) 对称伸缩　(b) 不对称伸缩　(c) 弯曲振动　(d) 另一种弯曲振动

图 3-5　CO_2 分子的 4 种简正振动方式

（3）分子的振动形式　**分子的振动形式可分为两大类：伸缩振动和变形振动。**

① **伸缩振动**。伸缩振动是指原子沿键轴方向伸缩，使键长发生变化而键角不变的振动。用符号 ν 表示，其振动形式可分为两种：**对称伸缩振动**，表示符号为 ν_s 或 ν^s，振动时各键同时伸长或缩短；**不对称伸缩振动**，又称反对称伸缩振动，表示符号为 ν_{as} 或 ν^{as}，指振动时某些键伸长，某些键则缩短。

② **变形振动**。变形振动是指使键角发生周期性变化的振动，又称弯曲振动。可分为面内、面外、对称及不对称变形振动等形式。

a.**面内变形振动**（β）。变形振动在由几个原子所构成的平面内进行，称为面内变形振动。面内变形振动可分为两种：一是剪式振动（δ），在振动过程中键角的变化，类似于剪刀的开和闭；二是面内摇摆振动（ρ），基团作为一个整体，在平面内摇摆。

b.**面外变形振动**（γ）。变形振动在垂直于由几个原子所组成的平面外进行。也可以分为两种：一是面外摇摆振动（ω），两个 X 原子同时向面上或面下的振动；二是卷曲振动（τ），一个 X 原子向面上，另一个 X 原子向面下的振动。

c.**对称及不对称变形振动**。AX_3 基团或分子的变形振动还有对称与不对称之分：对称变形振动（δ^s）中，三个 AX 键与轴线组成的夹角 α 对称地增大或缩小，形如雨伞的开闭，所以也称之为伞式振动；不对称变形振动（δ^{as}）中，两个 α 角缩小，一个 α 角增大，或相反。

伸缩振动与变形振动各种方式分别如图 3-6 所示。

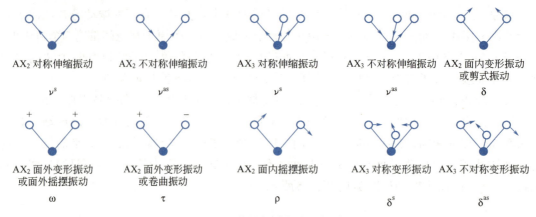

图 3-6 伸缩振动与变形振动

3.1.6.2 振动能级的跃迁

分子作为一个整体来看是呈电中性的，但构成分子的各原子的电负性却是各不相同的，因此分子可显示出不同的极性。其极性大小可用偶极矩 μ 来衡量。偶极矩 μ 是分子中负电荷的大小 δ 与正负电荷中心距离 r 的乘积，即 $\mu=\delta r$，偶极矩单位为 C·m。例如，H_2O 和 HCl 的偶极矩如图3-7所示。

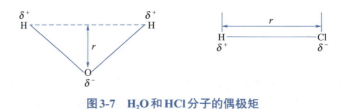

图 3-7 H_2O 和 HCl 分子的偶极矩

分子内原子不停地在振动，在振动过程中 δ 是不变的，而正负电荷中心的距离 r 会发生改变。对称分子由于正负电荷中心重叠，$r=0$，因此对称分子中原子振动不会引起偶极矩的变化。

用一定频率的红外线照射分子时，如果分子中某个基团的振动频率与它一样，则两者就会发生共振，光的能量通过分子偶极矩的变化而传递给分子，因此这个基团就吸收了一定频率的红外线，从原来的基态振动能级跃迁到较高的振动能级，从而产生红外吸收。如果红外线的振动频率和分子中各基团的振动频率不符合，该部分的红外线就不会被吸收。

实际过程中，分子在发生振动能级跃迁时，不可避免地伴随有转动能级的跃迁，因此无法测得纯振动光谱。所以，红外吸收光谱也叫振-转光谱。

3.1.6.3 产生红外吸收光谱的条件

显然，并不是所有的振动形式都能产生红外吸收。那么，要产生红外吸收必须具备哪些条件呢？实验证明，红外线照射分子，引起振动能级的跃迁，从而产生红外吸收光谱，必须具备以下两个条件。

① 红外辐射应具有恰好能满足能级跃迁所需的能量，即物质的分子中某个基团的振动频率应正好等于该红外线的频率。或者说当用红外线照射分子时，如果红外光子的能量

正好等于分子振动能级跃迁时所需的能量,则可以被分子所吸收,这是红外光谱产生的必要条件。

② 物质分子在振动过程中应有偶极矩的变化（$\Delta \mu \neq 0$）,这是红外光谱产生的充分必要条件。因此,对那些对称分子（如O_2、N_2、H_2、Cl_2等双原子分子）,分子中原子的振动并不引起μ的变化,则不能产生红外吸收光谱。

3.1.7 红外吸收光谱与分子结构关系的基本概念

3.1.7.1 红外吸收峰的类型

（1）基频峰　分子吸收一定频率的红外线,振动能级由基态（$n=0$）跃迁到第一振动激发态（$n=1$）时,所产生的吸收峰称为基频峰。由于$n=1$,基频峰的强度一般都较大,因而基频峰是红外吸收光谱上最主要的一类吸收峰。

（2）泛频峰　在红外吸收光谱上除基频峰外,还有振动能级由基态（$n=0$）跃迁至第二（$n=2$）,第三（$n=3$）,…,第n振动激发态时,所产生的吸收峰称为倍频峰。由$n=0$跃迁至$n=2$时,所产生的吸收峰称为二倍频峰。由$n=0$跃迁至$n=3$时,所产生的吸收峰称为三倍频峰。以此类推。二倍及三倍频峰等统称为倍频峰,其中二倍频峰还经常可以观测得到,三倍频峰及其以上的倍频峰,因跃迁概率很小,一般都很弱,常观测不到。

除倍频峰外,尚有合频峰n_1+n_2,$2n_1+2n_2$,…；差频峰n_1-n_2,$2n_1-2n_2$,…；倍频峰、合频峰及差频峰统称为泛频峰。合频峰和差频峰多数为弱峰,一般在图谱上不易辨认。

取代苯的泛频峰出现在$2000 \sim 1667 cm^{-1}$的区间,主要由苯环上碳氢面外变形的倍频等所构成。由于其峰形与取代基的位置有关,所以可以通过其峰形的特征性来进行取代基位置的鉴定。

（3）特征峰和相关峰　化学工作者参照光谱数据对比了大量的红外光谱图后发现,具有相同官能团（或化学键）的一系列化合物有近似相同的吸收频率,证明官能团（或化学键）的存在与谱图上吸收峰的出现是对应的。因此,可用一些易辨认的、有代表性的吸收峰来确定官能团的存在。凡是可用于鉴定官能团存在的吸收峰,都称为特征吸收峰,简称特征峰。如—C≡N的特征吸收峰在$2247 cm^{-1}$处。

因为一个官能团有数种振动形式,而每一种具有红外活性的振动一般相应产生一个吸收峰,有时还能观测到泛频峰,因而常常不能只由一个特征峰来肯定官能团的存在。例如分子中如有—CH=CH_2存在,则在红外光谱图上能明显观测到ν_{as}(=CH_2)、ν(C=C)、γ(=CH)、γ(=CH_2)四个特征峰。这一组峰是因—CH=CH_2基的存在而出现的相互依存的吸收峰,若证明化合物中存在该官能团,则在其红外谱图中这四个吸收峰都应存在,缺一不可。在化合物的红外谱图中由于某个官能团的存在而出现的一组相互依存的特征峰,可互称为相关峰,用于说明这些特征吸收峰具有依存关系,并区别于非依存关系的其他特征峰,如—C≡N基只有一个ν(C≡N)峰,而无其他相关峰。

用一组相关峰鉴别官能团的存在是个较重要的原则。在有些情况下因与其他峰重叠或峰太弱,并非所有的相关峰都能观测到,但必须找到主要的相关峰才能确认官能团的存在。

3.1.7.2 红外吸收光谱的分区

分子中的各种基团都有其特征红外吸收带，其他部分只有较小的影响。中红外区因此又划分为特征谱带区（4000～1333cm^{-1}，即2.5～7.5μm）和指纹区（1333～667cm^{-1}，即7.5～15μm）。前者吸收峰比较稀疏，容易辨认，主要反映分子中特征基团的振动，便于基团鉴定，有时也称之为基团频率区。后者吸收光谱复杂，有C—X（X=C、N、O）单键的伸缩振动，有各种变形振动。由于它们的键强度差别不大，各种变形振动能级差小，所以该区谱带特别密集，但却能反映分子结构的细微变化。每种化合物在该区的谱带位置、强度及形状都不一样，形同人的指纹，故称指纹区，对鉴别有机化合物用处很大。

思考与练习3.1

1. 在中红外区中，一般把4000～1330cm^{-1}区域叫作_____，而把1330～650cm^{-1}区域叫作_____。
2. 在分子中，原子的运动方式有三种，即_____、_____和_____。
3. 在振动过程中键或基团的_____不发生变化，就不吸收红外线。
4. 影响基团频率的内部因素有_____、_____、_____、费米共振、_____、_____。
5. 设有四个基团：CH_3、HC≡C、CH=CH—CH_3、HC=O和四个吸收带：3300cm^{-1}、3030cm^{-1}、2960cm^{-1}、2720cm^{-1}。则3300cm^{-1}是由_____基团引起的，3030cm^{-1}是由_____基团引起的，2960cm^{-1}是由_____基团引起的，2720cm^{-1}是由_____基团引起的。
6. 红外光谱是（　　）
A. 分子光谱　　B. 原子光谱　　C. 吸收光谱　　D. 电子光谱　　E. 振动光谱
7. 试说明红外光谱法的特点。
8. 试说明产生红外吸收的条件。

素质拓展阅读

如何巧用检测避免某些商家"挂羊头卖狗肉"

在商业贸易中，一些见利忘义的商家在肉类中添加脂肪或内脏等成分，或在羊肉末中掺进牛肉的方法骗取交易。科学家为了杜绝这种以次充好的行为，借助红外光谱技术，研制出一种肉类检验的新方法，不仅能快速方便地对牛肉、猪肉等不同肉类品种进行区分，而且还能有效的判断市场上销售的肉类中是否掺杂着次品。

科学家利用家禽的不同组织中脂肪、蛋白质和碳水化合物的比例的差异，将肉类样品放置于可变频率的红外灯下进行照射，检测其吸收了哪些波长的红外光，再通过计算机分析即可判断出肉类中究竟包含了何种动物组织。

同时，如果能将新型红外光谱分析装置安装在工业传送带上，就可对肉类进行大批量的检验，这对肉类及其制品的进出口检验将有非常大的价值。

> 科学家们在实践中增长了智慧才干，创新了肉类检测新方法，秉承着"爱岗敬业、精益求精"的工匠精神，可谓"慧眼金睛"识肉品。为维护国家利益，保护人民群众身体健康，发挥了应有的作用。

任务3.2 红外光谱仪

目前生产和使用的红外吸收光谱仪主要有色散型和干涉型两大类。

3.2.1 色散型红外吸收光谱仪

3.2.1.1 工作原理

色散型红外吸收光谱仪，又称经典红外吸收光谱仪，其构造基本上和紫外-可见分光光度计类似。它主要由光源、吸收池、单色器、检测器、放大器及记录机械装置五个部分组成。图3-8显示了这五个部分之间的连接情况。

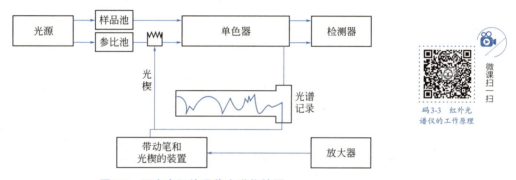

图3-8 双光束红外吸收光谱仪简图

3.2.1.2 仪器主要部件

（1）光源　红外光源应是能够发射高强度的连续红外线的物体。常用的光源如表3-2所示。下面介绍最常用的两种红外光源：能斯特灯和硅碳棒。

表3-2　红外吸收光谱仪常用光源

名称	适用波长范围/cm^{-1}	说明
能斯特（Nernst）灯	5000～400	ZrO_2，ThO_2等烧结而成
碘钨灯	10000～5000	
硅碳棒	5000～200	FTIR，需用水冷或风冷
炽热镍铬丝圈	5000～200	风冷
高压汞灯	<200	FTIR，用于远红外区

① 能斯特灯。能斯特灯是一直径为1～3mm、长为2～5cm的中空棒或实心棒。它由稀有金属锆、钇、铈或钍等氧化物的混合物烧结制成，在两端绕有钳丝以及电极。此灯的特性是：室温下不导电，加热至800℃变成导体，开始发光。因此工作前需预热，待发光后立即切断预热器的电流，否则容易烧坏。能斯特灯的优点是发出的光强度高，工作时

不需要用冷水夹套来冷却；其缺点是机械强度差，稍受压或扭动会损伤。

② 硅碳棒。硅碳棒光源一般制成两端粗中间细的实心棒，中间为发光部分，直径约5cm、长约5cm，两端粗是为了降低两端的电阻，使之在工作状态时两端呈冷态。和能斯特灯相比，其优点是坚固，寿命长，发光面积大。另外，由于它在室温下是导体，工作前不需预热。其缺点是工作时需要水冷却装置，以免放出大量热，影响仪器其他部件的性能。

（2）样品室　红外光谱仪的样品室一般为一个可插入固体薄膜或液体池的样品槽，如果需要对特殊的样品（如超细粉末等）进行测定，则需要装配相应的附件。

（3）单色器　单色器由狭缝、准直镜和色散元件（光栅或棱镜）通过一定的排列方式组合而成，它的作用是把通过吸收池而进入入射狭缝的复合光分解成为单色光照射到检测器上。

① 棱镜。早期的仪器多采用棱镜作为色散元件。棱镜由红外透光材料如氯化钠、溴化钾等盐片制成。常用于红外仪器中的光学材料的性能见表3-3。

表3-3　红外光区常用光学材料透光范围和物理性能

材料名称	透光范围 $\lambda/\mu m$	折射率 $/\mu m$	水中溶解度 $/g \cdot 100mL^{-1}$	熔点 T/K	密度 $/g \cdot mL^{-1}$	热导率[②] $/cgs \times 10^{-2}$
LiF	0.12~9.0	1.33（5）	0.27（291K）	1143	2.64（298K）	2.7（314K）
NaCl	0.21~26	1.52（5）	35.7（273K）	1074	2.16（293K）	1.55（289K）
KCl	0.21~30	1.47（5）	34.7（293K）	1049	1.98（293K）	1.56（315K）
KBr	0.25~40	1.54（5）	53.5（273K）	1003	2.75（298K）	0.71（299K）
CsBr	0.3~55	1.66（5）	124（298K）	909	4.44（293K）	0.23（298K）
CsI	0.24~70	1.74（5）	44（273K）	899	4.53	0.27（298K）
KRS-5[①]	0.5~40	2.38（5）	0.05（293K）	688	7.37（290K）	0.13（293K）

① KRS-5：碘溴化铊，TlBrI（thallium-bromide-iodide）。
② 热导率的数值是指在单位时间内，温度梯度为1（即在单位长度内温度降低1度）时通过与温度梯度相互垂直的单位面积传递的热量。在国际单位制中为 $W \cdot m^{-1} \cdot K^{-1}$，在cgs制中是 $cal \cdot cm^{-1} \cdot s^{-1} \cdot ℃^{-1}$，而 $1cal \cdot cm^{-1} \cdot s^{-1} \cdot ℃^{-1} = 4.1868 \times 10^2 W \cdot m^{-1} \cdot K^{-1}$。

盐片棱镜由于盐片易吸湿而使棱镜表面的透光性变差，且盐片折射率随温度的增加而降低，因此要求在恒温、恒湿房间内使用。近年来已逐渐被光栅所代替。

② 光栅。在金属或玻璃坯子上的每毫米间隔内刻画数十条甚至上百条的等距离线槽而构成光栅。当红外线照射到光栅表面时，产生乱反射现象，由反射线间的干涉作用而形成光栅光谱。各级光栅相互重叠，为了获得单色光必须滤光，方法是在光栅前面或后面加一个滤光器。

（4）检测器　红外分光光度计的检测器主要有高真空热电偶、测热辐射计和气体检测计。此外还有可在常温下工作的硫酸三甘肽（TGS）热电检测器和只能在液氮温度下工作的碲镉汞（MCT）光电导检测器等。

（5）放大器及记录机械装置　由检测器产生的电信号是很弱的，例如热电偶产生的信号强度约为 $10^{-9}V$，此信号必须经电子放大器放大。放大后的信号驱动光楔和电机，使记录笔在记录纸上移动。

3.2.2 傅里叶变换红外吸收光谱仪

傅里叶变换红外吸收光谱仪（FTIR）是红外光谱仪器的第三代。早在20世纪初，人们就意识到由迈克尔逊干涉仪所得到的干涉图，虽然是时域（或距离）的函数，但这一时域干涉图却包含了光谱的信息。20世纪50年代由P.Fellgett首次对干涉图进行了数学上的傅里叶变换计算，把时域干涉图转换成了人们常见的光谱图。由于傅里叶变换的数学计算量太大，从而限制了这一新技术的应用。直到1964年，由库得利和图基两人研究并得到了傅里叶变换的快速计算方法后，才使傅里叶变换红外吸收光谱仪迅速变成了商品仪器。

3.2.2.1 工作原理

FTIR主要由迈克尔逊干涉仪和计算机两部分组成。FTIR仪器整机原理如图3-9所示。

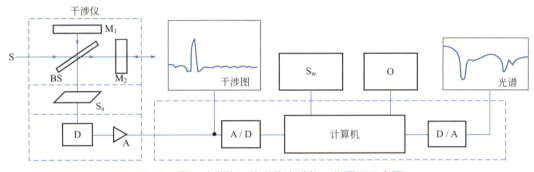

图3-9　傅里叶变换红外吸收光谱仪工作原理示意图
S—光源；M_1—定镜；M_2—动镜；BS—分束器；D—探测器；S_a—样品；A—放大器；
A/D—模数转换器；D/A—数模转换器；S_w—键盘；O—外部设备

由红外光源S发出的红外线经准直为平行红外光束进入干涉仪系统，经干涉仪调制后得到一束干涉光。干涉光通过样品S_a，获得含有光谱信息的干涉信号到达探测器D上，由D将干涉信号变为电信号。此处的干涉信号是一时间函数，即由干涉信号绘出的干涉图，其横坐标是动镜移动时间或动镜移动距离。这种干涉图经过A/D转换器送入计算机，由计算机进行傅里叶变换的快速计算，即可获得以波数为横坐标的红外光谱图。然后通过D/A转换器送入绘图仪而绘出人们十分熟悉的标准红外吸收光谱图。

目前，FTIR仪器基本上为双光道单光束仪器，即干涉光反射镜可分为前光束光道和后光束光道。使用时仅用一个光道。由于干涉信号是时域函数，加之计算机快速采样后，将样品光束信号同参比光束信号（可以空白参比，也可加入人为参比）进行快速比例计算，可以获得类似于双光束光学零位法的效果。

3.2.2.2 仪器主要部件

（1）光源　傅里叶变换红外吸收光谱仪要求光源能发射出稳定、能量强、发射度小的具有连续波长的红外线。通常使用能斯特灯、硅碳棒或涂有稀土化合物的镍铬旋状灯丝。

（2）迈克尔逊干涉仪　**FTIR仪器的核心部分是迈克尔逊干涉仪**。如图3-10所示，迈克尔逊干涉仪由定镜、动镜、分束器和探测器组成。定镜和动镜相互垂直放置，定镜M_1固定不动，动镜M_2可沿图示方向平行移动，再放置一呈45°角的分束器：BS（由半导体锗和单晶KBr组成）可让入射的红外光一半透光，另一半被反射。当S光源的红外线进

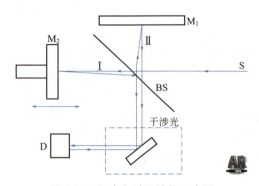

图3-10 迈克尔逊干涉仪示意图
M_1—定镜；M_2—动镜；S—光源；
D—探测器；BS—分束器

入干涉仪后，透过BS的光束Ⅰ入射到动镜表面，另一半被BS反射到定镜上称为Ⅱ，Ⅰ和Ⅱ又被动镜和定镜反射回到BS上（图上为便于理解绘成双线）。同样原理又被反射和透射到探测器D上。

如果进入干涉仪的是波长为λ的单色光，开始时，因M_1和M_2与分束器BS的距离相等（此时M_2又称为零位），Ⅰ光束和Ⅱ光束到达探测器时位相相同，发生相长干涉，亮度最大。当动镜M_2移动到入射光的1/4λ距离时，则Ⅰ光的光程变化为1/2λ，在探测器上两光束的位相差为

码3-4 迈克尔逊干涉仪

180°，则发生相消干涉，亮度最小。当动镜M_2移动1/4λ的奇数倍，即Ⅰ光和Ⅱ光的光程差X为±1/2λ、±3/2λ、±5/2λ……时（正负号表示动镜由零位向两边的位移），都会发生这样的相消干涉。同样，动镜M_2移动1/4λ的偶数倍时，则会发生相长干涉。因此，当动镜M_2匀速移动时，也即匀速连续改变两光束的光程差，就会得到如图3-11所示的干涉图。当入射光为连续波长的多色光时，便可得到如图3-12所示有中心极大的并向两边衰减的对称干涉图。

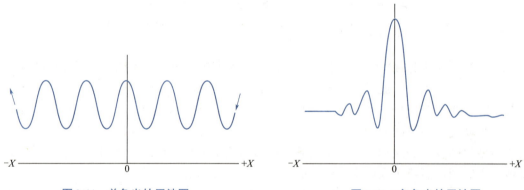

图3-11 单色光的干涉图　　　　　　图3-12 多色光的干涉图

在迈克尔逊干涉仪中，核心部分是分束器，简称BS，其作用是使进入干涉仪中的光，一半透射到动镜上，另一半反射到定镜上又返回到BS上，形成干涉光后送到样品上。不同红外光谱范围所用BS不同。BS价格昂贵，使用中要特别予以保养。BS的种类及适用范围如表3-4所示。

表3-4 分束器分类及适用范围

名称	适用波数范围/cm^{-1}	名称	适用波数范围/cm^{-1}
石英近红外	15000～2000	中红外KBr-Ge	5000～370
CaF_2近红外-Si	13000～1200	6μm Mylar（膜）远红外	5000～50
宽范围KBr-Ge	10000～370		

（3）检测器　也就是上面所说的探测器，一般可分为热检测器和光检测器两大类。热检测器的工作原理是：把某些热电材料的晶体放在两块金属板中，当光照射到晶体上时，晶体表面电荷分布变化，由此可以测量红外辐射的功率。热检测器有氘化硫酸三甘肽（DTGS）、钽酸锂（LiTaO$_3$）等类型。光检测器的工作原理是：某些材料受光照射后，导电性能发生变化，由此可以测量红外辐射的变化，最常用的光检测器有锑化铟、汞镉碲（MCT）等类型。

（4）记录系统—红外工作软件　傅里叶变换红外吸收光谱仪红外谱图的记录、处理一般都是在计算机上进行的。目前国内外都有比较好的工作软件，如美国PE公司的spectrumV3.01，它可以在软件上直接进行扫描操作，可以对红外谱图进行优化、保存、比较、打印等。此外，仪器上的各项参数可以在工作软件上直接调整。

3.2.2.3　FTIR的优点

与经典色散型红外吸收光谱仪相比，FTIR具有如下优点：

① 具有扫描速度极快的特点，一般在1s内即可完成光谱范围的扫描，扫描速度最快可以达到60次·s^{-1}；

② 光束全部通过，辐射通量大，检测灵敏度高；

③ 具有多路通过的特点，所有频率同时测量；

④ 具有很高的分辨能力，在整个光谱范围内分辨率达到0.1cm^{-1}是很容易做到的；

⑤ 具有极高的波数准确度，若用He-Ne激光器，可提供0.01cm^{-1}的测量精度；

⑥ 光学部件简单，只有一个可动镜在实验过程中运动。

> **思考与练习3.2**
>
> 1.色散型红外光谱仪，又称＿＿＿＿＿，主要由＿＿＿＿＿、＿＿＿＿＿、＿＿＿＿＿、＿＿＿＿＿、放大器及记录机械装置五个部分组成。
> 2.常见的红外光源主要有＿＿＿＿、＿＿＿＿、＿＿＿＿、＿＿＿＿等。
> 3.单色器由＿＿＿＿＿、＿＿＿＿＿和色散元件（＿＿＿＿＿或＿＿＿＿＿）通过一定的排列方式组合而成。
> 4.红外分光光度计的检测器主要有＿＿＿＿＿、＿＿＿＿＿和气体检测计；此外还有＿＿＿＿＿和＿＿＿＿＿等。
> 5.在迈克尔逊干涉仪中，核心部分是＿＿＿＿＿，简称＿＿＿＿＿。
> 6.下列红外光源中，（　　）可用于远红外光区。
> 　A.碘钨灯　　　　B.高压汞灯　　　　C.能斯特灯　　　　D.硅碳棒
> 7.下列红外透光材料中，（　　）不可用在远红外区。
> 　A. LiF　　　　B. KBr　　　　C. NaCl　　　　D. KRS-5
> 8.FTIR中的核心部件是（　　）。
> 　A.硅碳棒　　　　B.迈克尔逊干涉仪　　　　C. DTGS　　　　D.光楔
> 9.试说明迈克尔逊干涉仪的组成及工作原理。
> 10.什么是分束器？其作用如何？

> **素质拓展阅读**
>
> **红外光谱仪在油气产品质量分析的应用**
>
> 中国石化集团公司沧州炼油厂使用NIR-2000近红外光谱仪,一年为工厂节省上百万元人民币。近红外光谱检测已成为石油、石化等大型企业提高市场竞争能力的重要技术手段。我国在近红外光谱结合先进控制的推广应用,显著提高了工业生产装置操作技术水平,推进工业整体技术进步。
>
> 近红外光谱分析技术,应用领域非常广泛,主要包括:石油及石油化工、基本有机化工、精细化工、冶金、生命科学、制药、农业、医药、食品、烟草、纺织、化妆品、质量监督、环境保护、高校及科研院所等。它可以测定油品的辛烷值、馏程、密度、凝固点、十六烷值、闪点、冰点、烃类组成、甲基叔丁基醚含量等,油气产品质量关乎国家工农业生产命脉,也能保障我们的汽车加到合格的油品。
>
> 我国提出"推动绿色发展,促进人与自然和谐共生""深入推进环境污染防治""积极稳妥推进碳达峰碳中和",合格的油气产品对于低碳化、绿色转型至关重要,这些都离不开油气产品的质量分析。

任务3.3　常见红外光谱仪的使用

3.3.1　AVATAR 360型红外光谱仪的构造特点

AVATAR 360型红外光谱仪是一台基于光的相干性原理制成的傅里叶变换红外光谱仪,主要由光源、迈克尔逊干涉仪、试样架、检测器和激光校准器等部分组成。仪器背板上有可与微型计算机相连的接口,检测器产生的信号输送到计算机进行傅里叶变换处理,即得到我们所熟悉的红外光谱图。

3.3.2　AVATAR 360型红外光谱仪的使用方法

（1）仪器操作步骤

① 开启计算机和打印机,确定工作正常。

② 打开红外光谱仪的电源开关,这时,与仪器相连的计算机中的应用程序自动对仪器系统进行诊断,当诊断完毕,电源指示灯亮。保持系统稳定15min。

③ 点击计算机中的红外光谱仪软件（如尼高力OMNIC软件）。程序打开后,若"BenchStatus"标识处为红色"√",说明仪器各项指标在允许范围内,整个系统可以正常使用。

④ 在应用程序窗口中点击下拉菜单或工具栏选择试验参数,如分辨率、扫描时间（次数）及软件选用等。

⑤ 以与样品相同的试验条件做背景试验,将所采集的一张背景光谱储存在计算机中,以便用来抵消样品光谱中属于仪器及环境的吸收,从而准确地进行样品分析。

⑥ 打开红外光谱仪的样品仓盖,把样品置于样品架上,然后盖好仓盖。

⑦ 在应用程序窗口中,使用"Collect"菜单下的"Collect Sample"命令采集一张样

品光谱，几秒后，屏幕上出现样品的红外光谱图。

⑧ 点击打印命令输出到打印机打印。

⑨ 关闭仪器及计算机、打印机，盖上仪器防尘罩。

（2）AVATAR 360型红外光谱仪的使用注意事项

① 红外光谱仪最好保持24h开机，可以让仪器系统处于稳定状态，还能借处于电子元器件散发的热量抵御潮气的侵袭。

② 仪器背板上的散热栅不能被覆盖，以免过热使电子元器件损坏。

③ 保持环境的干燥，仪器上的干燥剂要及时更换。室温要相对恒定（25℃左右），以免仪器外窗受潮损坏。

任务3.4 红外制样技术

3.4.1 固体样品制样

3.4.1.1 压模的构造

压模的构造如图3-13所示，它是由压杆和压舌组成。压舌的直径为13mm，两个压舌的表面粗糙度很低，以保证压出的薄片表面光滑。因此，使用时要注意样品的粒度、湿度和硬度，以降低压舌表面的粗糙度。

3.4.1.2 压模的组装

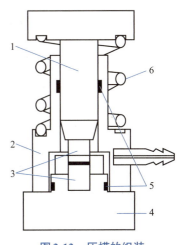

图3-13 压模的组装
1—压杆；2—套筒套圈；3—压舌；
4—底座；5—橡胶圈；6—弹簧

将其中一个压舌放在底座上，光洁面朝上，并装上压片套圈，研磨后的样品放在这一压舌上，将另一压舌光洁面向下轻轻转动，以保证样品表面平整，顺序放压片套筒、弹簧和压杆，加压10^4kgf（1kgf=9.8N），持续3min。

码3-5 红外样品制备操作

拆膜时，将底座换成取样器（形状与底座相似），将上、下压舌及其中间的样品片和压片套圈一起移到取样器上，再分别装上压片套筒及压杆，稍加压后即可取出压好的薄片。

 操作练习11　样品的制备

一、目的要求

1.了解红外光谱分析用样品的常用制备方法。

2.学习红外光谱分析用固体样品的制备方法。

二、基本原理

试样应是单一组分的纯物质，纯度应大于98%或符合商业标准。这样才便于与纯化合物的标准光谱或商业光谱进行对照，多组分试样应预先用分馏、萃取、重结晶或色谱法进行分离提纯,否则各组分光谱互相重叠,难以解析。

试样中不应含游离水,水本身有红外吸收,会严重干扰样品谱,还会侵蚀吸收池的盐窗。

试样的浓度和测试厚度应选择适当,以使光谱图中大多数峰的透射率在10%~80%范围内。

三、制样方法

1.固态样品

通常采用压片法、糊剂法、薄膜法和溶液制样法。

(1)压片法　压片法是把固体样品的细粉,均匀地分散在碱金属卤化物中并压成透明薄片的一种方法。

将1~2mg试样与100~200mg磨细干燥的纯KBr混合,研细均匀,置于模具中,在压片机上边抽真空,边压成厚约1mm、直径约10mm的透明薄片,即可用于测定。试样和KBr都应经干燥处理,研磨到粒度小于2μm,以免受散射光的影响。

(2)糊剂法　把固体粉末分散或悬浮于石蜡油等糊剂中,然后将糊状物夹于两片KBr等窗片间测绘其光谱。

将干燥处理后的试样研细,与液体石蜡或全氟代烃混合,调成糊状,夹在盐片中测定。

(3)薄膜法　薄膜法是把固体试样溶解在适当的溶剂中,把溶液倒在玻璃片上或KBr窗片上,待溶剂挥发后生成均匀薄膜的一种方法。

主要用于高分子化合物的测定。可将样品直接放在盐窗上,加热熔融后压制成膜。也可将试样溶解在低沸点的易挥发溶剂中,涂在盐片上,待溶剂挥发后成膜测定。

(4)溶液制样法　溶液制样法是把固体样品研磨成2μm以下的粉末,悬浮于易挥发溶剂中,然后将此悬浮液滴于KBr片基上铺平,待溶剂挥发后形成均匀的粉末薄层的一种方法。

以上四法中,其中最常用的是压片法,但此法常因样品浓度不合适或因片子不透明等问题需要一再返工。

2.液体样品

通常采用夹片法、吸收池法和涂膜法。

(1)夹片法(也称液膜法)　在可拆液体池两片窗片之间,滴上1~2滴液体试样,使之形成一层薄的液膜。

(2)吸收池法(也称液体池法或溶液法)　将试样溶解在合适的溶剂中,然后用注射器注入固定液体池中进行测试。沸点较低、挥发性较大的试样,可注入封闭液体池中,液层厚度一般为0.01~1mm。

(3)涂膜法(也称薄膜法)　用刮刀取适量的试样均匀涂于窗片上,然后将另一块窗片盖上,稍加压力,来回推移,使之形成一层均匀无气泡的液膜。

其中最常用的是夹片法,此法所使用的窗片是由整块透明的溴化钾(或氯化钠)晶体制成的。制作困难,价格昂贵,稍微使用不当就容易破裂,而且由于长期使用也会被试样中微量水分慢慢侵蚀,到一定时候窗片也就报废了。

3.4.2 液体样品制样

3.4.2.1 液体池的构造

如图3-14所示,液体池由后框架、窗片框架、垫片、后窗片、间隔片、前窗片和前框架7部分组成。一般地,后框架和前框架由金属材料制成,前窗片和后窗片为氯化钠、溴化钾、KRS-5或ZnSe等晶体薄片,间隔片常由铝箔或聚四氟乙烯等材料制成,起着固定液体样品的作用,厚度为0.01～2mm。

3.4.2.2 装样和清洗方法

吸收池应倾斜30°,用注射器(不带针头)吸取待测的样品,由下孔注入直到上孔看到样品溢出为止,用聚四氟乙烯塞子塞住上、下注射孔,用高质量的纸巾擦去溢出的液体后,便可测试。测试完毕后,取出塞子,用注射器吸出样品,由下孔注入溶剂,冲洗2～3次。冲洗后,用洗耳球吸取红外灯附近的干燥空气吹入液池内,以除去残留的溶剂,然后放在红外灯下烘烤至干,最后将液体池存放在干燥器中。

3.4.2.3 液体池厚度的测定

根据均匀的干涉条纹的数目可测定液体池的厚度。测定的方法是将空的液体池作为样品进行扫描,由于两盐片间的空气对光的折射率不同而产生干涉。

根据干涉条纹的数目计算池厚(见图3-15)。一般选定1500～600cm^{-1}的范围较好,计算公式如下:

$$b = \frac{n}{2}\left(\frac{1}{\bar{\nu}_1 - \bar{\nu}_2}\right)$$

式中,b为液池厚度,cm;n为在两波数间所夹的完整波形个数;$\bar{\nu}_1$、$\bar{\nu}_2$分别为起始和终止的波数,cm^{-1}。

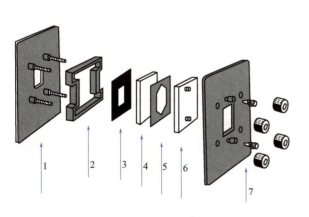

图3-14 液体池组成的示意图
1—后框架;2—窗片框架;3—垫片;4—后窗片;
5—聚四氟乙烯隔片;6—前窗片;7—前框架

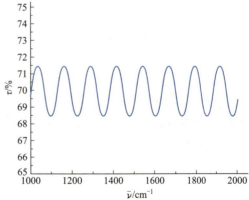

图3-15 液池的干涉条纹图

3.4.3 载样材料的选择

目前，载样材料以中红外区（4000～400cm^{-1}）应用最广泛，一般的光学材料为氯化钠（4000～600cm^{-1}）、溴化钾（4000～400cm^{-1}）。这种晶体很易吸水使表面"发乌"，影响红外线的透过。为此，所用的窗片应放在干燥器内，要在湿度较小的环境下操作。另外，晶体片质地脆，而且价格较贵，使用时要特别小心。对含水样品的测试应采用KRS-5窗片（4000～250cm^{-1}）、ZnSe（4000～650cm^{-1}）和CaF$_2$（4000～1000cm^{-1}）等材料。近红外区用石英和玻璃材料，远红外区用聚乙烯材料。

3.4.4 镜面反射光谱技术

镜面反射光谱技术用于收集平整、光洁的固体表面的光谱信息，如金属表面的薄膜、金属表面处理膜、食品包装材料和饮料罐表面涂层、厚的绝缘材料、油层表面、矿物摩擦面、树脂和聚合物涂层、铸模塑料表面等。

在镜面反射测量中，由于不同波长位置下的折射率有所区别，因而在强吸收谱带范围内，经常会出现类似于导数光谱的特征，这样测得的光谱难以解释。

如使用K-K（Kramers-Kronig）变换为吸收光谱后，可解决解析上的困难，如图3-16所示。

3.4.5 漫反射光谱技术

漫反射光谱技术收集高散射样品的光谱信息，适合于粉末状的样品。

漫反射红外光谱测定法其实是一种半定量技术，将DR（漫反射）谱经过KM（Kubelka-Munk）方程校正，如

$$f(R_\infty) = \frac{(1-R_\infty)^2}{2R_\infty} = \frac{K}{S}$$

式中，$f(R_\infty)$是指校正后的光谱信号强度；R_∞是指试样在无限深度下（大于3cm）与无红外吸收的参照物（如KBr）漫反射之比；K为分子吸收系数（常数）；S为试样散射系数（常数）。

DR原谱横坐标是波数，纵坐标是漫反射比R，R_∞经Kubelka-Munk方程校正后，最终得到的漫反射光谱图与红外吸收谱图相类似，如图3-17所示。DR测量时，无需KBr压片，直接将粉末样品放入试样池内，用KBr粉末稀释后，测其DR谱。用以优质的金刚砂纸轻轻磨去表面的方法进行固体制样，可大大简化样品的准备过程，并且在砂纸上测量已被磨过的样品，可以得到高质量的谱图。由于金刚石的高散射性，用金刚石的粉末磨料可得到很好的结果。

3.4.6 衰减全反射光谱技术

衰减全反射光谱（ATR）技术用于收集材料表面的光谱信息，适合于普通红外光谱无法测定的厚度大于0.1mm的塑料、高聚物、橡胶和纸张等样品。

衰减全反射附件应用于样品的测量，各谱带的吸收强度不但与试样的吸收性质有关，

还取决于光线的入射深度，其关系如下：

$$d_\text{p} = \frac{\lambda_1}{2\pi\left[\sin^2\alpha - \left(\dfrac{n_2}{n_1}\right)^2\right]^{1/2}}$$

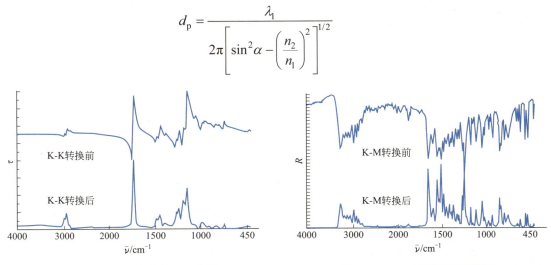

图 3-16　K-K 转换前后示意图　　　　　图 3-17　K-M 光谱修正示意图

式中，d_p 为入射深度；α 为入射角；λ_1 为光在光密介质即多重反射晶体中的波长；n_1 为反射晶体的折射率；n_2 为样品的折射率。上式表明，贯穿深度是入射光波长 λ_1 的函数，当入射角 α 和反射晶体折射率 n_1 选定后，样品折射率是固定的，那么，d_p 与 λ_1 成正比。长波（低波数）区入射深度大、吸收强，短波区则相反，这样所获得的 ATR 红外谱图就需要经过 MIR 方程校正，如图 3-18 所示。

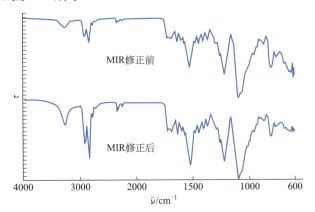

图 3-18　MIR 光谱修正示意图

任务 3.5　红外光谱法的应用

3.5.1　定性分析

红外光谱的定性分析，大致可以分为官能团定性和结构分析两个方面。官能团定性是根据化合物的特征基团频率来检定待测物质含有哪些基团，从而确定有关化合物的类别的。结构分析或称之为结构剖析，则需要由化合物的红外吸收光谱并结合其他实验资料来推断有关化合物的化学结构式。

如果分析目的是对已知物及其纯度进行定性鉴定,那么只要在得到样品的红外光谱图后,与纯物质的标准谱图进行对照即可。如果两张谱图各吸收峰的位置和形状完全相同,峰的相对吸收强度也一致,就可初步判定该样品即为该种纯物质;相反,如果两谱图各吸收峰的位置和形状不一致,或峰的相对吸收强度也不一致,则说明样品与纯物质不为同一物质,或样品中含有杂质。

3.5.1.1 定性分析的一般步骤

测定未知物的结构,是红外光谱定性分析的一个重要用途,它的一般步骤如下。

(1) 试样的分离和精制 用各种分离手段(如分馏、萃取、重结晶、色谱分离等)提纯未知试样,以得到单一的纯物质。否则,试样不纯不仅会给光谱的解析带来困难,还可能引起"误诊"。

码3-6 红外光谱法定性分析

(2) 收集未知试样的有关资料和数据 了解试样的来源、元素分析值、分子量、熔点、沸点、溶解度、有关的化学性质,以及紫外吸收光谱、核磁共振波谱、质谱等,这对图谱的解析有很大的帮助,可以大大节省谱图解析的时间。

(3) 确定未知物的不饱和度 所谓不饱和度(U)是表示有机分子中碳原子的不饱和程度。计算不饱和度的经验公式为:

$$U = 1 + n_4 + \frac{1}{2}(n_3 - n_1)$$

式中,n_1、n_3、n_4 分别为分子式中一价、三价和四价原子的数目。通常规定双键和饱和环状结构的不饱和度为1,三键的不饱和度为2,苯环的不饱和度为4。

比如 $C_6H_5NO_2$ 的不饱和度 $U = 1 + 6 + \frac{1}{2}(1-5)$,即一个苯环和一个 N=O 键。

3.5.1.2 红外谱图解析

红外吸收区域划分如下。

(1) 4000~2500cm^{-1} 这个区域可以称为 X—H 伸缩振动区,X 可以是 O、N、C 和 S 原子,它们出现的范围如下:

O—H 3650~3200cm^{-1};
N—H 3500~3000cm^{-1};
C—H 3100~2800cm^{-1};
S—H 2600~2500cm^{-1}。

(2) 2500~2000cm^{-1} 这个区域可以称为三键和累积双键区,其中主要包括有 —C≡C—、—C≡N— 等三键的伸缩振动和累积双键 —C=C=C—、—C=C=O、—N=C=O 等的反对称伸缩振动,累积双键的对称伸缩振动出现在 1100cm^{-1} 的指纹区里。

(3) 2000~1500cm^{-1} 这个区域可以称为双键伸缩振动区,其中主要包括 C=C、C=O、C=N、—NO$_2$ 等的伸缩振动,以及 —NH$_2$ 基的剪切振动、芳环的骨架振动等。

(4) 1500~600cm^{-1} 是部分单键振动及指纹区,这个区域的光谱比较复杂,主要包括 C—H、O—H 的变角振动,C—O、C—N、C—X(卤素)、N—O 等的伸缩振动及与

C—C、C—O有关的骨架振动等。

3.5.1.3　标准谱图的使用

在进行定性分析时，对于能获得相应纯品的化合物，一般通过谱图对照即可。对于没有已知纯品的化合物，则需要与标准谱图进行对照，最常见的标准谱图有3种，即萨特勒标准红外光谱集（Sadtler catalog of infrared standard spectra）、分子光谱文献"DMS"（documentation of molecular spectroscopy）穿孔卡片和ALDRICH红外光谱库（the Aldrich Library of Infrared Specttra）。

其中"萨特勒"收集的红外吸收谱图最为全面。到2020年年底，它已收集了259420张红外吸收光谱图和3800张近红外吸收光谱图，涉及从纯有机化合物到商业化合物等各个系列，并可以以单独数据库的形式选购。为了便于检索，Sadtler红外吸收光谱数据库分为以下几个大类：聚合物和相关化合物（50570张）、纯有机化合物（158780张）、工业化合物（21950张）、刑侦科学领域（19240张）、环境应用领域（6340张）以及无机物和有机金属类（2540张）。

操作练习12　傅里叶红外光谱仪的使用及未知物测定

一、目的要求

1. 了解傅里叶变换红外光谱仪的使用方法。
2. 学会液膜法制备液体样品的方法。
3. 学会溴化钾压片法制备固体样品的方法。
4. 了解仪器波数准确性的检查方法。
5. 学会利用谱图检索进行未知物分析的方法。

二、基本原理

当物质的分子对红外线进行选择性吸收时，其结果若使得振动能级及转动能级发生跃迁，就会形成具有特征性的红外吸收光谱。

红外吸收光谱是物质分子结构的客观反映，谱图中吸收峰都对应着分子中各基团的振动形式，其位置和形状也是分子结构的特征性数据。因此，根据红外吸收光谱中各吸收峰的位置、强度、形状及数目的多少，可以判断物质中可能存在的某些官能团，进而对未知物的结构进行鉴定。即首先对红外吸收光谱进行谱图解析，然后推断未知物的结构。最后还需将未知物的红外吸收光谱通过与未知物相同测定条件下得到的标准样品的谱图或标准谱图集（如萨特勒红外谱图集）中的标准光谱进行对照，以进一步证实其分析结果。

红外定性分析的依据是：若两种物质在相同测定条件下得到的红外吸收光谱完全相同，则这两种物质应为同一种化合物。据此，可以将待鉴定未知物的红外吸收光谱与仪器计算机所储存的谱图库中各物质的标准红外光谱进行检索、比对，进而推断未知物可能的结构式。

在现代红外光谱分析中，傅里叶变换红外光谱仪利用其强大的各种谱图库，通过计算机对红外光谱的检索、比对，广泛地应用于许多物质的定性鉴定。

3.5.2 定量分析

3.5.2.1 红外光谱定量分析的基本原理

（1）吸光度A的测定方法　与紫外吸收光谱一样，红外吸收光谱的定量分析也基于朗伯-比尔定律，即对于某一波长的单色光，吸光度与物质的浓度呈线性关系。根据测定吸收峰峰尖处的吸光度A来进行定量分析。实际过程中吸光度A的测定有以下两种方法。

① 峰高法。将测量波长固定在被测组分有明显的最大吸收，而溶剂只有很小或没有吸收的波数处，使用同一吸收池，分别测定样品及溶剂的透光率，则样品的透光率等于两者之差，并由此求出吸光度。

② 基线法。由于峰高法中采用的补偿并不是十分满意的，因此误差比较大。为了使分析波数处的吸光度更接近于真实值，常采用基线法。所谓基线法，就是用直线来表示分析峰不存在时的背景吸收线，并用它来代替记录纸上的100%（透光率坐标）。

（2）定量分析条件的选择

① 定量谱带的选择。理想的定量谱带应该是孤立的，吸收强度大，遵守吸收定律，不受溶剂和样品中其他组分的干扰，尽量避免在水蒸气和CO_2的吸收峰位置测量。当对应不同定量组分而选择两条以上定量谱带时，谱带强度应尽量保持在相同数量级。对于固体样品，由于散射强度和波长有关，所以选择的谱带最好在较窄的波数范围内。

② 溶剂的选择。所选溶剂应能很好地溶解样品，与样品不发生化学反应，在测量范围内不产生吸收。为消除溶剂吸收带来的影响，可采用差谱技术计算。

③ 选择合适的透射区域。透射比应控制在20%～65%范围内。

④ 测量条件的选择。定量分析要求FTIR仪器的室温恒定，每次开机后均应检查仪器的光通量，光通量应保持相对恒定。定量分析前要对仪器的100%线、分辨率、波数精度等各项性能指标进行检查，先测参比（背景）光谱可减少CO_2和水的干扰。用FTIR进行定量分析，其光谱是把多次扫描的干涉图进行累加平均得到的，信噪比与累加次数的平方根成正比。

3.5.2.2 红外光谱定量分析方法

（1）工作曲线法　在固定液层厚度及入射光的波长和强度一定的情况下，测定一系列不同浓度标准溶液的吸光度，以对应分析谱带的吸光度为纵坐标、标准溶液浓度为横坐标作图，得到一条通过原点的直线，该直线为标准曲线或工作曲线。在相同条件下测得试液的吸光度，从工作曲线上可查出试液的浓度。

（2）比例法　工作曲线法的样品和标准溶液都使用相同厚度的液体比色皿，且其厚度可准确测定。当其厚度不定或不易准确测定时，可采用比例法。它的优点在于不必考虑样品厚度对测量的影响，这在高分子物质的定量分析上应用较普遍。

（3）内标法　当用KBr压片、糊状法或液膜法时，光通路厚度不易确定，在有些情况下可以采用内标法。内标法是比例法的特例。

（4）差示法　该法可用于测量样品中的微量杂质，例如有两组分A和B的混合物，微量组分A的谱带被主要组分B的谱带严重干扰或完全掩蔽，可用差示法来测量微量组分A。很多红外光谱仪中都配有能进行差谱的计算机软件功能，对差谱前的光谱采用累加平均处理技术，对计算机差谱后所得的差谱图采用平滑处理和纵坐标扩展，可以得到十分优良的差谱图，以此可以得到比较准确的定量结果。

> **思考与练习3.5**
>
> 1.如果样品IR谱图与纯物质IR谱图相比，各吸收峰的_____和_____完全相同，峰的_____也一致，就可初步判定该样品即为该纯物质。
>
> 2.谱图解析的程序一般可归纳为两种方式：一种是按光谱图中顺序解析，另一种是按_____顺序解析。
>
> 3.红外光谱常用的定量分析方法有_____、_____、_____和_____。
>
> 4.红外定量分析时合适的透射比应控制在_____。

项目4
原子吸收法对金属离子的测定

原子吸收法的测量对象是呈原子状态的金属元素和部分非金属元素，其原理是由待测元素灯发出的特征谱线通过供试品经原子化产生的原子蒸气时，被蒸气中待测元素的基态原子所吸收，通过测定辐射光强度减弱的程度，求出供试品中待测元素的含量。原子吸收一般遵循分光光度法的吸收定律，通常通过比较标准品和供试品的吸光度，可求得供试品中待测元素的含量。

项目描述

学习目标	任务	教学建议	课时计划
1.使学生对原子吸收方法有初步的认识，理解一些基本的概念	1.原子吸收光谱法的认识	通过一些生动的实例，使学生将颜色、光、仪器、分析产生联想，产生强烈的探索兴趣和动力。引导学生多观察、多思考、多提问	2学时
2.使学生认识到原子吸收光谱法的基本原理，应用前景相当广阔	2.原子吸收光谱法的基本原理	通过生动的实例，使学生自然地将样品、光、分析联系在一起，并产生强烈的求知欲望	4学时
3.使学生对仪器的各个主要组成部件的功能、特点有较深入的了解	3.认识原子吸收分光光度计	能够将样品、光、分析联系在一起的仪器，它从技术上达到了什么要求，能否满足我们探索之需？让学生在研究中认识仪器的功能、特点。引导学生多观察、多思考、多提问	2学时
4.使学生对样品前处理、测定条件选择、定量方法有充分的认识，并具备相应的应用能力	4.原子吸收光谱法	通过实例分析，使学生对试样制备、测定条件选择、定量方法产生认识，并产生研究、探索、开发、应用的强烈求知动力	16学时
5.使学生在学好原子吸收的基础上，知识、能力进一步拓展	5.原子荧光光谱法	原子荧光光谱法具有原子发射和原子吸收两种分析方法的优点，同时又克服了两种方法的不足，应用也日益广泛	2学时

项目分析

项目4的主要任务是通过对样品、光、仪器、分析的联系和探讨，掌握利用原子吸收分光光度计，对金属离子进行分析的方法。

具体要求如下：
① 原子吸收最佳测定条件的选择；
② 石墨炉原子吸收光谱法测定；
③ 火焰原子吸收光谱法测定水样中的镁；

④ 火焰原子吸收光谱法测定水样中的铜。

将以上4个具体要求分别对应4个操作练习，分布在任务中完成，通过后续任务的学习，最后完成该项目的目标。

任务4.1 原子吸收光谱法的认识

4.1.1 原子吸收光谱的发现与发展

原子吸收光谱法是根据基态原子对特征波长光的吸收，测定试样中待测元素含量的分析方法，简称原子吸收分析法。

早在1859年基尔霍夫就成功地解释了太阳光谱中暗线产生的原因，并应用于太阳外围大气组成的分析。但原子吸收光谱作为一种分析方法，却是从1955年澳大利亚物理学家A.Walsh发表了"原子吸收光谱在化学分析中的应用"的论文以后才开始的。这篇论文奠定了原子吸收光谱分析的理论基础。20世纪50年代末60年代初，市场上出现了供分析用的商品原子吸收光谱仪。1961年苏联的B.B.JIbbob提出了电热原子化吸收分析，大大提高了原子吸收分析的灵敏度。1965年威尼斯（J.B.Willis）将氧化亚氮-乙炔火焰成功地应用于火焰原子吸收法，大大扩大了火焰原子吸收法的应用范围，自20世纪60年代后期开始"间接"原子吸收光谱法的开发，使得原子吸收法不仅可测金属元素，还可测一些非金属元素（如卤素、硫、磷）和一些有机化合物（如维生素B_{12}、葡萄糖、核糖核酸酶等），为原子吸收法开辟了广泛的应用领域。

近年来，计算机、微电子、自动化人工智能技术和化学计量等的发展，各种新材料与元器件的出现，大大改善了仪器性能，使原子吸收分光光度计的精度和准确度及自动化程度有了极大提高，使原子吸收光谱法成为痕量元素分析灵敏且有效的方法之一，广泛地应用于各个领域。

4.1.2 原子吸收光谱分析过程

原子吸收光谱分析过程如图4-1所示。

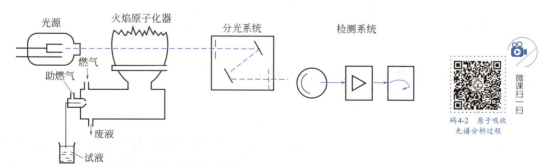

图4-1　原子吸收光谱分析过程示意图

试液喷射成细雾与燃气混合后进入燃烧的火焰中，被测元素在火焰中转化为基态原子蒸气。气态的基态原子吸收从光源发射出的与被测元素基态原子吸收波长相同的特征谱线，使该谱线的强度减弱，在经分光系统分光后，由检测器吸收。产生的电信号，经放大器放大，由显示系统显示吸光度或光谱图。

原子吸收光谱法与紫外-可见吸收光谱法都是基于物质对紫外和可见光的吸收而建立起来的分析方法，属于吸收光谱分析，但它们吸光物质状态不同。原子吸收光谱分析中，吸收物质是基态原子蒸气，而紫外-可见分光光度分析中的吸收物质是溶液中的分子或离子。原子吸收光谱是线状光谱，这是两种方法的主要区别。正是由于这种差别，它们所用的仪器及分析方法都有许多不同之处。

4.1.3 原子吸收光谱法的特点和应用范围

原子吸收光谱法具有以下特点。

（1）灵敏度高检出限低　火焰原子吸收光谱法的检出限可达 10^{-6} g·mL^{-1} 级；无火焰原子吸收光谱法的检出限可达 $10^{-10} \sim 10^{-14}$ g。

（2）准确度好　火焰原子吸收光谱法的相对误差小于 1%，其准确度接近于经典化学方法。石墨炉原子吸收法的准确度一般为 3% ~ 5%。

（3）选择性好　用原子吸收光谱法测定元素含量时，通常共存元素对待测元素干扰少，若实验条件合适，一般可以在不分离共存元素的情况下直接测定。

（4）操作简便，分析速度快　在准备工作做好后，一般几分钟即可完成一种元素的测定。利用自动原子吸收光谱仪可在 35min 内连续测定 50 个试样中的 6 种元素。

（5）应用广泛　原子吸收光谱法被广泛应用于各领域中，它可以直接测定 70 多种金属元素，也可以用间接方法测定一些非金属和有机化合物。

原子吸收光谱法的不足之处是：由于分析不同元素，必须使用不同元素灯，因此多元素同时测定尚有困难。有些元素的灵敏度还比较低（如钍、铪、银、钽等）。对于复杂样品仍需要进行复杂的化学预处理，否则干扰将比较严重。

> **思考与练习4.1**
> 1. 何谓原子吸收光谱法？
> 2. 原子吸收光谱法与分光光度法有何异同点？
> 3. 原子吸收光谱法具有哪些特点？

任务4.2　原子吸收光谱法基本原理

4.2.1　共振线和吸收线

任何元素的原子都由原子核和围绕原子核运动的电子组成。这些电子按其能量的高低分层分布，而具有不同能级，因此一个原子可具有多种能级状态。在正常状态下，**原子处于最低能态（这个能态最稳定），称为基态**。处于基态的原子称基态原子。基态原子受到外界能量（如热

码4-3　共振线和吸收线

能、光能等）激发时，其外层电子吸收了一定能量而跃迁到不同能态，因此原子可能有不同的激发态。**当电子吸收一定能量从基态跃迁到能量最低的激发态时所产生的吸收谱线，称为共振吸收线，简称共振线。**

由于不同元素的原子结构不同，其共振线也因此各有其特征。由于原子核外的电子从基态到最低激发态的跃迁最容易发生，因此对大多数元素来说，共振线也是元素的最灵敏线。原子吸收光谱分析法就是利用处于基态的待测原子蒸气对从光源发射的共振发射线的吸收来进行分析的，因此元素的共振线又称分析线。

4.2.2 谱线轮廓与谱线变宽

4.2.2.1 谱线轮廓

从理论上讲，原子吸收光谱应该是线状光谱。但实际上任何原子发射或吸收的谱线都不是绝对单色的几何线，而是具有一定宽度的谱线。若在各种频率 ν 下，测定吸收系数 K_ν，以 K_ν 为纵坐标、ν 为横坐标，可得吸收曲线（见图4-2）。曲线极大值对应的频率 ν_0 称为中心频率。中心频率所对应的吸收系数称为峰值吸收系数。在峰值吸收系数一半（$K_0/2$）处，吸收曲线呈现的宽度称为吸收曲线半宽度，以频率差 $\Delta\nu$ 表示。吸收曲线的半宽度 $\Delta\nu$ 的数量级为 $10^{-3} \sim 10^{-2}$ nm（折合成波长）。吸收曲线的形状就是谱线轮廓。

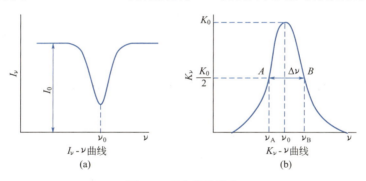

图4-2 吸收曲线轮廓

4.2.2.2 谱线宽度

原子吸收谱线变宽的原因较为复杂，一般由两方面的因素决定。一方面原子本身的性质决定了谱线自然宽度；另一方面是外界因素的影响引起的谱线变宽。谱线变宽效应可用 $\Delta\nu$ 和 K_0 的变化来描述。

（1）自然变宽 $\Delta\nu_N$　在没有外界因素影响的情况下，谱线本身固有的宽度称为自然宽度，不同谱线的自然宽度不同，它与原子发生能级跃迁时激发态原子平均寿命有关，寿命长，则谱线宽度窄。谱线自然宽度造成的影响与其他变宽因素相比要小得多，其大小一般为 10^{-5} nm 量级。

（2）多普勒（Doppler）变宽 $\Delta\nu_D$　多普勒变宽是由于原子在空间做无规则热运动而引起的，所以又称热变宽，其变宽程度可用式（4-1）表示：

$$\Delta\nu_D = 0.716 \times 10^{-6} \nu_0 \sqrt{\frac{T}{A_r}} \tag{4-1}$$

式中，ν_0 为中心频率；T 为热力学温度；A_r 为相对原子质量。

式（4-1）表明，多普勒变宽与元素的相对原子质量、温度和谱线的频率有关，由于 $\Delta\nu_D$ 与 $T^{1/2}$ 成正比，所以在一定温度范围内，温度微小变化对谱线影响较小。若被测元素的相对原子质量 A_r 越小，温度越高，则 $\Delta\nu_D$ 就越大（多普勒变宽时，中心频率无位移，只是两侧对称变宽，但 K_0 值减少）。

（3）压力变宽　压力变宽是由产生吸收的原子与蒸气中原子或分子相互碰撞而引起谱线的变宽，所以又称为碰撞变宽。根据碰撞种类，压力变宽又可以分为两类。一是劳伦兹（Lorentz）变宽，它是产生吸收的原子与其他粒子（如外来气体的原子、粒子或分子）碰撞而引起的谱线变宽。劳伦兹变宽（$\Delta\nu_L$）随外界气体压力的升高而加剧，随温度的升高谱线变宽呈下降趋势。劳伦兹变宽使中心频率位移，谱线轮廓不对称，影响分析的灵敏度。二是赫鲁兹马克（Holtzmork）变宽，它是由同种原子之间发生碰撞而引起的谱线变宽，这种变宽只在被测元素浓度较高时才有影响。

除上面所述的变宽原因外，还有其他一些影响因素。但在通常的原子吸收实验条件下，吸收线轮廓主要受多普勒和劳伦兹变宽影响。当采用火焰原子化器时，劳伦兹变宽为主要因素。当采用无火焰原子化器时，多普勒变宽占主要地位。

4.2.3　原子蒸气中基态与激发态原子的分配

原子吸收光谱是以测定基态原子对同种原子特征辐射的吸收为依据的。当进行原子吸收光谱分析时，首先要使样品中待测元素由化合物状态转变为基态原子，这个过程称为原子化过程，通常是通过燃烧加热来实现的。待测元素由化合物离解为原子时，多数原子处于基态状态，其中还有一部分原子会吸收较高的能量被激发而处于激发态。这两种不同能态原子数目比值在一定温度下遵循玻耳兹曼分布定律：

$$\frac{N_j}{N_0} = \frac{P_j}{P_0} e^{\frac{-\Delta E}{KT}} \tag{4-2}$$

式中，N_j、N_0 分别为单位体积内激发态和基态原子数；P_j、P_0 分别为激发态和基态能级的统计权重，它表示能级的简并度；ΔE 为激发态与基态两能级间能量差；T 为热力学温度；K 为玻耳兹曼常数。

在原子光谱中，对一定波长的谱线，P_j/P_0 和 ΔE 都是已知的，因此只要火焰温度 T 确定后，就可以求得激发态与基态原子数之比 N_j/N_0 值。表 4-1 列出了某些元素共振激发态与基态原子数的比值。

由式（4-2）可以看出，温度越高，N_j/N_0 值就越大。而在同一温度下，电子跃迁的两能级的能量差 ΔE 越小，共振线频率越低，N_j/N_0 值也就越大。原子化过程常用的火焰温度多数低于 3000K，大多数元素的共振线都小于 600nm。因此对大多数元素来说，在原子化过程中，N_j/N_0 比值都小于 1%（见表 4-1），即火焰中激发态原子数远远小于基态原子数，因此可以用基态原子数 N_0 代替吸收辐射的原子总数。

表 4-1 某些元素共振激发态与基态原子数的比值

元素	谱线 λ/nm	E_i/eV	P_j/P_0	N_j/N_0		
				2000K	2500K	3000K
Na	589.0	2.104	2	0.99×10^{-5}	1.44×10^{-4}	5.83×10^{-4}
Sr	460.7	2.690	3	4.99×10^{-7}	1.33×10^{-5}	9.07×10^{-5}
Ca	422.7	2.932	3	1.22×10^{-7}	3.65×10^{-6}	3.55×10^{-5}
Fe	372.0	3.332		2.29×10^{-9}	1.04×10^{-7}	1.31×10^{-6}
Ag	328.1	3.778	2	6.03×10^{-10}	4.84×10^{-3}	8.99×10^{-7}
Cu	324.8	3.817	2	4.82×10^{-10}	4.04×10^{-5}	6.65×10^{-7}
Mg	285.2	4.346	3	3.35×10^{-11}	5.20×10^{-9}	1.50×10^{-7}
Pb	283.3	4.375	3	2.83×10^{-11}	4.55×10^{-9}	1.34×10^{-7}
Zn	213.9	5.795	3	7.45×10^{-15}	6.22×10^{-12}	5.50×10^{-10}

4.2.4 原子吸收值与待测元素浓度的定量关系

4.2.4.1 积分吸收

原子蒸气层中的基态原子吸收共振线的全部能量称为积分吸收，它相当于如图4-2所示吸收线轮廓下面所包围的整个面积，以数学式表示为$\int K_\nu d\nu$。根据理论推导谱线的积分吸收与基态原子数的关系为：

$$\int K_\nu d\nu = \frac{\pi e^2}{mc} f N_0 \tag{4-3}$$

式中，e为电子电荷；m为电子质量；c为光速；f为振子强度，表示能被光源激发的每个原子的平均电子数，在一定条件下对一定元素，f为定值；N_0为单位体积原子蒸气中的基态原子数。

在火焰原子化法中，当火焰温度一定时，N_0与喷雾速度、雾化效率以及试液浓度等因素有关，而当喷雾速度等实验条件一定时，基态原子密度N_0与试液浓度c成正比，即$N_0 \propto c$，对给定元素，在一定实验条件下，$\frac{\pi e^2}{mc} f$为常数。因此有

$$\int K_\nu d\nu = kc \tag{4-4}$$

式（4-4）表明，在一定实验条件下，基态原子蒸气的积分吸收与试液中待测元素的浓度成正比。因此，如果能准确测量出积分吸收就可以求出试液浓度。然而要测出宽度只有$10^{-3} \sim 10^{-2}$nm吸收线的积分吸收，就要采用高分辨率的单色器，在目前技术条件下还难以做到。所以原子吸收法无法通过测量积分吸收求出被测元素的浓度。

4.2.4.2 峰值吸收

1955年，A.WaLsh以锐线光源为激发光源，用测量峰值系数K_0方法来替代积分吸收。所谓锐线光源是指能发射出谱线半宽度很窄（$\Delta\nu$为0.0005 ～ 0.002nm）的共振线的光源。

峰值吸收是指基态原子蒸气对入射光中心频率线的吸收。峰值吸收的大小以峰值吸收系数K_0表示。

假如仅考虑原子热运动，并且吸收线的轮廓取决于多普勒变宽，则

$$K_0 = \frac{N_0}{\Delta\nu_D} \times \frac{2\sqrt{\pi\ln2}e^2 f}{mc} \tag{4-5}$$

当温度等实验条件恒定时,对给定元素 $\dfrac{2\sqrt{\pi\ln 2}e^2 f}{\Delta\nu_D mc}$ 为常数,因此

$$K_0 = k'c \tag{4-6}$$

式(4-6)表明,在一定实验条件下,基态原子蒸气的峰值吸收与试液中待测元素的浓度 c 成正比。因此可以通过峰值吸收的测量进行定量分析。

为了测定峰值吸收 K_0,必须使用锐线光源代替连续光源,也就是说必须有一个与吸收线中心频率 ν_0 相同、半宽度比吸收线更窄的发射线作为光源,如图4-3所示。

4.2.4.3 定量分析的依据

虽然峰值吸收 K_0 与试液浓度在一定条件下成正比关系,但实际测量过程中并不是直接测量 K_0 值大小,而是通过测量基态原子蒸气的吸光度并根据吸收定律进行测量的。

设待测元素的锐线光通量为 Φ_0,当其垂直通过光程为 b 的均匀基态原子蒸气时,由于被测试样中待测元素的基态原子蒸气吸收,光通量减小为 Φ_{tr}(见图4-4)。

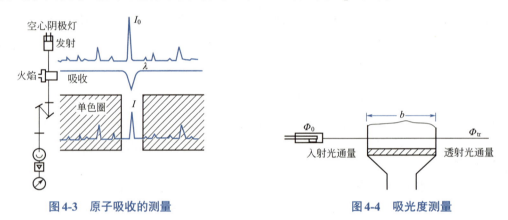

图4-3 原子吸收的测量　　　　图4-4 吸光度测量

根据吸收定律, $\dfrac{\Phi_{tr}}{\Phi_0} = e^{-K_0 b}$

则 $A = \lg\dfrac{\Phi_0}{\Phi_{tr}} = K_0 b\lg e$

即 $$A = K_0 b\lg e \tag{4-7}$$

根据式(4-6) $K_0 = k'c$

所以 $A = k'cb\lg e$

当实验条件一定时,$k'\lg e$ 为一常数,令 $k'\lg e = K$,则

$$A = Kcb \tag{4-8}$$

式(4-8)表明,当锐线光源强度及其他实验条件一定时,基态原子蒸气的吸光度 A 与试液中待测元素的浓度 c 及光程长度 b(火焰法中,b 燃烧器的缝长)的乘积成正比。火焰法中 b 通常不变,因此式(4-8)可写为:

$$A = K'c \tag{4-9}$$

式中,K' 为与实验条件有关的常数,式(4-8)和式(4-9)即为原子吸收光谱法的定量依据。

> **思考与练习4.2**
> 1. 解释以下名词术语
> 共振发射线 共振吸收线
> 2. 原子吸收法的基本原理是什么？
> 3. 原子吸收中影响谱线变宽的因素有哪些？
> 4. 为什么在原子吸收分析时采用峰值吸收而不应用积分吸收？
> 5. 测量峰值吸收的条件是什么？

任务4.3 认识原子吸收分光光度计

4.3.1 原子吸收分光光度计的主要部件

原子吸收光谱分析用的仪器称为原子吸收分光光度计或原子吸收光谱仪。**原子吸收分光光度计主要由光源、原子化器、单色器、检验系统四个部分组成**，如图4-5所示。

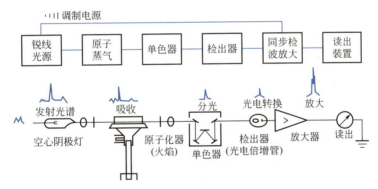

图4-5 原子吸收分光光度计的基本构造示意图

4.3.1.1 光源

光源的作用是发射待测元素的特征光谱，供测量用。为了保证峰值吸收的测量，要求光源必须能发射出比吸收线宽度更窄，并且强度大而稳定、背景低、噪声小、使用寿命长的线光谱。空心阴极灯、无极放电灯、蒸气放电灯和激光光源灯都能满足上述要求，其中应用最广泛的是空心阴极灯和无极放电灯。

（1）空心阴极灯

① 空心阴极灯的构造和工作原理。空心阴极灯又称元素灯，其构造如图4-6所示。它由一个在钨棒上镶钛丝或钽片的阳极和由发射所需特征谱线的金属或合金制成的空心筒状阴极组成。阳极和阴极封闭在带有光学窗口的硬质玻璃管内。管内充有几百帕低压惰性气体（氖或氩）。当在两电极施加300～500V电压时，阴极灯开始辉光放电。电子从空心阴极射向阳极，并与周围惰性气体碰撞，使之电离。所产生的惰性气体和阳离子获得足够能量，在电场作用下撞击阴极内壁，使阴极表面上的自由原子溅射出来，溅射出来的金属原子再与电子、正离子、气体原子碰撞而被激发，当激发态原子返回基态时，辐射出特征频

率的锐线光谱。为了保证光源仅发射频率范围很窄的锐线，要求阴极材料具有很高的纯度。通常单元素的空心阴极灯只能用于一种元素的测定，这类灯发射线干扰少、强度高，但每测一种元素需要更换一种灯。若阴极材料使用几种元素的合金，可制得多元素灯。多元素灯工作时可同时发出多种元素的共振线，可连续测定多种元素，减少了换灯的麻烦，但光强度较弱，容易产生干扰，使用前应先检查测定波长附近有无单色器无法分开的非待测元素的谱线。目前应用的多元素灯中，一灯最多可测6～7种元素。

② 空心阴极灯工作电流。空心阴极灯发光强度与工作电流有关，增大电流可以增加发光强度，但工作电流过大会使辐射的谱线变宽，灯内自吸收增加，使锐线光强度下降，背景增大，同时还会加快灯内惰性气体消耗，缩短灯寿命。灯电流过小，又使发光强度减弱，导致稳定性、信噪比下降。因此，实际工作中，应选择合适的工作电流。

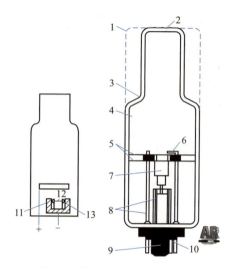

图4-6　空心阴极灯结构示意图
1—紫外玻璃窗口；2—石英窗口；3—密封；
4—玻璃套；5—云母屏蔽；6—阳极；7—阴极；
8—支架；9—管套；10—连接管套；
11,13—阴极位降区；12—负辉光区

为了改善空心阴极灯的放电特征，常采用脉冲供电方式。

③ 空心阴极灯的使用注意事项

a. 空心阴极灯使用前应经过一段预热时间，使灯的发光强度达到稳定。预热时间随灯元素的不同而不同，一般在20～30min。

码4-4　原子吸收分光光度计的光源　　码4-5　空心阴极灯的结构和工作原理

b. 灯在点燃后可以从灯的阴极辉光的颜色判断灯的工作是否正常，判断的一般方法如下：充氖气的灯负辉光的正常颜色是橙红色；充氩气的灯正常是淡紫色；汞灯是蓝色。灯内有杂质气体存在时，负辉光的颜色变淡，如充氖气的灯颜色变为粉色、发蓝或发白，此时应对灯进行处理。

c. 元素灯长期不用，应定期（每月或每隔两三个月）点燃处理，即在工作电流下点燃1h。若灯内有杂质气体，辉光不正常，可进行反接处理。

d. 使用元素灯时，应轻拿轻放。低熔点的灯用完后，要等冷却后才能移动。

e. 为了使空心阴极灯发射强度稳定，要保持空心阴极灯石英窗口洁净。点亮后要盖好灯室盖，测量过程不要打开，使外界环境不破坏灯的热平衡。

(2) 无极放电灯　无极放电灯又称微波激发无极放电灯，其结构如图4-7所示，它是在石英管内放入少量金属或易蒸发的金属卤化物，抽真空后充入几百帕压力的氩气，再密封。将它置于微波电场中，微波将灯的内充气体原子激发，被激发的气体原子又使解离的气化金属或金属卤化物激发而发射出待测金属元素的特征谱线。

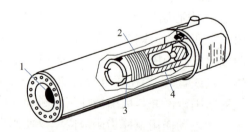

图4-7　无极放电灯结构示意图
1—石英窗；2—螺旋振荡线圈；3—陶瓷管；4—石英灯管

无极放电灯的发射强度比空心阴极灯大100～1000倍，谱线半宽度很窄，适用于对难激发的As、Se、Sn等元素的测定。目前已制成Al、P、K、Rb、Zn、Cd、Hg、Sn、Pb、As等18种元素的商品无极放电灯。

除上述介绍的两种光源外，尚有低电压汞蒸气放电灯、氙弧灯等，它们的发射强度也比空心阴极灯大，但使用不普遍，本教材不作介绍。

4.3.1.2 原子化器

将试样中待测元素变成气态的基态原子的过程称为试样的"原子化"。完成试样的原子化所用的设备称为原子化器或原子化系统。原子化器的作用是将试样中的待测元素转化为原子蒸气。试样中被测元素原子化的方法主要有火焰原子化法和非火焰原子化法两种。火焰原子化法利用火焰热能使试样转化为气态原子。非火焰原子化法利用电加热或化学还原等方式使试样转化为气态原子。

原子化器在原子吸收分光光度计中是一个关键装置，它的质量对原子吸收光谱分析法的灵敏度和准确度有很大影响，甚至起到了决定性的作用，也是分析误差最大的一个来源。

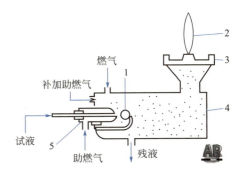

图4-8　火焰原子化器示意图
1—碰撞球；2—火焰；3—燃烧器；4—雾室；5—雾化室

（1）火焰原子化法

① 火焰原子化器。火焰原子化包括两个步骤，首先将试样溶液变成细小雾滴（即雾化阶段），然后使雾滴接受火焰供给的能量，形成基态原子（即原子化阶段）。火焰原子化器由雾化器、预混合室和燃烧器等组成，其结构如图4-8所示。

a. 雾化器。雾化器的作用是将试液雾化成微小的雾滴。雾化器的性能会对灵敏度、测量精度和化学干扰等产生影响，因此要求其喷雾稳定、雾滴细微均匀和雾化效率高。目前商品原子化器多数是用气动型雾化器。当具有一定压力的压缩空气作为助燃气高速通过毛细管外壁与喷嘴构成的环形间隙时，在毛细管出口的尖端处形成一个负压区，于是试液沿毛细管吸入并被快速通过的助燃气分散成小雾滴。喷出的雾滴撞击在距毛细管喷口的前端几毫米处的撞击球上，进一步分散成更为细小的细雾。这类雾化器的雾化效率一般为10%～30%，影响雾化效率的有助燃气的流速、溶液的黏度、表面张力以及毛细管与喷嘴之间的相对位置。

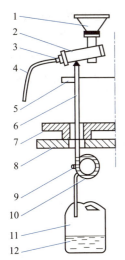

图4-9　预混合室废液排放系统
1—燃烧头；2—预混室；3—雾化室；4—进样毛细管；5—燃烧室底板；6—废液管；7—主机底板；8—实验台台板；9—捆扎机；10—水封圈；11—废液容器；12—废液

b. 预混合室。预混合室的作用是进一步细化雾滴，并使之与燃料气均匀混合后进入火焰。部分未细化的雾滴在预混合室凝结下来成为残液。残液由预混室排出口排出，以减少前试样被测组分对后试样被测组分记忆效应的影响。为了避免回火爆炸的危险，预混合室的残液排出管必须采用导管弯曲或将导管插入水中等水封方式（见图4-9）。

c. 燃烧器。燃烧器的作用是使燃气在助燃气的作用下形成

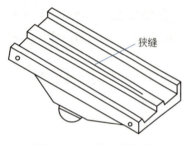

图 4-10 长缝型燃烧器

火焰,使进入火焰的微粒原子化。燃烧器应能使火焰燃烧稳定,原子化程度高,并能耐高温耐腐蚀。预混合型原子化器通常采用不锈钢制成长缝型燃烧器(见图4-10),对于乙炔-空气等燃烧速度较低的火焰,一般使用缝长100～120mm、缝宽0.5～0.7mm的燃烧器,而对乙炔-氧化亚氮等燃烧速度较高的火焰,一般用缝长50mm、缝宽0.5mm的长缝燃烧器。也有多缝燃烧器,它可增加火焰宽度。

d.火焰设备及气源设备。火焰原子化器主要采用化学火焰,常用的化学火焰有以下几种。

(a) **空气-煤气(丙烷)火焰**。**这种火焰温度大约为1900℃**,适用于分析那些生成的化合物易挥发、易分解的元素,如碱金属、Cd、Cu、Pb、Ag、Zn、Au及Hg等。

(b) **空气-乙炔火焰**。这是一种应用最广泛的火焰,**最高温度约为2300℃**,能用于测定35种以上的元素,此种火焰比较透明,可以得到较高的信噪比。

(c) **N_2O-乙炔火焰**。此种火焰燃烧速度高,**火焰温度达3000℃左右**,大约可测定70多种元素,是目前广泛应用的高温化学火焰,这种火焰几乎对所有能生成难熔氧化物的元素都有较好的灵敏度。

(d) **空气-氢火焰**。这是一种无色的低温火焰,**最高温度约2000℃**,适用于易电离的金属元素,尤其是测定As、Se和Sn等元素,特别适用于共振线位于远紫外区的元素。

由火焰的种类得知,火焰原子吸收分析常用的燃气、助燃气主要是乙炔、空气、氧化亚氮(N_2O)、氢气、煤气等。

乙炔气体通常由乙炔钢瓶提供。乙炔钢瓶内最大压力为1.5MPa。乙炔溶于吸附在活性炭上的丙酮内,乙炔钢瓶使用至0.5MPa就应重新充气,否则钢瓶中的丙酮会混入火焰,使火焰不稳定,噪声大,影响测定。乙炔管道系统不能使用纯铜制品,以免产生乙炔铜爆炸。乙炔钢瓶附近不可有明火。使用时应先开助燃气再开燃气并立即点火,关气时应先关燃气再关助燃气。

N_2O又称笑气,对呼吸有麻醉作用,且易爆。氧化亚氮气体通常由氧化亚氮钢瓶提供,钢瓶内装有液态气体,减压后使用。使用N_2O-C_2H_2火焰应小心,注意防止回火,禁止直接点燃N_2O-C_2H_2火焰,严格按操作规程使用。

空气一般由压力为1MPa左右的空气压缩机提供。

各类高压钢瓶瓶身都有规定的颜色标志,我国部分高压气体钢瓶的漆色及标志如表4-2所示。

表4-2 部分高压钢瓶漆色及标志

气瓶名称	外表面颜色	字样	字样颜色	横条颜色
氧气瓶	天蓝	氧	黑	—
医用氧气瓶	天蓝	医用氧	黑	—
氢气瓶	深绿	氢	红	红
氮气瓶	黑	氮	黄	棕

续表

气瓶名称	外表面颜色	字样	字样颜色	横条颜色
灯泡氩气瓶	黑	灯泡氩气	天蓝	天蓝
纯氩气瓶	灰	纯氩	绿	—
氦气瓶	棕	氦	白	—
压缩空气瓶	黑	压缩空气	白	—
石油气体瓶	灰	石油气体	红	—
氖气瓶	褐红	氖	白	—
硫化氢气瓶	白	硫化氢	红	红
氯气瓶	草绿	氯	白	白
光气瓶	草绿	光气	红	红
氨气瓶	黄	氨	黑	—
丁烯气瓶	红	丁烯	黄	黑
二氧化硫气瓶	黑	二氧化硫	白	黄
二氧化碳气瓶	黑	二氧化碳	黄	—
氧化氮气瓶	灰	氧化氮	黑	—
氟氯烷气瓶	铝白	氟氯烷	黑	—
环丙烷气瓶	橙黄	环丙烷	黑	—
乙烯气瓶	紫	乙烯	红	—
其他可燃性气瓶	红	（气体名称）	白	—
其他非可燃性气体气瓶	天蓝	黑	（气体名称）	黄	—

注：摘自我国原劳动部"气瓶安全监察规程"。

② 火焰原子化过程。将试液引入火焰使其原子化是一个复杂的过程，这个过程**包括雾滴脱溶剂、蒸发、解离等阶段**。图4-11是火焰原子化过程的图解。

在实际工作中，应当选择合适的火焰类型，恰当调节燃气与助燃气比，尽可能不使基态原子被激发、电离或生成化合物。

③ 火焰原子化法。火焰原子化法的操作简便，重现性好，有效光程大，对大多数元素有较高的灵敏度，因此应用广泛。但火焰原子化法原子化效率低，灵敏度不高，而且一般不能直接分析固体样品。火焰原子化法这些不足之处，促使了无火焰原子化法的发展。

（2）电加热原子化法

① 电加热原子化器。电加热原子化器的种类有多种，如电热高温管式石墨炉原子化器、石墨杯原子化器、钽舟原子化器、碳棒原子化器、镍杯原子化器、高频感应炉、等离子喷焰等。在商品仪器中常用的电加热原子化器是管式石墨炉原子化器，其结

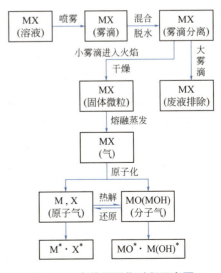

图4-11 火焰原子化过程示意图

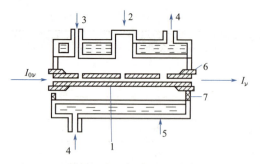

图 4-12 石墨管原子化示意图
1—石墨管；2—进样窗；3—惰性气体；4—冷却水；
5—金属外壳；6—电极；7—绝缘材料

构如图 4-12 所示。它使用低压（10～25V）大电流（400～600A）来加热石墨管，可升温至 3000℃，使管中少量液体或固体样品蒸发和原子化。石墨管长 30～60mm、外径 6mm、内径 4mm。管上有 1 个小孔用于注入试液。石墨炉要不断通入惰性气体，以保护原子化基态原子不再被氧化，并用于清洗和保护石墨管。为使石墨管在每次分析之间能迅速降到室温，要从下面冷却水入口通入 20℃的水以冷却石墨炉原子化器。

石墨炉原子化器的优点是原子化效率高，在可调的高温下试样利用率达 100%，灵敏度高，试样用量少，适用于难熔元素的测定。不足之处是：试样组成不均匀性的影响较大，测定精密度较低；共存化合物的干扰比火焰原子化法大，背景干扰比较严重，一般都需要校正背景。

② **管式石墨炉原子化过程**。管式石墨炉原子化法采用直接进样和程序升温方式对试样进行原子化，其过程**包括干燥、灰化、原子化及净化四个阶段**。

a. 干燥阶段。干燥的目的主要是除去试样中水分等溶剂，以免因溶剂存在引起灰化和原子化过程飞溅。干燥温度一般要高于溶剂的沸点，干燥时间取决于试样体积，一般每微升溶液干燥时间约需 1.5s。

b. 灰化阶段。灰化的目的是尽可能除掉试样中挥发的基体和有机物或其他干扰元素。适宜的灰化温度及时间取决于试样的基体及被测元素的性质，最高灰化温度应以待测元素的不挥发损失为限。一般灰化温度 100～1800℃，灰化时间 0.5s～5min。

c. 原子化阶段。原子化的目的是使待测元素的化合物蒸气汽化，然后解离为基态原子。原子化温度随待测元素而异，原子化时间为 3～10s。适宜的原子化温度应通过实验确定。

d. 净化阶段。当一个样品测定结束，还需要用比原子化阶段稍高的温度加热，以除去石墨管中残留物质，消除记忆效应，以便下一个试样的测定。

石墨炉的升温程序是微机处理控制的，进样后原子化过程按程序自动进行。

③ 管式炉原子化法的特点。石墨炉原子化效率远比火焰原子化法高；其绝对检出限可达 10^{-12}～10^{-14}g，因此绝对灵敏度也高；采用石墨炉原子化法无论是固体还是液体均可直接进样，而且样品用量少。一般液体试样为 1～100μL，固体试样可少至 20～40μg。

石墨炉原子化的缺点是基体效应、化学干扰较多，测量结果的重现性较火焰法差。

（3）**化学原子化法** 该法又称低温原子化法，它利用化学反应将待测元素转变为易挥发的金属氢化物或氯化物，然后再在较低的温度下原子化。

① 汞低温原子化法。汞是唯一可采用这种方法测定的元素。因为汞的沸点低，常温下蒸气压高，只要将试液中的汞离子用 $SnCl_2$ 还原为汞，在室温下用空气将汞蒸气引入气体吸收管中就可测其吸光度。这种方法常用于水中有害元素汞的测定。

② 氢化物原子化法。此法适用于 Ge、Sn、Pb、As、Sb、Bi、Se 和 Te 等元素的测定。在酸性条件下，将这些元素还原成易挥发易分解的氢化物，如 AsH_3、SnH_4、BiH_3 等，然

后经载气将其引入加热的石英管中,使氢化物分解为气态原子,并测定其吸光度。

氢化物原子化法的还原效率可达100%,被测元素可全部转换成气体并通过吸收管,因此测定灵敏度高。由于基体元素不还原为气体,因此基体影响不明显。

除上述介绍的三种原子化法外,还有阴极溅射原子化、等离子原子化、激光原子化和电极放电原子化法等,因受篇幅限制本教材不再一一介绍,若需要了解这方面的信息请参阅有关专著。

> **素质拓展阅读**
>
> **原子吸收分光光度法对我国稀土元素提炼的重要战略意义**
>
> 我国科学家在1963年开始对原子吸收分光光度法产生了浓厚的兴趣,1965年复旦大学电光源实验室和冶金工业部有色金属研究所分别研制成功空心阴极灯光源,1970年北京科学仪器厂试制成WFD-Y1型单光束火焰原子吸收分光光度计。现在我国已有多家企业生产多种型号、性能先进的原子吸收分光光度计,这些仪器已广泛应用于各行各业。
>
> 锂电池需要稀土,半导体芯片材料需要稀土,原子能需要稀土,飞机需要稀土,人造卫星需要稀土,重要科技研究都离不开稀土。但稀土资源有限,合理使用,延长使用年限,对国家工业的可持续发展非常重要。
>
> 原子吸收分光光度法能够快速准确地测定稀土中各元素的含量,便于稀土产业的原矿采选(上游)、冶炼分离(中游)和加工应用(下游)等环节。检测手段的不断进步,促进了高科技的飞速发展,为整个国家发展贡献不可或缺的力量。
>
> 我们在平凡的分析检测岗位上,要踏实学习,通过平时的实践训练磨炼我们的基本功,培养我们"爱岗敬业、精益求精"的工匠精神,做一个心系社会并有时代担当的高素质技术技能人才。

4.3.1.3 单色器

单色器由入射狭缝、出射狭缝和色散元件(棱镜或光栅)组成。单色器的作用是将待测元素的吸收线与邻近谱线分开。由锐线光源发出的共振线,谱线比较简单,对单色器的色散率和分辨率要求不高。在进行原子吸收测定时,单色器既要将谱线分开,又要有一定出射光强度。所以当光源强度一定时,就需要选用一定的光栅色散率和狭缝宽度配合,以构成适于测定的光谱通带来满足上述要求。光谱通带是指单色器出射光谱所包含的波长范围,它由光栅线色散率的倒数(又称倒线色散率)和出射狭缝宽度所决定,其关系为:

$$光谱通带 = 缝宽(mm) \times 线色散率倒数(nm \cdot mm^{-1})$$

在实际工作中,通常根据谱线结构和待测共振线邻近是否有干扰来决定狭缝宽度,由于不同类型仪器单色器的倒线色散率不同,所以不用具体的狭缝宽度,而用"单色器通带"表示缝宽。

4.3.1.4 检测系统

检测系统由光电元件、放大器和显示装置等组成。

（1）光电元件　光电元件一般采用光电倍增管，其作用是将经过原子蒸气吸收和单色器分光后的微弱信号转换为电信号。原子吸收光谱仪的工作波长通常为 190～800nm，不少商品仪器在短波方面可测至197.3nm（砷），长波方面可测至852.1nm（铯）。近年来，"日盲光电倍增管"的应用逐渐增多，其光谱响应范围为 160～320nm，它对大于320nm的光无反应，而用于测定吸收波长小于300nm的元素时，可以减少干扰和噪声。

使用光电倍增管时，必须注意不要用太强的光照射，并尽可能不要使用太高的增益，这样才能保证光电倍增管有良好的工作特性，否则会引起光电管的"疲劳"，乃至失效。所谓"疲劳"是指光电倍增管刚开始工作时灵敏度下降，过一段时间趋于稳定，但长时间使用灵敏度又下降的光电转换不呈线性的现象。

（2）放大器　放大器的作用是将光电倍增管输出的电压信号放大后送入显示器。放大器分交、直流放大器两种。由于直流放大器不能排除火焰中待测元素原子发射光谱的影响，所以已趋淘汰。目前广泛采用的是交流选频放大和相敏放大器。

（3）显示装置　放大器放大后的信号经对数转换器转换成吸光度信号，再采用微安表或检流计（目前几乎不再使用）直接指示读数，或用数字显示器显示，或记录仪打印进行读数。

现代国内外商品化的原子吸收分光光度计几乎都配备了微处理机系统，具有自动调零、曲线校直、浓度直读、标尺扩展、自动增益等性能，并附有记录器、打印机、自动进样器、阴极射线管荧光屏及计算机等装置，大大提高了仪器的自动化和半自动化程度。

4.3.2　原子吸收分光光度计的类型和主要性能

原子吸收分光光度计按光束形式可分为单光束和双光束两类，按波道数目又有单道、双道和多道之分。目前使用比较广泛的是单道单光束和单道双光束原子吸收分光光度计。

4.3.2.1　单道单光束型

"单道"是指仪器只有一个光源，一个单色器，一个显示系统，每次只能测一种元素。"单光束"是指从光源发出的光仅以单一光束的形式通过原子化器、单色器和检测系统，单道单光束原子吸收分光光度计光学系统，如图4-13所示。

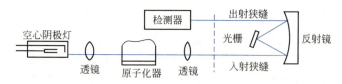

图4-13　单道单光束原子吸收分光光度计光学系统示意图

这类仪器简单，操作方便，体积小，价格低，能满足一般原子吸收分析的要求。其缺点是不能消除光源波动造成的影响，基线漂移。国产WYX-1A、WYX-1B、WYX-1C、WYX-1D等WYX系列和360、360M、360CRT系列等均属于单道单光束仪器。

4.3.2.2　单道双光束型

双光束型是指从光源发出的光被切光器分成两束强度相等的光，一束为样品光束通过原子化器被基态原子部分吸收；另一束只作为参比光束不通过原子化器，其光强度不被减弱。两束光被原子化器后面的反射镜反射后，交替地进入同一单色器和检测器。检测器将接收到的脉冲信号进行光电转换,并由放大器放大,最后由读出装置显示。图4-14是单道双光束型仪器的光学系统示意图。

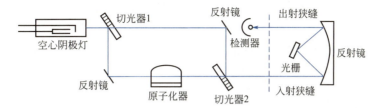

图4-14　单道双光束型原子吸收分光光度计光学系统示意图

由于两束来源于同一个光源,光源的漂移通过参比光束的作用而得到补偿,所以能获得一个稳定的信号。不过由于参比光束不通过火焰,火焰扰动和背景吸收影响无法消除。国产310型、320型、GFU-201型、WFX-Ⅱ型均属此类仪器。

4.3.2.3　双道单光束型

"双道单光束"是指仪器有两个不同的光源,两个单色器,两个检测显示系统,而光束只有一路。仪器光学系统示意图见图4-15。

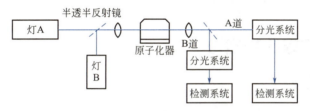

图4-15　双道单光束型仪器光学系统示意图

两种不同元素的空心阴极灯发射出不同波长的共振发射线,两条谱线同时通过原子化器,被两种不同元素的基态原子蒸气吸收,利用两套各自独立的单色器和检测器,对两路光进行分光和检测,同时给出两种元素检测结果。这类仪器一次可测两种元素,并可进行背景吸收扣除。

4.3.2.4　双道双光束型

这类仪器有两个光源,两套独立的单色器和检测显示系统。但每一光源发出的光都分为两个光束,一束为样品光束,通过原子化器;另一束为参比光束,不通过原子化器。仪器光学系统如图4-16所示。

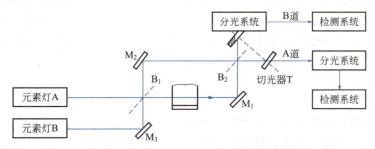

图4-16　双道双光束型仪器光学系统示意图

M_1,M_2,M_3—平面反射镜；B_1,B_2—半透半反射镜；T—双道切光器

这类仪器可以同时测定两种元素，能消除光源强度波动的影响及原子化系统的干扰，准确度高，稳定性好，但仪器结构复杂。

多道原子吸收分光光度计可用来同时测定多种元素。

目前，美国PE公司推出的SIM6000多元素同时分析原子吸收光谱仪，以新型四面体中阶梯光栅取代普通光栅单色器，获取二维光谱。以光谱响应的固体检测器替代光电倍增管取得了同时检测多种元素的理想效果。

> **思考与练习4.3**
> 1. 原子吸收分光光度计光源起什么作用？对光源有哪些要求？
> 2. 使用空心阴极灯应注意哪些问题？
> 3. 何谓试样的原子化？试样原子化的方法有哪些？
> 4. 简述火焰原子化和石墨炉原子化过程。试比较火焰原子化和石墨炉原子化法的特点。
> 5. 一台原子吸收光谱仪单色器色散率的倒数是$15nm \cdot mm^{-1}$，若出射狭缝宽度为0.020mm，问理论光谱通带是多少？
> 6. 原子吸收分光光度计有哪几种类型？它们各有什么特点？

任务4.4　原子吸收光谱法

4.4.1　试样的制备

4.4.1.1　取样

试样制备的第一步是取样，取样要有代表性。取样量大小要适当，取样量过小不能保证必要的测定精度和灵敏度，取样量太大，增加了工作量和实际的消耗量。取样量大小取决于试样中被测元素的含量、分析方法和所要求的测量精度。

样品在采样、包装、运输、碎样等过程中要防止污染，污染是限制灵敏度和检出限的重要原因之一。污染主要来源于容器、大气、水和所用试剂。如用橡胶布、磁漆和颜料对固体样品编号时，可能引入Zn、Pb等元素；利用碎样机碎样时，可能引入Fe、Mn等元素；使用玻璃、玛瑙等制成的研钵制样，可能会引入Si、Al、Ca、Mg等元素。对于痕量元素还要考虑大气污染。在普通的化验室中，空气中常含有Fe、Ca、Mg、Si等元素，而大气污染一般来说很难校正。样品通过加工制成分析试样后，其化学组成必须与原始样一致。试样存放的容器材质要根据测定要求而定，对不同容器应采取各自合适的洗涤方法洗净。无机样品溶液应置于聚氯乙烯容器中，并维持必要的酸度，存放于清洁、低温、阴暗处；有机试样存放时应避免与塑料、胶木瓶盖等物质直接接触。

4.4.1.2　样品预处理

原子吸收光谱分析通常是溶液进样，被测样品需要事先转化为溶液样品。其处理方法与通常的化学分析相同，要求试样分解完全，在分解过程中不引入杂质和造成待测组分的损失，所用试剂及反应产物对后续测定无干扰。

(1) 样品溶解　对无机试样，首先考虑能否溶于水，如能溶于水，应首选去离子水为溶剂来溶解样品，并配成合适的浓度范围。若样品不能溶于水则考虑用稀酸、浓酸或混合酸处理后配成合适浓度的溶液。常用的酸是 HCl、H_2SO_4、H_3PO_4、$HClO_4$，H_3PO_4 常与 H_2SO_4 混合用于某些合金试样的溶解，氢氟酸常与另一种酸生成氟化物而促进溶解。用酸不能溶解或溶解不完全的样品采用熔融法。溶剂的选择原则是：酸性试样用碱性溶剂，碱性试样用酸性溶剂。常用的酸性溶剂有 $NaHSO_4$、$KHSO_4$、$K_2S_2O_7$、酸性氟化物等。常用的碱性溶剂有 Na_2CO_3、K_2CO_3、NaOH、Na_2O_2、$LiBO_2$（偏硼酸锂）、$Li_2B_4O_7$（四硼酸锂），其中偏硼酸锂和四硼酸锂应用广泛。

(2) 样品的灰化　灰化又称消化，灰化处理可除去有机物基体。灰化处理分为干法灰化和湿法灰化两种。

① 干法灰化。干法灰化是在较高温度下，用氧来氧化样品。具体做法是：准确称取一定量样品，放在石英坩埚或铂坩埚中，于 80～150℃低温加热，赶去大量有机物，然后放于高温炉中，加热至 450～550℃ 进行灰化处理。冷却后再将灰分用 HNO_3、HCl 或其他溶剂进行溶解。如有必要，则加热溶解以使残渣溶解完全，最后转移到容量瓶中，稀释至标线。干法灰化技术简单，可处理大量样品，一般不受污染，广泛用于无机分析前破坏样品中有机物。这种方法不适于易挥发元素，如 Hg、As、Pb、Sn、Sb 等的测定，因为这些元素在灰化过程中损失严重。对于 Bi、Cr、Fe、Ni、V 和 Zn 来说，在一定条件下可能以金属氯化物或有机金属化合物形式而损失掉。

干法灰化有时可加入氧化剂帮助灰化。在灼烧前加少量盐溶液润湿样品，或加几滴酸，或加入纯 $Mg(NO_3)_2$、醋酸盐作灰化基体，可加速灰化过程和减少某些元素的挥发损失。

已有一种低温干法灰化技术，它是在高频磁场中通入氧，氧被活化，然后将这种活化氧通过被灰化的有机物上方，可以使其在低于 100℃ 的温度下氧化。这种技术的优点是能保留样品的形态，并减少由于样品的挥发造成的损失，从容器或大气中引入的污染也较少。

② 湿法灰化。湿法灰化是在样品升温下用合适的酸加以氧化。最常用的氧化剂是：HNO_3、H_2SO_4 和 $HClO_4$，它们可以单独使用也可以混合使用，如 HNO_3+HCl、HNO_3+HClO_4 和 $HNO_3+H_2SO_4$ 等，其中最常用的混合酸是 $HNO_3+H_2SO_4+HClO_4$（体积比为 3∶1∶1）。湿法消化样品损失少，不过 Hg、Se、As 等易挥发元素不能完全避免。湿法灰化时由于加入试剂，故污染可能性比干法灰化大，而且需要小心操作。

目前，采用微波消解样品法已被广泛采用。无论是地质样品，还是有机样品，微波消解均可获得满意结果。采用微波消解法，可将样品放在聚四氟乙烯焖罐中，于专用微波炉中加热，这种方法样品消解快、分解完全、损失少，适合大批量样品的处理工作，对微量、痕量元素的测定结果好。

塑料类和纺织类样品的溶解，应根据样品的性质，合理选择方法。如聚苯乙烯、乙醇纤维、乙醇丁基纤维可溶于甲基异丁基酮中。聚丙烯酸酯可溶于二甲基甲酰胺中。聚碳酸酯、聚氯乙烯可溶于环己酮中。聚酰胺（尼龙）可溶于甲醇中，聚酯也可溶于甲醇中。羊毛可溶于质量浓度为 $50g·L^{-1}$ NaOH 中。棉花与纤维可溶于质量分数为 12% 的 H_2SO_4 中。

4.4.1.3　被测元素的分离与富集

分离共存干扰组分同时使被测组分得到富集是提高痕量组分测定相对灵敏度的有效途

径。目前常用的分离与富集方法有沉淀和共沉淀法、萃取法、离子交换法、浮选分离富集技术、电解预富集技术及应用泡沫塑料、活性炭等吸附技术。其中应用较普遍的是萃取和离子交换法。

4.4.2 标准样品溶液的配制

标准样品的组成要尽可能接近未知试样的组成。配制标准溶液通常使用各元素合适的盐类来配制，当没有合适的盐类可供使用时，也可直接溶解相应的高纯（99.99%）金属丝、棒、片于合适的溶剂中，然后稀释成所需浓度范围的标准溶液，但不能使用海绵状金属或金属粉末来配制。金属在溶解之前，要磨光并利用稀酸清洗，以除去表面的氧化层。

非水标准溶液可将金属有机物溶于适宜的有机溶剂中配制（或将金属离子转变成可萃取的化合物），用合适的溶剂萃取，通过测定水相中的金属离子含量间接加以标定。

所需标准溶液的浓度在低于 $0.1\text{mg}\cdot\text{mL}^{-1}$ 时，应先配成比使用浓度高 1～3 个量级的浓溶液（大于 $1\text{mg}\cdot\text{mL}^{-1}$）作为储备液，然后经稀释配成。储备液配制时一般要维持一定酸度，以免器皿表面吸附。配好的储备液应储于聚四氟乙烯、聚乙烯或硬质玻璃容器中。浓度很小（小于 $1\mu\text{g}\cdot\text{mL}^{-1}$）的标准溶液不稳定，使用的时间不应超过 1～2d。表 4-3 列出了常用标准溶液的配制方法。

表 4-3 常用标准溶液的配制

金属	基准物	配制方法（浓度 $1\text{mg}\cdot\text{mL}^{-1}$）
Ag	金属银（99.99%）	溶解 1.000g 银于 20mL（1+1）硝酸中，用水稀释至 1L
	$AgNO_3$	溶液 1.575g 硝酸银于 50mL 水中，加 10mL 浓硝酸，用水稀释至 1L
Au	金属金	将 0.1000g 金溶解于数毫升王水中，在水浴上蒸干，用盐酸和水溶解，稀释至 100mL，盐酸浓度约为 $1\text{mol}\cdot\text{L}^{-1}$
Ca	$CaCO_3$	将 2.4972g 在 110℃烘干过的碳酸钙溶于 1：4 的硝酸中，用水稀释至 1L
Cd	金属镉	溶解 1.000g 金属镉于（1+1）硝酸中，用水稀释至 1L
Co	金属钴	溶解 1.000g 金属钴于（1+1）盐酸中，用水稀释至 1L
Cr	$K_2Cr_2O_7$	溶解 2.829g 重铬酸钾于水中，加 20mL 硝酸，用水稀释至 1L
	金属铬	溶解 1.000g 金属铬于（1+1）盐酸中，加热使之溶解，完全冷却，用水稀释至 1L

标准溶液的浓度下限取决于检出限，从测定精度的观点出发，合适的浓度范围应该是在能产生 0.2～0.8 单位吸光度或 15%～65%透光率之间的浓度。

4.4.3 测定条件的选择

在进行原子吸收光谱分析时，为了获得灵敏、重现性好和准确的结果，应对测定条件进行优选。

4.4.3.1 吸收线的选择

每种元素的基态原子都有若干条吸收线，为了提高测定的灵敏度，一般情况下应选用其中最灵敏线作分析线。但如果测定元素的浓度很高，或为了消除邻近光谱线的干扰等，也可以选用次灵敏线。例如，试液中铷的测定，其最灵敏的吸收线是 780.0nm，但为了避免钠、钾的干扰，可选用 794.0nm 次灵敏线作吸收线。又如分析高浓度试样时，为了

码 4-6 原子吸收光谱法测定条件的选择

保持线性工作曲线的线性范围,选次灵敏线作吸收线是有利的。但对低含量组分的测量,应尽可能选最灵敏线作分析线。若从稳定性考虑,由于空气-乙炔火焰在短波区域对光的透过性较差,噪声大,若灵敏线处于短波方向,则可以考虑选择波长较长的灵敏线。

表4-4列出了常用的各元素的分析线,可供使用时参考。

表4-4　原子吸收分光光度法中常用的元素分析线

元素	分析线/nm	元素	分析线/nm	元素	分析线/nm
Ag	328.1, 338.3	Ge	265.2, 275.5	Re	346.1, 346.5
Al	309.3, 308.2	Hf	307.3, 288.6	Sb	217.6, 206.8
As	193.6, 197.2	Hg	253.7	Sc	391.2, 402.0
Au	242.3, 267.6	In	303.9, 325.6	Se	196.1, 204.0
B	249.7, 249.8	K	766.5, 769.9	Si	251.6, 250.7
Ba	553.6, 455.4	La	550.1, 413.7	Sn	224.6, 286.3
Be	234.9	Li	670.8, 323.3	Sr	460.7, 407.8
Bi	223.1, 222.8	Mg	285.2, 279.6	Ta	271.5, 277.6
Ca	422.7, 239.9	Mn	279.5, 403.7	Te	214.3, 225.9
Cd	228.8, 326.1	Mo	313.3, 317.0	Ti	364.3, 337.2
Ce	520.0, 369.7	Na	589.0, 330.3	U	351.5, 358.5
Co	240.7, 242.5	Nb	334.4, 358.0	V	318.4, 385.6
Cr	357.9, 359.4	Ni	232.0, 341.5	W	255.1, 294.7
Cu	324.8, 327.4	Os	290.9, 305.9	Y	410.2, 412.8
Fe	248.3, 352.3	Pb	216.7, 283.3	Zn	213.9, 307.6
Ga	287.4, 294.4	Pt	266.0, 306.5	Zr	360.1, 301.2

4.4.3.2　光谱通带宽度的选择

选择光谱通带,实际上就是选择狭缝的宽度。单色器的狭缝宽度主要是根据待测元素的谱线结构和所选择的吸收线附近是否有非吸收干扰来选择的。当吸收线附近无干扰线存在时,放宽狭缝,可以增加光谱通带。若吸收线附近有干扰线存在,在保证有一定强度的情况下,应当适当调窄一些,光谱通带一般选择为0.5~4nm。

合适的狭缝宽度可以通过实验确定。具体方法是:逐渐改变单色器的狭缝宽度,使检测器的输出信号最强,即吸光度最大为止。当然,还可以根据文献资料进行确定,表4-5

表4-5　不同元素所选用的光谱通带

元素	共振线/nm	通带/nm	元素	共振线/nm	通带/nm
Al	309.3	0.2	Mn	279.5	0.5
Ag	328.1	0.5	Mo	313.3	0.5
As	193.7	<0.1	Na	589.0	10
Au	242.8	2	Pb	217.0	0.7
Be	234.9	0.2	Pd	244.8	0.5
Bi	223.1	1	Pt	265.9	0.5
Ca	422.7	3	Rb	780.0	1
Cd	228.8	1	Rh	343.5	1
Co	240.7	0.1	Sb	217.6	0.2
Cr	357.9	0.1	Se	196.0	2
Cu	324.7	1	Si	251.6	0.2
Fe	248.3	0.2	Sr	460.7	2
Hg	253.7	0.2	Te	214.3	0.6
In	302.9	1	Ti	364.3	0.2
K	766.5	5	Tl	377.6	1
Li	670.9	5	Sn	286.3	1
Mg	285.2	2	Zn	213.9	5

列出了一些元素在测定时经常选用的光谱通带。根据仪器说明书上列出的单色器线色散率倒数，用光谱通带宽度=线色散率倒数×狭缝宽度，计算出不同的光谱通带宽度所相应的狭缝宽度。

如果仪器上的狭缝不是连续可调的，而是一些固定的数值，这时应根据要求的通带选一个适当的狭缝。

4.4.3.3 空心阴极灯工作电流的选择

选择原则是，在保证放电稳定和有适当光强输出的情况下，尽量选用低的工作电流。空心阴极灯上都标明了最大工作电流，对于大多数元素，日常分析的工作电流建议采用额定电流的40%～60%，因为这样的工作电流范围可以保证输出稳定且强度合适的锐线光。对高熔点的镍、钴、钛等空心阴极灯，工作电流可调大一些；对低熔点易溅射的铋、钾、钠、铯等空心阴极灯，使用时工作电流小些为宜。具体要采用多大电流，一般要通过实验方法绘出吸光度-灯电流关系曲线，然后选择有最大吸光度读数时的最小电流。

4.4.3.4 原子化条件的选择

（1）火焰原子化条件的选择

① 火焰的选择。火焰的温度是影响原子化效率的基本因素。首先有足够的温度才能使试样充分分解为原子蒸气状态。但温度过高会增加原子的电离或激发，而使基态原子数减少，这对原子吸收是不利的。因此在确保待测元素能充分分解为基态原子的前提下，低温火焰比高温火焰具有更高的灵敏度。但对于某些元素，如果温度太低则试样不能解离，反而灵敏度降低，并且还会发生分子吸收，干扰可能更大。因此必须根据试样具体情况，合理选择火焰温度。火焰温度由火焰种类确定，因此应根据测定需要选择合适种类的火焰。当火焰种类选定后，要选用合适的燃气和助燃气比例。燃助比（燃气与助燃气流量比）为1∶（4～6）的火焰（称贫燃火焰）为清晰不发亮蓝光，燃烧高度较低，温度高，还原性气氛差，仅适于不易生成氧化物的元素的测定，如Ag、Cu、Fe、Co、Ni、Mg、Pb、Zn、Cd、Mn等元素。燃助比为（1.2～1.5）∶4的火焰（称富燃火焰）发亮，燃烧高度较高，温度较低，噪声较大，且由于燃烧不完全呈强还原性气氛，因此适于易生成氧化物的元素的测定，如Ca、Sr、Ba、Cr、Mo等元素。多数元素测定时使用空气-乙炔火焰的流量比在（3∶1）～（4∶1）之间。最佳的流量比应通过绘制吸光度-燃气、助燃气流量曲线来确定。

② 燃烧器高度的选择。不同元素在火焰中形成的基态原子的最佳浓度区域高度不同，因而灵敏度也不同。因此，应选择合适的燃烧器高度使光束从原子浓度最大的区域通过。一般在燃烧器狭缝口上方2～5mm附近火焰具有最大的基态原子密度，灵敏度最高。但对于不同测定元素和不同性质的火焰有所不同。最佳的燃烧器高度应通过试验选择。其方法是：先固定燃气和助燃气的流量，取一固定样品，逐步改变燃烧器高度，调节零点，测定吸光度，绘制吸光度-燃烧器高度曲线图，选择最佳位置。

③ 进样量的选择。试样的进样量一般3～6mL·min^{-1}较为适宜。进样量过大，对火焰产生冷却效应。同时，较大雾滴进入火焰，难以完全蒸发，原子化效率下降，灵敏度低。进样量过小，由于进入火焰的溶液较少，吸收信号弱，灵敏度低，不便测量。

（2）电热原子化条件的选择

① 载气的选择。可使用惰性气体氩或氮作载气，通常使用的是氩气。采用氮气作载气时要考虑高温原子化时产生CN带来的干扰。载气流量会影响灵敏度和石墨管寿命。目前大多采用内外单独供气方式，外部供气是不间断的，流量在 $1\sim 5L\cdot min^{-1}$；内部气体流量在 $60\sim 70mL\cdot min^{-1}$。在原子化期间，内气流的大小与测定元素有关，可以通过实验确定。

② 冷却水。为使石墨管迅速降至室温，通常使用水温为20℃，流量为 $1\sim 2L\cdot min^{-1}$ 的冷却水（可在 $20\sim 30s$ 冷却）。水温不宜过低，流量亦不可过大，以免在石墨锥体或石英窗产生冷凝水。

③ 原子化温度的选择。原子化过程中，干燥阶段的干燥条件直接影响分析结果的重现性。为了防止样品飞溅，又能保持较快的蒸干速度，干燥应在稍低于溶剂沸点的温度下进行。条件选择是否得当可用蒸馏水或空白溶液进行检查。干燥时间可以调节，并和干燥温度相配合，一般取样 $10\sim 100\mu L$ 时，干燥时间为 $15\sim 60s$，具体时间应通过实验测定。

灰化温度和时间的选择原则是，在保证待测元素不挥发的条件下，尽量提高灰化温度，以去掉比待测元素化合物容易挥发的样品基体，减少背景吸收。灰化温度和灰化时间由实验确定，即在固定干燥条件、原子化程序不变的情况下，通过绘制吸光度-灰化温度或吸光度-灰化时间的关系曲线找到最佳灰化温度和灰化时间。

不同原子有不同的原子化温度，原子化温度的选择原则是，选用达到最大吸收信号的最低温度作为原子化温度，这样可以延长石墨管的寿命。但原子化温度过低，除了造成峰值灵敏度降低外，重现性也会受到影响。

原子化时间、原子化温度是相配合的。一般情况是在保证完全原子化的前提下，原子化时间尽可能短一些。对易形成碳化物的元素，原子化时间可以长些。

现在的石墨炉带有斜坡升温设施，它是一种连续升温设施，可用于干燥、灰化及原子化各阶段。近年来生产的石墨炉还配有最大功率附件，最大功率加热方式是以最快的速率 $[(1.5\sim 2.0)\times 10^3℃\cdot s^{-1}]$ 加热石墨管至预先确定的原子化温度。用最大功率方式加热可提高灵敏度，并在较宽的温度范围内有原子化平台区。因此可以在较低的原子化温度下，达到最佳原子化条件，延长了石墨管的寿命。

④ 石墨管的清洗。为了消除记忆效应，在原子化完成后，一般在3000℃左右，采用空烧的方法来清洗石墨管，以除去残余的基体和待测元素，但时间宜短，否则使石墨管寿命大为缩短。

4.4.4 干扰及其消除技术

原子吸收分析相对化学分析及发射光谱分析手段来说，是一种干扰较少的检测技术。原子吸收检测中的干扰可分为四种类型，它们分别是：物理干扰、化学干扰、电离干扰和光谱干扰。明确了干扰的性质，便可以采取适当的措施，消除和校正所存在的干扰。

4.4.4.1 物理干扰及其消除

物理干扰是指试样在转移、蒸发和原子化过程中物理性质（如黏度、表面张力、密度和蒸气压等）的变化而引起原子吸收强度下降的效应。物理干扰是非选择性干扰，对试样各元素的影响基本相同。物理干扰主要发生在试液抽吸过程、雾化过程和蒸发过程中。

消除物理干扰的主要方法是配制与被测试样相似组成的标准溶液,在试样组成未知时,可采用标准加入法或选用适当溶剂稀释试液来减少和消除物理干扰。此外,调整撞击小球位置以产生更多细雾;确定合适的抽吸量等,都能改善物理干扰对结果产生的负效应。

4.4.4.2 化学干扰

化学干扰是原子吸收光谱分析中的主要干扰。它是由于在样品处理及原子化过程中,待测元素的原子与干扰物质组分发生化学反应,形成更稳定的化合物,从而影响待测元素化合物的解离及原子化,致使火焰中基态原子数目减少,从而产生的干扰。例如,盐酸介质中测定 Ca、Mg 时,若存在 PO_4^{3-},则会对测定产生干扰,这是由于 PO_4^{3-} 在高温时与 Ca、Mg 生成高熔点、难挥发、难解离的磷酸盐或焦磷酸盐,使参与吸收的 Ca、Mg 的基态原子数目减少而造成的。

化学干扰是一种选择性干扰。消除化学干扰的方法如下。

① 使用高温火焰,使用在较低温度火焰中稳定的化合物在较高温度下解离。如在空气-乙炔火焰中 PO_4^{3-} 对 Ca 测定干扰,Al 对 Mg 的测定有干扰,如果使用氧化亚氮-乙炔火焰,可以提高火焰温度,这样干扰就被消除了。

② 加入释放剂,使其与干扰元素形成更稳定更难离解的化合物,而将待测元素从原来难离解化合物中释放出来,使之有利于原子化,从而消除干扰。例如上述的 PO_4^{3-} 干扰 Ca 的测定,当加入 $LaCl_3$ 后,干扰就被消除,因为 PO_4^{3-} 与 La^{3+} 生成更稳定的 $LaPO_4$,而将钙从 $Ca_3(PO_4)_2$ 中释放出来。

③ 加入保护剂,使其与待测元素或干扰元素反应生成稳定配合物,因而保护了待测元素,避免了干扰。例如加入 EDTA 可以消除 PO_4^{3-} 对 Ca^{2+} 的干扰,这是由于 Ca^{2+} 与 EDTA 配位后不再与 PO_4^{3-} 反应的结果。又如加入 8-羟基喹啉可以抑制 Al 对 Mg 的干扰,这是由于 8-羟基喹啉与铝形成螯合物 $Al[C(C_9H_6)N]_3$,减少了铝的干扰。

④ 在石墨炉原子化中加入基体改进剂,提高被测物质的灰化温度或降低其原子化温度以消除干扰。例如汞极易挥发,加入硫化物生成稳定性较高的硫化汞,灰化温度可提高到 300℃。测定海水中 Cu、Fe、Mn 时,加入 NH_4NO_3 则 NaCl 转化为 NH_4Cl,使其在原子化前低于 500℃ 的灰化阶段除去。表 4-6 列出了部分常用的抑制干扰的试剂,表 4-7 列出了部分常见的基体改进剂。

⑤ 化学分离干扰物质。以上方法都不能有效地消除化学干扰时,可采用离子交换、沉淀分离、有机溶剂萃取等方法,将待测元素与干扰元素分离开来,然后进行测定。化学分离法中有机溶剂萃取法应用较多,因为在萃取分离干扰物质的过程中,不仅可以去掉大部分干扰物,而且可以起到浓缩被测元素的作用。在原子吸收分析中常用的萃取剂多为醇、酯和酮类化合物。

上述各方法若配合使用,则效果会更好。

4.4.4.3 电离干扰及其消除

在高温下,原子电离成离子,而使基态原子数目减少,导致测定结果偏低,此种干扰称为电离干扰。电离干扰主要发生在电位较低的碱金属和部分碱土金属中。消除电离干扰

表4-6 用于抑制干扰的一些试剂

试剂	干扰成分	测定元素	试剂	干扰成分	测定元素
La	Al, Si, PO_4^{3-}, SO_4^{2-}	Mg	NH_4Cl	Al	Na, Cr
Sr	Al, Be, Fe, Se, NO_3^-, SO_4^{2-}, PO_4^{3-}	Mg, Ca, Sr	NH_4Cl	Sr, Ca, Ba, PO_4^{3-}, SO_4^{2-}	Mo
			NH_4Cl	Fe, Mo, W, Mn	Cr
Mg	Al, Si, PO_4^{3-}, SO_4^{2-}	Ca	乙二醇	PO_4^{3-}	Ca
Ba	Al, Fe	Mg, K, Na	甘露醇	PO_4^{3-}	Ca
Ca	Al, F	Mg	葡萄糖	PO_4^{3-}	Ca, Sr
Sr	Al, F	Mg	水杨酸	Al	Ca
Mg+$HClO_4$	Al, Si, PO_4^{3-}, SO_4^{2-}	Ca	乙酰丙酮	Al	Ca
Sr+$HClO_4$	Al, P, B	Ca, Mg, Ba	蔗糖	P, B	Ca, Sr
Nd, Pr	Al, P, B	Sr	EDTA	Al	Mg, Ca
Nd, Sm, Y	Al, P, B	Sr, Ca	8-羟基喹啉	Al	Mg, Ca
Fe	Si	Cu, Zn	$K_2S_2O_7$	Al, Fe, Ti 可抑制16种元素的干扰	Cr
La	Al, P	Cr	Na_2SO_4		Cr
Y	Al, B	Cr			
Ni	Al, Si	Mg	Na_2SO_4+$CuSO_4$	可抑制Mg等十几种元素的干扰	Cr
甘油, 高氯酸	Al, Fe, Th, 稀土, Si, B, Cr, Ti, PO_4^{3-}, SO_4^{2-}	Mg, Ca, Sr, Ba			

表4-7 分析元素与基体改进剂

分析元素	基体改进剂	分析元素	基体改进剂	分析元素	基体改进剂	分析元素	基体改进剂
镉	硝酸镁	镉	组氨酸	锗	硝酸	汞	盐酸+过氧化氢
	Triton X-100		乳酸		氢氧化钠		柠檬酸
	氢氧化铵		硝酸	金	Triton X-100+Ni	磷	镧
	硫酸铵		硝酸铵	铟	O_2	硒	硝酸铵
锑	铜		磷酸二氢铵	铁	硝酸铵		镍
	镍		硫化铵	铅	硝酸铵		铜
	铂, 钯		磷酸铵		磷酸二氢铵		钼
	H_2		氟化铵		磷酸		铑
砷	镍		铂		镧		高锰酸钾, 重铬酸钾
	镁	钙	硝酸		铂, 钯, 金	硅	钙
	钯	铬	磷酸二氢铵		抗坏血酸	银	EDTA
铍	铝, 钙	钴	抗坏血酸		EDTA	碲	镍
	硝酸镁	铜	抗坏血酸		硫脲		铂, 钯
铋	镍		EDTA		草酸	铊	硝酸
	EDTA, O_2		硫酸铵	锂	硫酸, 磷酸		酒石酸+硫酸
	钯		磷酸铵	锰	硝酸铵	锡	抗坏血酸
硼	钙, 钡		硝酸铵		EDTA	钒	钙, 镁
	钙+镁		蔗糖		硫脲	锌	硝酸铵
镉	焦硫酸铵		硫脲		银		EDTA
	镧		过氧化钠	汞	钯		柠檬酸
	EDTA		磷酸		硫化铵		
	柠檬酸	镓	抗坏血酸		硫化钠		

最有效的方法是在试液中加入过量比待测元素电离电位低的其他元素（通常为碱金属元素）。由于加入的元素在火焰中强烈电离，产生大量电子，而抑制了待测元素基态原子的电离。例如，测定 Ba 时，适量加入钾盐可以消除 Ba 的电离干扰。一般来说，加入元素的电离电位愈低，所加入的量可以愈少。适当的加入量由实验确定。加入量太大会影响吸收信号和产生杂散光。

4.4.4.4 光谱干扰及其消除

光谱干扰是由于分析元素吸收线与其他吸收线或辐射不能完全分开而产生的干扰。

光谱干扰包括谱线干扰和背景干扰两种，主要来源于光源和原子化器，也与共存元素有关。

（1）谱线干扰 谱线干扰有以下三种。

① 吸收线重叠。当共存元素吸收线与待测元素吸收波长很接近时，两谱线重叠，使测定结果偏高。这时应另选其他干扰的分析线测定或预先分离干扰元素。

② 光谱通带内存在的非吸收线。这些非吸收线可能出自待测元素的其他共振线与非共振线，也可能是光源中所含杂质的发射线。消除这种干扰的方法是减小狭缝，使光谱通带可以分开这种干扰。另外也可适当减小灯电流，以降低灯内干扰元素的发光强度。

③ 原子化器内的直流发射干扰。为了消除原子化器内的直流发射干扰，可以对光源进行机械调制，或者对空心阴极灯采用脉冲供电。

（2）背景干扰 背景干扰是指在原子化过程中，由于分子吸收和光散射作用而产生的干扰。背景干扰使吸光度增加，因而导致测定结果偏高。

分子吸收是指在原子化过程中，由于燃气、助燃气等火焰气体、试液中盐类和无机酸（主要是硫酸和磷酸）等分子或自由基等对入射光吸收而产生的干扰。例如碱金属卤化物（KBr、NaCl、KI 等）在紫外区有很强的分子吸收；硫酸、磷酸在紫外区也有很强的吸收（盐酸、硝酸及高氯酸吸收都很小，因此原子吸收光谱法中应尽量避免使用硫酸和磷酸）。乙炔-空气、丙烷-空气等火焰在波长小于 250nm 的紫外区也有明显吸收。光散射是指试液在原子化过程中形成高度分散的固体颗粒，当入射光照射在这些固体微粒上时产生了散射，而不能被检测器检测，导致吸光度增大。通常入射光波愈短，光散射作用愈强，试液基体浓度愈大，光散射作用也愈严重。

石墨炉原子化法的背景干扰比火焰原子化法严重，有时不扣除背景就无法进行测量。消除背景干扰的方法有以下几种。

① 用邻近非吸收线扣除背景。先用分析线测量待测元素吸收和背景吸收的总吸光度，再在待测元素吸收线附近另选一条不被待测元素吸收的谱线（称为邻近非吸收线）测量试液的吸光度，此吸收即为背景吸收。从总吸光度中减去邻近非吸收线的吸光度，就可以达到扣除背景吸收的目的。

邻近非吸收线可用同种元素的非吸收线，也可以用其他不同元素的非吸收线，选用其他不同元素的非吸收线时，样品中不得含有该种元素。邻近非吸收线波长与分析波长愈相近，背景扣除愈有效。例如，Al 的分析线为 309.3nm，可选用 Al 的 307.3nm 非吸收线进行背景扣除。Cr 的分析线为 357.9nm，可用灯内 Ar 惰性气体原子发射线 258.3nm 非吸收线。Mg 的分析线 285.2nm，可用 Cd 的 383.7nm 进行背景扣除。

② 用氘灯校正背景。先用空心阴极灯发出的锐线光通过原子化器，测量待测元素和背景吸收的总和，再用氘灯发出的连续光通过原子化器，在同一波长测出背景吸收。此时待测元素的基态原子对氘灯连续的光谱的吸收可以忽略。因此当空心阴极灯和氘灯的光束交替地通过原子化器时，背景吸收的影响就可以扣除，从而进行校正。

氘灯只能校正较低的背景，而且只适于紫外区的背景校正，可见光区的背景可用碘钨灯和氙灯。使用氘灯校正时，要调节氘灯光斑与空心阴极灯光斑完全重叠，并调节两束入射光能量相等。

③ 用自吸收方法校正背景。当空心阴极灯在高电流下工作时，其阴极发射的锐线会被灯内处于基态的原子吸收，使发射的锐线变宽，吸光度下降，灵敏度也下降。这种自吸收现象是客观存在的，也是无法回避的。因此可以先让空心阴极灯在低电流下工作，使锐线光通过原子化器，测得待测元素和背景吸收的总和，然后使它在高电流下工作，再通过原子化器，测得相当于背景的吸收，将两次测得的吸光度数值相减，就可以扣除背景吸收的影响。这种方法的优点是使用同一光源，在相同波长下进行校正，校正能力强。不足之处是长期使用此法会使空心阴极灯加速老化，降低测量灵敏度。

④ 塞曼效应校正背景。塞曼效应是指谱线在外磁场作用下发生分裂的现象。塞曼效应校正背景是先利用磁场将吸收线分裂为具有不同偏振方向的组分，再用这些分裂的偏振成分来区别被测元素和背景吸收的一种背景校正法。塞曼效应校正背景吸收分为光源调制法和吸收线调制法。光源调制法是将强磁场加在光源上，吸收线调制法是将强磁场加在原子化器上，目前主要应用的是后者。所施加磁场有恒定磁场和可变磁场之分。

塞曼效应校正背景可以全波段进行，它可测定吸光度高达 1.5～2.0 的背景，而氘灯只能校正吸光度小于 1 的背景，因此塞曼效应校正背景的准确度比较高。

4.4.5 定量方法

4.4.5.1 工作曲线法

工作曲线法也称标准曲线法，它与紫外-可见分光光度法的工作曲线法相似，关键都是绘制一条工作曲线。其方法是：先配制一组浓度合适的标准溶液，在最佳测定条件下，由低浓度到高浓度依次测定它们的吸光度，然后以吸光度 A 为纵坐标、标准溶液浓度为横坐标，绘制吸光度 A-浓度 c 的工作曲线（见图4-17）。

码4-7 原子吸收光谱法定量方法

用绘制工作曲线相同的条件测定样品的吸光度，利用工作曲线以内插法求出被测元素的浓度。为了保证测定的准确度，测定时应注意以下几点。

① 标准溶液与试液的基体（指溶液中除待测组分外的其他组分的总体）要相似，以消除基体效应。标准溶液浓度范围应将试液中待测元素的浓度包括在内。浓度范围大小应以获得合适的吸光度读数为准。

② 在测量过程中要吸喷去离子水或空白溶液来校正零点漂移。

③ 由于燃气和助燃气流量变化会引起工作曲线斜率的变化，因此每次分析都应重新绘制工作曲线。

工作曲线法简便、快速，适于组成较简单的大批样品的分析。

【例4-1】 测定某样品中铜含量,称取样品0.9986g,经化学处理后,移入250mL容量瓶中,以蒸馏水稀释至标线,摇匀。喷入火焰,测出其吸光度为0.320,求该样品中铜的质量分数。

解 设图4-18为铜工作曲线。

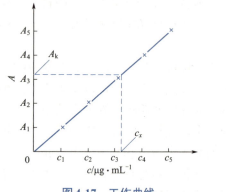

图4-17 工作曲线

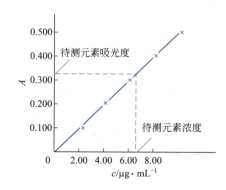

图4-18 铜工作曲线

由工作曲线查出当$A=0.320$时,$c=6.20\mu g \cdot mL^{-1}$,即所测样品溶液中铜的质量浓度,则样品中铜的质量分数为:

$$w(Cu) = \frac{6.20 \times 250 \times 10^{-6}}{0.9986} \times 100\% = 0.16\%$$

操作练习13　火焰原子吸收光谱法测定水样中的镁

一、目的要求

1. 了解原子吸收分光光度计的主要结构及其使用方法。
2. 通过对水样中镁的测定,掌握标准曲线法在原子吸收定量分析中的应用。

二、基本原理

原子吸收光谱法是测定镁的常用方法之一,具有简单、方便、快速及灵敏度高等特点。铝、磷、硅、钛等的存在对镁的测定有干扰;当有含氧酸存在时,干扰程度增大。此时,如果加入锶、镧盐等释放剂,或采用氧化亚氮-乙炔火焰,则可消除干扰。

本实验采用标准曲线法定量,原子吸收分光光度法定量分析的标准曲线法与紫外-可见分光光度分析中的标准曲线法相同。

原子吸收分光光度分析中,标准曲线是否呈线性受许多因素的影响,所以必须保持标准溶液和待测试液的性质及组成相接近,设法消除干扰,选择最佳测定条件并且保证测定条件一致,才能得到良好的标准曲线和准确的分析结果。原子吸收分光光度法中,标准曲线的斜率经常可能有微小变化,这是喷雾效率和火焰状态的微小变化而引起的,所以每次进行测定,应同时制作标准曲线。这一点和紫外-可见分光光度法的标准曲线有所不同。

4.4.5.2 标准加入法

当试样中共存物不明或基体复杂而又无法配制与试样组成相匹配的标准溶液时，使用标准加入法进行分析是合适的。

标准加入法的具体操作方法是：吸取试液4份以上，第一份不加待测元素标准溶液，第二份开始，依次按比例加入不同量待测组分的标准溶液，用溶剂稀释至同一体积，以空白为参比，在相同测量条件下，分别测量各份试液的吸光度，绘出工作曲线，并将它外推至浓度轴，则在浓度轴上的截距，即为未知浓度c_x，如图4-19所示。

使用标准曲线加入法时应注意下面几个问题。

① 相应的标准曲线应是一条通过坐标原点的直线，待测组分的浓度应在此线性范围之内。

② 第二份中加入的标准溶液的浓度与试样的浓度应当接近（可通过试喷样品和标准溶液比较两者的吸光度来判断），以免曲线的斜率过大或过小，给测定结果引入较大的误差。

③ 为了保证能得到较为准确的外推结果，至少要采用四个点来制作外推曲线。

标准加入法可以消除基体效应带来的影响，并在一定程度上消除了化学干扰和电离干扰，但不能消除背景干扰。因此只有在扣除背景之后，才能得到待测元素的真实含量，否则将使测量结果偏高。

【例4-2】 测定某合金中微量镁。称取0.2687g试样，经化学处理后移入50mL容量瓶中，以蒸馏水稀释至标线后摇匀。取上述试液10mL于25mL容量瓶中（共取5份），分别加入镁0.00μg、1.00μg、2.00μg、3.00μg、4.00μg，以蒸馏水稀释至标线，摇匀。测出上述各溶液的吸光度依次为0.100、0.200、0.300、0.400、0.500。求试样中镁的质量分数。

解 根据所测数据绘出如图4-20所示的工作曲线，曲线与横坐标交点到原点距离为1.00，即未加标准溶液镁的25mL容量瓶内，含有1.00μg镁，这1.00μg镁只来源于所加入的10mL试样溶液，所以可由下式算出试样中镁的质量分数。

$$w(\text{Mg}) = \frac{1.00 \times 10^{-6}}{0.2687 \times \dfrac{10}{50}} \times 100\% = 0.0019\%$$

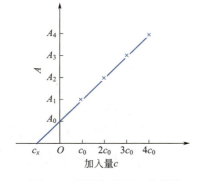

图4-19 标准加入法工作曲线

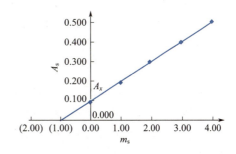

图4-20 标准加入法测镁的工作曲线

操作练习14　火焰原子吸收光谱法测定水样中的铜

一、目的要求

1. 掌握标准加入法的实际应用。
2. 熟悉原子吸收分光光度计的使用方法。

二、基本原理

在原子吸收分光光度分析中，若试样基本成分不确切或十分复杂，因而无法配制与试样组成相似的标准溶液，不能采用标准曲线法进行测定，这时可采用标准加入法。

标准加入法的操作过程是：首先取若干份（不少于4份）浓度为 c_x 的待测试液，依次加入浓度为 0、c_s、$2c_s$、$3c_s$、… 的标准溶液（$c_s \approx c_x$），稀释到一定体积，在相同的条件下各自测得吸光度为 A_x、A_1、A_2、A_3、…，以加入的标准溶液的浓度为横坐标、对应的吸光度为纵坐标，绘制 A-c 曲线，反向延长曲线与横坐标的延长线的交点即为试样中待测元素的浓度（见图4-21）。

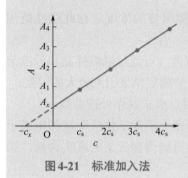

图4-21　标准加入法

 操作练习15　大米、黄豆中微量元素含量的测定

一、操作前的准备工作

1. 查找相关资料，了解大米、黄豆中含有的微量元素的种类及其常用检测方法。
2. 确定大米、黄豆中可以通过原子吸收分光光度法测定的锌、钙等元素。
3. 根据本院（校）实验室仪器及空心阴极灯的配置情况，确定准备测定的微量元素名称。本操作以锌、钙为例，请同学们根据本院（校）实验室仪器及空心阴极灯的配置情况，尽量多地对大米、黄豆中含有的微量元素进行比较全面的测定。

二、目的要求

1. 了解原子吸收分光光度计的主要结构及其使用方法。
2. 通过对大米、黄豆中锌、钙等微量元素的测定，掌握标准曲线法在原子吸收定量分析中的应用。

三、基本原理

近年来，大米、黄豆与微量元素的关系受到营养学、职业医学和环境科学工作者的关注。通过动物实验、流行病学调查及临床观察治疗，现已证实很多疾病与微量元素有关。为此利用火焰原子吸收光谱法对大米、黄豆中锌、钙等微量元素的含量进行测定。

操作练习16　正常人头发中微量元素含量的测定

一、操作前的准备工作
1. 查找相关资料，了解头发中含有的微量元素种类及其常用检测方法。
2. 确定头发中可以通过原子吸收分光光度法测定的锌、钙等元素。
3. 根据本院（校）实验室仪器及空心阴极灯的配置情况，确定准备测定的微量元素的名称。本操作以锌、钙为例，请同学们根据本院（校）实验室仪器及空心阴极灯的配置情况，尽量多地对头发中含有的微量元素进行比较全面的测定。

二、目的要求
1. 了解原子吸收分光光度计的主要结构及其使用方法。
2. 通过对头发中锌、钙的测定，掌握标准曲线法在原子吸收定量分析中的应用。

三、基本原理
近年来，头发与微量元素的关系受到营养学、职业医学和环境科学工作者的关注。通过动物实验、流行病学调查及临床观察治疗，现已证实很多疾病与微量元素有关。为此利用火焰原子吸收光谱法对正常人头发中锌、钙元素的含量进行测定。

4.4.5.3 稀释法

稀释法实际是标准加入法的一种形式。设体积为 V_s 的待测元素标准溶液浓度为 c_s，测得吸光度为 A_s，然后往该溶液中加入浓度为 c_x 的样品溶液 V_x，测得混合液的吸光度为 $A_{(s+x)}$，则 c_x 为

$$c_x = \frac{[A_{(s+x)}(V_s + V_x) - A_s V_s]c_s}{A_s V_x}$$

如果两次测量都很准确，则这一方法是快速易行的。因为无需单独测定样品溶液，此方法需用样品溶液的体积可比标准加入法少。对于高含量的样品溶液，亦无需稀释，直接加入即可进行测定，简化了操作手续。

4.4.5.4 内标法

内标法是指将一定量试液中不存在的元素N的标准物质加到一定试液中进行测定的方法，所加入的这种标准物质称为内标物质或内标元素。内标法与标准加入法的区别在于前者所加入标准物质是试液中不存在的；而后者所加入的标准物质是待测组分的标准溶液，是试液中存在的。

内标法具体操作是：在一系列不同浓度的待测元素标准溶液及试液中依次加入相同量的内标元素N，稀释至同一体积。在同一实验条件下，分别测出待测元素M及内标元素N的吸光度 A_M 和 A_N，并求出它们的比值 A_M/A_N，再绘制 A_M/A_N-c_M 的内标工作曲线（见图4-22）。

由待测试液测出 A_M/A_N 的比值，在内标工作曲线上用内插法查出试液中待测元素的浓度并计算试样中待测元

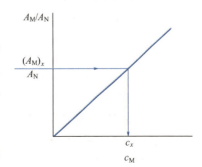

图4-22　内标工作曲线

素的含量。

在使用内标法时要注意选择好内标元素。该方法要求所选用内标元素在物理及化学性质方面应与待测元素相同或相近；内标元素加入量应接近待测元素的量。在实际工作中往往是通过试验来选择合适的内标元素和内标元素量。表4-8列举了常用内标元素。

表4-8 常用内标元素

待测元素	内标元素	待测元素	内标元素	待测元素	内标元素
Al	Cr	Cu	Cd, Mn	Na	Li
Au	Mn	Fe	Au, Mn	Ni	Cd
Ca	Sr	K	Li	Pb	Zn
Cd	Mn	Mg	Cd	Si	Cr, V
Co	Cd	Mn	Cd	V	Cr
Cr	Mn	Mo	Sr	Zn	Mn, Cd

内标法仅适用于双道或多道仪器，单道仪器上不能使用。内标法的优点是能消除物理干扰，还能消除实验条件的波动而引起的误差。

4.4.6 灵敏度、检出限和回收率

原子吸收光谱分析中，常用灵敏度、检出限和回收率对定量分析方法及测定结果进行评价。

4.4.6.1 灵敏度

根据1975年IUPAC规定，将原子吸收分析法的灵敏度定义为A-c工作曲线的斜率（用S表示），即当待测元素的浓度或质量改变一个单位时，吸光度的变化量，其数学表达式为：

$$S = \frac{dA}{dc} \tag{4-10}$$

或

$$S = \frac{dA}{dm} \tag{4-11}$$

式中，A为吸光度；c为待测元素浓度；m为待测元素的质量。

在火焰原子吸收分析中，通常习惯于用能产生1%吸收（即吸光度值为0.0044）时所对应的待测溶液浓度（μg·mL^{-1}）来表示分析的灵敏度，称为特征浓度（c_c）或（相对）灵敏度。特征浓度的测定方法是配制一待测元素的标准溶液（其浓度应在线性范围），调节仪器最佳条件，测定标准溶液的吸光度。然后按下式计算：

$$c_c = \frac{c \times 0.0044}{A} \tag{4-12}$$

式中，c_c为特征浓度，μg·mL^{-1}·1%$^{-1}$；c为被测溶液浓度，μg·mL^{-1}；A为测得的溶液的吸光度。

在电热原子化测定中，常用特征质量来表示测定灵敏度，即能产生1%吸收（0.0044A）信号所对应的待测元素量（μg），又称绝对量。对分析工作来说，显然是特征质量或特征浓度愈小愈好。

4.4.6.2 检出限

由于灵敏度没有考虑仪器噪声的影响,故不能作为衡量仪器最小检出量的指标。检出限可用于表示能被仪器检出的元素的最小浓度或最小质量。

根据IUPAC规定,将检出限定义为,能够给出3倍于标准偏差的吸光度时,所对应的待测元素的浓度或质量。可用下式进行计算:

$$D_c = \frac{c \times 3\sigma}{A} \qquad (4\text{-}13)$$

$$D_m = \frac{cV \times 3\sigma}{A} \qquad (4\text{-}14)$$

式中,D_c为相对检出限,$\mu g \cdot mL^{-1}$;D_m为绝对检出限,g;c为待测溶液浓度,$g \cdot mL^{-1}$;V为溶液体积,mL;σ为空白溶液测量标准偏差,是对空白溶液或接近空白的待测组分标准溶液的吸光度进行不少于十次的连续测定后,由下式计算求得的。

$$\sigma = \sqrt{\frac{\sum(A_i - \overline{A})^2}{n-1}} \qquad (4\text{-}15)$$

式中,A_i为空白溶液单次测量的吸光度;$\overline{A}$为空白溶液多次平行测定的平均吸光度值;n为测定次数($n \geqslant 10$)。

检出限取决于仪器稳定性,并随样品基体的类型和溶剂的种类不同而变化。信号的波动来源于光源、火焰及检测器噪声,因而不同类型仪器的检测器可能相差很大。两种不同元素可能有相同的灵敏度,但由于每种元素光源噪声、火焰噪声及检测器等噪声不同,检出限就可能不一样。因此,检出限是仪器性能的一个重要指标。待测元素的存在量只有高出检出限,才可能可靠地将有效分析信号与噪声信号分开。"未检出"就是待测元素的量低于检出限。

4.4.6.3 回收率

进行原子吸收分析实验时,通常需要测出所用方法的待测元素的回收率,以此评价方法的准确度和可靠性。回收率的测定可采用下面两种方法。

(1)利用标准物质进行测定　将已知含量的待测元素标准物质,在与试样相同条件下进行预处理,在相同仪器及相同操作条件下,以相同定量方法进行测量,求出试样中待测组分的含量,则回收率为测定值与真实值之比,即

$$回收率 = \frac{含量测定值}{含量真实值} \qquad (4\text{-}16)$$

此法简便易行,但多数情况下,含量已知的待测元素标样不易得到。

(2)利用标准加入法测定　在给定的实验条件下,先测定未知试样中待测元素的含量,然后在一定量的该试样中,准确加入一定量的待测元素,以同样方法进行样品处理,在同样条件下,测定其中待测元素的含量,则回收率等于加标样测定值与未加标样测定值之差与标样加入量之比,即

$$回收率 = \frac{加标样测定值 - 未加标样测定值}{标准加入量}$$

显然回收率愈接近于1，则方法的可靠性就愈高。

【例4-3】 以火焰原子吸收法测定某试样中铅含量，测得铅平均含量为4.6×10^{-6}%，在铅含量为4.6×10^{-6}%的试样中加入5.0×10^{-6}%的铅标液，在相同条件下测得铅含量为9.0×10^{-6}%，回收率为多少？

解
$$回收率 = \frac{(9.0 - 4.6) \times 10^{-6}}{5.0 \times 10^{-6}} \times 100\% = 88\%$$

思考与练习4.4

1. 解释以下名词术语

   贫燃焰　富燃焰

2. 用原子吸收光谱法测定铷时，加入1%的钠盐溶液，其作用是（　　）。

   A．减小背景　　B．释放剂　　C．消电离剂　　D．提高火焰温度

3. 原子吸收光谱法中的物理干扰可用下述哪种方法消除？（　　）

   A．加释放剂　　B．加保护剂　　C．标准加入法　　D．扣除背景

4. 原子吸收分光光度法的背景干扰表现为下述哪种形式？（　　）

   A．火焰中被测元素发射的火焰　　B．火焰中干扰元素发射的谱线

   C．光源产生的非共振线　　D．火焰中产生的分子吸收

5. 非火焰原子吸收法的主要缺点是（　　）。

   A．检测限高　　　　　　B．不能检测难挥发元素

   C．精密度低　　　　　　D．不能直接分析黏度大的试样

6. 原子吸收的定量方法——标准加入法，消除了下列哪种干扰？（　　）

   A．基体效应　　B．背景效应　　C．光散射　　D．电离干扰

7. 原子吸收分析中在下列不同干扰情况下，宜采用什么方法消除干扰？

   ①灯中有连续背景发射（　　）②吸收线重叠（　　）

   A．减小狭缝　　　　　　B．用纯度较高的单元素灯

   C．另选测定波长　　　　D．采用标准加入法

8. 在原子吸收光谱分析中主要操作条件有哪些？应如何进行优化选择？

9. 原子吸收光谱法中有哪些干扰因素？如何消除？

10. 吸取0.00mL、1.00mL、2.00mL、3.00mL、4.00mL浓度为$10\mu g \cdot mL^{-1}$的镍标准溶液，分别置入25mL容量瓶中，稀释至标线，在火焰原子吸收光谱仪上测得吸光度分别为0.00、0.06、0.12、0.18、0.23。另称取镍合金试样0.3125g，经溶解后移入100mL容量瓶中，稀至标线。准确吸取此溶液2.0mL，放入另一25mL容量瓶中，稀释至标线，在与标准曲线相同的测定条件下，测得溶液的吸光度为0.15，求试样中镍的含量。

11. 测定硅酸盐试样中的Ti，称取1.000g试样，经溶解处理后，移至100mL容量瓶中，稀释至刻度，吸取10.0mL该试液于50mL容量瓶中，用去离子水稀释至刻度，测得吸光度为0.238。取一系列不同体积的钛标准溶液（质量浓度为$10.0\mu g \cdot mL^{-1}$）于50mL容量瓶中，同样用去离子水稀释至刻度。测量各溶液的吸光度如下，计算硅酸盐中钛的含量。

V/mL	1.00	2.00	3.00	4.00	5.00
吸光度 A	0.112	0.224	0.338	0.450	0.561

12.称取含镉试样2.5115g，经溶解后移入25mL容量瓶中稀释至标线。依次分别移取此样品溶液5.00mL，置于四个25mL容量瓶中，再向此四个容量瓶中依次加入浓度为0.5μg·mL^{-1}的镉标准溶液0.00mL、5.00mL、10.00mL、15.00mL，并稀释至标线，在火焰原子吸收光谱仪上测得吸光度分别为0.06、0.18、0.30、0.41，求样品中镉的含量。

项目5
电化学分析法测定物质的含量

电化学分析是仪器分析的重要组成部分之一,与光分析、色谱分析一起构成了现代仪器分析的三大重要支柱。电化学分析所包含的内容丰富,发展迅速,各种新方法、新技术不断出现,已经建立起比较完善的理论体系,在现代化学工业、科学研究、生物与药物分析、环境分析等领域有着广泛的应用。

 项目描述

学习目标	任务	教学建议	课时计划
1.使学生对电化学分析方法有初步的认识,理解一些基本的概念	1.学习电化学分析基础知识	通过电化学基础理论的介绍,使学生初步了解电化学分析相关的内容,产生强烈的探索兴趣和动力。引导学生多观察、多思考、多提问	2学时
2.使学生认识到可以利用电化学来进行物质分析,知道电化学方法应用前景相当广阔	2.学习化学电池与电极电位相关知识	通过日常生活中的实例,使学生自然地接受电化学与物质的量是有联系的,并产生强烈的求知欲望	2学时
3.使学生对仪器主要组成部件的功能、特点有深入的了解,并能正确操作、保护仪器和相关配件	3.学习直接电位分析的理论知识及操作技能	要用电化学知识对物质的含量进行分析,就要了解与之联系在一起的仪器,进一步认识它在技术上有什么要求,能否满足我们探索之需?让学生在研究中认识仪器的功能、特点。引导学生多观察、多思考、多提问	6学时
4.使学生对酸度、电位、电量、各项操作条件等有充分的认识,并具备相应的应用能力	4.学习电位滴定分析法的理论知识及操作技能	通过实例分析,使学生对电位滴定分析法的装置、操作条件、操作方法、滴定终点的确定等产生认识,并产生研究、探索、开发、应用的强烈求知动力	6学时

项目分析

项目5的主要任务是通过对电化学的基本理论、能斯特方程式和电极的学习,掌握和利用物质的电化学特性,用电化学方法对微量组分进行定量分析的方法。

具体要求如下:
① 学会参比电极和离子选择性电极的检查、电化学分析仪器的正确使用与维护;
② 学会水样pH的测定;
③ 学会水中氯离子的测定;
④ 学会水中氟离子的测定;
⑤ 学会重铬酸钾电位滴定法测定铁。
将以上5个具体要求分别对应3个操作练习,分布在任务中完成,通过后续任务的学

习，最后完成该项目的目标。

任务 5.1　电化学分析基础知识

电位分析法是电化学分析法的一个重要组成部分。

电化学分析是利用物质的电学及电化学性质进行分析的一类分析方法，是仪器分析的一个重要分支。随着科学技术的飞速发展，近年来电化学分析在方法、技术和应用上也得到了长足发展，并呈蓬勃上升的趋势。

根据测量的参数不同，电化学分析法的种类很多。

5.1.1　电化学分析的特点

电化学分析是应用电化学的基本原理和实验技术，依据物质电化学性质来测定物质组成及含量的分析方法。电化学分析法直接通过测定溶液中电流、电位、电导、电量等各种物理量，在溶液中有电流或无电流流动的情况下，研究、确定参与反应的化学物质的量。电化学分析法具有以下特点：

① 灵敏度和准确度高，选择性好；

② 电化学仪器装置较为简单，操作方便，可直接获取电信号，易于传递，尤其适合于化工生产中的自动控制和在线分析；

③ 应用广泛。

传统电化学分析多应用于无机离子的测定。目前，采用电化学分析方法来测定有机化合物、药物和生物活性成分的应用也日益广泛。采用微电极进行活体分析也是电化学分析中十分活跃的领域。以电化学分析方法为基础的各种检测器在其他分析方法中也被广泛采用。电化学分析不仅可作为成分分析方法，也可用于化合物的价态和存在形态的分析，用来研究电极反应过程（动力学、催化、吸附、氧化还原）及参数测量。电化学分析与其他分析方法结合形成了各种新分析技术，如电发光分析、光谱电化学分析等，均是目前十分活跃的研究领域。

5.1.2　电化学分析的分类

依据过程所测定的电参数的不同，可分别命名各种电化学分析方法，如电位、电导及伏安分析法等。依据应用方式的不同，各种电化学分析方法又可分为直接法和间接法，如直接电位法和间接电位法。国际纯粹与应用化学联合会（IUPAC）也给出了按电极表面和过程特性进行分类的方法。电化学分析的类别如下。

（1）习惯分类方法

① 电导分析：测量参数为溶液的电导值。

② 电位分析：测量参数为电极电位或体系的电池电动势。

③ 电重量（电解）分析法：测量电解过程中电极上析出的物质量。

④ 库仑分析法：测量电解过程中消耗的电量。

⑤ 伏安分析：测量电流与电位的变化曲线。

⑥ 极谱分析：使用滴汞电极时的伏安分析。

（2）按IUPAC的推荐分类方法 可分为三类。

① 不涉及双电层，也不涉及电极反应的电化学分析方法，如电导分析法。

② 虽涉及双电层，但不涉及电极反应的电化学分析方法，如表面张力和非法拉第阻抗的测量。

③ 涉及电极反应的电化学分析方法，这一类又分为：涉及电极反应，但测量体系无电流流过（$i=0$），如电位分析法；涉及电极反应，测量体系同时有电流流过（$i \neq 0$），如电解、库仑、极谱、伏安分析等。

为便于内容的学习，在此对各种电化学分析方法进行简单介绍。

5.1.3 电化学分析方法介绍

5.1.3.1 电位分析法

电位分析法是属于第三类涉及电极反应的电化学分析方法，它是将一支电极电位与被测物质的活（浓）度有关的电极（称指示电极）和另一支电位已知且保持恒定的电极（称参比电极）插入待测溶液中组成一个化学电池，在零电流的条件下，通过测定电池的电动势，进而求得溶液中待测组分含量的方法。它包括直接电位法和电位滴定法。

码5-1 电化学分析方法介绍

直接电位法：直接电位法是通过测量上述化学电池的电动势，从而得知指示电极的电极电位，再**通过指示电极的电极电位与溶液中被测离子活（浓）度的关系，根据能斯特方程式计算被测物质的含量的分析方法**。直接电位法具有简便、快速、灵敏、应用广泛的特点，常用于溶液pH和一些离子浓度的测定，在工业连续自动分析和环境监测方面有独到之处。近年来，随着各种新型电化学传感器的出现，直接电位法的应用更加广泛。实验装置如图5-1所示。

电位滴定法：**电位滴定法是通过测量滴定过程中电池电动势的变化来确定滴定终点的分析方法**。与化学分析法中滴定分析不同的是电位滴定的滴定终点是由测量电位突跃来确定的，而不是由观察指示剂颜色变化确定的。因此，电位滴定法分析结果准确度高，容易实现自动化控制，能进行连续和自动滴定，广泛用于酸碱、氧化还原、沉淀、配位等各类滴定反应终点的确定，特别是那些滴定突跃小、溶液有色或浑浊的滴定，使用电位滴定可以获得理想的结果。此外，电位滴定还可以用来测定酸碱的离解常数、配合物的稳定常数等。实验装置如图5-2所示。

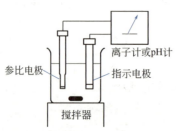

图5-1 直接电位法示意图

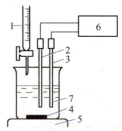

图5-2 电位滴定法示意图

1—滴定管；2—指示电极；3—参比电极；4—铁芯搅拌棒；
5—电磁搅拌器；6—高阻抗毫伏计；7—试液

5.1.3.2 电解与库仑分析法

电解与库仑分析法中,不但在电极上发生了电极反应,测量结果与测量过程中体系通过的电流有关,而且测量前后,溶液中被测物质的浓度发生改变。电解与库仑分析法包括了以下各种分析方法。

电解分析:在恒电流或控制电位条件下,使被测物质在电极上析出,实现定量分离测定的目的。电解分析更重要的是一种分离方法。

电重量分析:电解过程中在阴极上析出物质,其质量通常可以用精确称量的方法来确定,从而对物质进行分析。

库仑分析:依据法拉第电解定律,由电解过程中电极上通过的电量确定电极上析出物质质量的分析方法。

电流滴定或库仑滴定:利用恒电流下电解产生的特定电极产物作为滴定剂与被测物作用,根据所消耗的电量计算出被测组分的含量。

5.1.3.3 电导分析法

电导是溶液中各种电解质的总体特性。根据电导与电解质浓度之间的定量关系进行分析的方法为直接电导分析。利用不同离子对总电导的贡献不同,通过测量滴定过程中,溶液电导的变化所建立的分析方法为电导滴定。电导容易测量且灵敏度高,故电导分析常用于超纯水质的测定、稀溶液中混合弱酸的分析及酸雨监测。电极与溶液的接触不可避免地产生相互作用,而高频电导分析中电极与溶液的不直接接触,使其在各种电化学分析中独具特色。

5.1.3.4 伏安分析与极谱分析

伏安分析是在特殊条件下,通过测定体系电流、电压变化曲线(伏安曲线)来分析溶液中电活性组分的组成和含量的一类分析方法的总称。极谱分析是使用滴汞电极的一种特殊伏安分析法,在此基础上发展起来了一系列现代伏安分析,如交流示波极谱、方波极谱、脉冲极谱、导数与微分极谱、阳极溶出伏安、循环伏安分析等。伏安分析具有很高的灵敏度,不仅用于微量组分分析,也多用于化学反应机理、电极过程动力学等基础理论的研究。

本教材只介绍电位分析法,其他分析方法读者可参考相关书籍。

任务5.2 化学电池与电极电位

不同的电化学分析方法尽管在测量原理、测量对象及测量方式上都有很大差别,但它们都是在一种电化学反应装置上进行的,这种反应装置就是电化学电池。

5.2.1 电化学电池

电化学分析测量装置采用两支电极和电解质溶液组成,即能将化学能与电能进行相互转化的装置,也就是电化学电池。电极是提供电子转移或发生电极反应的场所,将电极插入到对应的电解质溶液中才能发生作用。

电化学分析法中涉及两类化学电池,即原电池和电解电池。原电池能自发地将化学能转变成电能,是能够向外部提供能量的装置(见图5-3)。而电解电池则由外电源提供电能,使电流通过电极并发生电极反应,是将电能转换成化学能的装置(见图5-4)。

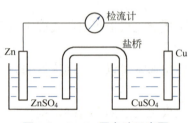

图5-3 Cu-Zn原电池示意图

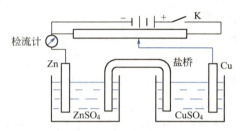

图5-4 Cu-Zn电解池示意图

化学电池工作时,电流在电池内部和外部流过,构成回路。溶液中的电流是依靠溶液中正、负离子的移动而形成的。无论是原电池还是电解电池,发生氧化反应的电极称为阳极,发生还原反应的电极称为阴极。电极电位高的为正极,电极电位低的为负极。

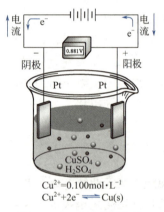

图5-5 CuSO₄电解电池

为了简化对电池的描述,通常可以用电池表达式表示。如上述原电池可以表示为:

$$(-)\ Zn|ZnSO_4\ (x\ mol\cdot L^{-1})\ ||CuSO_4\ (y\ mol\cdot L^{-1})\ |Cu\ (+)$$

单竖线"|"表示不同相界面;双竖线"||"表示盐桥,说明有两个接界面。双竖线两侧为两个半电池,习惯上把正极写在右边,负极写在左边。

电解电池中反应的发生是一种非自发过程,需要外部供给能量。如将两支Pt电极插入到含有$0.100\ mol\cdot L^{-1} CuSO_4$的酸性溶液($0.100\ mol\cdot L^{-1} H_2SO_4$)中(见图5-5),并分别与电源的正、负极连接,理论上,当外加电压达到0.881V时,在电解池中发生如下反应:

Pt阳极(+)　　　　　$H_2O \rightleftharpoons \frac{1}{2}O_2\uparrow +2H^+ +2e^-$

Pt阴极(-)　　　　　$Cu^{2+} + 2e^- \rightleftharpoons Cu\downarrow$

在阳极上发生氧化反应,有氧气产生,而在阴极上发生还原反应,有铜析出。在电解电池中,阳极为正极,阴极为负极,在这一点上与原电池相反。在实际电解过程中,由于超电位的存在,物质在阴极上的析出电位要大于理论值。

5.2.2 电极电位

5.2.2.1 电极电位与能斯特方程

当金属插入相应的金属盐溶液中时,在电极上形成电位,即电极电位。电极电位的大小可以由能斯特方程来进行计算。能斯特(Nernst)方程表示了电极电位与电极表面溶液中对应离子活度之间的定量关系,也可以表示为电池的电动势与溶液中响应离子活度间的关系。可以将金属看成是由离子和自由电子构成。以锌电极为例,当锌片与硫酸锌溶液接触时，金属锌中 Zn^{2+} 的化学势大于溶液中 Zn^{2+} 的化学势，则锌不断溶解到溶液中，而电子留在锌片上，结果金属带负电，溶液带正电，构成了双电层。双电层的形成导致了两相间电位差的存在。电位差排斥 Zn^{2+} 继续进入溶液，而金属表面的负电荷又吸引 Zn^{2+}，达到动态平衡，形成相间动态平衡电位。对于任意给定的电极，电极反应为：

码5-2 电极电位

$$Ox + ne^- \rightleftharpoons Red$$

可以由能斯特方程计算电极电位：

$$\varphi = \varphi^\ominus + \frac{RT}{nF} \ln \frac{a(Ox)}{a(Red)} \tag{5-1}$$

式中，$\varphi^\ominus$ 为标准电极电位；R 为摩尔气体常数，$8.3145 J \cdot mol^{-1} \cdot K^{-1}$；$T$ 为热力学温度；F 为法拉第常数，$96485 C \cdot mol^{-1}$；n 为电极反应中转移的电子数；$a(Ox)$ 和 $a(Red)$ 分别为氧化态和还原态的活度。在 25℃ 时，将常数项代入并换算成以 10 为底的对数，则上式为：

$$\varphi = \varphi^\ominus + \frac{0.0592}{n} \lg \frac{a(Ox)}{a(Red)} \tag{5-2}$$

5.2.2.2 活度与活度系数

在能斯特方程中，给出的是电极电位与活度之间的关系，而在一般分析中，测定的是物质的量浓度，活度与物质的量浓度之间的关系为：

$$a_i = \gamma_i c_i \tag{5-3}$$

式中，γ 称为活度系数。单个离子的活度和活度系数没有严格的方法测定，由实验求得的为溶液中正、负离子的平均活度系数：

$$a_\pm = \gamma_\pm c_\pm \tag{5-4}$$

5.2.2.3 电极的电极电位测量

到目前为止，单个电极的绝对电极电位是无法测定的，测量一支电极的电极电位时，将其与另一支作为标准的电极构成原电池，利用对峙法在电流等于零的条件下测量该电池的电动势，即可获得该电极的相对电极电位。IUPAC 规定的标准电极为标准氢电极。

标准氢电极中氢离子的活度为 $1.00 mol \cdot L^{-1}$，H_2 的压力为 $1.01325 \times 10^5 Pa$（1atm），作为氢电极的 Pt 片镀有铂黑，在任何温度下，规定标准氢电极的电极电位等于零：

$$H^+ + e^- \rightleftharpoons \frac{1}{2} H_2 \quad \varphi^\ominus = 0$$

对于任意给定的电极，测定其电极电位时，以标准氢电极作为负极，待测电极为正极，组成的原电池为：标准氢电极 ‖ 待测电极。

所测定的电池电动势即为待测电极的电极电位。测定时，如果待测电极的电位比氢电极高，则待测电极的电极电位为正值，反之为负值。

在 298.15K，以水为溶剂，氧化态和还原态的活度等于 1 时，测定的某电极的电极电位称为该电极的标准电极电位。各种电极的标准电极电位可查表得到（见书后附录1）。

在实际工作中，受溶液的离子强度、酸效应、配位效应等因素的影响，氧化态和还原态物质往往会发生副反应，使游离态浓度小于总浓度（即分析浓度），有时影响比较大，计算时需要引入副反应系数 a：

$$a = \frac{c}{c'} \tag{5-5}$$

式中，c 为总浓度；c' 为游离态浓度。考虑上述影响之后的能斯特方程为（25℃）

$$\begin{aligned}\varphi &= \varphi^{\ominus} + \frac{0.0592}{n} \lg \frac{\gamma(\mathrm{Ox})a(\mathrm{Ox})c(\mathrm{Ox})}{\gamma(\mathrm{Red})a(\mathrm{Red})c(\mathrm{Red})} \\ &= \varphi^{\ominus} + \frac{0.0592}{n} \lg \frac{\gamma(\mathrm{Ox})a(\mathrm{Ox})}{\gamma(\mathrm{Red})a(\mathrm{Red})} + \frac{0.0592}{n} \lg \frac{c(\mathrm{Ox})}{c(\mathrm{Red})}\end{aligned} \tag{5-6}$$

当 $c(\mathrm{Ox})$ 和 $c(\mathrm{Red})$ 相等或都为 $1.00\mathrm{mol \cdot L^{-1}}$ 时，令

$$\varphi^{\ominus'} = \varphi^{\ominus} + \frac{0.0592}{n} \lg \frac{\gamma(\mathrm{Ox})a(\mathrm{Ox})}{\gamma(\mathrm{Red})a(\mathrm{Red})}$$

则式（5-6）可写成

$$\varphi = \varphi^{\ominus'} + \frac{0.059}{n} \lg \frac{c(\mathrm{Ox})}{c(\mathrm{Red})} \tag{5-7}$$

式中，$\varphi^{\ominus'}$ 称为条件电极电位，是考虑了离子强度及配位效应、沉淀、水解、pH 等副反应影响后的实际电极电位。条件电极电位值都经过实验测定，各电对的条件电极电位数据可查表得到（见书后附录 2）。

5.2.2.4 液体接界电位与盐桥

在原电池装置中，为避免两支电极产物的相互影响，有时需要将两种溶液分开放置，但为保持形成回路而使用了盐桥。在两种不同离子的溶液或两种不同浓度的溶液的接触界面上存在着微小电位差，称为液体接界电位，简称液接电位。产生液体接界电位是由于溶液中各种离子具有不同的迁移速率。

当两种不同的溶液接触时，在其相界面上将发生离子的迁移。图 5-6 给出了三种典型情况下液接电位的形成。在（a）中，界面两边的组成相同，浓度不同，由于高浓度溶液中的氢离子比高氯酸根离子迁移速率快，左边出现多余的负电荷，形成电位差，即液接电位。在（b）中，两种电解质的浓度相同，而且具有相同的阴离子，由于 H^+ 的扩散速率比 Na^+ 大，也引起电荷积累，出现电位差。（c）中则是两种溶液中阴、阳离子均不相同时产生的电位差。液接电位值无法准确测定，对电极电位的测量造成不利影响，故在实际工作中，必须设法消除。

图 5-7 为采用盐桥消除液接电位的原理图。盐桥是在 U 形玻璃管中填充由饱和 KCl 溶液加入 3% 琼脂所形成的凝胶，使用时两端分别插在两种溶液中，管中的饱和 KCl 浓度较高（$4.2\mathrm{mol \cdot L^{-1}}$），而且 K^+ 和 Cl^- 的迁移数很接近，当盐桥与浓度不高的电解质溶液接触时，主要是盐桥中的 K^+ 和 Cl^- 扩散到溶液中，两者的扩散速率接近，故盐桥与溶液之间产生的液接电位很小且恒定，常忽略不计。

5.2.2.5 参比电极与指示电极

在电位分析中，需要一支电极的电极电位不随测量对象的不同和浓度的变化而发生改变，即保持恒定，这种电极称为**参比电极**。而另一支电极的电极电位则随被测溶液中待测离子的浓度变化而改变，即能够指示溶液中待测离子的活度变化，这类电极称为指示电

极。由参比电极和指示电极组成的测量系统所获得的电动势可计算出待测离子的活度或浓度。

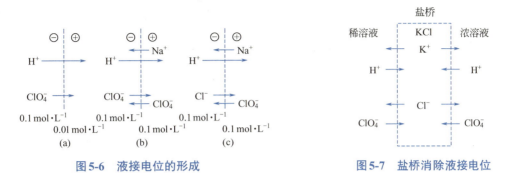

图 5-6　液接电位的形成　　　　　图 5-7　盐桥消除液接电位

参比电极和指示电极主要用于测定过程中溶液本体浓度不发生变化的体系,如电位分析。

5.2.2.5.1　参比电极

参比电极应具有可逆性、重现性和稳定性好等条件,通常有以下三种。

(1) 标准氢电极　标准氢电极(SHE,standard hydrogen electrode)是确定所有电极的电极电位的基准(一级标准),也是理想的参比电极。规定在任何温度下,标准氢电极的电极电位值为零。

在实际工作中,由于氢电极存在使用不便的缺点,故较少使用。

(2) 甘汞电极　甘汞电极是目前应用最广的参比电极,属于二级标准。甘汞电极的结构如图 5-8(a)所示。在玻璃管中将铂丝浸入汞与氯化亚汞的糊状物中,并以氯化亚汞的氯化钾溶液作内充液,即成甘汞电极。甘汞电极的电位决定于下列电极反应:

$$Hg_2Cl_2(s)+2e^-\rightleftharpoons 2Hg(l)+2Cl^-$$

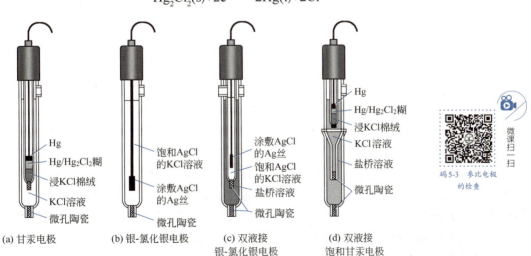

图 5-8　常用参比电极

半电池符号为:Hg,$Hg_2Cl_2(s)|KCl$

因为 $Hg_2Cl_2(s)$ 和纯 $Hg(l)$ 的活度等于 1,则电极电位(25℃)时为:

$$\varphi_{Hg_2Cl_2/Hg} = \varphi^{\ominus}_{Hg_2Cl_2/Hg} - 0.0592 \lg a(Cl^-) \tag{5-8}$$

即在一定温度下，甘汞电极的电极电位取决于电极内充液中 Cl^- 的活度，因而当其活度保持固定时，则电极电位恒定，故甘汞电极可以作为参比电极使用。依据甘汞电极内部KCl溶液浓度的不同，甘汞电极可以有不同的电极电位值，但为了使用方便和统一，一般仅使用三种，即：①使用饱和KCl溶液，此时电极称为饱和甘汞电极，用符号SCE（saturated calomel electrode）表示，由于保证溶液中晶体KCl的存在，即可保证溶液浓度恒定，故饱和甘汞电极使用方便，目前最为常用；②使用 $1.0 mol·L^{-1}$ 的KCl溶液，电极称为标准甘汞电极，用符号NCE（normal calomel electrode）表示；③使用 $0.1 mol·L^{-1}$ 的KCl溶液。在25℃，它们的电极电位值（包括液体接界电位）如表5-1所示。

表5-1 甘汞电极的电极电位（25℃）

项目	KCl浓度	电极电位/V
$0.1 mol·L^{-1}$ 甘汞电极	$0.1 mol·L^{-1}$	+0.3365
标准甘汞电极（NCE）	$1.0 mol·L^{-1}$	+0.2828
饱和甘汞电极（SCE）	饱和溶液	+0.2438

当温度不是25℃时，应对表中所列数据进行温度校正，对于SCE，t（℃）时的电极电位为

$$\varphi_t = 0.2438 - 7.6 \times 10^{-4}(t-25)(V) \tag{5-9}$$

电位分析法最常用的甘汞电极的KCl溶液为饱和溶液，因此称为饱和甘汞电极（SCE）。**在使用饱和甘汞电极时，需要注意下面几个问题。**

① 使用前应先取下电极下端口和上侧加液口的小胶帽，不用时戴上。

② 电极内饱和KCl溶液的液位应保持有足够的高度（以浸没内电极为度），不足时要补加。为了保证内参比溶液是饱和溶液，电极下端要保持有少量KCl晶体存在，否则必须由上加液口补加少量KCl晶体。

③ 使用前应检查玻璃弯管处是否有气泡，若有气泡应及时排除掉，否则将引起电路断路或仪器读数不稳定。

④ 使用前要检查电极下端陶瓷芯毛细管是否畅通。检查方法是：先将电极外部擦干，然后用滤纸紧贴瓷芯下端片刻，若滤纸上出现湿印，则证明毛细管未堵塞。

⑤ 安装电极时，电极应垂直置于溶液中，内参比溶液的液面应较待测溶液的液面高，以防止待测溶液向电极内渗透。

⑥ 饱和甘汞电极在温度改变时常显示出滞后效应（如温度改变8℃时，3h后电极电位仍偏离平衡电位0.2～0.3mV），因此不宜在温度变化太大的环境中使用。但若使用双盐桥型电极［见图5-8（d）］，加置盐桥可减小温度滞后效应所引起的电位漂移。饱和甘汞电极在80℃以上时电位值不稳定，此时应改用银-氯化银电极。

⑦ 当待测溶液中含有 Ag^+、S^{2-}、Cl^- 及高氯酸等物质时，应加置 KNO_3 盐桥。

（3）银-氯化银电极 将银丝镀上一层AgCl沉淀，浸在用AgCl饱和的一定浓度的KCl溶液中，即构成了银-氯化银电极，其结构如图5-8（b）所示。银-氯化银电极的电位取决于下列电极反应：

$$AgCl + e^- \rightleftharpoons Ag + Cl^-$$

半电池符号为：　　　　　　　　　Ag，AgCl(s)|KCl

电极电位（25℃）：$\varphi_{AgCl/Ag} = \varphi^{\ominus}_{AgCl/Ag} - 0.0592 \lg a(Cl^-)$ (5-10)

银-氯化银电极的电极电位也取决于电极内充液中Cl^-的活度，不同浓度内充液时的电极电位在表5-2中给出。

表5-2　银-氯化银电极的电极电位（25℃）

项目	KCl浓度	电极电位/V
0.1mol·L^{-1} Ag-AgCl电极	0.1mol·L^{-1}	+0.2880
标准Ag-AgCl电极	1.0mol·L^{-1}	+0.2223
饱和Ag-AgCl电极	饱和溶液	+0.2000

当温度不是25℃时，也应对表中所列数据进行温度校正。任意温度t（℃）时的电极电位为：

$$\varphi_t = 0.2223 - 6 \times 10^{-4}(t-25)(V)$$ (5-11)

银-氯化银电极的温度滞后效应非常小，可在温度高于80℃的体系中使用。银-氯化银电极是重现性最好的参比电极，25℃时具有良好的稳定性，但该电极易受能引起银离子浓度变化的其他干扰组分的影响，因此，不能直接（即在没有附加盐桥的情况下）用于含有蛋白质、溴化物、碘化物或二价硫离子等能与银离子形成沉淀的溶液中，也不能在含有CN^-、SCN^-等能与Ag^+配位的阴离子存在的情况下或在强氧化性、强还原性介质中使用。

（4）双液接参比电极　双液接参比电极常用于电动势的精确测定，可防止样品溶液对参比电极内充液的污染，并可降低液接电位，如图5-8（c）、（d）所示。

5.2.2.5.2　指示电极

电位分析法中，电极电位随溶液中待测离子活（浓）度的变化而变化，并指示出待测离子活（浓）度的电极称为指示电极。指示电极能够对溶液中参与电极半反应的离子活度做出快速而灵敏的响应，依据能斯特方程，当溶液中相应离子活度发生变化时，指示电极的电位与离子活度的对数呈线性关系。为避免共存离子的干扰，指示电极对测定的离子应具有较大的选择性，即每种电极仅对特定离子有很高的响应，这也使得指示电极的种类较多。依据指示电极的结构和原理不同，可将其分为以下几类。

（1）第一类电极——金属-金属离子电极　这类电极结构简单，将某种金属插入该金属离子的溶液中即构成了金属-金属离子电极，可表示为M|M^{n+}。这类电极的结构特点是只具有一个相界面。如$Ag-AgNO_3$电极（银电极）、$Zn-ZnSO_4$电极（锌电极）等。电极反应为：

$$M^{n+} + ne^- \rightleftharpoons M$$

25℃时，电极电位为：

$$\varphi_{M^{n+}/M} = \varphi^{\ominus}_{M^{n+}/M} + \frac{0.0592}{n} \lg a_{M^{n+}}$$ (5-12)

第一类电极的电位值与溶液中金属离子的活度有关。组成第一类电极的金属有银、铜、锌、汞等。活泼金属极易与水反应，不能使用。铁、钴、镍、铬等金属表面的易生成氧化膜而改变金属表面的结构和性质，故也不能用作第一类电极。

（2）第二类电极——金属-金属难溶盐电极　它由金属、该金属难溶盐和难溶盐的阴离子溶液组成。甘汞电极和银-氯化银电极就属于这类电极，其电极电位随所在溶液中的难溶盐阴离子活度变化而变化。例如银-氯化银电极可用来测定氯离子活度。由于这类电极具有制作容易、电位稳定、重现性好等优点，因此主要用作参比电极。

(3) 第三类电极——汞电极　这类电极是将金属汞（或汞齐丝）浸入含有少量Hg^{2+}-EDTA配合物及被测金属离子的溶液中所组成。

电极反应为：$HgY^{2-}+M^{n+}+2e^-\rightleftharpoons Hg+MY^{(n-4)}$

半电池符号为　$Hg|HgY·MY^{(n-4)}，M^{n+}$

根据溶液中同时存在的Hg^{2+}和M^{n+}与EDTA间的两个配位平衡，可以导出25℃时的电极电位为：

$$\varphi_{Hg^{2+}/Hg} = \varphi^{\ominus}_{Hg^{2+}/Hg} + \frac{0.0592}{2}\lg\frac{K_{MY^{n-4}}}{K_{HgY^{2-}}} + \frac{0.0592}{2}\lg\frac{[HgY^{2-}]}{[MY^{n-4}]} + \frac{0.0592}{2}\lg[M^{n+}] \tag{5-13}$$

这种电极可以作为EDTA滴定时的指示电极。

(4) 惰性金属电极　惰性电极也称零类电极，一般是由化学性质稳定的惰性材料，如铂、金、石墨等浸入含有一种元素两种不同价态离子的溶液中组成。这类电极本身不参与反应，但其晶格间的自由电子可与溶液进行交换。故惰性金属电极可作为溶液中氧化态和还原态获得电子或释放电子的场所。例如将铂电极插入到含有Fe^{3+}/Fe^{2+}电对的溶液中，组成的半电池符号为：$Pt|Fe^{3+}，Fe^{2+}$。

其电极反应为：$Fe^{3+}+e^-\rightleftharpoons Fe^{2+}$

25℃时的电极电位为：
$$\varphi_{Fe^{3+}/Fe^{2+}} = \varphi^{\ominus}_{Fe^{3+}/Fe^{2+}} + 0.0592\lg\frac{a_{Fe^{3+}}}{a_{Fe^{2+}}} \tag{5-14}$$

外参比电极‖被测溶液(a_i未知)|内充溶液(a_i一定)|内参比电极
（敏感膜）

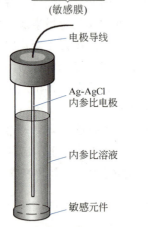

图5-9　典型膜电极结构

(5) 膜电极　这类电极是目前应用广泛、发展迅速的一类电极。其特点是仅对溶液中特定离子有选择性响应，所以又称为离子选择性电极。膜电极的关键是一个称为选择膜的敏感元件，安装在玻璃或塑料电极杆的头部，典型膜电极结构如图5-9所示。敏感元件可由特殊组成的玻璃、单晶、混晶、液膜、高分子功能膜或生物膜等构成。选择膜的一面与被测溶液接触，另一面与电极的内充液相接触。由于内充液中含有固定浓度的被测离子，膜内外被测离子活度的不同而产生电位差，若将膜电极与参比电极一起插入被测溶液中，则电池符号为：

内外参比电极的电位值固定，且内充溶液中离子的活度也一定，则电池电动势为：

$$E_{(MF)} = E' \pm \frac{RT}{nF}\lg a_i \tag{5-15}$$

离子选择性电极是一大类电极的总称，特别是新型电极还在不断出现，且每种电极的响应机理也不尽相同，各种离子选择性电极介绍见下。

5.2.2.6 离子选择性电极

5.2.2.6.1 离子选择性电极的种类

离子选择性电极也是一种电化学传感器，其关键是使用了一个称为选择膜的敏感元件，故又称膜电极。将离子选择性电极与双液接饱和甘汞电极（参比电极）及试样组成分析电池：

$$\underbrace{\overset{\varphi_1}{Hg|Hg_2Cl_2,KCl(饱和)}\|盐桥\|}_{\text{参比电极}}\overset{\varphi_2}{样品}\overset{\varphi_{接界}}{|}\underbrace{\overset{\varphi_m}{膜}\overset{\varphi_3}{|内充液,AgCl|Ag}}_{\text{ISE}}$$

在外参比电极与离子选择性电极内的 Ag-AgCl 电极（内参比电极）之间的总电位差由多个局部电位差构成，形成了分析电池的电动势：

$$E = (\varphi_1 + \varphi_2 + \varphi_3) + \varphi_{液接} + \varphi_m = \varphi_0 + \varphi_{液接} + \varphi_m$$

膜电位 φ_m 描述了离子选择性电极的特性，如图 5-10 所示。因为膜电极内充液中 i 离子的活度 a'' 为定值，离子选择性电极的膜电位为

$$\varphi_m = k \pm \frac{RT}{n_i F}\ln a_i' \tag{5-16}$$

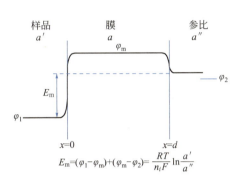

图 5-10 在离子选择性膜-溶液界面及膜本体中的电位分布图

离子选择性电极的种类较多，可以按图 5-11 进行分类。

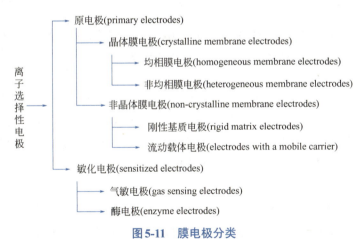

图 5-11 膜电极分类

（1）晶体膜电极　晶体膜电极分为均相膜电极和非均相膜电极两种。均相膜电极的敏感膜是由单晶或由一种或几种化合物均匀混合的多晶压片制成。如典型的单晶膜氟电极，及以 Ag_2S 晶体为主，分别与 AgCl、AgBr、AgI、AgSCN 等晶体混合，可制成分别对 Cl^-、Br^-、I^-、SCN^- 等阴离子响应的多晶膜电极；与 CdS、CuS、PbS 等晶体混合可制得分别对 Cd^{2+}、Cu^{2+}、Pb^{2+} 等阳离子响应的多晶膜电极。非均相膜电极是由均匀细小的难溶盐沉淀微晶掺加到惰性物质中经热压制成的，惰性物质可以是硅橡胶、热塑性聚合物及石蜡等，如将 AgX 沉淀均匀分布在硅橡胶中可制得对 X 离子响应的电极。

① 氟离子单晶膜电极。氟离子选择性电极是在 1966 年首先由弗兰特（Frant）和罗斯

（Ross）研制出来的，其敏感膜是由掺有 EuF_2 的 LaF_3 单晶切片制成的。

晶体中的氟离子是电荷的传递者，EuF_2 的作用是降低晶体的内阻，改善导电性。电极的结构如图 5-12 所示。用 $0.1mol \cdot L^{-1}$ 的 NaCl 和 NaF 作为内充液，其中的 Cl^- 用于固定内参比电极的电位，F^- 用来控制膜内表面的电位。LaF_3 的晶格中有空穴，在晶格上的 F^- 可以移入晶格邻近的空穴而导电。对于一定的晶体膜，离子的大小、形状和电荷决定其是否能够进入晶体膜内，故膜电极一般都具有较高的离子选择性。

当氟电极插入 F^- 溶液中时，F^- 在晶体的外膜表面进行交换。25℃时：

$$\varphi_{膜} = k - 0.0592 \lg a_{F^-}$$
$$\varphi_{F^-} = \varphi_{Ag/AgCl} + \varphi_{膜} = \varphi_{Ag-AgCl} + k - 0.0592 \lg a_{F^-}$$
$$= k' - 0.0592 \lg a_{F^-} = k' + 0.0592 pF$$

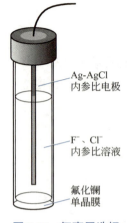

图 5-12 氟离子选择性电极

当氟电极与饱和甘汞电极和试样组成测量电池时，电池电动势（25℃）为

$$(-)\underbrace{Hg, Hg_2Cl_2|Cl^-[a_{Cl^-} 饱和]}_{饱和甘汞电极}|||试液(a_{F^-}=x)|\underbrace{LaF_3 电极膜|F^-(0.1mol \cdot L^{-1}), Cl^-(0.1mol \cdot L^{-1})|AgCl, Ag}_{氟离子选择电极}(+)$$

$$E = \varphi_{F^-} - \varphi_{甘汞} = K - 0.0592 \lg a_{F^-} = K + 0.0592 pF \tag{5-17}$$

氟电极具有较高的选择性，需要在 pH5～7 之间使用。pH 高时，溶液中的 OH^- 与氟化镧晶体膜中的 F^- 交换，使测量结果偏高。pH 较低时，溶液中的 F^- 生成 HF 或 HF_2^-，使测定结果偏低。

② 硫离子膜电极。硫离子选择性电极是由 Ag_2S 粉末压片制成的，电极的导电性较高，膜内的 Ag^+ 为电荷的传递者。25℃时，电极电位为

$$\varphi_{S^{2-}} = k - \frac{0.0592}{2} \lg a_{S^{2-}} \tag{5-18}$$

③ X^- 阴离子多晶膜电极。分别由 Ag_2S-AgCl、Ag_2S-AgBr、Ag_2S-AgI、Ag_2S-AgSCN 等粉末压片的敏感膜可制成对相应阴离子响应的 x 阴离子选择性电极，在 25℃时的电极电位为

$$\varphi_{X^-} = k - 0.0592 \lg a_{X^-} \tag{5-19}$$

膜内的电荷也是由 Ag^+ 传递的。

④ 阳离子膜电极。由 Ag_2S-CuS、Ag_2S-PbS、Ag_2S-CdS 等粉末压片的敏感膜可制成分别对相应 Cu^{2+}、Pd^{2+}、Cd^{2+} 等二价阳离子响应的膜电极，在 25℃时的电极电位为

$$\varphi_{M^{2+}} = k + \frac{0.0592}{2} \lg a_{M^{2+}} \tag{5-20}$$

膜内的电荷仍是由 Ag^+ 传递，M^{2+} 不参与电荷传递。

均相膜电极和非均相膜电极也可以制作成全固态型电极，即不使用内参比电极和内充液，敏感膜与引出线直接接触，如图 5-13（a）所示。这种电极容易制作，可任意方向或倒置使用。图 5-13（b）是通用全固态型电极，也可看作是一个电极架。

（2）玻璃膜电极　玻璃膜电极是出现最早（20 世纪初）、应用最广的非晶体膜电极，通常称为玻璃电极或 pH 电极，是测定溶液 pH 的指示电极。玻璃电极结构简单，使用方便，改变玻璃膜的组成也可制成对不同阳离子响应的玻璃电极。玻璃电极的结构如图 5-14

所示。对H^+响应的敏感膜是在SiO_2基质中加入Na_2O、Li_2O和CaO烧结而成的特殊玻璃膜,厚度约为0.05mm,内充液为pH一定的缓冲溶液。玻璃膜中的SiO_2呈四面体聚合的"大分子",其三维网络骨架成为电荷的载体,当加入Na_2O时,某些硅氧键断裂,出现离子键,Na^+就可能在网络骨架中活动。当玻璃电极浸泡在水溶液中时,玻璃表面的Na^+与水中的H^+发生交换反应:

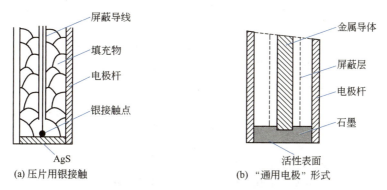

图5-13 全固态硫化银电极

由于Na^+在这种结构上的键合强度比H^+小得多,在玻璃表面形成水化硅胶层($10^{-4} \sim 10^{-5}$mm)。

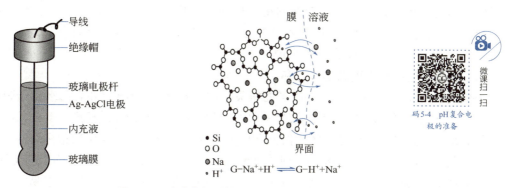

图5-14 玻璃电极结构

玻璃电极在使用前,必须浸泡24h,生成三层结构,即中间的干玻璃层和两边的水化硅胶层,如图5-15所示。在水化硅胶层,玻璃上的Na^+与溶液中H^+发生离子交换而产生

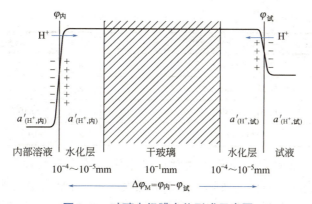

图5-15 玻璃电极膜电位形成示意图

相界电位，溶液中H^+经水化层扩散至干玻璃层，干玻璃层中的阳离子向外扩散以补偿溶出的离子，离子的相对移动产生扩散电位。两者之和构成膜电位。

$$\varphi_{内} = k_1 + 0.0592\lg\left(\frac{a_2}{a_2'}\right) \tag{5-21}$$

$$\varphi_{外} = k_2 + 0.0592\lg\left(\frac{a_1}{a_1'}\right)$$

式中，a_1、a_2分别表示外部试液和电极内参比溶液的H^+活度；a_1'、a_2'分别表示玻璃膜外、内水化硅胶层表面的H^+活度；k_1、k_2则是由玻璃膜外、内表面性质决定的常数。

玻璃膜内、外表面的性质基本相同，则$k_1=k_2$，$a_1'=a_2'$：

$$\varphi_{膜} = \varphi_{外} - \varphi_{内} = 0.0592\lg\left(\frac{a_1}{a_2}\right) \tag{5-22}$$

由于内参比溶液中的H^+活度（a_2）是固定的，则

$$\varphi_{膜} = K' + 0.0592\lg a_1 = K' - 0.0592\text{pH}_{试液} \tag{5-23}$$

式中，K'是由玻璃膜电极本身性质决定的常数。可见玻璃膜电位与试样溶液中的pH呈线性关系。由式（5-22），如果$a_1=a_2$，则理论上玻璃电极的膜电位应等于零，但实际上并不等于零。这是由玻璃膜内、外表面含钠量、表面张力以及机械和化学损伤的细微差异所引起的，因此将此时仍然存在的电位称为不对称电位。当玻璃电极经长时间浸泡后（24h），不对称电位达到最小值并保持恒定（1～30mV），可以将其合并到式（5-23）的常数项K'中。对于一支玻璃电极来说，由于内部还有Ag-AgCl内参比电极，电极电位应是内参比电极电位和玻璃膜电位之和。

玻璃膜电位的产生不是由于电子的得失，而是H^+在玻璃膜内外表面水化硅胶层与溶液之间迁移的结果。对于特定的玻璃膜，由于其他离子不能进入晶格产生变换，故玻璃电极具有很高的选择性。但是当测定溶液酸度太大（pH＜1）时，电位值偏离线性关系，产生"酸差"；pH＞12产生"碱差"或"钠差"。碱差主要是Na^+参与相界面上的交换所致。

玻璃电极的优点是不受溶液中氧化剂、还原剂、颜色及沉淀的影响，不易中毒。不足之处是电极内阻很高，且电阻随温度变化，一般只能在5～60℃的范围内使用。改变玻璃膜的组成，可制成对其他阳离子响应的玻璃膜电极（见表5-3）。目前在pH测量中通常将参比电极和玻璃电极组合在一起形成pH复合电极（见图5-16）。

表5-3 阳离子玻璃电极的膜组成

被测离子	玻璃组成（摩尔比）	近似选择性系数
Li^+	$15Li_2O-25Al_2O_3-60SiO_2$	$K_{Li^+,Na^+} = 0.3$，$K_{Li^+,K^+} < 10^{-3}$
Na^+	$10.4Li_2O-22.6Al_2O_3-67SiO_2$	$K_{Na^+,K^+} = 10^{-5}$
K^+	$27Na_2O-5Al_2O_3-68SiO_2$	$K_{K^+,Na^+} = 5\times10^{-2}$
Ag^+	$11Na_2O-18Al_2O_3-71SiO_2$	$K_{Ag^+,Na^+} = 10^{-3}$

（3）液膜电极 液膜电极也称流动载体膜电极，结构有两种，一种如图5-17所示，在多孔支持体中可流动的液体（液膜）作为敏感膜；另一种是将电活性物质与PVC（聚氯乙烯）粉末一起溶于四氢呋喃溶剂中，然后倒在平板玻璃上，待溶剂挥发后形成PVC支

持的敏感膜，后一种更为常见。

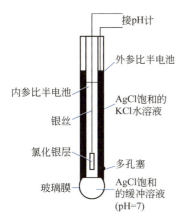

图 5-16 pH 复合电极

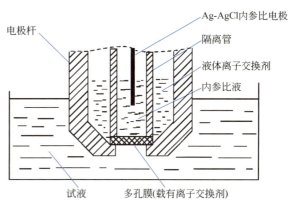

图 5-17 流动载体膜电极（液膜电极）

① 硝酸根电极。可将带正电荷季铵盐的阴离子转换成 NO_3^- 作为电活性物质，溶于邻硝基苯十二烷醚中，将 1 份此溶液与 5 份 5% 的 PVC 四氢呋喃溶液混合制成电极膜。25℃ 电极电位为

$$\varphi_{ISE} = k - 0.0592 \lg a(NO_3^-) \tag{5-24}$$

也可将三（4,7-二苯基-1,10-菲咯）啉镍的硝酸盐作为电活性物质溶解于邻硝基甲基异丙基苯溶剂中，用于制备电极膜。

② 钙电极。在电极中，内参比溶液为含 Ca^{2+} 的水溶液，内外管之间装的是 $0.10 mol·L^{-1}$ 二癸基磷酸钙（液体离子变换剂）的苯基磷酸二辛酯溶液，其极易扩散进入微孔膜，但不溶于水，故不能进入试液溶液。二癸基磷酸根可以在液膜-试液两相界面间传递钙离子，直至达到平衡。由于 Ca^{2+} 在水相（试液和内参比溶液）中的活度与有机相中的活度差异，在两相之间产生相界电位，液膜两面发生的离子交换反应：

$$[(RO)_2PO_2]_2Ca^{2+}(有机相) \rightleftharpoons 2[(RO)_2PO_2]^-(有机相) + Ca^{2+}(水相)$$

钙电极适宜的 pH 范围是 5～11，可测出 $10^{-5} mol·L^{-1}$ 的 Ca^{2+}。

③ 中性载体电极。中性载体是一种电中性的、具有中心空腔的紧密结合结构的大分子化合物，只对具有适当电荷和原子半径（大小与空腔适合）的离子进行配合，配合物能溶于有机相，构成液膜，形成待测离子相迁移的通道。选择适当的载体，可使电极具有很高的选择性，如颉氨霉素可作为钾离子的中性载体，能在 1 万倍 Na^+ 存在下测定 K^+。抗生素、冠醚等都可以作为中性载体，其共同特征是具有稳定构型，有吸引阳离子的极性键位（空腔），并被亲油性的外壳环绕。可将离子载体掺入 PVC，制成电极膜，典型组成为：离子载体 1%、非极性溶剂 66%、PVC33%。

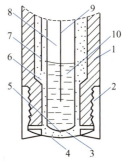

图 5-18 气敏氨电极的结构示意图
1—电极管；2—电极头；3,6—内充液；
4—透气膜；5—离子电极的敏感膜；
7—参比电极；8—pH 玻璃膜电极；
9—内参比电极；10—内参比液

（4）敏化电极 敏化电极包括了气敏电极、酶电极、细菌电极及生物电极等。

① 气敏电极。气敏电极是基于界面化学反应的敏化

电极，图 5-18 是气敏氨电极的结构示意图。将离子选择性电极与参比电极组装在一起构成复合电极，电极前端处覆盖一层透气膜，使得电极的选择性提高。

试样中待测组分气体扩散通过透气膜，进入离子选择性电极敏感膜与透气膜之间的极薄液层内，使液层内离子选择性电极敏感的离子活度发生变化，则离子选择性电极膜电位改变，造成电池电动势也发生变化。气敏电极也被称为探头、探测器、传感器。

② 酶电极。酶电极是基于界面酶催化化学反应的敏化电极。酶是具有特殊生物活性的催化剂，对反应的选择性强，催化效率高，可使反应在常温、常压下进行。在离子选择性电极表面覆盖一层酶活性物质，其与被测物反应，形成一种能被指示电极响应的物质。可被现有离子选择性电极检测的常见的酶催化产物有：CO_2、NH_3、NH_4^+、CN^-、F^-、S^{2-}、I^-、NO_3^-。酶催化反应为：

$$CO(NH_2)_2 + H_2O \xrightarrow{\text{尿酸}} 2NH_3 + CO_2 \quad \text{氨电极检测}$$

$$\text{葡萄糖} + O_2 + H_2O \xrightarrow{\text{葡萄糖氧化酶}} \text{葡萄糖酸} + H_2O_2 \quad \text{氧电极检测}$$

$$R-CHNH_2COO^- + O_2 + H_2O \xrightarrow{\text{氨基酸氧化酶}} R-COCOO^- + NH_4^+ + H_2O_2$$

③ 组织电极。组织电极以动植物组织内天然存在的某种生物酶来催化反应，并制备成敏感膜。如将香蕉与碳糊制成的香蕉电极可测定多巴胺。又如将猪肾夹在尼龙网中紧贴在氨气敏电极上，利用猪肾组织中的谷氨酰胺酶能催化谷氨酰胺而释放出氨气，可测定试样中的谷氨酰胺含量。表 5-4 给出多种组织电极的酶源与测定对象。

表 5-4 组织电极的酶源与测定对象一览表

组织酶源	测定对象	组织酶源	测定对象
香蕉	草酸、儿茶酚	烟草	儿茶酚
菠菜	儿茶酚类	番茄种子	醇类
甜菜	酪氨酸	燕麦种子	精胺
土豆	儿茶酚、磷酸盐	猪肝	丝氨酸
花椰菜	L-抗坏血酸	猪肾	L-谷氨酰胺
莴苣种子	H_2O_2	鼠脑	嘌呤、儿茶酚胺
玉米脐	丙酮酸	大豆	尿素
生姜	L-抗坏血酸	鱼鳞	儿茶酚胺
葡萄	H_2O_2	红细胞	H_2O_2
黄瓜汁	L-抗坏血酸	鱼肝	尿酸
卵形植物	儿茶酚	鸡肾	L-赖氨酸

5.2.2.6.2 离子选择性电极的特性

（1）膜电位的选择性 对于待测离子的膜电极：

$$\varphi_{\text{膜}} = K + \frac{RT}{nF} \ln a_{\text{阳离子}}$$

$$\varphi_{\text{膜}} = K - \frac{RT}{nF} \ln a_{\text{阴离子}}$$

$$\varphi_{\text{膜}} = K \pm \frac{0.0592}{n} \lg a_i \quad (25\text{℃})$$

（阳离子取"+"号，阴离子取"-"号）

由于任何实际试样中都是各种离子共存，虽然离子选择性电极对于待测离子具有很高的选择性，但共存的其他离子对膜电位也不可能完全不产生响应。若测定离子为i，电荷为n_i；干扰离子为j，电荷为n_j。考虑到共存离子产生的电位，则膜电位的一般式可写为：

$$\varphi_{膜} = K \pm \frac{RT}{nF} \ln \left[a_i + k_{ij}(a_j)^{\frac{n_i}{n_j}} \right] \tag{5-25}$$

式中，k_{ij} 称为电极的选择性系数。其意义为：待测离子和干扰离子在相同的测定条件下，产生相同电位时，待测离子的活度 a_i 与干扰离子活度 a_j 的比值：

$$k_{ij} = a_i/a_j \tag{5-26}$$

通常 $k_{ij} \leqslant 1$。k_{ij} 值越小，表明电极的选择性越高。例如 $k_{ij}=0.001$ 时，意味着干扰离子 j 的活度比待测离子 i 的活度大1000倍时，两者产生相同的电位。选择性系数严格来说不是一个常数，在不同离子活度条件下测定的选择性系数值各不相同。因此 k_{ij} 仅能用来估计干扰离子存在时，产生的测定误差或确定电极的适用范围。

（2）线性范围、级差和检测下限

① 线性范围。离子选择性电极的电位与待测离子活度的对数值只在一定的范围内呈线性关系，该范围称作线性范围。图5-19中 AB 段对应的检测离子的活度（或浓度）范围为离子选择性电极的线性范围，定量测定必须在线性范围内进行。离子选择性电极的线性范围通常为 $10^{-6} \sim 10^{-1}$ mol·L^{-1}。

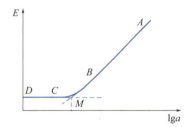

图5-19　线性范围和检测下限

② 级差。AB 段的斜率即为级差，即待测离子活度相差一数量级时，电位改变的数值，用 S 表示。理论上 $S=2.303RT/nF$。25℃时二价离子 $S=0.0296$V。离子电荷数越大，级差越小，测定灵敏度也越低，故电位法多用于低价离子的测定。

③ 检测下限。图中 AB 与 CD 延长的交点 M 所对应的测定离子的活度（或浓度）即为检测下限。离子选择性电极一般不用于测定高浓度试液（高于1.0mol·L^{-1}），高浓度溶液既对敏感膜腐蚀造成膜溶解严重，又不易获得稳定的液接电位。在检测下限附近，电极电位不稳定，测量结果的重现性和准确度较差。

（3）响应时间和温度系数　电极的响应时间又称电位平衡时间，它是指离子选择性电极和参比电极一起接触试液开始，到电池电动势达到稳定值（波动在1mV以内）所需的时间。离子选择性电极的响应时间愈短愈好。电极响应时间的长短与测量溶液的浓度、试液中其他电解质的存在情况、测量的顺序（由高浓度到低浓度或者相反）及前后两种溶液之间浓度差等有关；也与参比电极的稳定性、溶液的搅拌速度等有关。一般可以通过搅拌溶液来缩短响应时间。如果测定浓溶液后再测稀溶液，则应使用纯水清洗数次后再测定，以恢复电极的正常响应时间。离子选择性电极的电极电位受温度影响是显而易见的，将能斯特方程对温度 T 微分可得

$$\frac{dE}{dT} = \frac{dE^{\ominus}}{dT} + \frac{0.1984}{n} \ln a_i + \frac{0.1984}{n} \frac{d\lg a_i}{dT}$$

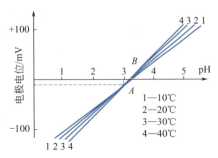

图 5-20　氟电极的温度响应曲线

第一项：标准电位温度系数。取决于电极膜的性质、测定离子特性、内参电极和内充液等因素。

第二项：能斯特方程中的温度系数项。对于 $n=1$，温度每改变 1℃，校正曲线的斜率改变 0.198。离子计中通常有温度补偿装置，可对该项进行校正。

第三项：溶液的温度系数项。温度改变导致溶液中的离子活度系数和离子强度改变。

实验表明，不同温度所得到的各校正曲线相交于一点（见图 5-20 中 A 点）。在 A 点，尽管温度改变，但电位保持相对稳定，即此点的温度系数接近于零。A 点称为电极的等电位点，所对应的溶液浓度（B 点）称为等电位浓度。试样浓度位于等电位浓度附近时，温度引起的测定误差较小。

（4）电极的稳定性　电极的稳定性是指一定时间（如 8h 或 24h）内，电极在同一溶液中的响应值变化，也称为响应值的漂移。电极表面的沾污或物质性质的变化，影响电极的稳定性。电极的良好清洗、浸泡处理等能改善这种情况。电极密封不良、胶黏剂选择不当或内部导线接触不良等也导致电位不稳定。对于稳定性较差的电极需要在测定前后对响应值进行校正。

素质拓展阅读

工业生产和环境监测等方面的宠儿——化学传感器

近年来，电分析化学在方法、技术和应用方面得到长足发展并呈蓬勃上升的趋势。在方法上，追求超高灵敏度和超高选择性的倾向导致宏观向微观尺度迈进，出现了不少新型的化学传感器（电极）。

在现代化检测手段下，发展了尖端直径在 1nm 以下的微型化学传感器、直径为几个微米甚至小于 0.5μm 的超微化学传感器，超微化学传感器具有传质快、响应迅速、信噪比高等优良的电化学性质，适合微量和痕量分析及电化学过程动力学研究。

现代企业已广泛采用在线化学传感器测量有危险性、不便取样的监测点，以达到控制生产过程的目的；在企业污水排放口增加温度传感电极，实时监测企业污水排放情况。在线技术的运用极大地提升了劳动效率，减少了人力资源成本，也更有利于生产的控制。

守住一方绿水，保护一处青山，面对日趋严重的环保压力，环境监测显得尤为重要，通过在线化学传感器等现代化检测分析手段，远程监控企业废水、废气、废物排放情况，督促企业达标、合规排放，为环境保护提供了有力的手段。

化学传感器是我们平时再熟悉不过的小物件，实际上体现了我国"制造业高端化、智能化"的建设理念。在今后的工作中我们都可以从自己的工作入手，为建设新型工业化贡献自己的力量，追求"爱岗敬业、精益求精"的工匠精神，做绿水青山的守护者。

思考与练习5.2

1. 解释下列名词术语

电化学分析法　电位分析法　直接电位法　电位滴定法　参比电极　指示电极

2. 在电位法中作为指示电极，其电位应与被测离子的活（浓）度的关系是（　　）。

  A. 无关
  B. 成正比
  C. 与被测离子活（浓）度的对数成正比
  D. 符合能斯特方程

3. 常用的参比电极是（　　）。

  A. 玻璃电极
  B. 气敏电极
  C. 饱和甘汞电极
  D. 银-氯化银电极

4. 关于pH玻璃电极膜电位的产生原因，下列说法正确的是（　　）。

  A. 氢离子在玻璃表面还原而传递电子
  B. 钠离子在玻璃膜中移动
  C. 氢离子穿透玻璃膜而使膜内外氢离子产生浓度差
  D. 氢离子在玻璃膜表面进行离子交换和扩散的结果

5. 离子选择性电极的选择系数可用于（　　）。

  A. 估计电极的检测限
  B. 估计共存离子的干扰程度
  C. 校正方法误差
  D. 估计电极的线性响应范围

6. 用离子选择性电极进行测量时，需用磁力搅拌器搅拌溶液是为了（　　）。

  A. 减小浓差极化
  B. 加快响应速度
  C. 使电极表面保持干净
  D. 降低电极电阻

7. 玻璃电极在使用前，需在蒸馏水中浸泡24h以上，目的是_____；饱和甘汞电极使用温度不得超过_____℃，这是因为温度较高时_____，_____。

8. 离子选择性电极的电极斜率的理论值为_____。25℃时一价正离子的电极斜率是_____；二价正离子是_____。

9. 已知$n_i = n_j$，$k_{ij} = 0.001$，这说明j离子的活度为i离子活度_____倍时，j离子所提供的电位才等于i离子所提供的电位。

10. 对于钠离子选择性电极，已知$k_{Na^+, K^+} = 10^{-3}$，这说明电极对Na^+的响应比对K^+的响应灵敏_____倍。

任务5.3　直接电位分析法的应用

5.3.1　pH的测定

在溶液pH测定时，通常使用饱和甘汞电极与玻璃电极。由于玻璃电极电位中包含了无法确定的不对称电位，故采用比较法来确定待测溶液的pH，即采用pH已知的标准缓冲溶液s和pH待测的试液x，测定各自的电动势分别为：

$$E_s = K'_s + \frac{2.303RT}{F}\text{pH}_s$$

$$E_x = K'_x + \frac{2.303RT}{F}\text{pH}_x$$

若测定条件完全一致,则 $K'_s = K'_x$,两式相减得

$$\text{pH}_x = \text{pH}_s + \frac{E_x - E_s}{2.303RT/F} \tag{5-27}$$

式中,pH_s 已知,实验测出 E_s 和 E_x 后,即可计算出试液的 pH_x,IUPAC 推荐上式作为 pH 的实用定义。使用时要尽量使温度保持恒定并选用与待测溶液 pH 接近的标准缓冲溶液。表 5-5 列出了部分常用标准缓冲溶液的 pH。

表 5-5 标准缓冲溶液的 pH

温度 $T/℃$	0.05mol·L^{-1}草酸三氢钾	25℃饱和酒石酸氢钾	0.05mol·L^{-1}邻苯二甲酸氢钾	0.01mol·L^{-1}硼砂	Ca(OH)$_2$(25℃饱和)
10	1.671		3.996	9.330	13.011
15	1.673		3.996	9.276	12.820
20	1.676		3.998	9.226	12.637
25	1.680	3.559	4.003	9.182	12.460
30	1.684	3.551	4.010	9.142	12.292
35	1.688	3.547	4.019	9.105	12.130
40	1.694	3.547	4.029	9.072	11.975

操作练习 17　水样 pH 的测定

一、目的要求

1. 了解 pH 的直接电位法测定原理及方法。
2. 学习酸度计的使用方法。

二、基本原理

以 pH 玻璃电极作指示电极,甘汞电极作参比电极,插入溶液中即组成测定 pH 的原电池。在一定条件下,电池电动势 E 是试液中 pH 的线性函数。测量 E 时,若参比电极(甘汞电极)为正极,则

$$E = K + 0.059\text{pH}\ (25℃)$$

上述能斯特公式中的 K 值包括甘汞电极电位、内参比电极电位、玻璃膜的不对称电位及参比电极与溶液间的液接电位,它难以用理论方法计算出来,但在一定的实验条件下是常数。通常需要用与待测溶液 pH 接近的标准缓冲溶液进行校正,以抵消 K 值对测量的影响。其原理是:当 pH 玻璃电极-甘汞电极对分别插入 pH_s 标准缓冲溶液和 pH_x 未知溶液中,电动势 E_s 和 E_x 分别为:

$$E_s = K + 0.059\text{pH}_s\ (25℃)$$
$$E_x = K + 0.059\text{pH}_x\ (25℃)$$

两式相减,得

$$pH_x = pH_s + \frac{E_x - E_s}{0.059} = pH_s + \frac{\Delta E}{0.059} \quad (25℃)$$

在酸度计上，pH示值按照$\Delta E/0.059$分度，此分度值只适用于温度为25℃时。为适应不同温度下的测量，需进行温度补偿。在实际测定中，先将"温度补偿"旋钮调至溶液的温度处，然后采用一点定位法或二点定位法进行"定位"校正（将K值抵消），以测量溶液pH。

一点定位法是在温度补偿后，将pH玻璃电极-甘汞电极对插入某一份已知pH的标准缓冲溶液中，用"定位"旋钮将仪器示值调节到pH_s的数值处，这个过程叫作"定位"。进行"温度补偿"和"定位"校正后，电极插入未知pH的试液中，仪器就可以直接显示出待测试液pH_x的测定值。

二点定位法是在温度补偿后，将pH玻璃电极-甘汞电极对先插入某一份较低pH的标准缓冲溶液中，转动定位调节旋钮（此时，斜率调节旋钮应处于100%处），使仪器显示为0。然后再将pH玻璃电极-甘汞电极对插入另一份较高pH的标准缓冲溶液中，缓慢调节斜率调节旋钮，使仪器显示为两份pH标准缓冲溶液的pH之差，再转动定位调节旋钮，使仪器显示的pH稳定在第二份标准缓冲溶液的pH。最后，将pH玻璃电极-甘汞电极对插入待测试液中，这时仪器即显示出pH_x的测定值。

从测定原理来看，二点定位法的测定结果要比一点定位法准确。因为25℃时，酸度计的单位pH的理论电位变化值应为59mV，若pH玻璃电极在实际测量中响应斜率不符合59mV的理论值，这时仍用一份pH标准缓冲溶液对酸度计进行校正，就会因电极响应斜率与仪器的不一致而引入测量误差。采用二点定位法（即双pH标准缓冲溶液），由于使酸度计的单位pH的电位变化与电极的电位变化较为一致，从而提高了测量准确度。

5.3.2 离子活度（或浓度）的测定

将离子选择性电极（指示电极）和参比电极插入试液可以组成测定各种离子活度的电池（见图5-21），电池电动势为离子选择性电极作正极时，对阳离子响应的电极，式（5-28）中取正号，对阴离子的响应的电极取负号。

$$E = K' \pm \frac{2.303RT}{nF}\lg a_i \quad (5\text{-}28)$$

确定待测离子活度（或浓度）时，通常使用下列两种方式。

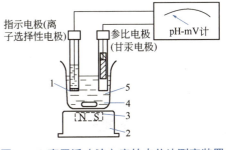

图5-21 离子活（浓）度的电位法测定装置
1—容器；2—电磁搅拌器；3—旋转磁铁；
4—玻璃封闭铁搅棒；5—待测试液

5.3.2.1 标准曲线法

用待测离子的纯物质配制一系列不同浓度的标准溶液，并用总离子强度调节缓冲溶液（简称TISAB）保持溶液的离子强度相对稳定（离子活度系数保持不变时，膜电位才与$\lg c_i$呈线性关系），分别测定各溶液的电位值，绘制E-$\lg c_i$关系曲线，最后由测定的未知试样的电位值在标准曲线上查出对应的试样浓度。TISAB的作用主要有：第一，维持试液和标准溶液恒定的离子强度；第二，保持试液在离子选择性电极适合的pH范围内，避免H^+或OH^-的干扰；第三，使被测离子释放成为可检测的游离离子。例如用氟离子选择性电极测定水中的F^-所加入的TISAB的组成为NaCl（$1mol·L^{-1}$）、HAc（$0.25mol·L^{-1}$）、NaAc（$0.75mol·L^{-1}$）及柠檬酸钠（$0.001mol·L^{-1}$）。其中NaCl溶液用于调节离子强度；HAc-NaAc组成缓冲体系，使溶液pH保持在氟离子选择性电极适合的pH范围（5～5.5）之内；柠檬酸作为掩蔽剂消除Fe^{3+}、Al^{3+}的干扰。值得注意的是，所加入的TISAB中不能含有能被所用的离子选择性电极所响应的离子。

5.3.2.2 标准加入法

设某一试液体积为V_0，其待测离子的浓度为c_x，测定的工作电池电动势为E_1，则

$$E_1 = K + \frac{2.303RT}{nF}\lg(\gamma_1 c_x)$$

式中，γ_1是活度系数；c_x是待测离子的总浓度。往试液中准确加入一小体积V_s（大约为V_0的1/100）的用待测离子的纯物质配制的标准溶液，浓度为c_s（约为c_x的100倍）。由于$V_0 \geqslant V_s$，可认为溶液体积基本不变，则浓度增量为

$$\Delta c = c_s V_s / V_0$$

再次测定工作电池的电动势为E_2：

$$E_2 = K + \frac{2.303RT}{nF}\lg\gamma_2(c_x + \Delta c)$$

可以认为$\gamma_2 \approx \gamma_1$，则

$$\Delta E = E_2 - E_1 = \frac{2.303RT}{nF}\lg\left(1 + \frac{\Delta c}{c_x}\right)$$

令

$$S = \frac{2.303RT}{nF}$$

则

$$\Delta E = S\lg\left(1 + \frac{\Delta c}{c_x}\right)$$

$$c_x = \Delta c\left(10^{\frac{\Delta E}{S}} - 1\right)^{-1} \tag{5-29}$$

式（5-29）即为标准加入法的浓度计算式。

5.3.2.3 格氏作图法

格氏（Gran）作图法相当于多次标准加入法。假如试液的浓度为c_x，体积为V_x，加入浓度为c_s含被测离子的标准溶液V_s后，测得电池电动势为E，则

$$E = K' + S\lg\frac{c_x V_x + c_s V_s}{V_x + V_s}$$

$$(V_x + V_s)10^{E/S} = (c_x V_x + c_s V_s)10^{K'/S} \tag{5-30}$$

在体积为V_x的试液中，每加一次待测离子标准溶液V_s mL，就测量一次电池电动势E，并计算出相应的$(V_x + V_s)10^{E/S}$，再在一般坐标纸上，以此值为纵坐标，以加标准溶液体

积 V_s 为横坐标作图，将得一直线，如图 5-22 所示。

将直线外推，在横轴相交于 V_e（见图 5-22）。此时

$$(V_x + V_s)10^{E/S} = 0$$

根据式（5-30），则

$$c_x V_x + c_s V_e = 0$$

所以

$$c_x = \frac{c_s V_e}{V_x} \qquad (5\text{-}31)$$

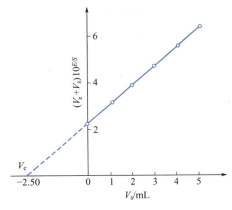

图 5-22　Gran 作图法

格氏作图法具有简便、准确及灵敏度高的特点。现在市场上可以购到的格氏坐标纸，它可以避免将 E 换算成 $10^{E/S}$ 的数学计算，加快分析速度。格氏作图法适于低浓度物质的测定。

5.3.2.4　浓度直读法

与使用酸度计测量试液 pH 相似，测定溶液中待测离子的活（浓）度，也可以由经过标准溶液校正后的测量仪器上直接读出待测溶液 pX 值或 X 的浓度值，这就是浓度直读法。它简便快速，所用的仪器称为离子计。

5.3.2.5　电位测定中的误差

电动势与待测试样浓度间的关系为：

$$E = K + \frac{RT}{nF}\ln(\gamma c)$$

对上式微分得：

$$dE = \frac{RT}{nF} \times \frac{dc}{c}$$

以有限量表示为（25℃）：

$$\frac{\Delta c}{c} = \frac{nF}{RT}\Delta E = 0.04 n\Delta E \qquad (5\text{-}32)$$

浓度的测定误差大小与电位测定的误差和离子价态有关，与测定溶液体积和被测离子浓度无关。当电位读数误差为 10mV 时，对于一价离子由此引起结果的相对误差为 4%，对于二价离子，则相对误差为 8%，故电位分析多用于测定低价离子。在标准加入法测定时，每个试样需要测定和读取两次电位值，误差也将增加。

 操作练习 18　离子选择性电极法测定水中氟含量

一、目的要求

1. 了解离子选择性电极法测定离子含量的原理。
2. 掌握标准曲线法和标准加入法测定水中微量氟的方法。
3. 了解使用总离子强度调节缓冲溶液的意义和作用。
4. 学会离子计的使用方法。

二、基本原理

氟离子选择性电极是以氟化镧单晶片为敏感膜的指示电极,它对溶液中的氟离子有良好的选择性响应。当氟离子选择性电极与作为参比电极的甘汞电极插入试液中,组成测量原电池时,电池电动势 E 在一定的条件下与 F^- 活度 a_{F^-} 的对数值呈直线关系。测量时,若指示电极(氟离子选择性电极)为正极,则

$$E = K' - \frac{2.303RT}{F}\lg a_{F^-}$$

当溶液的总离子强度不变时,离子活度系数也是常数,于是上式可写成

$$E = K - \frac{2.303RT}{F}\lg c_{F^-}$$

式中,K 为截距电位,包括内外参比电极电位、液接电位、不对称电位和离子活度系数的对数项等,一定测量条件下是常数。上式表明,在一定温度下,当溶液中离子强度保持不变,E 和 F^- 浓度的对数呈直线关系。

为了保持溶液中总离子强度不变,通常在标准溶液与试样溶液中同时加入等量的惰性电解质作总离子强度调节缓冲溶液(TISAB)。

溶液的酸度对测定有影响。酸性溶液中,H^+ 与部分 F^- 形成 HF 或 HF_2^-,降低 F^- 浓度;在碱性溶液中,LaF_3 薄膜与 OH^- 发生交换作用而使 F^- 浓度增加。氟离子选择性电极最适宜于 pH=5.5~6.5 范围内测定,故通常用 pH=6 的柠檬酸盐缓冲溶液来控制溶液的 pH,柠檬酸盐还可消除 Al^{3+}、Fe^{3+} 等对 F^- 的干扰。

氟电极的选择性良好,除能与 F^- 生成稳定配合物或难溶沉淀的元素(如 Al、Fe、Zr、Th、Ca、Mg、Li 及稀土等)会干扰测定外,10^3 倍以上的 Cl^-、Br^-、I^-、SO_4^{2-}、HCO_3^-、NO_3^-、Ac^-、$C_2O_4^{2-}$ 等阴离子均不干扰,加入总离子强度调节缓冲溶液,可以使溶液中离子平均活度系数保持定值,并控制溶液的 pH 和消除共存离子的干扰。

当 F^- 浓度在 $1\sim10^{-6}\,mol\cdot L^{-1}$ 范围内,F^- 电极电位与 pF(即 $-\lg a_{F^-}$)呈直线关系,可用标准曲线法和标准加入法测定。

操作练习19 牙膏中氟含量的测定——工作曲线法

一、实验目的

1. 巩固离子选择性电极法的理论。
2. 了解通用离子计的使用方法。
3. 学会标准曲线的分析方法。
4. 了解氟离子选择性电极测定 F^- 的条件。

二、方法原理

氟是人体必需的微量元素,摄入适量的氟有利于牙齿的健康。但摄入过量对人体有害,轻者造成斑釉齿,重者造成氟胃症。

测定溶液中的氟离子,一般由氟离子选择性电极作指示电极,饱和甘汞电极作参比电极。它们与待测液组成电池。可表示为:

(−)Hg, Hg_2Cl_2|KCl(饱和)‖待测溶液(c_x)|LaF_3 电极膜|NaF(0.1mol·L^{-1}), NaCl (0.1mol·L^{-1})|

AgCl, Ag(+)

其电池电动势为

$$E_{电池} = \varphi_{F^-} - \varphi_{SCE}$$

而

$$\varphi_{F^-} = \varphi_{AgCl/Ag} + K' - (RT/F)\lg a_{F^-}$$

因此

$$E_{电池} = \varphi_{AgCl/Ag} + K' - (RT/F)\lg a_{F^-} - \varphi_{SCE}$$

令 $K = \varphi_{AgCl/Ag} + K' - \varphi_{SCE}$ 可得

$$E_{电池} = K - (RT/F)\lg a_{F^-}$$

在25℃时，$E_{电池}$ 表示为

$$E_{电池} = K' - 0.0592\lg a_{F^-} = K' + 0.0592\text{pF}$$

式中，K' 为含有内外参比电极电位及不对称电位的常数。pF 为 F⁻浓度的负对数。

这样通过测定电位值，便可得到 pF 的对应值。本实验采用工作曲线法：配制一系列已知浓度的含 F⁻标准溶液，加入总离子强度调节缓冲剂，得相应的 E 值，作 E-pF 工作曲线。未知样品测得 E 值后，在工作曲线上查出对应的 pF 值，即得分析结果。

LaF_3 单晶敏感膜电极，在 F⁻浓度为 $1 \sim 10^{-6}$ mol·L⁻¹ 的范围内，氟电极电位与 pF 呈线性。

📖 素质拓展阅读

电分析化学的优秀工作者——汪尔康

电化学分析是具有划时代意义的一门科学检测技术。出生于1933年的汪尔康教授是我国优秀的分析化学家。汪教授1952年9月毕业于上海沪江大学，1955年留学捷克斯洛伐克，1959年获化学副博士（哲学博士）学位，是中共党员和中共"十四大"代表，1985年任中科院长春应用化学研究所副所长、研究员、博士生导师。

1986年汪教授被评为"国家级有突出贡献的中青年专家"，1991年当选为中科院化学学部院士，全国"五一劳动奖章"获得者。现任第三世界科学院院士，他是国际纯粹化学与应用化学协会委员，《国际分析化学》《国际微量化学》杂志的编委。汪教授主要从事电分析化学、电化学和分析化学研究。在发展极谱学的理论、应用及痕量分析方面取得系列成果，在络合物极谱电极过程和均相动力学的基础研究中，发现汞离子能引起汞溶解产生阴极波的规律和机理；发现了铂元素的催化动力波和镎元素的吸附波，研究出了机理。20世纪70年代研制成功中国第一台大型脉冲极谱仪，其分析灵敏度、稳定性达到当时国际最高水平。20世纪80年代初，他带领研究生试制成功新极谱仪，并在国际上第一次实现商品化。他结合生命科学中的化学问题，开发了液相色谱-电化学的应用与基础研究，发展了一系列通常较难检测的检测物的液相色谱-电化学测定方法，扩展了人们对这些问题深入了解的渠道。液-液界面电化学的研究，获中科院自然科学一等奖。

不断的探索与创新是整个民族发展的不竭动力，是科学进步的力量源泉。作为当代学生，我们更应将创新与探索付诸实践，为祖国乃至人类事业贡献自己的力量。绝大多数的创新都来源于生产生活的需求，我们在生产生活中要多观察、多思考，从解决生产生活中遇到的小问题、小麻烦入手，在实践中增长我们的智慧才干，解决问题的过程可能就是发明创造的过程，同时磨炼出我们"爱岗敬业、精益求精"的工匠精神。

> **思考与练习5.3**
>
> 1.用玻璃电极测量溶液的pH时，采用的定量分析方法是（　　）。
> A.标准曲线法　　　　B.直接比较法　　　　C.一次标准加入法　　　　D.增量法
> 2.用氟离子选择性电极测定水中（含有微量的Fe^{3+}、Al^{3+}、Ca^{2+}、Cl^-）的氟离子时，应选用的离子强度调节缓冲液是（　　）。
> A. $0.1\ mol \cdot L^{-1}\ KNO_3$
> B. $0.1\ mol \cdot L^{-1}\ NaOH$
> C. $0.05\ mol \cdot L^{-1}$ 柠檬酸钠（pH调至5～6）
> D. $0.1\ mol \cdot L^{-1}\ NaAc$（pH调至5～6）
> 3.用离子选择性电极以标准曲线法进行定量分析时，应要求（　　）。
> A.试液与标准系列溶液的离子强度相一致
> B.试液与标准系列溶液的离子强度大于1
> C.试液与标准系列溶液中待测离子活度相一致
> D.试液与标准系列溶液中待测离子强度相一致
> 4.用离子选择性电极，以标准加入法进行定量分析时，应对加入的标准溶液的体积和浓度有什么要求？为什么？
> 5.在用离子选择性电极法测量离子浓度时，加入TISAB的作用是什么？
> 6.pH玻璃电极和饱和甘汞电极组成工作电池，25℃时测定pH=9.18的硼酸标准溶液时，电池电动势是0.220V；而测定一未知pH试液时，电池电动势是0.180V，求未知试液的pH。
> 7.以Pb^{2+}选择性电极测定Pb^{2+}标准溶液，得如下数据：
>
> | $Pb^{2+}/(mol \cdot L^{-1})$ | 1.00×10^{-5} | 1.00×10^{-4} | 1.00×10^{-3} |
> | --- | --- | --- | --- |
> | E/mV | −208.0 | −181.6 | −158.0 |
>
> ①绘制标准曲线；②若对未知试液测定得$E=-154.0\ mV$，求未知试液中Pb^{2+}的浓度。
> 8.以氟离子选择性电极用标准加入法测定试样中F^-浓度时，原试样是5.00mL，测定时稀释至100mL，在加入1.00mL $0.0100\ mol \cdot L^{-1}$ NaF标准溶液后测得电池电动势改变了18.0mV。求试样溶液中F^-的含量。

任务5.4　电位滴定分析法

5.4.1　基本原理

电位滴定法是根据滴定过程中指示电极电位的突跃来确定滴定终点的一种滴定分析方法。

进行滴定时，在待测溶液中插入一支对待测离子或滴定剂有电位响应的指示电极，并与参比电极组成工作电池。随着滴定剂的加入，则由于待测离子与滴定剂之间发生化学反应，待测离子浓度不断变化，造成指示电极电位也相应发生变化。在化学计量点附近，待测离子活度发生突变，指示电极的电位也相应发生突变。因此，测量电池电动势的变化，可以确定滴定终点。最后根据滴定剂浓度和终点时滴定剂消耗的体积计算试液中待测组分的含量。

电位滴定法不同于直接电位法，直接电位法是以所测得的电池电动势（或其变化量）作为定量参数，因此其测量值的准确与否直接影响定量分析结果。电位滴定法测量的是电池电动势的变化情况，它不以某一电动势的变化量作为定量参数，只根据电动势变化情况确定滴定终点，其定量参数是滴定剂的体积，因此在直接电位法中影响测定的一些因素如不对称电位、液接电位、电动势测量误差等在电位滴定法中可得以抵消。

电位滴定法与化学分析法的区别是终点指示方法不同。普通的滴定法是利用指示剂颜色的变化来指示滴定终点的；电位滴定法是利用电池电动势的突跃来指示终点的。因此，电位滴定虽然没有用指示剂确定终点那样方便，但可以用在浑浊、有色溶液以及找不到合适指示剂的滴定分析中。另外，电位滴定的一个诱人的特点是可以连续滴定和自动滴定。

5.4.2 电位滴定装置与测定过程

电位滴定装置如图5-23所示。

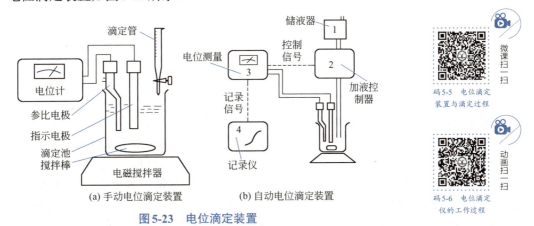

图 5-23 电位滴定装置

（1）滴定管　根据被测物质含量的高低，可选用常量滴定管或微量滴定管、半微量滴定管。

（2）电极

① 指示电极。电位滴定法在滴定分析中应用广泛，可用于酸碱滴定、沉淀滴定、氧化还原滴定及配位滴定。不同类型滴定需要选用不同的指示电极，表5-6列出各类滴定常用的电极和电极预处理方法，以供参考。

表 5-6　各类滴定常用电极

滴定类型	电极系统		预处理
	指示电极	参比电极	
酸碱滴定（水溶液中）	玻璃电极 锑电极	饱和甘汞电极 饱和甘汞电极	（1）玻璃电极：使用前须在水中浸泡24h以上，使用后立即清洗并浸于水中保存 （2）锑电极：使用前用砂纸将表面擦亮，使用后应冲洗并擦干

续表

滴定类型	电极系统		预处理
	指示电极	参比电极	
氧化还原滴定	铂电极	饱和甘汞电极	铂电极：使用前应注意电极表面不能有油污物质，必要时可在丙酮或硝酸溶液中浸洗，再用水洗涤干净
银量法	银电极	饱和甘汞电极（双盐桥型）	（1）银电极：使用前应用细砂纸将表面擦亮，然后浸入含有少量硝酸钠的稀硝酸（1+1）溶液中，直到有气体放出为止，取出用水洗涤干净 （2）双盐桥型饱和甘汞电极：盐桥套管内装饱和硝酸钠和硝酸钾溶液。其他注意事项与饱和甘汞电极相同
EDTA配位滴定	金属基电极 离子选择性电极Hg/Hg-EDTA	饱和甘汞电极 饱和甘汞电极 饱和甘汞电极	

② 参比电极。电位滴定中的参比电极一般选用SCE。实际工作中应使用产品分析标准规定的指示电极和参比电极。

③ 高阻抗毫伏计和电磁搅拌器。高阻抗毫伏计可用酸度计或离子计代替。

5.4.3 滴定终点的确定方法

5.4.3.1 实验方法

码5-7 电位滴定分析法滴定终点的确定方法

进行电位滴定时，先要称取一定量试样并将其制备成试液。然后选择一对合适的电极，经适当的预处理后，浸入待测试液中，并按图5-23连接组装好装置。开动电磁搅拌器和毫伏计，先读取滴定前试液的电位值（读数前要关闭搅拌器），然后开始滴定。滴定过程中，每加一次一定量的滴定溶液，就应测量一次电动势（或pH），滴定刚开始时可快些，测量间隔可大些（如可每次滴入5mL标准滴定溶液测量一次），当标准滴定溶液滴入约为所需滴定体积的90%的时候，测量间隔要小些。滴定进行至近化学计量点前后时，应每滴加0.1mL标准滴定溶液测量一次电池电动势（或pH），直至电动势变化不大为止。记录每次滴加标准滴定溶液后滴定管相应读数及测得的电位或pH。根据所测得的一系列电动势（或pH）以及相应的滴定消耗的体积确定滴定终点。表5-7内所列的是以银电极为指示电极，饱和甘汞电极为参比电极，用0.1000mol·L^{-1} AgNO$_3$溶液滴定NaCl溶液的实验数据。

5.4.3.2 终点的确定方法

电位滴定终点的确定方法通常有三种，即E-V曲线法、$\Delta E/\Delta V$-V曲线法和二阶微商法。

（1）E-V曲线法　以加入滴定剂的体积V（mL）为横坐标，以相应的电动势E（mV）为纵坐标，绘制E-V曲线。E-V曲线上的拐点（曲线斜率最大处）所对应的滴定体积即为终点时滴定剂所消耗的体积（V_{ep}）。拐点的位置可用下面的方法来确定：作两条与横坐标成45°的E-V曲线的平行切线，并在两条切线间作一与两切线等距离的平行线［见图5-24（a）］，该线与E-V曲线交点即为拐点。E-V曲线法适于滴定曲线对称的情况，而对滴定突跃不十分明显的体系误差大。

表5-7　以 0.1000mol·L^{-1} AgNO$_3$ 溶液滴定 NaCl 溶液

加入 AgNO$_3$ 体积 V/mL	工作电池电动势 E/V	($\Delta E/\Delta V$) /V·mL^{-1}	$\Delta^2 E/\Delta V^2$
5.0	0.062		
15.0	0.085		
20.0	0.107		
22.0	0.123		
23.0	0.138		
23.50	0.146		
23.80	0.161		
24.00	0.174		
24.10	0.183		
24.20	0.194		
		0.39	
24.30	0.233		4.4
		0.83	
24.40	0.316		−5.9
		0.24	
24.50	0.340		
24.60	0.351		
24.70	0.358		
25.00	0.373		
25.50	0.385		
26.00	0.396		

（2）$\Delta E/\Delta V$-V 曲线法　此法又称一阶微商法。$\Delta E/\Delta V$ 是 E 的变化值与相应的加入标准滴定溶液体积的增量的比。在表5-7中，在加 AgNO$_3$ 体积为 24.10mL 和 24.20mL 之间，相应的

$$\frac{\Delta E}{\Delta V} = \frac{0.194 - 0.183}{24.20 - 24.10} = 0.11$$

其对应的体积

$$\overline{V} = \frac{24.20 + 24.10}{2} = 24.15(\text{mL})$$

将 $\overline{V}$ 对 $\Delta E/\Delta V$ 作图，可得到一呈峰状曲线［见图5-24（b）］，曲线最高点由实验点连线外推得到，其对应的体积为滴定终点时标准滴定溶液所消耗的体积（即 V_{ep}）。用此法作图确定终点比较准确，但手续较烦琐。

（3）二阶微商法　此法依据是一阶微商曲线的极大点对应的是终点体积，则二阶微商（$\Delta^2 E/\Delta V^2$）等于零处对应的体积也是终点体积。二阶微商法有作图法和计算法两种。

① 计算法

【例5-1】　以银电极为指示电极，双液接饱和甘汞电极为参比电极，用 0.1000mol·L^{-1} AgNO$_3$ 标准溶液滴定含 Cl^{-1} 试液，得到的原始数据见表5-7。用二阶微商法求出滴定终点时消耗的 AgNO$_3$ 标准溶液的体积。

解 将原始数据按二阶微商法处理

例：当加入 $AgNO_3$ 体积为 24.30mL 时：

$$\frac{\Delta^2 E}{\Delta V^2} = \frac{\left(\frac{\Delta E}{\Delta V}\right)_{24.35} - \left(\frac{\Delta E}{\Delta V}\right)_{24.25}}{\overline{V}_{24.35} - \overline{V}_{24.25}} = \frac{0.83 - 0.39}{24.35 - 24.25} = 4.4$$

同理，当加入 $AgNO_3$ 的体积为 24.40mL 时：

$$\frac{\Delta^2 E}{\Delta V^2} = \frac{\left(\frac{\Delta E}{\Delta V}\right)_{24.45} - \left(\frac{\Delta E}{\Delta V}\right)_{24.35}}{\overline{V}_{24.45} - \overline{V}_{24.35}} = \frac{0.24 - 0.83}{24.45 - 24.35} = -5.9$$

二阶微商等于零时所对应的体积值应在 24.30～24.40mL 之间，准确值可以由内插法计算出：

$$V_{ep} = V_1 + \frac{0 - \left(\frac{\Delta^2 E}{\Delta V^2}\right)_1}{\left(\frac{\Delta^2 E}{\Delta V^2}\right)_2 - \left(\frac{\Delta^2 E}{\Delta V^2}\right)_1} \times \Delta V$$

$$V_{终点} = 24.30 + (24.40 - 24.30) \times \frac{4.4}{4.4 + 5.9} = 24.34(mL)$$

② $\Delta^2 E/\Delta V^2 \text{-} \overline{V}$ 曲线法。以 $\Delta^2 E/\Delta V^2$ 对 $\overline{V}$，得图 5-24（c）曲线，曲线最高点与最低点连线与横坐标的交点即为滴定终点体积。

GB 9725—88 规定确定滴定终点可以采用二阶微商计算法，也可以用作图法，但实际工作中一般多采用二阶微商计算法求得。

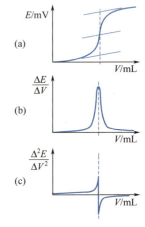

图 5-24　电位滴定曲线

 操作练习 20　重铬酸钾电位滴定法测定铁

一、目的要求

1. 学习利用离子计（酸度计）进行电位滴定的方法和操作技术。
2. 掌握电位滴定分析确定滴定终点的计算方法。
3. 进一步熟悉离子计（酸度计）的使用方法。

二、基本原理

电位滴定法是一种利用电位法来确定终点的容量分析法。进行电位测量时，用指示电极和参比电极插入待测溶液中组成一个工作电池。随着滴定剂的不断加入，由于滴定反应，待测离子或与之有关的离子浓度不断变化，指示电极电位也发生相应的变化，在化学计量点附近，由于离子浓度的突跃，而产生电位的突跃，因此测量电池电动势的变化，就能确定滴定终点。

用 $K_2Cr_2O_7$ 溶液滴定 Fe^{2+} 的反应为：

$$Cr_2O_7^{2-} + 6Fe^{2+} + 14H^+ \longrightarrow 2Cr^{3+} + 6Fe^{3+} + 7H_2O$$

两个电对的氧化型和还原型都是离子，这类氧化还原滴定可用惰性金属铂电极作指示电极，饱和甘汞电极作参比电极组成原电池。在滴定过程中，由于滴定剂（$Cr_2O_7^{2-}$）的加入，待测离子氧化态（Fe^{3+}）和还原态（Fe^{2+}）的活度（或浓度）比值发生变化，铂电极的电位亦发生变化，在化学计量点附近产生电位突跃，可用作图法和二阶微商计算法确定终点。

思考与练习5.4

1. 在电位滴定中，以 E-V 作图绘制滴定曲线，滴定终点为（　　）。
  A. 曲线的最大斜率点　　B. 曲线的最小斜率点
  C. E 为最正值的点　　D. E 为最负值的点

2. 在电位滴定中，以 $\Delta E/\Delta V$-$\bar{V}$ 作图绘制曲线，滴定终点为（　　）。
  A. 曲线突跃的转折点　　B. 曲线的最大斜率点
  C. 曲线的最小斜率点　　D. 曲线的斜率为零时的点

3. 在电位滴定中，以 $\Delta^2 E/\Delta V^2$-$\bar{V}$ 作图绘制曲线，滴定终点为（　　）。
  A. $\Delta^2 E/\Delta V^2$ 为最正值的点　　B. $\Delta^2 E/\Delta V^2$ 为最负值的点
  C. $\Delta^2 E/\Delta V^2$ 为零时的点　　D. 曲线的斜率为零时的点

4. 电位滴定法与用指示剂指示滴定终点的滴定分析法及直接电位法有什么区别？

5. 用 $0.1052\ mol \cdot L^{-1}$ NaOH 标准溶液电位滴定 25.00mL HCl 溶液，以玻璃电极作指示电极、饱和甘汞电极作参比电极，测得以下数据：

V_{NaOH}/mL	0.55	24.50	25.50	25.60	25.70	25.80	25.90	26.00
pH	1.70	3.00	3.37	3.41	3.45	3.50	3.75	7.50
V_{NaOH}/mL	26.10	26.20	26.30	26.40	26.50	27.00	27.50	
pH	10.20	10.35	10.47	10.52	10.56	10.74	10.92	

计算：① 用二阶微商计算法确定滴定终点的体积；
② 计算 HCl 溶液的浓度。

6. 测定海带中 I^- 的含量时，称取 10.56g 海带，经化学处理制成溶液，稀释到约 200mL，用银电极-双盐桥饱和甘汞电极，以 $0.1026\ mol \cdot L^{-1}$ $AgNO_3$ 标准溶液进行滴定，测得如下数据：

V_{AgNO_3}/mL	0.00	5.00	10.00	15.00	16.00	16.50	16.60	16.70
E/mV	−253	−234	−210	−175	−166	−160	−153	−142
V_{AgNO_3}/mL	16.80	16.90	17.00	17.10	17.20	18.00	20.00	
E/mV	−123	+244	+312	+332	+338	+363	+375	

计算：① 用二阶微商计算法确定终点体积。
② 海带试样中 KI 的含量 [已知 $M(KI)=166.0\ g \cdot mol^{-1}$]。
③ 滴定终点时电池电动势。

7. 用银电极作指示电极，双盐桥饱和甘汞电极作参比电极，以 $0.1000\ mol \cdot L^{-1}$ $AgNO_3$ 标准滴定溶液滴定 10.00mL Cl^- 和 I^- 的混合液，测得以下数据：

V_{AgNO_3}/mL	0.00	0.50	1.50	2.00	2.10	2.20	2.30	2.40
E/mV	−218	−214	−194	−173	−163	−148	−108	83
V_{AgNO_3}/mL	2.50	2.60	3.00	3.50	4.50	5.00	5.50	5.60
E/mV	108	116	125	133	148	158	177	183
V_{AgNO_3}/mL	5.70	5.80	5.90	6.00	6.10	6.20	7.00	7.50
E/mV	190	201	219	285	315	328	365	377

① 根据 $E-V_{AgNO_3}$ 的曲线，从曲线拐点确定终点；
② $\Delta E/\Delta V$-V 绘制曲线，确定终点；
③ 用二阶微商计算法，确定终点时滴定剂的体积；
④ 根据③的值，计算 Cl^- 及 I^- 的含量（以 $mg \cdot mL^{-1}$ 表示）。

项目6
气相色谱对微量组分分析

随着科学技术的发展，人们的研究领域越来越广，分析的对象越来越复杂，绝大多数都是以混合物的形式存在，要对这些物质进行准确检测，对分析手段的要求也越来越高。色谱法是各种分离技术中效率最高和应用最广的一种，如果与适当的检测手段相连接，可以对许多物质进行定性定量分析。那么什么是色谱法，什么又是气相色谱法呢？气相色谱法怎么对物质进行检测？下面就来解决这些问题。

项目描述

学习目标	任务	教学建议	课时计划
1.使学生能够理解什么是色谱法，气相色谱法的分离原理是什么，理解色谱分析中的一些基本概念	1.色谱法概述，色谱图及相关术语的介绍	通过幻灯片演示，使学生理解色谱分离法的原理。结合图示讲解色谱图及相关的术语，引导学生多观察、多思考、多提问	4学时
2.使学生对仪器的各个主要组成部件的功能、特点、使用与维护及分析流程有初步的了解	2.认识气相色谱仪	通过参观实训室的气相色谱仪，结合幻灯片演示结构图，使学生能够直观地认识气相色谱仪的各个组成部分及操作，并产生强烈的求知和操作欲望	4学时
3.使学生了解热导池检测器、氢火焰离子化检测器、电子捕获检测器、火焰光度检测器的工作原理、操作参数的控制和应用范围	3.了解气相色谱仪检测器的工作原理	通过讲授、结合幻灯片演示，让学生了解常用检测器的结构、工作原理以及实验参数的选择与控制	4学时
4.使学生理解影响色谱分离效率的因素，在以后的操作中能够控制这些因素，以提高分离效率	4.掌握气相色谱分析基本理论	通过引导让学生提出衡量色谱分离效率的参数是什么，有哪些因素会影响分离效率，让学生多思考、多提问，结合示意图进行讲授	4学时
5.使学生对影响色谱分离效率的各个因素有进一步的认识，并具备相应的应用能力	5.熟悉分离操作条件的选择	通过实例分析，使学生对载气种类和流速、色谱柱及柱温、汽化室温度等操作条件的选择产生认识，并产生研究、探索、开发、应用的强烈求知动力	6学时
6.让学生了解气相色谱法在定性分析中的应用	6.掌握气相色谱定性分析方法	通过讲授，使学生了解定性分析的方法并学会分析	2学时
7.让学生了解气相色谱法在定量分析中的应用	7.掌握气相色谱定量分析方法	通过实例分析，结合实验，让学生掌握定量分析的方法及相关计算	10学时

项目分析

项目6的主要任务是通过对色谱分离法的方法原理进行介绍，结合仪器讲解操作，利用实验理解巩固所学理论，从而使学生掌握利用气相色谱法对微量组分进行分析的方法。

具体要求如下：
① 学会色谱柱的制备方法；
② 学会对检测器灵敏度进行检测的方法；
③ 学会定性分析的方法及分离效果的评价；
④ 归一化法测定苯系物含量；
⑤ 内标法测定乙醇中微量水分；
⑥ 标准曲线法测定酒中甲醇的含量。

将以上6个具体要求分别对应5个操作练习，分布在任务中完成，通过后续任务的学习，最后实现完成该项目的目标。

任务6.1 气相色谱法的方法原理

6.1.1 色谱法概述

6.1.1.1 色谱法的由来

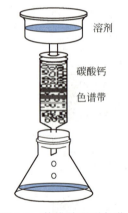

图6-1 茨维特吸附色谱分离实验示意图

1906年，俄国植物学家茨维特（M.S.Tswett）在研究植物色素的过程中，做了一个经典的实验，实验是这样的：在一根玻璃管的狭小一端塞上小团棉花，在管中填充沉淀碳酸钙，这就形成了一个吸附柱，如图6-1所示。使浸泡过绿色植物叶子的石油醚自柱中通过。结果植物叶子的几种色素便在玻璃柱上展开：留在最上面的是叶绿素；绿色层下接着是两三种黄色的叶黄素；随着溶剂跑到吸附层最下层的是黄色的胡萝卜素。这样一来，吸附柱便成为一个有规则的、与光谱相似的色层。接着用纯溶剂淋洗，使柱中各层进一步展开，达到清晰的分离。然后把该潮湿的吸附柱从玻璃管中推出，依色层的位置用小刀切开，于是各种色素就得以分离。再用醇为溶剂将它们分别溶下，即得到了各成分的纯溶液。茨维特在他的原始论文中，把上述分离方法叫作色谱法，把填充$CaCO_3$的玻璃柱管叫作色谱柱，把其中的$CaCO_3$固体颗粒称为固定相，把推动被分离的组分（色素）流过固定相的惰性流体（本实验用的是石油醚）称为流动相，把柱中出现的有颜色的色带叫作色谱带。现在的色谱分析已经失去颜色的含义，只是沿用色谱这个名词。

色谱分析法实质上是一种物理化学分离方法，即利用不同物质在两相（固定相和流动相）中具有不同的分配系数（或吸附系数），当两相做相对运动时，这些物质在两相中反复多次分配（即组分在两相之间进行反复多次的吸附、脱附或溶解、挥发过程），从而使各物质得到完全分离。

6.1.1.2 色谱法的分类

色谱法有多种类型，从不同的角度可以有不同的分类方法。通常是按照下述三种方法进行分类的。

(1) 按两相(固定相和流动相)状态分

① 气相色谱。以气体为流动相的色谱分离技术,称为气相色谱(GC)。

根据固定相是固体吸附剂还是固定液(附着在惰性载体上的一薄层有机化合物液体),又可分为气-固色谱(GSC)和气-液色谱(GLC)。

② 液相色谱。以液体为流动相的色谱分离技术,称液相色谱(LC)。

同理液相色谱亦可分为液-固色谱(LSC)(固定相为固体吸附剂)和液-液色谱(LLC)(固定相为涂在固体载体上的液体)。

③ 超临界流体色谱。以超临界流体为流动相的色谱分离技术,称为超临界流体色谱(SFC)。

超临界流体是指处于临界温度和临界压力以上,具有气体和液体的双重性质的流体物质。至今,研究较多是CO_2超临界流体色谱。

(2) 按操作形式分

① 柱色谱。将固定相装于柱管内的色谱分离技术,称为柱色谱。

a.填充柱色谱:将固定相装于玻璃管或金属管内的色谱分离技术,称为填充柱色谱。

b.毛细管柱色谱:将固定液直接涂渍在毛细管内壁或采用交联引发剂在高温处理下将固定液交联到毛细管内壁上的色谱分离技术,称为毛细管柱色谱。

② 平板色谱。固定相呈平板状的色谱分离技术,称为平板色谱。

a.纸色谱:以多孔滤纸为固定相的色谱分离技术,称为纸色谱。它是采用适当的溶剂使样品在滤纸上展开进行分离的。

b.薄层色谱:固定相压成或涂成薄膜的色谱分离技术,称为薄层色谱。操作方法同纸色谱。

(3) 按分离原理分

① 吸附色谱法。根据吸附剂表面对不同组分物理吸附能力的强弱差异进行分离的方法,如气-固色谱法、液-固色谱法。

② 分配色谱法。根据不同组分在固定相中的溶解能力和在两相间分配系数的差异进行分离的方法,如气-液色谱法、液-液色谱法。

③ 离子交换色谱法。根据不同组分离子对固定相亲和力的差异进行分离的方法。

④ 排阻色谱法。又称凝胶色谱法,根据不同组分的分子体积大小的差异进行分离的方法。

⑤ 亲和色谱法。利用不同组分与固定相共价键合的高专属反应进行分离的方法。

目前,应用最广泛的是气相色谱法和高效液相色谱法。

6.1.2 色谱图及有关术语

6.1.2.1 色谱流出曲线图

在色谱法中,当样品加入后,样品中各组分随着流动相的不断向前移动而在两相间反复进行溶解、挥发,或吸附、脱附的过程。如果各组分在固定相中的分配系数(表示溶解或吸附的能力)不同,就有可能达到分离。

分配系数小的组分滞留在固定相中的时间短,在柱内移动的速度快,先流出柱子;分配系数大的组分滞留在固定相中的时间长,在柱内移动的速度慢,后流出柱子。分离后的各组分经检测器转换成电信号而记录下来,得到一条信号随时间变化的曲线(或<u>由检测器输出的电信号强度对时间作图所得的曲线</u>),称为色谱流出曲线,曲线上突起部分就是色谱峰,如图6-2所示,色谱图上有一组色谱峰,每个峰代表样品中的一个组分。理想的色谱流出曲线应该是正态分布曲线。

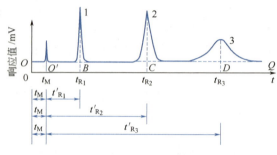

图6-2　色谱流出曲线图

6.1.2.2　基本术语

(1) 基线　在正常操作条件下,仅有流动相通过色谱柱时,检测器的响应信号随时间变化的曲线,称为基线。它反映检测系统噪声随时间变化的情况,稳定的基线应是一条水平直线。

① 基线噪声。指由各种因素所引起的基线起伏分为短噪声和长噪声两种形式。短噪声俗称毛刺,使基线呈绒毛状,如图6-3(a)所示。长噪声可能是有规律的波动,基线呈波浪形,也可能是无规律的波动,如图6-3(b)所示。

② 基线漂移。指基线随时间定向的缓慢变化,如图6-3(c)所示。

(2) 色谱峰　当有组分进入检测器时,色谱流出曲线就会偏离基线,这时检测器输出的信号随检测器中组分的浓度改变而改变,直至组分全部离开检测器,此时绘出的曲线(即色谱柱流出组分通过检测系统时所产生的响应信号的微分曲线),称为色谱峰。理论上讲,色谱峰应该是对称的,符合高斯正态分布,实际上一般情况下的色谱峰都是非对称的色谱峰,主要有以下几种情况。

① 前伸峰。前沿平缓后部陡起的不对称色谱峰。

② 拖尾峰。前沿陡起后部平缓的不对称色谱峰。

③ 分叉峰。两种组分没有完全分开而重叠在一起的色谱峰。

④ "馒头"峰。峰形比较矮而胖的色谱峰。

(3) 保留值　保留值是用来描述各组分色谱峰在色谱图中的位置的,在一定实验条件下,组分的保留值具有特征性,是气相色谱定性的参数。它表示试样中各组分在色谱柱中的

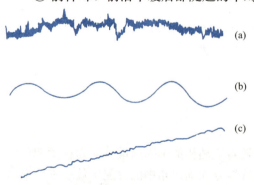

图6-3　噪声和漂移

滞留时间的数值，通常用时间或将组分带出色谱柱所需载气的体积来表示。

① 死时间 t_M。死时间指从进样开始到惰性组分（指不被固定相吸附或溶解的空气或甲烷）从柱中流出，呈现浓度极大值时所需要的时间（如图6-2中 OO' 所示的距离）。t_M 反映了色谱柱中未被固定相填充的柱内死体积和检测器死体积的大小，与被测组分的性质无关。

② 保留时间 t_R。保留时间指从进样到色谱柱后出现待测组分信号极大值所需要的时间（如图6-2中 OB 所示的距离），以 t_R 表示。t_R 可作为色谱峰位置的标志。

③ 调整保留时间 t'_R。扣除死时间后的保留时间（如图6-2中 $O'B$ 所示的距离），以 t'_R 表示：

$$t'_R = t_R - t_M \tag{6-1}$$

式中，t'_R 反映了被分析的组分与色谱柱中固定相发生相互作用，而在色谱柱中滞留的时间，它更确切地表达了被分析组分的保留特性是气相色谱定性分析的基本参数。

④ 死体积 V_M、保留体积 V_R 和调整保留体积 V'_R。保留时间受载气流速的影响，为了消除这一影响，保留值也可以用从进样开始到出现峰（空气或甲烷峰，组分峰）极大值所流过的载气体积来表示，即用保留时间乘以载气平均流速。

死体积 $$V_M = t_M F_c \tag{6-2}$$

保留体积 $$V_R = t_R F_c \tag{6-3}$$

调整保留体积 $$V'_R = t'_R F_c \tag{6-4}$$

式中，F_c 是操作条件下柱内载气的平均流速，F_c 可用式（6-5）计算：

$$F_c = F_o \left(\frac{p_o - p_w}{p_o} \right) \times \frac{3}{2} \times \left[\frac{(p_i/p_o)^2 - 1}{(p_i/p_o)^3 - 1} \right] \times \frac{T_c}{T_r} \tag{6-5}$$

式中，F_o 是用皂膜流量计测得的柱后流速；p_o 是柱后压，即大气压；p_w 是水的饱和蒸气压；p_i 是柱进口压力；T_c、T_r 分别是柱温和室温（用热力学温度表示）。

⑤ 相对保留值 $r_{i/s}$。一定的实验条件下组分 i 与另一标准组分 s 的调整保留时间之比：

$$r_{i/s} = \frac{t'_{R_i}}{t'_{R_s}} = \frac{V'_{R_i}}{V'_{R_s}} \tag{6-6}$$

⑥ 选择性因子（α）。指相邻两组分调整保留值之比，以 α 表示：

$$\alpha = \frac{t'_{R_2}}{t'_{R_1}} = \frac{V'_{R_2}}{V'_{R_1}} \tag{6-7}$$

α 数值的大小反映了色谱柱对难分离物质对的分离选择性，α 值越大，相邻两组分色谱峰相距越远，色谱柱的分离选择性愈高。当 α 接近于1或等于1时，说明相邻两组分色谱峰重叠未能分开。

(4) 峰高和峰面积　峰高（h）是指峰顶到基线的距离（如图6-4中 AB），以 h 表示。峰面积（A）是指每个组分的流出曲线与基线间所包围的面积。峰高或峰面积的大小和每个组分在样品中的含量相关，因此色谱峰的峰高或峰面积是气相色谱进行定量分析的主要依据。

(5) 色谱的区域宽度　是色谱流出曲线重要的参数之一，可以反映色谱柱的分离效

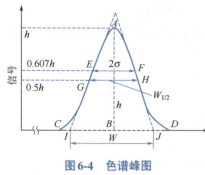

图6-4 色谱峰图

能。区域宽度越窄越好。

① 峰拐点。在组分流出曲线上二阶导数等于零的点,称为峰拐点,如图6-4中的E点与F点。

② 标准偏差σ。为正态分布曲线上拐点间距离之半。对于正常峰,**σ为0.607倍峰高处色谱峰宽度的一半**。

③ 半峰宽度(半峰宽)$W_{1/2}$。**峰高一半处的色谱峰宽度**。

④ 峰底宽度(峰宽)W。**通过色谱峰两侧的拐点作切线,切线与基线交点间的距离为峰宽**,如图6-4的IJ,常用符号W_b表示。

(6)相比率(β) 色谱柱内气相与吸附剂或固定液体积之比。它能反映各种类型色谱柱不同的特点,常用符号β表示。

对于气-固色谱:
$$\beta = \frac{V_G}{V_S} \tag{6-8}$$

对于气-液色谱:
$$\beta = \frac{V_G}{V_L} \tag{6-9}$$

式中,V_G是色谱柱内气相空间,mL;V_S是色谱柱内吸附剂所占体积,mL;而V_L是色谱柱内固定液所占体积,mL。

(7)**分配系数(K)** **平衡状态时,组分在固定相与流动相中的浓度比**。如在给定柱温下组分在流动相与固定相间的分配达到平衡时,对于气-固色谱,组分的分配系数为:

$$K = \frac{每平方米吸附剂表面所吸附的组分量}{柱温及柱平均压力下每毫升载气所含的组分量} \tag{6-10}$$

对于气-液色谱,分配系数为:

$$K = \frac{每毫升固定液中所溶解的组分量}{柱温及柱平均压力下每毫升载气所含的组分量} \tag{6-11}$$

(8)容量因子(k) 又称**分配比**、容量比,指**组分在固定相和流动相中分配量(质量、体积、物质的量)之比**。

$$k = \frac{组分在固定相中的质量}{组分在流动相中的质量} \tag{6-12}$$

k与其他色谱参数有以下一些关系:

$$k = K\frac{V_L}{V_G} = \frac{K}{\beta} = \frac{t_R - t_M}{t_M} = \frac{t'_R}{t_M} \tag{6-13}$$

6.1.3 气相色谱法的分离原理

色谱分离的基本原理是试样组分通过色谱柱时与填料之间发生相互作用,这种相互作用大小的差异使各组分互相分离而按先后次序从色谱柱后流出。这种在色谱柱内不移动、起分离作用的填料称为固定相。固定相可分为固体固定相和液体固定相两大类,分别对应于气相色谱中的气-固色谱和气-液色谱。

（1）气-固色谱　**气-固色谱的固定相是固体吸附剂**，试样气体由载气携带进入色谱柱，与吸附剂接触时，很快被吸附剂吸附。随着载气的不断通入，被吸附的组分又从固定相中洗脱下来（这种现象称为脱附），脱附下来的组分随着载气向前移动时又再次被固定相吸附。这样，随着载气的流动，组分吸附脱附的过程反复进行。显然，由于组分性质的差异，固定相对它们的吸附能力有所不同。易被吸附的组分，脱附较难，在柱内移动的速度慢，停留的时间长；反之，不易被吸附的组分在柱内移动速度快，停留时间短。所以，经过一定的时间间隔（一定柱长）后，性质不同的组分便达到了彼此分离。

（2）气-液色谱　**气-液色谱的固定相是涂在载体表面的固定液**，试样气体由载气携带进入色谱柱，与固定液接触时，气相中各组分就溶解到固定液中。随着载气的不断通入，被溶解的组分又从固定液中挥发出来，挥发出的组分随着载气向前移动时又再次被固定液溶解。随着载气的流动，溶解挥发的过程反复进行。显然，由于组分性质差异，固定液对它们的溶解能力将有所不同。易被溶解的组分，挥发较难，在柱内移动的速度慢，停留时间长；反之，不易被溶解的组分，挥发快，随载气移动的速度快，因而在柱内停留时间短。经一定的时间间隔（一定柱长）后，性质不同的组分便达到了彼此分离。

物质在固定相和流动相之间发生的吸附脱附和溶解挥发的过程，称为分配过程。显然，分配系数或分配比相同的两组分，它们的色谱峰永远重合；分配系数或分配比的值差别越大，则相应的色谱峰距离越远，分离越好。一般来说，对气-固色谱而言，先出峰的是吸附能力小而脱附能力大的物质；对气-液色谱而言，先出峰的是溶解度小而挥发性强的物质。总的来说，分配系数小的物质先出峰，分配系数大的物质后出峰。

6.1.4　气相色谱法的特点和应用范围

气相色谱法是基于色谱柱能分离样品中各组分，检测器能连续响应、能同时对各组分进行定性定量分析的一种分离分析方法，所以气相色谱法具有分离效率高、灵敏度高、分析速度快、应用范围广等优点。

分离效率高是指它对性质极为相似的烃类异构体、同位素等有很强的分离能力，能分析沸点十分接近的复杂混合物。例如用毛细管柱可分析汽油中50～100多个组分。

灵敏度高是指使用高灵敏度检测器可检测出10^{-22}～10^{-11}g的痕量物质。

分析速度快是相对化学分析法而言的。一般情况下，完成一个样品的分析，仅需几分钟。

目前，气相色谱仪普遍配有色谱微处理机（或色谱工作站），能自动画出色谱峰，打印出保留时间和分析结果，分析速度更快、更方便。另外进行气相色谱分析所用样品量很少，通常气体样品仅需要1mL，液体样品仅需1μL。

气相色谱法的上述特点，扩展了它在工业生产中的应用。它不仅可以分析气体，还可以分析液体和固体。只要样品在450℃以下、能汽化，都可以用气相色谱法进行分析。

气相色谱法的不足之处，首先是由于色谱峰不能直接给出定性的结果，它不能用来直接分析未知物，必须用已知纯物质的色谱图和它对照；其次，当分析无机物和高沸点有机物时比较困难，需要采用其他的色谱分析方法来完成。

思考与练习6.1

1. 填空题

（1）色谱图是指_____通过检测器系统时所产生的_____对_____或_____的曲线图。

（2）一个组分的色谱峰，其峰位置（即保留值）可用于_____，峰高或峰面积可用于_____。

（3）色谱分离的基本原理是_____通过色谱柱时与_____之间发生相互作用，这种相互作用大小的差异使_____互相分离而按先后次序从色谱柱后流出；这种在色谱柱内_____、_____起_____作用的填料称为固定相。

（4）气-固色谱的固定相是_____，气-液色谱的固定相是_____。

（5）在气-固色谱中，各组分的分离是基于组分在吸附剂上的_____和_____能力的不同；而在气-液色谱中，分离是基于各组分在固定液中_____和_____能力的不同。

（6）在一定温度下，组分在两相之间的分配达到平衡时的浓度比称为_____。

2. 选择题

（1）俄国植物学家茨维特（Tswett）在研究植物色素的成分时所采用的色谱方法属于（　　）。

A.气-液色谱　　　B.气-固色谱　　　C.液-液色谱　　　D.液-固色谱

（2）气相色谱谱图中，与组分含量成正比的是（　　）。

A.保留时间　　　B.相对保留值　　　C.峰高　　　D.峰面积

（3）在气-固色谱中，样品中各组分的分离是基于（　　）。

A.组分性质的不同　　　　　　　　　B.组分溶解度的不同

C.组分在吸附剂上吸附能力的不同　　D.组分在吸附剂上脱附能力的不同

（4）在气-液色谱中，首先流出色谱柱的组分是（　　）的组分。

A.吸附能力大的　　B.吸附能力小的　　C.挥发性大的　　D.溶解能力小的

3. 解释以下名词术语

固定相　流动相　色谱图　基线　色谱峰　保留时间　调整保留时间　死时间　相对保留值　分配系数　分配比

4. 问答题

（1）色谱法的分离原理是什么？

（2）简要说明气相色谱法的特点。

任务6.2　认识气相色谱仪

6.2.1　气相色谱仪基本构造和分析流程

6.2.1.1　气相色谱仪的基本构造

气相色谱仪的型号种类繁多，但它们的基本结构是一致的，都<u>由气路系统、进样系</u>

统、分离系统、检测系统、数据处理系统和温度控制系统六大部分组成。

常见的气相色谱仪有单柱单气路和双柱双气路两种类型，图6-5为单柱单气路气相色谱仪结构示意图，图6-6为双柱双气路气相色谱仪结构示意图。

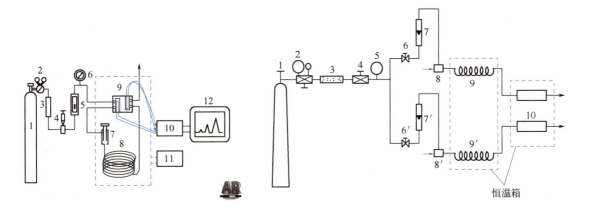

图6-5　单柱单气路气相色谱仪结构示意图
1—载气钢瓶；2—减压阀；3—净化干燥管；4—针形阀；
5—流量计；6—压力表；7—汽化室；8—色谱柱；9—热导
检测器；10—放大器；11—温度控制器；12—记录仪

图6-6　双柱双气路气相色谱仪结构示意
1—载气钢瓶；2—减压阀；3—净化器；4—稳压阀；
5—压力表；6,6'—针形阀；7,7'—转子流速计；
8,8'—进样-汽化室；9,9'—色谱柱；10—检测器

6.2.1.2　气相色谱法的分析流程

N_2或H_2等**载气（用来载送试样而不与待测组分作用的惰性气体）**由高压载气钢瓶供给，经减压阀减压后进入净化器，以除去载气中的杂质和水分，再由稳压阀和针形阀分别控制载气压力（由压力表指示）和流量（由流量计指示），然后通过汽化室进入色谱柱。待载气流量、汽化室、色谱柱、检测器的温度以及记录仪的基线稳定后，试样可由进样器进入汽化室，则液体试样立即汽化为气体并被载气带入色谱柱。由于色谱柱中的固定相对试样中不同组分的吸附能力或溶解能力是不同的，因此有的组分流出色谱柱的速度较快，有的组分流出色谱柱的速度较慢，从而使试样中各种组分彼此分离而先后流出色谱柱，然后进入检测器。

码6-2　气相色谱仪
结构与原理

检测器将混合气体中组分的浓度（$mg·mL^{-1}$）或质量流量（$g·s^{-1}$）转变成可测量的电信号，并经放大器放大后，通过记录仪即可得到其色谱图。

单柱单气路工作流程为：由高压气瓶供给的载气经减压阀、稳压阀、转子流量计、色谱柱、检测器后放空。这种气路结构简单，操作方便。国产102G型、HP4890型等气相色谱仪均属于这种类型。

双柱双气路是将经过稳压阀后的载气分成两路进入各自的色谱柱和检测器，其中一路作分析用，另一路作补偿用。这种结构可以补偿气流不稳或固定液流失对检测器产生的影响，提高了仪器工作的稳定性，因而特别适用于程序升温和痕量分析。新型双气路仪器的两个色谱柱可以装性质不同的固定相，供选择进样，具有两台气相色谱仪的功能。上海科创GC900A、PE AutosystemXL型气相色谱仪均属于此种类型。

6.2.2 气路系统

6.2.2.1 气路系统的要求

气相色谱仪中的气路是一个载气连续运行的密闭管路系统。整个气路系统要求载气纯净、密闭性好、流速稳定及流速测量准确。

码6-3 气相色谱仪结构与原理

气相色谱的载气是载送样品进行分离的惰性气体,是气相色谱的流动相。**常用的载气为氮气、氢气**(在使用氢火焰离子化检测器时作燃气,在使用热导检测器时常作为载气)、**氦气、氩气**(氦、氩由于价格高,应用较少)。

6.2.2.2 气路系统主要部件

(1)气体钢瓶和减压阀 载气一般可由高压气体钢瓶或气体发生器来提供。实验室一般使用气体钢瓶较好,因为气体厂生产的气体既能保证质量,成本也不高。

由于**气相色谱仪使用的各种气体压力为0.2~0.4MPa**,因此需要通过减压阀使钢瓶气源的输出压力下降。

(2)净化管 气体钢瓶供给的气体经减压阀后,必须经净化管净化处理,以除去水分和杂质。净化管通常为内径50mm、长200~250mm的金属管,如图6-7所示。

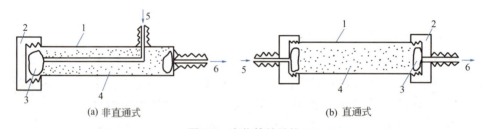

(a) 非直通式　　(b) 直通式

图6-7 净化管的结构
1—干燥管;2—螺帽;3—玻璃毛;4—干燥剂;5—载气入口;6—载气出口

净化管在使用前应该清洗烘干,方法为:用热的$100g \cdot L^{-1}$ NaOH溶液浸泡30min,而后用自来水冲洗干净,用蒸馏水荡洗后,烘干。净化管内可以装填5A分子筛和变色硅胶,以吸附气源中的微量水和低分子量的有机杂质,有时还可以在净化管中装入一些活性炭,以吸附气源中相对分子质量较大的有机杂质。具体装填什么物质取决于载气纯度的要求。净化管的出口和入口应加上标志,出口应当用少量纱布或脱脂棉轻轻塞上,严防净化剂粉尘流出净化管进入色谱仪。当硅胶变色时,应重新活化分子筛和硅胶后,再装入使用。

(3)稳压阀 由于气相色谱分析中所用气体流量较小(一般在$100mL \cdot min^{-1}$以下),所以单靠减压阀来控制气体流速是比较困难的。因此,通常在减压阀输出气体的管线中还要串联稳压阀,用于稳定载气(或燃气)的压力,常用的是波纹管双腔式稳压阀。

使用这种稳压阀时,气源压力应高于输出压力0.05MPa,进气口压力不得超过0.6MPa,出气口压力一般在0.1~0.3MPa时稳压效果最好。稳压阀不工作时,应顺时针转动放松调节手柄,使阀关闭,以防止波纹管、压簧长期受力疲劳而失效。使用时进气口和出气口不要接反,以免损坏波纹管。所用气源应干燥、无腐蚀性、无机械杂质。

(4)针形阀 针形阀可以用来调节载气流量,也可以用来控制燃气和空气的流量。由于针形阀结构简单,当进口压力发生变化时,处于同一位置的阀针,其出口的流量也发生变化，所以用针形阀不能精确地调节流量。针形阀常安装于空气的气路中，用于调节空气的流量。当针形阀不工作时，应使针形阀全开（此点和稳压阀相反），以防止阀形针密封圈粘在阀门入口处，也可防止压簧长期受压而失效。

（5）稳流阀　当用程序升温进行色谱分析时，由于色谱柱柱温不断升高引起色谱柱阻力不断增加，也会使载气流量发生变化。为了在气体阻力发生变化时，也能维持载气流速的稳定，需要使用稳流阀来自动控制载气的稳定流速。

稳流阀的输入压力为 0.03～0.3MPa，输出压力为 0.01～0.25MPa，输出流量为 5～400mL·min^{-1}。当柱温从 50℃升至 300℃时，若流量为 40mL·min^{-1}，此时的流量变化可小于±1%。

使用稳流阀时，应使其针形阀处于"开"的状态，从大流量调至小流量。气体的进、出口不要反接，以免损坏流量控制器。

（6）管路连接　气相色谱仪的管路多数采用内径为 3mm 的不锈钢管，靠螺母、压环和"O"形密封圈进行连接。有的也采用成本较低、连接方便的尼龙管或聚四氟乙烯管，但效果不如金属管好。特别是在使用电子捕获检测器时，为了防止空气中的氧气通过管壁渗透到仪器系统造成事故，最好使用不锈钢管或紫铜管。连接管道时，要求既要能保证气密性，又不会损坏接头。

（7）检漏　气相色谱仪的气路要认真仔细地进行检漏，气路不密封将会使以后的实验出现异常现象，造成数据不准确。用氢气作载气时，氢气若从柱接口漏进恒温箱，可能会发生爆炸事故。

气路检漏常用的方法有两种。

一种是皂膜检漏法，即用毛笔蘸上肥皂水涂在各接头上检漏，若接口处有气泡溢出，则表明该处漏气，应重新拧紧，直到不漏气为止。检漏完毕应使用干布将皂液擦净。

另一种叫作堵气观察法，即用橡皮塞堵住出口处，转子流量计流量为 0，同时关闭稳压阀，压力表压力不下降，则表明不漏气；反之，若转子流量计流量指示不为 0，或压力表压力缓慢下降（在 30min 内，仪器上压力表指示的压力下降大于 0.005MPa），则表明该处漏气，应重新拧紧各接头以至不漏气为止。

（8）载气流量的测定　载气流量是气相色谱分析的一个重要的操作条件，正确选择载气流量，可以提高色谱柱的分离效能，缩短分析时间。由于气相色谱分析中，所用气体流量较小，一般采用转子流量计（见图 6-8）和皂膜流量计（见图 6-9）测量。

转子流量计由一个上宽下窄的锥形玻璃管和一个能在管内自由旋转的转子组成，其上、下接口处用橡胶圈密封。当气体自下端进入转子流量计又从上端流出时，转子随气体流动方向而上升，转子上浮高度和气体流量有关，因此根据转子的位置就可以确定气体流速的大小。对于一定的气体，气体的流速和转子的高度并不呈直线关系，转子流量计上的刻度只是等距离的标记而不是流量数值。因此实际使用时必须先用皂膜流量计来标定，绘出气体的体积流速与转子高度的关系曲线图（不同压力、不同气体流速与转子位置关系不一样）。

皂膜流量计是目前用于测量气体流速的标准方法。它由一根带有气体进口的量气管和橡皮滴头组成，使用时先向橡皮滴头中注入肥皂水，挤动橡皮滴头就有皂膜进入量气管。当气体自流量计底部进入时，就顶着皂膜沿着管壁自下而上移动。用秒表测定皂膜移动一定体积时所需时间就可以算出气体流速（mL·min^{-1}），测量精度达1%。

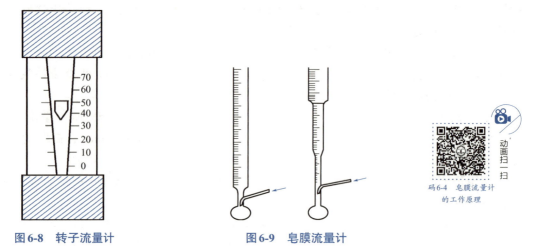

图6-8 转子流量计　　　　图6-9 皂膜流量计

6.2.2.3 气路系统辅助设备

（1）高压钢瓶　气体钢瓶是高压容器，采用无缝钢管制成圆柱形容器，底部再装上钢质平底的座，使气体钢瓶可以竖放。气瓶顶部装有开关阀，瓶阀上装有防护装置（钢瓶帽）。每个气体钢瓶筒体上都套有两个橡皮腰圈，以防震动后撞击。

为了保证安全，各类气体钢瓶都必须定期做抗压试验，每次试验都要有详细记录（如试验日期、检验结论等），并载入气瓶档案。经检验，需降压后使用或报废的气体钢瓶，检验单位还会在瓶上打上钢印说明。

图6-10 高压气瓶阀和减压阀

（2）高压气瓶阀和减压阀　减压阀俗称氧气表，装在高压气瓶的出口，用来将高压气体调节到较小的压力（通常将10～15MPa压力减小到0.1～0.5MPa）。高压瓶顶部开关阀（又称总阀）与减压阀结构如图6-10所示。

使用时将减压阀用螺旋套帽装在高压气瓶总阀的支管B上，并且能使该压力在工作时保持不变。因此减压阀的功用是高压气体的减压和稳压。用活络扳手打开钢瓶总阀A（逆时针方向转动），此时高压气体进入减压阀的高压室，其压力表（0～25MPa）指示出气体钢瓶内压力。沿顺时针方向缓慢转动减压阀中T形阀杆C，使气体进入减压阀低压室，其压力表（0～2.5MPa）指示输出气体管线中的低工作压力。当低压室的压力大于最大工作压力（2.5MPa）的1.1～1.5倍时，减压阀安全装置就全部打开放气，确保安全。不用气时应先关闭气体钢瓶总阀，待压力表指针指向零点后，再将减压阀T形阀杆C沿逆时针方向转动，旋松关闭（避免减压阀中的弹簧长时间压缩失灵）。

实验室常用减压阀有氢、氧、乙炔气三种。每种减压阀只能用于规定的气体物质，如氢气钢瓶选氢气减压阀；氮气、空气钢瓶选氧气减压阀；乙炔钢瓶选乙炔减压阀等，绝不能混用。导管、压力计也必须专用，千万不可忽视。安装时应先检查螺纹是否符合，然后用手拧满全部螺纹后再用扳手拧紧。打开钢瓶总阀之前应检查减压阀是否已经关好（T形阀杆松开），否则容易损坏减压阀。

（3）空气压缩机　压缩机的种类很多，按工作原理可分为两大类：容积式压缩机和速度式压缩机。按压缩机的结构型式，又可作如下分类：容积式压缩机分为往复式（膜片式、活塞式）、回转式（滑片式、螺杆式）；速度式压缩机分为离心式、轴流式、混流式。

用来压缩空气的压缩机，在中小流量时，最广泛采用的是活塞式空气压缩机；在大流量时，则多采用离心式空气压缩机。中小型活塞式空气压缩机，若以压缩机汽缸夹套和级间气体冷却方式划分，又可分为水冷式（用水冷却）和空冷式（用空气冷却）两种。凡是要求压缩机连续运行或设备安装的环境温度较高的场合应采用水冷式。反之可考虑空冷式。化学实验室里，化学反应及仪器分析上使用的气源，常采用小型单缸或双缸空冷式空气压缩机。排气压力为 $3\times10^5 \sim 1\times10^6$ Pa，排气量小于 $1m^3 \cdot min^{-1}$。

近年来，化学实验室里越来越多地采用无油空气压缩机，因其工作时噪声小，排出的气体无油，适合作为现代仪器的气源并在医学、环境科学等领域中使用。JKQ10型净化空气发生器是一种对空气进行增压、净化，并输出具有一定压力洁净空气的空气压缩机，它适用于流量不大于 $1L \cdot min^{-1}$，要求压力脉动小的场合。净化空气发生器的工作原理是空气经过干燥器初步干燥后，由全封闭往复式压缩机进行增压，增压后的气体经由单向阀送入储气瓶，并由储气瓶分两路输出，一路送入压力控制器（压力控制器可自动启闭压缩机），另一路则经过开关阀、稳压阀、过滤器到最后输出。稳压阀可以把输出压力稳定在某一数值上，由面板上压力表显示，最高输出压力为 0.4MPa。

6.2.2.4　气路系统的日常维护

（1）气体管路的清洗　清洗气路连接金属管时，应首先将该管的两端接头拆下，再将该段管线从色谱仪中取出，这时应先把管外壁灰尘擦洗干净，以免清洗完管内壁时再产生污染。清洗管内壁时应先用无水乙醇进行疏通处理，这可除去管路内大部分颗粒状堵塞物及易被乙醇溶解的有机物和水分。在此疏通步骤中，如发现管路不通，可用洗耳球加压吹洗，加压后仍无效可考虑用细钢丝捅针疏通管路。如此法还不能使管线畅通，可使用酒精灯加热管路使堵塞物在高温下炭化而达到疏通的目的。

用无水乙醇清洗完气体管路后，应考虑管路内壁是否有不易被乙醇溶解的污染物。如没有，可加热该管线并用干燥气体对其进行吹扫，将管线装回原气路待用。如果由分析样品过程判定气路内壁可能还有其他不易被乙醇溶解的污染物，可针对具体物质溶解特性选择其他清洗液。选择清洗液的顺序应先使用高沸点溶剂，而后再使用低沸点溶剂浸泡和清洗。可供选择的清洗液有萘烷、N,N-二甲基甲酰胺、甲醇、蒸馏水、丙酮、乙醚、氟里昂、石油醚、乙醇等。

（2）阀的维护　稳压阀、针形阀及稳流阀的调节需缓慢进行。稳压阀不工作时，必须放松调节手柄（顺时针转动）；针形阀不工作时，应将阀门处于"开"的状态（逆时针转动）；原因如前所述。对于稳流阀，当气路通气时，必须先打开稳流阀的阀针，流量的调节应从大流量调到所需要的流量；稳压阀、针形阀及稳流阀均不可作开关使用；各种阀的进、出气口不能接反。

（3）转子流量计和皂膜流量计的维护　使用转子流量计时应注意气源的清洁，当由于对载气中微量水分干燥净化不够，在玻璃管壁吸附一层水雾造成转子跳动，或由于灰尘落入管中将转子卡住等现象时，应对转子流量计进行清洗。方法是：旋松上下两只大螺钉，小心地取出两边的小弹簧（防止转子吹入管道内）及转子，用乙醚或酒精冲洗锥形管（也可将棉花浸透清洗液后塞入管内捅洗）及转子，用电热吹风机把锥形管吹干，重新安装好。安装时应注意转子和锥形管不能放倒，同时要注意锥形管应垂直放置，以免转子和管壁产生不必要的摩擦。

使用皂膜流量计时要注意保持流量计的清洁、湿润，皂水要用澄清的皂水，或其他能起泡的液体（如烷基苯磺酸钠等），使用完毕应洗净、晾干（或吹干）放置。

6.2.3 进样系统

要想获得良好的气相色谱分析结果，首先要将样品定量引入色谱系统，并使样品有效地汽化，然后用载气将样品快速"扫入"色谱柱。气相色谱仪的进样系统包括进样器和汽化室。

6.2.3.1 进样器

（1）气体样品进样器 气体样品可以用平面六通阀（又称旋转六通阀）（见图6-11）进样。取样时，气体进入定量管，而载气直接由图中A到B。进样时，将阀旋转60°，此时载气由A进入，通过定量管，将管中气体样品带入色谱柱中。定量管有0.5mL、1mL、3mL、5mL等规格，实际工作时，可以根据需要选择合适体积的定量管。这类定量管阀是目前气体定量阀中比较理想的阀件，使用温度较高、寿命长、耐腐蚀、死体积小、气密性好，可以在低压下使用。SP2304型、SP2305型气相色谱仪使用这种平面六通阀。

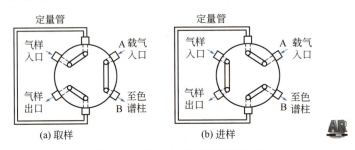

图6-11 平面六通阀取样和进样

当然，常压气体样品也可以用0.25～5mL注射器直接量取进样。这种方法虽然简单、灵活，但是误差大、重现性差。

（2）液体样品进样器 液体样品可以采用微量注射器直接进样（见图6-12）。常用的微量注射器有1μL、5μL、10μL、50μL、100μL等规格。实际工作中可根据需要选择合适规格的微量注射器。

（3）固体样品进样器 固体样品通常用溶剂溶解后，用微量注射器进样，方法同液体试样。对高分子化合物进行裂解色谱分析时，通常先将少量高聚物放入专用的裂解炉中，经过电加热，高聚物分解、汽化，然后再由载气将分解的产物带入色谱仪进行分析。

除上述几种常用的进样器外，现在许多高档的气相色谱仪还配置了自动进样器，它使得气相色谱分析实现了完全的自动化，其具体结构可参阅相关专著。

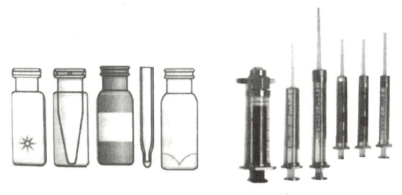

图6-12　各种规格进样瓶和微量注射器

6.2.3.2　汽化室

汽化室的作用是将液体样品瞬间汽化为蒸气。它实际上是一个加热器，通常采用金属块作加热体。当用注射器针头直接将样品注入热区时，样品瞬间汽化，然后由预热过的载气（载气先经过沿加热的汽化器载气管路），在汽化室前部将汽化了的样品迅速带入色谱柱内。气相色谱分析要求汽化室热容量要大，温度要足够高，汽化室体积尽量小，无死角，以防止样品扩散，减小死体积，提高柱效。

图6-13是一种常用的填充柱进样口，它的作用就是提供一个样品汽化室，所有汽化的样品都被载气带入色谱柱进行分离。汽化室内不锈钢套管中插入石英玻璃衬管能起到保护色谱柱的作用。实际工作中应保持衬管干净，及时清洗。进样口的隔垫一般为硅橡胶，其作用是防止漏气。硅橡胶在使用多次后会失去作用，应经常更换。一个隔垫的连续使用时间不能超过一周。

由于硅橡胶中不可避免地含有一些残留溶剂或低聚物，且硅橡胶在汽化室高温的影响下还会发生部分降解，这些残留溶剂和降解产物进入色谱柱，就可能出现"鬼峰"（即不是样品本身的峰），影响分析。图6-13中隔垫吹扫装置就可以消除这一现象。

使用毛细管柱时，由于柱内固定相的量少，柱对样品的容量要比填充柱低，为防止柱超载，要使用分流进样器。样品注入分流进样器汽化后，只有一小部分样品进入毛细管

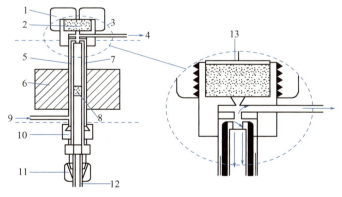

图6-13　填充柱进样口结构示意图

1—固定隔垫的螺母；2—隔垫；3—隔垫吹扫装置；4—隔垫吹扫气出口；5—汽化室；6—加热块；7—玻璃衬管；8—石英玻璃毛；9—载气入口；10—柱连接件固定螺母；11—色谱柱固定螺母；12—色谱柱；13—3的放大图

柱，而大部分样品都随载气由分流气体出口放空。在分流进样时，进入毛细管柱内的载气流量与放空的载气流量的比称为分流比。分析时使用的分流比范围一般为（1:10）～（1:100）。

除分流进样外，还有冷柱上进样、程序升温汽化进样、大体积进样、顶空进样等进样方式，具体内容可参阅相关专著。

正确选择液体样品的汽化温度十分重要，尤其对高沸点和易分解的样品，要求在汽化温度下，样品能瞬间汽化而不分解。一般仪器的最高汽化温度为350～420℃，有的可达450℃。

大部分气相谱仪应用的汽化温度在400℃以下，高档仪器的汽化室有程序升温功能。

6.2.3.3 日常维护

（1）汽化室进样口的维护　由于仪器的长期使用，硅橡胶微粒可能会积聚造成进样口管道阻塞，或气源净化不够使进样口沾污，此时应对进样口清洗。其方法是首先从进样口处拆下色谱柱，旋下散热片，清除导管和接头部件内的硅橡胶微粒（注意：接头部件千万不能碰弯），接着用丙酮和蒸馏水依次清洗导管和接头部件，并吹干。然后按拆卸的相反程序安装好，最后进行气密性检查。

（2）微量注射器的维护　微量注射器使用前要先用丙酮等溶剂洗净，使用后立即清洗处理（一般常用下述溶液依次清洗：5%NaOH水溶液、蒸馏水、丙酮、氯仿，最后用真空泵抽干），以免芯子被样品中高沸点物质沾污而阻塞；切忌用重碱性溶液洗涤，以免玻璃受腐蚀和不锈钢零件受腐蚀而漏水漏气；对于注射器针尖为固定式者，不宜吸取有较粗悬浮物质的溶液；一旦针尖堵塞，可用ϕ0.1mm不锈钢丝串通；高沸点样品在注射器内部分冷凝时，不得强行多次来回抽动拉杆，以免发生卡住或磨损而造成损坏；如发现注射器内有不锈钢氧化物（发黑现象），影响正常使用时，可在不锈钢芯子上蘸少量肥皂水塞入注射器内，来回抽拉几次就可去掉，然后做洗清即可；注射器的针尖不宜在高温下工作，更不能用火直接烧，以免针尖退火而失去穿戳能力。

（3）六通阀的维护　六通阀在使用时应绝对避免带有小颗粒固体杂质的气体进入六通阀，否则，在拉动阀杆或转动阀盖时，固体颗粒会擦伤阀体，造成漏气；六通阀使用长了，应该按照结构装卸要求卸下进行清洗。

6.2.4　分离系统

分离系统主要由柱箱和色谱柱组成，其中色谱柱是核心，它的主要作用是将多组分样品分离为单一组分的样品。

6.2.4.1　柱箱

在分离系统中，柱箱其实相当于一个精密的恒温箱。柱箱的基本参数有两个：一个是柱箱的尺寸，另一个是柱箱的控温参数。

柱箱的尺寸主要关系到是否能安装多根色谱柱，以及操作是否方便。尺寸大一些是有利的，但太大了会增加能耗，同时增大仪器体积。目前商品气相色谱仪柱箱的体积一般不超过15dm^3。

柱箱的操作温度范围一般在室温～450℃，且均带有多阶程序升温设计，能满足色谱优化分离的需要。部分气相色谱仪带有低温功能，低温一般用液氮或液态CO_2来实现的，主要用于冷柱上进样。

6.2.4.2 色谱柱的类型

色谱柱一般可分为填充柱和毛细管柱。

（1）填充柱　填充柱是指在柱内均匀、紧密填充固定相颗粒的色谱柱。柱长一般为1～5m，内径一般为2～4mm。依据内径大小的不同，填充柱又可分为经典型填充柱、微型填充柱和制备型填充柱。填充柱的柱材料多为不锈钢和玻璃，其形状有U形和螺旋形，使用U形柱时柱效较高。

（2）毛细管柱　毛细管柱又称空心柱，如图6-14所示。它比填充柱在分离效率上有很大的提高，可解决复杂的、填充柱难以解决的分析问题。常用的毛细管柱为涂壁空心柱（WCOT），其内壁直接涂渍固定液，柱材料大多用熔融石英，即所谓弹性石英柱。柱长一般为25～100m，内径一般为0.1～0.5mm。

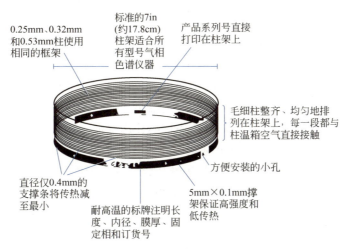

图6-14　毛细管柱的结构

按柱内径的不同，WCOT可进一步分为微径柱、常规柱和大口径柱。涂壁空心柱的缺点是柱内固定液的涂渍量相应较小，且固定液容易流失。为了尽可能地增加柱的内表面积，以增加固定液的涂渍量，人们又发明了涂载体空心柱（SCOT，即内壁上沉积载体后再涂渍固定液的空心柱）和属于气固色谱柱的多孔性空心柱[PLOT，即内壁上有多孔层（吸附剂）的空心柱]。其中SCOT柱由于制备技术比较复杂，应用不太普遍，而PLOT柱则主要用于永久性气体和低分子量有机化合物的分离分析。表6-1列出了常用色谱柱的特点及用途。

6.2.4.3 色谱柱的维护

使用色谱柱时应注意如下几点。

① 新制备的或新安装色谱柱使用前必须进行老化。

② 新购买的色谱柱一定要在分析样品前先测试柱性能是否合格，如不合格可以退货或更换新的色谱柱。色谱柱使用一段时间后，柱性能可能会发生变化，当分析结果有问题

时，应该用测试标样测试色谱柱，并将结果与前一次测试结果相比较。这有助于确定问题是否出在色谱柱上，以便于采取相应措施排除故障。每次测试结果都应保存起来作为色谱柱寿命的记录。

表6-1 常用色谱柱的特点及用途

参数		柱长/m	内径/mm	柱效/(N/m)	进样量/ng	液膜厚度/μm	相对压力	主要用途
填充柱	经典		2~4					分析样品
	微型	1~5	≤1	500~1000	$10\sim10^6$	10	高	分析样品
	制备		>4					制备纯化合物
WCOT	微径柱	1~10	≤0.1	4000~8000				快速GC
	常规柱	10~60	0.2~0.32	3000~5000	10~1000	0.1~1	低	常规分析
	大口径柱	10~50	0.53~0.75	1000~2000				定量分析

③ 色谱柱暂时不用时，应将其从仪器上卸下，在柱两端套上不锈钢螺帽（或者用一块硅橡胶堵上），并放在相应的柱包装盒中，以免柱头被污染。

④ 每次关机前都应将柱箱温度降到50℃以下，然后再关电源和载气。若温度过高时切断载气，则空气（氧气）扩散进入柱管，会造成固定液氧化和降解。仪器有过温保护功能时，每次新安装了色谱柱都要重新设定保护温度（超过此温度时，仪器会自动停止加热），以确保柱箱温度不超过色谱柱的最高使用温度，对色谱柱造成一定的损伤（如固定液的流失或者固定相颗粒的脱落），降低色谱柱的使用寿命。

⑤ 对于毛细管柱，如果使用一段时间后柱效有大幅度的降低，往往表明固定液流失太多，有时也可能只是由于一些高沸点的极性化合物的吸附而使色谱柱丧失分离能力，这时可以在高温下老化，用载气将污染物冲洗出来。若柱性能仍不能恢复，就得从仪器上卸下柱子，将柱头截去10cm或更长，去除掉最容易被污染的柱头后再安装测试，往往能恢复柱性能。如果还是不起作用，可再反复注射溶剂进行清洗，常用的溶剂依次为丙酮、甲苯、乙醇、氯仿和二氯甲烷。每次可进样5~10μL，这一办法常能有效。如果色谱柱性能还不好，就只有卸下柱子，用二氯甲烷或氯仿冲洗（对固定液关联的色谱柱而言），溶剂用量依柱子污染程度而定，一般为20mL左右。如果这一办法仍不起作用，说明该色谱柱只有报废了。

6.2.5 检测系统

气相色谱检测器的作用是将经色谱柱分离后按顺序流出的化学组分的信息转变为便于记录的电信号，然后对被分离物质的组成和含量进行鉴定和测量。检测器是色谱仪的"眼睛"。

6.2.5.1 检测器的类型及性能指标

（1）检测器的类型　目前，气相色谱仪广泛使用的是微分型检测器，这类检测器显示的信号是组分随时间的瞬时量的变化。微分型检测器按原理的不同又分为浓度敏感型检测器和质量敏感型检测器。浓度敏感型检测器的响应值取决于载气中组分的浓度。常见的浓度型检测器有热导检测器及电子捕获检测器等。质量敏感型检测器输出信号的大小取决于组分在单位时间内进入检测器的量,而与浓度关系不大。常见的质量型检测器有氢火焰离子化检测器和火焰光度检测器等。

(2) 检测器的性能指标　检测器的性能指标是在色谱仪工作稳定的前提下进行讨论的,主要指灵敏度、检测限、噪声、线性范围和响应时间等。

6.2.5.2 气相色谱仪常用检测器

目前,可用于气相色谱分析法的检测器已有几十种,其中最常用的是热导检测器(TCD)、氢火焰离子化检测器(FID)。普及型的仪器大都配有这两种检测器。此外电子捕获检测器(ECD)、氮磷检测器(NPD)及火焰光度检测器(FPD)等也用得比较多。表6-2总结了几种常用检测器的特点和技术指标(以商品检测器的最好性能为例)。对于常用检测器的结构原理在下一个任务中介绍。

表6-2　常用气相色谱仪检测器的特点和技术指标

检测器	类型	最高操作温度/℃	最低检测限	线性范围	主要用途
氢火焰离子化检测器(FID)	质量型、准通用型	450	丙烷:<5pg·s^{-1}碳	10^7(±10%)	各种有机化合物分析,对碳氢化合物的灵敏度高
热导检测器(TCD)	浓度型、通用型	400	丙烷:<400pg·mL^{-1} 壬烷:20000mV·mL·mg^{-1}	10^5(±5%)	适用于各种无机气体和有机物的分析,多用于永久性气体的分析
电子捕获检测器(ECD)	浓度型、选择性	400	六氯苯:<0.04pg·s^{-1}	>10^4	适合分析含电负性元素或基团的有机化合物,多用于分析含卤素化合物
微型ECD	质量型、选择性	400	六氯苯:<0.008pg·s^{-1}	>$5×10^4$	同ECD
氮磷检测器(NPD)	质量型、选择性	400	用偶氮苯和马拉硫磷的混合物测定: <0.4pg·s^{-1}氮; <0.2pg·s^{-1}磷	>10^5	适合于含氮和含磷化合物的分析
火焰光度检测器(FPD)	浓度型、选择性	250	用十二烷硫醇和三丁基膦酸酯混合物测定: <20pg·s^{-1}硫; <0.9pg·s^{-1}磷	硫:>10^5 磷:>10^6	适合于含硫、含磷和含氮化合物的分析
脉冲FPD(PFPD)	浓度型、选择性	400	对硫磷:<0.1pg·s^{-1}磷 对硫磷:<1pg·s^{-1}硫 硝基苯:<10pg·s^{-1}氮	磷:10^6 硫:10^3 氮:10^2	同FPD

6.2.6　数据处理系统和温度控制系统

6.2.6.1　数据处理系统

数据处理系统是气相色谱分析必不可少的一部分,虽然对分离和检测没有直接的贡献,但分离效果的好坏,检测器性能的好坏,都要通过数据处理系统所收集显示的数据反映出来。所以,数据处理系统最基本的功能便是将检测器输出的模拟信号随时间的变化曲线,即将色谱图画出来。

(1) 电子电位差计　最简单的数据处理装置是记录仪。常用的记录仪是电子电位差计,它是一种记录直流电信号的记录仪。记录仪满量程通常为5mV或10mV。对热导检测器,由于它输出电信号未经放大,因此选用满标量程0～5mV比较合适。对氢火焰离子化检测器,由于输出电信号经放大器放大,宜选用满标量程为0～10mV。由于电子电位差计记录的色谱图,其色谱峰面积和峰高等数据必须用手工测量,这样往往会带来人为的误差,故记录仪的使用越来越不受欢迎,有被完全淘汰的趋势。

(2) 积分仪　目前,使用较为普遍的数据处理装置是电子积分仪。它实质上是一个积分放大器,是利用电容的充放电性能,将一个峰信号(微分信号)变成一个积分信号,这样就可以直接测量出峰面积,最后打印出色谱峰的保留时间、峰面积和峰高等数据。

(3) 色谱数据处理机　20世纪70年代后期把单片机引入数据积分仪中,可以将积分仪得到的数据进行存储、变换,采用多种定量分析方法进行色谱定量分析,并将色谱分析结果(包括色谱峰的保留时间、峰面积、峰高、色谱图、定量分析结果等)同时打印在记录纸上。这种功能较多的积分仪称为色谱数据处理机。它还可以从一个磁盘拷贝到另一个磁盘中。色谱数据处理机除可以存储色谱数据外,还可以文件号的方式存储不同分析方法的操作参数,使用这一方法只需要调出文件号,不必一个参数一个参数再去设定。色谱数据处理机的功能越来越多,日新月异,目前除了处理从检测器输出采集到的色谱数据外,很多色谱数据处理机还增加了对色谱仪的控制功能。如气相色谱仪的进样口温度、柱温(包括程序升温)、检测器温度和参数等都可以由色谱数据处理机设定和控制。

总之,色谱分析处理机的发展大大减轻了色谱工作者的劳动,同时使色谱定性、定量分析的结果更加准确、可靠。

(4) 色谱工作站　色谱工作站是由一台微型计算机来实时控制色谱仪器,并进行数据采集和处理的一个系统。它由硬件和软件两个部分组成。

硬件是一台微型计算机,以及色谱数据采集卡和色谱仪器控制卡。软件主要包括色谱仪实时控制程序、峰识别和峰面积积分程序、定量计算程序、报告打印程序等。

色谱仪通过色谱数据采集卡和色谱仪器控制卡与计算机连接,在色谱工作站软件的控制下,可以对气相色谱、高效液相色谱、离子色谱、凝胶渗透色谱、超临界流体色谱、薄层色谱及毛细管电泳等的检测器输出的色谱峰的模拟信号进行转换、采集、存储和处理,并对采集和存储的色谱图进行分析校正和定量计算,最后打印出色谱图和分析报告。

色谱工作站在数据处理方面的功能有:色谱峰的识别、基线的校正、重叠峰和畸形峰的解析、计算峰参数(包括保留时间、峰高、峰面积、半峰宽等),定量计算组分含量(定量方法有归一化法、内标法、外标法等)等。色谱工作站在对重叠峰的数据处理时,一般采用高精度拟合法,有较高的准确度。色谱工作站的软件还有谱图再处理功能,包括对已存储的色谱图整体或局部的调出、检查;色谱峰的加入或删除;对色谱图进行放大或缩小处理;对色谱图进行叠加或相减运算等。

色谱工作站对色谱仪器的实时控制功能包括了色谱仪各单元中单片机具有的所有功能,包括色谱仪器一般操作条件的控制;程序的控制,如气相色谱的程序升温、液相色谱的梯度洗脱等;自动进样的控制,流路切换及阀门切换的控制;自动调零、衰减、基线补偿的控制等。

6.2.6.2 温度控制系统

在气相色谱测定中，温度的控制是重要的指标，它直接影响柱的分离效能、检测器的灵敏度和稳定性。控制温度主要指对色谱柱、汽化室、检测器三处的温度控制，尤其是对色谱柱的控温精度要求很高。

（1）柱箱　为了适应在不同温度下使用色谱柱的要求，通常把色谱柱放在一个恒温箱中，以提供可以改变的、均匀的恒定温度。恒温箱使用温度为室温～450℃，要求箱内上下温度差在3℃以内，控制点的控温精度在±（0.1～0.5）℃。

现代气相色谱仪多采用可控制硅温度控制器。这种控温方式使用安全可靠，控温连续，精度高、操作简便。

恒温箱的温度测量可使用数字显示式温度指示装置。

当分析沸点范围很宽的混合物时，用等温的方法就很难完成分离的任务，此时就要采用程序升温的方法来完成分析任务。所谓程序升温就是指在一个分析周期里，色谱柱的温度连续地随分析时间的增加从低温升到高温，升温速率可为 $1\sim30℃\cdot min^{-1}$。这样可改善宽沸程样品的分离度并缩短分析时间。

（2）检测器和汽化室　在现代气相色谱仪中，检测器和汽化室也有自己独立的恒温调节装置，其温度控制及测量和色谱柱恒温箱类似。

（3）温度控制系统的维护　一般来说，温度控制系统只需每月一次或按生产者规定的校准方法进行检查，就足以保证其工作性能。校准检查的方法可参考相关仪器的说明书。实际使用过程中，为防止温度控制系统受到损害，应严格按照仪器的说明书操作，不能随意乱动。

> **思考与练习6.2**
>
> 1.选择题
> （1）装在高压气瓶的出口，用来将高压气体调节到较小的压力是（　　）。
> A.减压阀　　　B.稳压阀　　　C.针形阀　　　D.稳流阀
> （2）既可用来调节载气流量，也可用来控制燃气和空气流量的是（　　）。
> A.减压阀　　　B.稳压阀　　　C.针形阀　　　D.稳流阀
> （3）下列试剂中，一般不用于气体管路清洗的是（　　）。
> A.甲醇　　　　　　　　　　　B.丙酮
> C.5%氢氧化钠水溶液　　　　　D.乙醚
> （4）在毛细管色谱中，应用范围最广的柱是（　　）。
> A.玻璃柱　　　B.石英玻璃柱　　　C.不锈钢柱　　　D.聚四氟乙烯管柱
> （5）下列哪些情况发生后，应对色谱柱进行老化？（　　）
> A.每次安装了新的色谱柱后
> B.色谱柱使用一段时间后
> C.分析完一个样品后，准备分析其他样品之前
> D.更换了载气或燃气
> （6）评价气相色谱检测器的性能好坏的指标有（　　）。

A. 基线噪声与漂移　　　　　　　B. 灵敏度与检测限
C. 检测器的线性范围　　　　　　D. 检测器体积的大小

（7）所谓检测器的线性范围是指（　　）。
A. 检测曲线呈直线部分的范围
B. 检测器响应呈线性时，最大的和最小进样量之比
C. 检测器响应呈线性时，最大和最小进样量之差
D. 最大允许进样量与最小检测量之比

2. 问答题

（1）简要说明气相色谱的分析流程。
（2）双柱双气路与单柱单气路相比有什么优点？
（3）试说明气路检漏的两种常用的方法。
（4）怎样清洗气路管路？
（5）试说明六通阀进样器的工作原理。
（6）简述气相色谱柱的日常维护。

任务6.3　气相色谱仪常用检测器

6.3.1　热导检测器

热导检测器（TCD）是利用被测组分和载气的热导率不同而响应的浓度型检测器，有的亦称为热导池检测器。

6.3.1.1　TCD结构和工作原理

（1）结构　热导池由池体和热敏元件构成，有双臂热导池和四臂热导池两种（见图6-15）。双臂热导池池体用不锈钢或铜制成，具有两个大小、形状完全对称的孔道，每一孔道装有一根热敏铼钨丝（其电阻值随本身温度变化而变化），其形状、电阻值在相同的温度下基本相同。四臂热导池具有四根相同的铼钨丝，灵敏度比双臂热导池约高一倍。目前大多采用四臂热导池。

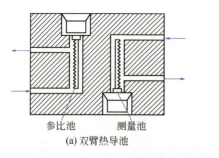
(a) 双臂热导池

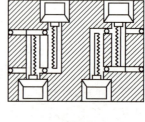
(b) 四臂热导池

图6-15　热导池结构

热导池气路形式有三种，即直通式、扩散式和半扩散式，如图6-16所示。直通式热

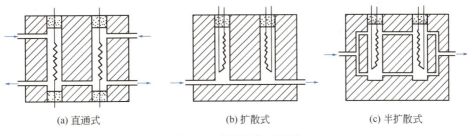

(a) 直通式　　　　　　(b) 扩散式　　　　　　(c) 半扩散式

图 6-16　热导池气路形式

导池响应快，但对气流波动较敏感；扩散型具有稳定的特点，但响应慢、灵敏度低；半扩散型介于二者之间。热导池池体中，只通纯载气的孔道称为参比池，通载气与药品的孔道为测量池。双臂热导池是一个参比池，另一个是测量池；四臂热导池中，有两臂为参比池，另两臂为测量池。

早期TCD的池体积多为500～800μL，后减小至100～500μL，适用于填充柱。近年来发展的微型热导池（μTCD），其池体积均在100μL以下，μTCD可与毛细管柱配合使用。惠普公司推出的单丝流路调制式TCD只用一根热丝，稳定性好、噪声小、响应快、灵敏度很高（灵敏度可提高3个量级，线性范围扩大了2个量级），也可与毛细管柱配合使用。

（2）测量电桥　热导池检测器中，热敏元件电阻值的变化可以通过惠斯通电桥来测量。图6-17为四臂热导池基本电路原理示意图。将四臂热导池的四根热丝分别作为电桥的四个臂，四根热丝阻值分别为：R_1、R_2、$R_参$、$R_测$。在同一温度下，四根热丝阻值相等，即$R_1=R_2=R_参=R_测$；其中R_1和$R_测$为测量池中热丝，作为电桥测量臂；R_2和$R_参$为参比池中热丝，作为电桥的参考臂。

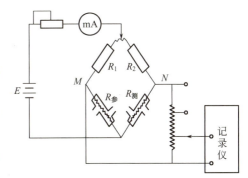

图 6-17　四臂热导池测量电桥

（3）工作原理　热导池检测器的工作原理是基于不同气体具有不同的热导率。热丝具有电阻随温度变化的特性。当有一恒定直流电通过热导池热丝时（此时池内已预先通有一定流速的纯载气），热丝被加热。由于载气的热传导作用使热丝的一部分热量被载气带走，一部分传给池体。当热丝产生的热量与散失的热量达到平衡时，热丝温度就稳定在一定数值。此时，热丝阻值也稳定在一定数值。由于参比池和测量池通入的都是纯载气，同一种载气有相同的热导率，因此两臂的电阻值相同，电桥平衡，无信号输出，记录系统记录的是一条直线。当有试样进入检测器时，纯载气流经参比池，载气携带着组分气流经测量池，由于载气和待测组分二元混合气体的热导率和纯载气的热导率不同，测量池中散热情况因而发生变化，使参比池和测量池两池孔中热丝电阻值之间产生了差异，电桥失去平衡，检测器有电压信号输出，记录仪画出相应组分的色谱峰。载气中待测组分的浓度愈大，测量池中气体热导率改变就愈显著，温度和电阻值改变也愈显著，电压信号就愈强。此时输出的电压信号（色谱峰面积或峰高）与样品的浓度成正比，这正是热导检测器的定量基础。

码6-5　气相色谱仪热导池检测器

6.3.1.2 TCD性能特征

TCD无论对单质、无机物或有机物均有响应，且其相对响应值与使用的TCD的类型、结构以及操作条件等无关，因而通用性好。TCD的线性范围为10^5，定量准确，操作维护简单、价廉。不足之处是灵敏度较低。不过，近年来TCD的灵敏度又有了提高，如HP5890A型气相色谱仪，其TCD的灵敏度可达$4\times10^{-10}\mathrm{g\cdot mL^{-1}}$。

6.3.1.3 检测条件的选择

影响热导池灵敏度的因素主要有桥路电流、载气性质、池体温度和热敏元件材料及性质。 对于给定的仪器，热敏元件已固定，因而需要选择的操作条件就只有载气、桥电流和检测器温度。

（1）载气种类、纯度和流量

① 载气种类。载气与样品的导热能力相差越大，检测器灵敏度越高。由于分子量小的H_2、He等导热能力强，而一般气体和蒸气导热能力（见表6-3）较小，所以TCD通常用He或H_2作载气。用H_2或He作载气的TCD，其灵敏度高，且峰形正常，易于定量，线性范围宽。

表6-3　一些化合物蒸气和气体的相对热导率

化合物	相对热导率 He=100	化合物	相对热导率 He=100	化合物	相对热导率 He=100
氦（He）	100.0	乙炔	16.3	甲烷（CH_4）	26.2
氮（N_2）	18.0	甲醇	13.2	丙烷（C_3H_8）	15.1
空气	18.0	丙酮	10.1	环己烷	12.0
一氧化碳	17.3	四氯化碳	5.3	乙烯	17.8
氨（NH_3）	18.8	二氯甲烷	6.5	苯	10.6
乙烷（C_2H_6）	17.5	氢（H_2）	123.0	乙醇	12.7
正丁烷（C_4H_{10}）	13.5	氧（O_2）	18.3	乙酸乙酯	9.8
异丁烷	13.9	氩（Ar）	12.5	氯仿	6.0
		二氧化碳（CO_2）	12.7		

通常不使用N_2或Ar作载气，因其灵敏度低，线性范围窄。但若分析He或H_2时，则宜用N_2或Ar作载气。用N_2或Ar作载气时要注意，因其热导率小，热丝达到相同温度所需桥流值，比He或H_2载气要小得多。毛细管柱接TCD时，最好都加尾吹气❶，尾吹气的种类同载气。

② 载气的纯度。载气的纯度影响TCD的灵敏度。实验表明：在桥流160～200mA的范围内，用99.999%的超纯H_2比用99%的普通H_2灵敏度高6%～13%。载气纯度对峰形亦有影响，用TCD作高纯气中杂质检测时，载气纯度应比被测气体高十倍以上，否则将出倒峰。

③ 载气流速。TCD为浓度敏感型检测器，色谱峰的峰面积响应值反比于载气流速。因

---

❶ 尾吹气是从色谱柱出口处直接进入检测器的一路气体，又叫补充气或辅助气。其作用一是保证检测器在最佳载气流量条件下工作，二是消除检测器死体积的柱外效应。

此，在检测过程中，载气流速必须保持恒定。在柱分离许可的情况下，载气应尽量选用低流速。流速波动可能导致基线噪声和漂移增大。对μTCD，为了有效地消除柱外峰形扩张，同时保持高灵敏度，通常载气加尾吹气的总流量在$10 \sim 20\text{mL} \cdot \text{min}^{-1}$。参考池的气体流速通常与测量池相等，但在程序升温时，可调整参考池的流速至基线波动和漂移最小为佳。

（2）桥电流　一般认为灵敏度S值与桥电流的三次方成正比。所以，用增大桥电流来提高灵敏度是最通用的方法。但是，桥流偏大，噪声也由逐渐增大变成急剧增大，结果是信噪比下降，检测限变大。而且，桥流越高，热丝越易被氧化，因此使用寿命也越短，过高的桥流甚至可能使热丝被烧断。所以，在满足分析灵敏度要求的前提下，应尽量选取低的桥电流，这时噪声小，热丝寿命长。但是TCD若长期在低桥电流下工作，可能造成池污染，此时可用溶剂清洗热导池。一般商品TCD使用说明书中，均有不同检测器温度时推荐使用的桥电流值，实际工作时通常可参考此值来设定桥电流的具体数值。

（3）检测器温度　TCD的灵敏度与热丝和池体间的温差成正比。实际过程中，增大其温差有两个途径：一是提高桥电流，以提高热丝温度；二是降低检测器池体温度，这决定于被分析样品的沸点。检测器池体温度不能低于样品的沸点，以免样品在检测器内冷凝而造成污染或堵塞。因此，对具有较高沸点的样品的分析而言，采用降低检测器池体温度来提高灵敏度是有限的，而对那些永久性气体的分析而言，用此法则可大大提高灵敏度。

6.3.1.4　应用

热导检测器是一种通用的非破坏型浓度型检测器，一直是实际工作中应用最多的气相色谱检测器之一。TCD特别适用于气体混合物的分析，对于那些氢火焰离子化检测器不能直接检测的无机气体的分析，TCD更是显示出独到之处。TCD在检测过程中不破坏被检测的组分，有利于样品的收集，或与其他仪器联用。TCD能满足工业分析中峰高定量的要求，很适于工厂控制分析。

TCD在工厂中的应用最典型的实例要数石油裂解气的分析。这是因为：第一，石油裂解气的分析为工厂控制分析，是TCD应用最多的场合；第二，裂解气为无机气体和轻烃的混合物，这是最能体现TCD应用特征的样品类型；第三，裂解气分析用工业色谱仪在线监测，要求能长期稳定运行，而TCD是所有气相色谱检测器中，最能满足要求的检测器。图6-18为裂解气分析色谱图，它采用四个阀和四根填充柱配合，自动取样，自动柱切换，自动反吹，15min一次。图为对无机和轻烃混合的7组分进行的检测。

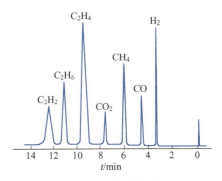

图6-18　裂解气分析色谱图

6.3.1.5　热导检测器的维护

（1）使用注意事项

① 尽量采用高纯气源；载气与样品气中应无腐蚀性物质、机械性杂质或其他污染物。

② 载气至少通入30min，保证将气路中的空气赶走后，方可通电，以防热丝元件的氧化。未通载气严禁加载桥电流。

③ 根据载气的性质，桥电流不允许超过额定值。如载气用N_2时，桥电流应低于150mA；用H_2时，则应低于270mA。

④ 检测器不允许有剧烈振动。

⑤ 热导池高温分析时如果停机，除首先切断桥电流外，最好等检测室温度低于100℃以下时，再关闭气源，这样可以延长热丝元件的使用寿命。

（2）**热导检测器的清洗** 当热导池使用时间长或被沾污后，必须进行清洗。方法是将丙酮、乙醚、十氢萘等溶剂装满检测器的测量池，浸泡一段时间（20min左右）后倾出，如此反复进行多次，直至所倾出的溶液比较干净为止。

当选用一种溶剂不能洗净时，可根据污染物的性质先选用高沸点溶剂进行浸泡清洗，然后再用低沸点溶剂反复清洗。洗净后加热使溶剂挥发，冷却至室温后，装到仪器上，然后加热检测器，通载气数小时后即可使用。

6.3.2 氢火焰离子化检测器

氢火焰离子化检测器（FID） 是气相色谱检测器中使用最广泛的一种，是典型的破坏型质量型检测器。

6.3.2.1 FID结构和工作原理

码6-6 气相色谱仪FID氢火焰离子检测器

（1）**FID的结构** FID的结构如图6-19所示。氢火焰离子化检测器的主要部件是离子室。离子室一般由不锈钢制成，包括气体入口、出口、火焰喷嘴、极化极和收集极以及点火线圈等部件。极化极为铂丝做成的圆环，安装在喷嘴之上。收集极是金属圆筒，位于极化极上方。两极间距可以用螺丝调节（一般不大于10mm）。在收集极和极化极间加一定的直流电压（常用150～300V），以收集极作负极，极化极作正极，构成一外加电场。载气一般用氮气，燃气用氢气，分别由入口处通入，调节载气和燃气的流量配比，使它们以一定比例混合后，由喷嘴喷出。助燃空气进入离子室，供给氧气。在喷嘴附近安有点火装置（一般极化极兼点火极），点火后，在喷嘴上方即产生氢火焰。

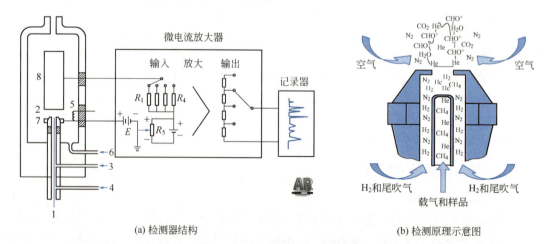

图6-19 氢火焰离子化检测器结构与检测原理示意图
1—毛细管柱；2—喷嘴；3—氢气入口；4—尾吹气入口；5—点火灯丝；6—空气入口；7—极化极；8—收集极

（2）FID工作原理　当仅有载气从毛细管柱后流出，进入检测器，载气中的有机杂质和流失的固定液在氢火焰（2100℃）中发生化学电离（载气N_2本身不会被电离），生成正、负离子和电子。在电场作用下，正离子移向收集极（负极），负离子和电子移向极化极（正极），形成微电流，流经输入电阻R_1时，在其两端产生电压降E。它经微电流放大器放大后，在记录仪上便记录下一信号，称为基流。只要载气流速、柱温等条件不变，该基流亦不变。实际过程中，总是希望基流越小越好。但是，基流总是存在的，因此，通常通过调节R_5上的反方向的补差电压来使流经输入电阻的基流降至"零"，这就是所谓的"基流补偿"。一般在进样前均要使用基流补偿，将记录器上的基线调至零。进样后，载气和分离后的组分一起从柱后流出，氢火焰中增加了组分被电离后产生的正、负离子和电子，从而使电路中收集极的微电流显著增大，此即该组分的信号。该信号的大小与进入火焰中组分的质量是成正比的，这便是FID的定量依据。

6.3.2.2　性能特征

FID的特点是灵敏度高，比TCD的灵敏度高约10^3倍；检出限低，可达$10^{-12}g \cdot s^{-1}$；线性范围宽，可达10^7；FID结构简单，死体积一般小于1μL，响应时间仅为1ms，既可以与填充柱联用，也可以直接与毛细管柱联用；FID对能在火焰中燃烧电离的有机化合物都有响应，可以直接进行定量分析，是目前应用最为广泛的气相色谱检测器之一。FID的主要缺点是不能检测永久性气体、水、一氧化碳、二氧化碳、氮的氧化物、硫化氢等物质。

6.3.2.3　检测条件的选择

FID可供操作者选择的主要参数有：载气种类和载气流速；氢气和空气的流速；柱、汽化室和检测室的温度；极化电压；电极形状和距离等。

（1）气体种类、流速和纯度

① 载气。载气将被测组分带入FID，同时又是氢火焰的稀释剂。N_2、Ar、H_2、He均可作FID的载气。N_2、Ar作载气时，FID灵敏度高、线性范围宽。因N_2价格较Ar低，所以通常用N_2作载气。最近有实验表明：用NH_3作载气时可使所有化合物在FID上的响应值比用He作载气时高。

载气流速通常根据柱分离的要求进行调节。对FID而言，适当增大载气流速会降低检测限，所以从最佳线性和线性范围考虑，载气流速以低些为妥。

② 氮氢比。实验表明，氮稀释氢焰的灵敏度高于纯氢焰。在要求高灵敏度，如痕量分析时，调节氮氢比在1:1左右往往能得到响应值的最大值。如果是常量组分的质量检测，增大氢气流速，使氮氢比下降至0.43～0.72的范围内，虽然减小了灵敏度，但可使线性和线性范围得到大的改善和提高。

③ 空气流速。空气是氢火焰的助燃气。它为火焰化学反应和电离反应提供了必要的氧，同时也起着把CO_2、H_2O等燃烧产物带走的吹扫作用。通常空气流速约为氢气流速的10倍。流速过小，供氧量不足，响应值低；流速过大，易使火焰不稳，噪声增大。一般情况下空气流速在300～500mL·min^{-1}范围。

④ 气体纯度。在做常量分析时，载气、氢气和空气纯度在99.9%以上即可。但在做痕量分析时，则要求三种气体的纯度相应提高，一般要求达99.999%以上，空气中总烃含量应小于0.1μL·L^{-1}。钢瓶气源中的杂质，可能造成FID噪声、基线漂移、假峰以及加快

色谱柱流失、缩短柱寿命等。

（2）温度　FID为质量敏感型检测器，它对温度变化不敏感。但在用填充柱或毛细管柱作程序升温时要特别注意基线漂移，可用双柱进行补偿，或者用仪器配置的自动补偿装置进行"校准"和"补偿"两步骤。

在FID中，由于氢气燃烧，产生大量水蒸气。若检测器温度低于80℃，水蒸气不能以蒸汽状态从检测器排出，冷凝成水，使高阻值的收集极阻值大幅度下降，减小灵敏度，增加噪声。所以，要求FID温度必须在120℃以上。

在FID中，汽化室温度变化对其性能既无直接影响，亦无间接影响，只要能保证试样汽化而不分解就行。

（3）极化电压　极化电压的大小会直接影响检测器的灵敏度。当极化电压较低时，离子化信号随所采用的极化电压的增加而迅速增大。当电压超过一定值时，增加电压对离子化电流的增大没有比较明显的影响。正常操作时，所用极化电压一般为150～300V。

（4）电极形状和距离　有机物在氢火焰中的离子化效率很低，因此要求收集极必须具有足够大的表面积，这样可以收集更多的正离子，提高收集效率。收集极的形状多样，有网状、片状、圆筒状等。圆筒状电极的采集效率最高。两极之间距离为5～7mm时，往往可以获得较高的灵敏度。另外喷嘴内径小，气体流速大，有利于组分的电离，检测器灵敏度高。圆筒状电极的内径一般为0.2～0.6mm。

6.3.2.4　日常维护

（1）使用注意事项

① 尽量采用高纯气源，空气必须经过5A分子筛充分的净化；

② 在最佳的N_2/H_2比以及最佳空气流速的条件下使用；

③ 色谱柱必须经过严格的老化处理；

④ 离子室要注意外界干扰，保证使它处于屏蔽、干燥和清洁的环境中；

⑤ 长期使用会使喷嘴堵塞，因而造成火焰不稳、基线不准等故障，所以实际操作过程中应经常对喷嘴进行清洗。

（2）氢火焰离子化检测器的清洗　若检测器沾污不太严重时，FID的清洗方法是：将色谱柱取下，用一根管子将进样口与检测器连接起来，然后通载气将检测器恒温箱升至120℃以上，再从进样口注入20μL左右的蒸馏水，接着再用几十微升丙酮或氟利昂溶剂进行清洗，并在此温度下保持1～2h，检查基线是否平稳。若基线不理想，则可再洗一次或卸下清洗（注意：更换色谱柱，必须先切断氢气源）。

当检测器沾污比较严重时，必须卸下FID进行清洗。具体方法是：先卸下收集极、极化极、喷嘴等。若喷嘴是石英材料制成的，则先将其放在水中进行浸泡至过夜；若喷嘴是不锈钢等材料制成的，则可将喷嘴与电极等一起，先小心用300～400号细砂纸磨光，再用适当溶液（如1∶1甲醇苯）浸泡，超声波清洗，最后用甲醇清洗后置于烘箱中烘干。注意切勿用卤素类溶剂（如氯仿、二氯甲烷等）浸泡，以免与卸下零件中的聚四氟乙烯材料作用，导致噪声增加。洗净后的各个部件要用镊子取出，勿用手摸。各部件烘干后，在装配时也要小心，否则会再度沾污。部件装入仪器后要先通载气30min，再点火升高检测室的温度。实际操作过程中，最好先在120℃的温度下保持数小时后，再升至工作温度。

6.3.2.5 应用

FID广泛应用于烃类工业、化学、化工、药物、农药、法医化学、食品和环境科学等诸多领域。FID除用于各种常量样品的常规分析以外，由于其灵敏度高还特别适合作各种样品的痕量分析。

6.3.3 电子捕获检测器

电子捕获检测器（ECD）也是一种离子化检测器，它可以与氢火焰共用一个放大器。它的应用仅次于热导检测器和氢火焰离子化检测器，是一种具有选择性的高灵敏度检测器。**ECD仅对具有电负性的物质，如含有卤素、硫、磷、氧、氮等的物质有响应信号，物质的电负性愈强，检测器的灵敏度愈高。** ECD特别适用于分析多卤化物、多环芳烃、金属离子的有机螯合物，还广泛应用于农药、大气及水质污染的检测，但是ECD对无电负性的烃类则不适用。

6.3.3.1 ECD结构和工作原理

（1）结构　电子捕获检测器的结构如图6-20所示。电子捕获检测器的主体是电离室，目前广泛采用的是圆筒状同轴电极结构。阳极是外径约2mm的铜管或不锈钢管，金属池体为阴极。离子室内壁装有β射线放射源，常用的放射源是^{63}Ni。在阴极和阳极间施加一个直流或脉冲极化电压。载气用N_2或Ar。

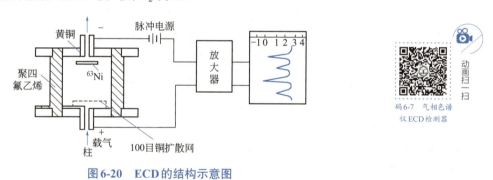

图6-20　ECD的结构示意图

（2）检测原理　当载气（N_2）从色谱柱流出进入检测器时，放射源放射出的β射线，使载气电离，产生正离子及低能量电子：

$$N_2 \xrightarrow{\beta射线} N_2^+ + e^-$$

这些带电粒子在外电场作用下向两电极定向流动，形成了约为10^{-8}A的离子流，即为检测器基流。

当电负性物质AB进入离子室时，因为AB有较强的电负性，可以捕获低能量的电子，而形成负离子，并释放出能量。电子捕获反应如下：

$$AB + e^- \longrightarrow AB^- + E$$

反应式中，E为反应释放的能量。

电子捕获反应中生成的负离子AB^-与载气的正离子N_2^+复合生成中性分子。反应式为：

$$AB^- + N_2^+ \longrightarrow N_2 + AB$$

由于电子捕获和正负离子的复合,使电极间电子数和离子数目减少,致使基流降低,产生了样品的检测信号。由于被测样品捕获电子后降低了基流,所以产生的电信号是负峰,负峰的大小与样品的浓度成正比,这正是ECD的定量基础。实际过程中,常可通过改变极性使负峰变为正峰。

6.3.3.2 性能特征及应用

ECD是一种灵敏度高、选择性强的检测器。ECD只对具有电负性的物质,如含S、P、卤素的化合物、金属有机物及含羰基、硝基、共轭双键的化合物有输出信号,而对电负性很小的化合物,如烃类化合物等,只有很小或没有输出信号。ECD对那些电负性大的物质的检测限可达$10^{-12} \sim 10^{-14}$g,所以特别适合于分析痕量电负性化合物。虽然ECD的线性范围较窄,仅为10^4左右,但ECD仍然被广泛用于生物、医药、农药、环保、金属螯合物及气象追踪等领域。

6.3.3.3 操作条件的选择

(1) 载气和载气流速　ECD一般采用N_2作载气,载气必须严格纯化,彻底除去水和氧。

载气流速增加,基流随之增大,N_2在100mL·min^{-1}左右,基流最大,为了同时获得较好的柱分离效果和较高基流,通常采用在柱与检测器间引入补充的N_2,以便检测器内N_2达到最佳流量。

(2) 检测器的使用温度　当电子捕获检测器采用^{3}H作放射源时,检测器温度不能高于220℃;当采用^{63}Ni作放射源时,检测器最高使用温度可达400℃。

(3) 极化电压　极化电压对基流和响应值都有影响,选择基流等于饱和基流值的85%时的极化电压为最佳极化电压。直流供电时,极化电压为20～40V;脉冲供电时,极化电压为30～50V。

(4) 固定液的选择　为保证ECD的正常使用,必须严格防止其放射源被污染。因此色谱柱的固定液必须选择低流失、电负性小的,以防止其流失后污染放射源。当然,实际过程中,柱子必须充分老化后才能与ECD联用。

(5) 安全保障　^{63}Ni是放射源,必须严格执行放射源使用、存放管理条例。拆卸、清洗应由专业人员进行。尾气必须排放到室外,严禁检测器超温。

6.3.3.4 日常维护

(1) 使用高纯度载气和尾吹气　ECD使用过程中必须保持整个系统的洁净,要求系统气密性好,主体纯度高(载气及尾吹气的纯度大于99.999%)。

(2) 使用耐高温隔垫和洁净样品　使用流失小的耐高温的隔垫,汽化室洁净,柱流失少;使用洁净的样品;检测器温度必须高于柱温10℃以上。

(3) 检测器的污染及其净化　若直流和恒频率方式,ECD基流下降,或恒电流方式基数增高,噪声增大,信噪比下降,或者基线漂移变大,线性范围变小,甚至出负峰,则表明ECD可能污染,必须要进行净化。目前常用的净化方法是将载气或尾吹气换成H_2,

调流速至 30～40mL·min^{-1}，汽化室和柱温为室温，将检测器升至 300～350℃，保持 18～24h，使污染物在高温下与氢作用而除去，这种方法称为"氢烘烤"。氢烘烤毕，将系统调回至原状态，稳定数小时即可。

6.3.4 火焰光度检测器

火焰光度检测器（FPD） 是一种选择性检测器，**它对含硫、磷化合物有高的选择性和灵敏度**，适宜于分析含硫、磷的农药及环境分析中监测含微量硫、磷的有机污染物。

6.3.4.1 FPD的结构和工作原理

（1）结构　FPD由氢火焰部分和光度部分构成。氢火焰部分包括火焰喷嘴、遮光槽、点火器等，光度部分包括石英窗、滤光片和光电倍增管，如图6-21所示。含硫或磷的化合物由载气携带，先与空气（或纯氧）混合后由检测器下部进入喷嘴，在喷嘴周围有四个小孔，供给过量的燃气氢气，点燃后产生光亮、稳定的富氢火焰。喷嘴上面的遮光槽可以将火焰本身及烃类物质发出的光挡去，这样可以使火焰更稳定，减少噪声。硫、磷燃烧产生的特征光通过石英窗口、滤光片（S用394nm滤光片，P用526nm滤光片），然后经光电倍增管转换为电信号，由记录仪记录色谱峰。

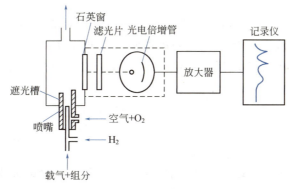

图6-21　FPD结构示意图

（2）FPD检测原理　含硫或磷的有机化合物在富氢火焰中燃烧时，硫、磷被激发而发射出特征波长的光谱。当硫化物进入火焰，形成激发态的 S_2^* 分子，此分子回到基态时发射出特征的蓝紫色光（波长350～430nm，最大强度对应的波长为394nm）；当磷化物进入火焰，形成激发态的 HPO^* 分子，它回到基态时发射出特征的绿色光（波长为480～560nm，最大强度对应的波长为526nm）。

这两种特征光的光强度与被测组分的含量均成正比，这正是FPD的定量基础。特征光经滤光片（对S394nm，对P526nm）滤光，再由光电倍增管进行光电转换后，产生相应的光电流。经放大器放大后由记录系统记录下相应的色谱图。

6.3.4.2 检测条件的选择

硫、磷化合物的检测条件比较接近，实际上硫的检测条件更为苛刻，操作时更应慎重。影响FPD响应值的主要因素是气体流速、检测器温度和样品浓度等。当使用毛细管柱时，如何使FPD与之适应，也是检测条件中必须考虑的问题。

（1）气体流速的选择　通常，FPD中用三种气体：空气、氢气和载气。O_2/H_2比是影响响应值最关键的参数，它决定了火焰的性质和温度，从而影响灵敏度。实际工作中应针对FPD型号和被测组分，参照仪器说明书，自己实际测量最佳O_2/H_2比。实验表明，FPD的载气最好用H_2，其次是He，最好不用N_2。这是因为H_2作载气在相当大的范围内，响应值随流速增加而增大；而且在用N_2作载气时，FPD对S的响应值随流速的增加而减小，但用H_2作载气时却不存在这样的情况。因此，最佳载气流速应视具体情况做实验来确定。

（2）检测器温度的选择　检测器温度对硫和磷的响应值有不同的影响：硫的响应值随检测器温度升高而减小；而磷的响应值基本上不随检测器温度而改变。实际过程中，检测器的使用温度应大于100℃，目的是防止H_2燃烧生成的水蒸气冷凝在检测器中而增大噪声。

（3）样品浓度的适用范围　在一定的浓度范围内，样品浓度对磷的检测无影响，是呈线性的；而对S的检测却密切相关，因为这是非线性的。同时，当被测样品中同时含有硫和磷时，测定就会互相干扰。通常P的响应干扰不大，而S的响应对P的响应产生干扰较大，因此使用FPD测硫和测磷时，应选用不同滤光片和不同火焰温度来消除彼此的干扰。

6.3.4.3　性能和应用

FPD是一种具有高灵敏度和高选择性的检测器。它对磷的响应为线性，检测限可达$0.9pg \cdot s^{-1}$（P），线性范围大于10^6；它对硫的响应为非线性，检测限可达$20pg \cdot s^{-1}$（S），线性范围大于10^5。FPD已广泛用于石油产品中微量硫化合物及农药中有机磷化合物的分析。

> **思考与练习6.3**
>
> 1. 简要说明热导检测器的结构组成。
> 2. 热导检测器的工作原理是什么？影响热导检测器灵敏度的因素有哪些？
> 3. 氢火焰离子化检测器的工作原理是什么？影响测定灵敏度的因素有哪些？
> 4. 电子捕获检测器的工作原理是什么？影响测定灵敏度的因素有哪些？
> 5. 火焰光度检测器的工作原理是什么？影响测定灵敏度的因素有哪些？

任务6.4　气相色谱基本理论

色谱工作者对高度复杂的色谱过程进行了大量的研究工作，提出了几种理论用于解释色谱分离过程中的各种柱现象和描述色谱流出曲线的形状以及评价柱子的有关参数。下面简单介绍色谱分离理论中最常见的塔板理论和速率理论。

码6-8　气相色谱仪塔板理论

6.4.1　塔板理论

塔板理论是1941年由马丁（Martin）和辛格（Synge）提出的半经验式理论，他们将色谱分离技术比拟作一个蒸馏过程，即将连续的色谱

码6-9　气相色谱塔板理论

过程看作是许多小段平衡过程的重复。

(1) 塔板理论的基本假设　塔板理论把色谱柱比作一个分馏塔，这样色谱柱可由许多假想的塔板组成（即色谱柱可分成许多个小段），在每一小段（塔板）内，一部分空间为涂在载体上的液相占据，另一部分空间充满载气（气相），载气占据的空间称为板体积 V_D。当欲分离的组分随载气进入色谱柱后，就在两相间进行分配。由于流动相在不停地移动，组分就在这些塔板间隔的气-液两相间不断地达到分配平衡。塔板理论假设：

① 每一小段间隔内，气相平均组成与液相平均组成可以很快达到分配平衡；

② 载气进入色谱柱，不是连续的而是脉动式的，每次进气为一个板体积；

③ 试样开始时都加在0号塔板上，且试样沿色谱柱方向的扩散（纵向扩散）可忽略不计；

④ 分配系数在各塔板上是常数。

这样，单一组分进入色谱柱，在固定相和流动相之间经过多次分配平衡，流出色谱柱时便可得到一趋于正态分布的色谱峰，色谱峰上组分的最大浓度处所对应的流出时间或载气板体积即为该组分的保留时间或保留体积。若试样为多组分混合物，则经过很多次的平衡后，如果各组分的分配系数有差异，则在柱出口处出现最大浓度时所需的载气板体积数亦将不同，如图6-22所示。由于色谱柱的塔板数相当多，因此不同组分的分配系数只要有微小差异，仍然可能得到很好的分离效果。

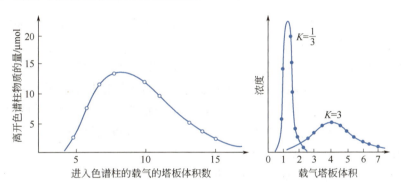

图6-22　分配系数不同的组分出现浓度最大值时所需载气板体积数亦不同

(2) 理论塔板数 n　在塔板理论中，把每一块塔板的高度，即组分在柱内达成一次分配平衡所需要的柱长称为理论塔板高度，简称板高，用 H 表示。假设整个色谱柱是直的，则当色谱柱长为 L 时，所得理论塔板数 n 为：

$$n = \frac{L}{H} \tag{6-14}$$

显然，当色谱柱长 L 固定时，每次分配平衡需要的理论塔板高度 H 越小，则柱内理论塔板数 n 越多，组分在该柱内被分配于两相的次数就越多，柱效能就越高。

计算理论塔板数 n 的经验式为：

$$n = 5.54\left(\frac{t_R}{W_{1/2}}\right)^2 = 16\left(\frac{t_R}{W_b}\right)^2 \tag{6-15}$$

式中，n 是理论塔板数；t_R 是组分的保留时间；$W_{1/2}$ 是以时间为单位的半峰宽；W_b 是以时间为单位的峰底宽。

由式（6-15）可以看出，组分的保留时间越长，峰形越窄，则理论塔板数 n 越大。

（3）有效理论塔板数 $n_{有效}$　在实际应用中，常常出现计算出的 n 值很大，但色谱柱的实际分离效能并不高的现象。这是由于保留时间 t_R 中包括了死时间 t_M，而 t_M 不参加柱内的分配，即理论塔板数还未能真实地反映色谱柱的实际分离效能。为此，提出了以 t'_R 代替 t_R 计算所得到的有效理论塔板数 $n_{有效}$ 来衡量色谱柱的柱效能。计算公式为：

$$n_{有效} = \frac{L}{H_{有效}} = 5.54\left(\frac{t'_R}{W_{1/2}}\right)^2 = 16\left(\frac{t'_R}{W_b}\right)^2 \tag{6-16}$$

式中，$n_{有效}$ 是有效理论塔板数；$H_{有效}$ 是有效理论塔板高度；t'_R 是组分调整保留时间；$W_{1/2}$ 是以时间为单位的半峰宽；W_b 是以时间为单位的峰底宽。

由于同一根色谱柱对不同组分的柱效能是不一样的，因此在使用 $n_{有效}$ 或 $H_{有效}$ 表示柱效能时，除了应说明色谱条件外，还必须说明对什么组分而言。在比较不同色谱柱的柱效能时，应在同一色谱操作条件下，以同一种组分通过不同色谱柱，测定并计算不同色谱柱的 $n_{有效}$ 或 $H_{有效}$，然后再进行比较。

6.4.2　速率理论

由于塔板理论的某些假设是不合理的，如分配平衡是瞬间完成的，溶质在色谱柱内运行是理想的（即不考虑扩散现象）等，以致塔板理论无法说明影响塔板高度的物理因素是什么，也不能解释为什么在不同的流速下测得不同的理论塔板数这一实验事实。但塔板理论提出的"塔板"概念是形象的，"理论塔板高度"的计算也是简便的，所得到的色谱流出曲线方程式是符合实验事实的。速率理论是在继承塔板理论的基础上得到发展的。它阐明了影响色谱峰展宽的物理化学因素，并指明了提高与改进色谱柱效率的方向。它为毛细管色谱柱的发展、高效液相色谱的发展起着指导性的作用。

（1）速率理论方程式　在速率理论发展的进程中，首先由格雷科夫提出了影响色谱动力学过程的四个因素：在流动相内与流速方向一致的扩散、在流动相内的纵向扩展、在颗粒间的扩散和颗粒大小。到1956年，范第姆特（Van Deemter）在物料（溶质）平衡理论模型的基础上提出了在色谱柱内溶质的分布用物料平衡偏微分方程式来表示，并且设定了柱内区带展宽是由于溶质在两相间的有效传质速率、溶质沿着流动相方向的扩展和流动相的流动性质造成的。从而得到偏微分方程式的近似解，也即速率理论方程式（亦称范第姆特方程式）：

$$H = A + \frac{B}{u} + Cu \tag{6-17}$$

式中，H 为塔板高度；u 为载气的线速度，$cm \cdot s^{-1}$；A 为涡流扩散项；B 为分子扩散项；C 为传质阻力项。

（2）影响柱效能的因素

① 涡流扩散项。A 称为涡流扩散项（亦称多路效应项）。由于试样组分分子进入色谱柱碰到柱内填充颗粒时不得不改变流动方向，因而它们在气相中形成紊乱的类似"涡流"的流动（见图6-23）。组分分子所经过的路径长度不同，达到柱出口的时间也不同，因而

引起色谱峰的扩张。$A=2\lambda d_p$，说明涡流扩散项所引起的峰形变宽与固定相颗粒平均直径 d_p 和固定相的填充不均匀因子 λ 有关。显然，使用直径小、粒度均匀的固定相，并尽量填充均匀，可以减小涡流扩散，降低塔板高度，提高柱效。

(a) 涡流扩散项　　　　　　　　　　　(b) 分子扩散项

图 6-23　涡流扩散项与分子扩散项

② 分子扩散项。B/u 称为分子扩散项（亦称纵向扩散项）。组分进入色谱柱后，随载气向前移动，由于柱内存在浓度梯度，组分分子必然由高浓度向低浓度扩散（其扩散方向与载气运动方向一致），从而使峰扩张。$B/u=2\gamma D_g$，式中 γ 为弯曲因子，它反映了固定相对分子扩散的阻碍程度。填充柱的 $\gamma<1$，空心柱 $\gamma=1$。D_g 为组分在气相中的扩散系数，随载气和组分的性质、温度、压力而变化。u 为载气的线速度，u 越小，组分在气相中的停留时间越长，分子扩散也就越大。所以，实际过程中若加快载气流速，可以减少由于分子扩散而产生的色谱峰扩张。由于组分在气相中的扩散系数 D_g 近似地与载气的摩尔质量的平方根成反比，所以实际过程中使用摩尔质量大的载气可以减小分子扩散。

③ 传质阻力项。Cu 项为传质阻力项，它包括气相传质阻力项 $C_g u$ 和液相传质阻力项 $C_L u$ 两项，即

$$Cu = (C_g + C_L)u \qquad (6-18)$$

$$C = C_g + C_L = \frac{0.01k^2 d_p^2}{(1+k)^2 D_g} + \frac{2k d_f^2}{3(1+k)^2 D_L}$$

式中，C_g、C_L 分别为气相传质阻力系数和液相传质阻力系数；k 为容量因子；d_f 为固定相的液膜厚度，其他同前。气相传质阻力是组分从气相到气-液界面间进行质量交换所受到的阻力，这个阻力会使柱横断面上的浓度分配不均匀。阻力越大，所需时间越长，浓度分配就越不均匀，峰扩散就越严重。由于 $C_g u \propto (d_p^2/D_g)u$，所以实际过程中若采用小颗粒的固定相，以 D_g 较大的 H_2 或 He 作载气（当然，合适的载气种类，还必须根据检测器的类型选择），可以减少传质阻力提高柱效。

液相传质阻力是指试样组分从固定相的气-液界面到液相内部进行质量交换达到平衡后，又返回到气-液界面时所受到的阻力。显然这个传质过程需要时间，而且在流动状态下分配平衡不能瞬间达到，其结果是进入液相的组分分子，因其在液相里有一定的停留时间，当它回到气相时，必然落后于原在气相中随载气向柱出口方向运动的分子，这样势必造成色谱峰扩张。由于 $C_L u \propto (d_f^2/D_L)u$（式中，$d_f$ 为固定相液膜厚度；D_L 为组分在液相中的扩散系数），所以实际过程中若采用液膜薄的固定液，则有利于液相传质，但不宜过

薄，否则会减少样品的容量，降低柱的寿命。组分在液相中的扩散系数D_L大，也有利于传质，减少峰扩张。

速率理论指出了影响柱效能的因素，为色谱分离操作条件的选择提供了理论指导。由范特姆特方程可以看出许多影响柱效能的因素彼此以对立关系存在，如流速加大，分子扩散项影响减少，传质阻力项影响增大；温度升高有利于传质，但又加剧分子扩散的影响等。如何平衡这些矛盾的影响因素，使柱效能得以提高，必须在色谱分离操作条件的选择上下功夫。

6.4.3 色谱柱的总分离效能指标——分离度

根据塔板理论，有效理论塔板数$n_{有效}$是衡量柱效能的指标，表示组分在柱内进行分配的次数，但样品中各组分，特别是难分离物质对（即物理常数相近、结构类似的相邻组分）在一根柱内能否得到分离，取决于各组分在固定相中分配系数的差异，也就是取决于固定相的选择性，而不是由分配次数的多少来确定。因而柱效能不能说明难分离物质对的实际分离效果，而选择性却无法说明柱效率的高低。因此，必须引入一个既能反映柱效能，又能反映柱选择性的指标，作为色谱柱的总分离效能指标，来判断难分离物质对在柱中的实际分离情况。这一指标就是分离度R。

分离度又称分辨率，其定义为：相邻两组分色谱峰的保留时间之差与两峰底宽度之和一半的比值，即：

$$R = \frac{t_{R_2} - t_{R_1}}{(W_{b_1} + W_{b_2})/2} \tag{6-19}$$

或

$$R = \frac{2(t_{R_2} - t_{R_1})}{1.699[W_{1/2(1)} + W_{1/2(2)}]} \tag{6-20}$$

式中，t_{R_1}、t_{R_2}分别为1、2组分的保留时间；W_{b_1}、W_{b_2}分别为1、2两组分的色谱峰峰底宽度；$W_{1/2(1)}$、$W_{1/2(2)}$分别为1、2两组分色谱峰的半峰宽。

显然，分子项中两保留时间差愈大，即两峰相距愈远，分母项愈小，即两峰愈窄，R值就愈大。R值愈大，两组分分离得就愈完全。一般来说，当$R=1.5$时，分离程度可达99.7%；当$R=1$时，分离程度可达98%；当$R<1$时，两峰有明显的重叠。所以，通常用$R \geq 1.5$作为相邻两峰得到完全分离的指标。

由于分离度总括了实现组分分离的热力学和动力学（即峰间距和峰宽）两方面的因素，定量地描述了混合物中相邻两组分实际分离的程度，因而用它作色谱柱的总分离效能指标。分离度与柱效能（$n_{有效}$）和选择性因子三者的关系可用数学式表示为：

$$n_{有效} = 16R^2 \left(\frac{\alpha_{2,1}}{\alpha_{2,1} - 1} \right)^2 \tag{6-21}$$

> **思考与练习6.4**
>
> 1. 填空题
> （1）色谱峰越窄，表明理论塔板数就越_____，理论塔板高度就越_____，柱效能越_____。

(2)有效理论塔板数与理论塔板数之间的区别在于前者_____的影响。
(3)范第姆特方程式,说明了_____和_____的关系。
(4)涡流扩散与_____和_____有关。
(5)分子扩散又称_____,与_____及_____有关。

2.选择题
(1)某组分在色谱柱中分配到固定相中的质量为 m_A,分配到流动相中的质量为 m_B,而该组分在固定相中的浓度为 c_A,在流动相中的浓度为 c_B,则该组分的分配系数为(　　)
A. m_A/m_B　　　　B. $m_A/(m_A+m_B)$　　　　C. c_A/c_B　　　　D. c_B/c_A
(2)范第姆特方程式主要说明(　　)。
A.板高的概念　　　　B.色谱峰的扩张　　　　C.柱效降低的影响因素
D.组分在两相间的分配情况　　　　E.色谱分离操作条件的选择

3.问答题
(1)试说明塔板理论的四个基本假设。
(2)试写出范第姆特方程式的表达式,并说明其中各个参数的物理意义。

任务6.5　分离操作条件的选择

在固定相确定后,对一项分析任务,主要以在较短的时间内,实现试样中难分离的相邻两组分的定量分离为目标来选择分离操作条件。

6.5.1　载气及其流速的选择

(1)载气种类的选择　载气种类的选择首先要考虑使用何种检测器。比如使用TCD,选用氢气或氦气作载气,能提高灵敏度;使用FID则选用氮气作载气。然后再考虑所选的载气要有利于提高柱效能和分析速度。例如选用摩尔质量大的载气(如N_2)可以使D_g减小,提高柱效能。

(2)载气流速的选择　由速率理论方程式可以看出,分子扩散项与载气流速成反比,而传质阻力项与流速成正比,所以必然有一最佳流速使板高H最小,柱效能最高。

最佳流速一般通过实验来选择。其方法是:选择好色谱柱和柱温后,固定其他实验条件,依次改变载气流速,将一定量待测组分纯物质注入色谱仪。出峰后,分别测出在不同载气流速下,该组分的保留时间和峰底宽。利用式(6-16)计算出不同流速下的有效理论塔板数 $n_{有效}$ 值,并由 $H=L/n$ 求出相应的有效塔板高度。以载气流速 u 为横坐标、板高 H 为纵坐标,绘制出 H-u 曲线(见图6-24)。

图6-24中曲线最低点处对应的塔板高度最小,因此对应载气的最佳线速 $U_{最佳}$,在最佳线速下操作可获得最高柱效。相应的载气流速为最佳载气流速。使用最佳流速虽然柱效高,但分析速度慢,因此实际工作中,为了

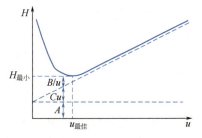

图6-24　塔板高度 H 与载气流速 u 的关系曲线

加快分析速度，同时又不明显增加塔板高度的情况下，一般采用比 u 最佳稍大的流速进行测定。对一般色谱柱（内径3～4mm），常用流速为20～100mL·min^{-1}。

6.5.2 色谱柱的选择

在气相色谱分析中，分离过程是在色谱柱内完成的。混合组分能否在色谱柱中得到完全分离，在很大程度上取决于色谱柱的选择是否合适。因此，色谱柱的选择和制备就成为色谱分析中的关键问题。

6.5.2.1 气-固色谱柱的选择

气-固色谱所采用的固定相为固体，因此，气-固色谱柱的选择也就是固体固定相的选择。下面简单讨论一下固体固定相的性质及应用。

固体固定相一般采用固体吸附剂，主要有强极性硅胶、中等极性氧化铝、非极性活性炭及特殊作用的分子筛，它们主要用于惰性气体和 H_2、O_2、N_2、CO、CO_2、CH_4 等一般气体及低沸点有机化合物的分析。

固体吸附剂的优点是吸附容量大，热稳定性好，无流失现象，且价格便宜。其缺点是吸附等温线不呈线性，进样量稍大就得不到对称峰；重现性差、柱效低、吸附活性中心易中毒等。由于在高温下常具有催化活性，因而不宜分析高沸点和有活性组分的试样。由于吸附剂的种类少，应用范围有限，吸附剂在使用前需要先进行活化处理，然后再装入柱中制成填充柱再使用。

6.5.2.2 气-液色谱柱的选择

气-液色谱填充柱中所用的填料是液体固定相。它是由惰性的固体支持物和其表面涂渍的高沸点有机物液膜所构成的。通常把惰性的固体支持物称为"载体"，把涂渍的高沸点有机物称为"固定液"。因此，气-液色谱柱的选择主要就是固定液和载体的选择，下面简单讨论固定液和载体的性质。

（1）固定液

① 对固定液的要求如下。

a.固定液应是一种高沸点有机化合物，其蒸气压要低，挥发性要小，以免在操作柱温下发生流失而影响柱寿命（一般根据固定液沸点确定其最高使用温度）。

b.稳定性好，在操作柱温下不分解，并呈液态（一般根据固定液的凝固点决定其最低使用温度），其黏度较低，以保证固定液能均匀地分布在载体上，并减小液相传质阻力。

c.溶解度大并且具有良好的选择性，这样才能根据各组分溶解度的差异，达到相互分离。

d.化学稳定性好，在操作柱温度下，不能与载体以及待测组分发生不可逆的化学反应。

② 常用固定液的分类。在气-液色谱中所使用的固定液已达1000多种，为了便于选择和使用，一般按固定液的"极性"大小进行分类。固定液极性是表示含有不同官能团的固定液，与分析组分中官能团及亚甲基间相互作用的能力。通常用相对极性（P）的大小来表示。这种表示方法规定：β,β-氧二丙腈的相对极性 $P=100$，角鲨烷的相对极性 $P=0$，其他固

定液以此为标准通过实验测出它们的相对极性均在0～100之间。通常将相对极性值分为五级，每20个相对单位为一级，相对极性在0～+1间的为非极性固定液（亦可用"-1"表示非极性）；+2、+3为中等极性固定液；+4、+5为强极性固定液。表6-4列出了一些常用固定液相对极性的数据、最高使用温度和主要分析对象等资料，供使用时选择和参考。

表6-4 常用固定液

	固定液	最高使用温度/℃	常用溶剂	相对极性	分析对象
非极性	十八烷	室温	乙醚	0	低沸点碳氢化合物
	角鲨烷	140	乙醚	0	C_8以前碳氢化合物
	阿匹松（L.M.N）	300	苯、氯仿	+1	各类高沸点有机化合物
中等极性	硅橡胶（SE-30，E-301）	300	丁醇+氯仿（1+1）	+1	各类高沸点有机化合物
	癸二酸二辛酯	120	甲醇、乙醚	+2	烃、醇、醛酮、酸酯各类有机物
	邻苯二甲酸二壬酯	130	甲醇、乙醚	+2	烃、醇、醛酮、酸酯各类有机物
	磷酸三苯酯	130	苯、氯仿、乙醚	+3	芳烃、酚类异构物、卤化物
极性	丁二酸二乙二醇酯	200	丙酮、氯仿	+4	
	苯乙腈	常温	甲醇	+4	卤代烃、芳烃和$AgNO_3$一起分离烷烯烃
	二甲基甲酰胺	20	氯仿	+4	低沸点碳氢化合物
	有机皂-34	200	甲苯	+4	芳烃，特别对二甲苯异构体有高选择性
氢键型	β,β'-氧二丙腈	<100	甲醇、丙酮	+5	分离低级烃、芳烃、含氧有机物
	甘油	70	甲醇、乙醇	+4	醇和芳烃、对水有强滞留作用
	季戊四醇	150	氯仿+丁醇（1+1）	+4	醇、酯、芳烃
	聚乙二醇400	100	乙醇、氯仿	+4	极性化合物：醇、酯、醛、腈、芳烃
	聚乙二醇20M	250	乙醇、氯仿	+4	极性化合物：醇、酯、醛、腈、芳烃

近年来通过大量实验数据，利用电子计算机优选出了最佳固定液。这些固定液的特点是：在较宽的温度范围内稳定，并占据了固定液的全部极性范围（如表6-5所示）。从中可以看出：实验室只需储存少量标准固定液就可以满足大部分分析任务的需要。

表6-5 最佳固定液

固定液名称	型号	相对极性	最高使用温度/℃	溶剂	分析对象
角鲨烷	SQ	-1	150	乙醚、甲苯	气态烃、轻馏分液态烃
甲基硅油或甲基硅橡胶	SE-30 OV-101	+1	350 200	氯仿、甲苯	各种高沸点化合物
苯基（10%）甲基聚硅氧烷	OV-3	+1	350	丙酮、苯	各种高沸点化合物，对芳香族和极性化合物保留值增大
苯基（25%）甲基聚硅氧烷	OV-7	+2	300	丙酮、苯	
苯基（50%）甲基聚硅氧烷	OV-17	+2	300	丙酮、苯	
苯基（60%）甲基聚硅氧烷	OV-22	+2	300	丙酮、苯	OV-17+QF-1可分析含氯农药
三氟丙基（50%）甲基聚硅氧烷	QF-1 OV-210	+3	250	二氯甲烷 氯仿	含卤化合物、金属螯合物、甾类
β-氰乙基（25%）甲基聚硅氧烷	XE-60	+3	275	二氯甲烷 氯仿	苯酚、酚醚、芳胺、生物碱、甾类

续表

固定液名称	型号	相对极性	最高使用温度/℃	溶剂	分析对象
聚乙二醇	PEG-20M	+4	225	丙酮、氯仿	选择性保留分离含O、N官能团及O、N杂环化合物
聚己二酸二乙二醇酯	DEGA	+4	250	丙酮、氯仿	分离$C_1 \sim C_{24}$脂肪酸甲酯，甲酚异构体
聚丁二酸二乙二醇酯	DEGS	+4	220	丙酮、氯仿	分离饱和及不饱和脂肪酸酯，邻苯二甲酸酯异构体
1,2,3-三（2-氰乙氧基）丙烷	TCEP	+5	175	氯仿、甲醇	选择性保留低级含O化合物，伯、仲胺，不饱和烃，环烷烃等

③ 固定液的选择。选择固定液应根据不同的分析对象和分析要求进行。一般可以按照"相似相溶"原理进行选择，即按待分离组分的极性或化学结构与固定液相似的原则来选择，其一般规律如下。

a.分离非极性物质，一般选用非极性固定液。试样中各组分按沸点从低到高的顺序流出色谱柱。

b.分离极性物质，一般按极性强弱来选择相应极性的固定液。试样中各组分一般按极性从小到大的顺序流出色谱柱。

c.分离非极性和极性混合物时，一般选用极性固定液。这时非极性组分先出峰，极性组分后出峰。

d.能形成氢键的试样，如醇、酚、胺和水的分离，一般选用氢键型固定液。此时试样中各组分按与固定液分子间形成氢键能力大小的顺序流出色谱柱。

e.对于复杂组分，一般可选用两种或两种以上的固定液配合使用，以增加分离效果。

f.对于含有异构体的试样（主要是含有芳香型异构部分），一般应选用特殊保留作用的有机皂土或液晶作固定液。

上面几点是选择固定液的大致原则。由于色谱柱中的作用比较复杂，因此合适的固定液还必须通过实验进行选择。

（2）载体　**载体也称作担体，它的作用是提供一个具有较大表面积的惰性表面，使固定液能在它的表面上形成一层薄而均匀的液膜。** 由于载体结构和表面性质会直接影响柱的分离效果，因此在气-液色谱中，要求载体表面应是化学惰性的，即无吸附性、无催化性，且热稳定性好。为了能涂布更多的固定液又不增加液膜厚度，要求载体比表面积要大，孔径分布均匀，另外还要求载体机械强度好，不易破碎。

① 载体的种类。常用的载体大致可分为无机载体和有机聚合物载体两大类。前者应用最为普遍的主要有硅藻土型载体和玻璃微球载体；后者主要包括含氟载体以及其他各种聚合物载体。

a.硅藻土型。硅藻土型载体使用的历史最长，应用也最普遍。这类载体绝大部分是以硅藻土为原料，加入木屑及少量黏合剂，加热煅烧制成的。一般分为红色硅藻土载体和白色硅藻土载体两种。这两种载体的化学组成基本相同，内部结构相似，都是以硅、铝氧化物为主体，以水合无定形氧化硅和少量金属氧化物杂质为骨架。但是它们的表面结构差别很大，红色硅藻土载体和硅藻土原来的细孔结构一样，表面孔隙密集，孔径较小，表面积大，能负荷较多的固定液。由于结构紧密，所以机械强度较好。常见的红色硅藻土载体有国产的6201载体及国外的C-22火砖和Chromosorb P等。白色硅藻土载体在烧结过程中破坏了大部分的细孔结构，变成了较多松散的烧结物，所以孔径比较粗，表面积小，能负荷的固定液少，机械强度不如红色硅藻土载体。

但是和红色硅藻土载体相比，它的表面吸附作用和催化作用比较小，能用于高温分析，应用于极性组分分析时，易于获得对称峰。常见的白色硅藻土载体有国产的101白色载体、405白色载体，国外的Celite和Chromosorb W载体等。

b. 玻璃微球。玻璃微球是一种有规则的颗粒小球。它具有很小的表面积，通常把它看作是非多孔性、表面惰性的载体。为了得到较为理想的表面特性，增大表面积，使用时往往在玻璃微球上涂覆一层固体粉末，如硅藻土、氧化铁、氧化铝等。也可以用含铝量较高的碱石灰玻璃制成蜂窝状结构的低密度微球；或者用硅酸钠玻璃制成表面具有纹理的微球；或者用酸、碱腐蚀法制成表面惰性、多孔性的微球等。这类载体的主要优点是能在较低的柱温下分析高沸点物质，使某些热稳定性差但选择性好的固定液获得应用。缺点是柱负荷量小，只能用于涂渍低配比固定液，而且，柱寿命较短。国产的各种筛目的多孔玻璃微球载体性能很好，可供选择使用。

c. 氟载体。这类载体的特点是吸附性小，耐腐蚀性强，适合于强极性物质和腐蚀性气体的分析。其缺点是表面积较小，机械强度低，对极性固定液的浸润性差，涂渍固定液的量一般不超过5%。这类载体主要有两种，常用的一种是聚四氟乙烯载体，通常可以在200℃的柱温下使用，主要产品有国外的Teflon、Chromosorb T、Hablopart F等；另一种是聚三氟氯乙烯载体，与前者相比，颗粒比较坚硬，易于填充操作，但表面惰性和热稳定性较差，使用温度不能超过160℃，其主要产品有国外的Ekatlurin、Daiflon KelF300和Halopart K等。

② 载体的预处理。载体主要起承担固定液的作用，它表面应是化学惰性的，但实用中的载体总是呈现出不同程度的催化活性，特别是当固定液的液膜厚度较小、分离极性物质时，载体对组分有明显的吸附作用。其结果是造成色谱峰严重地不对称，所以载体在使用前必须先经过处理，具体方法如下。

a. 酸洗法。用6mol·L^{-1}盐酸溶液浸泡载体2h，然后用水洗至呈中性，于110℃烘箱中烘干备用。酸洗可除去载体表面的铁等金属氧化物杂质。酸洗后的载体可用于分析酸性物和酯类样品。

b. 碱洗法。将酸洗后的载体放在100g·L^{-1}的NaOH甲醇溶液浸泡后过滤，再用甲醇和水洗至中性，在110℃烘箱中烘干备用。碱洗可以除去载体表面的Al_2O_3等酸性作用点。碱洗后载体可用于分析胺类碱性物质。

c. 硅烷化处理。硅烷化处理是指利用硅烷化试剂处理载体，使载体表面的硅醇和硅醚基团失去氢键力，因而纯化了表面，消除了色谱峰拖尾现象。常用的硅烷化试剂有三甲基氯硅烷、二甲基二氯硅烷和六甲基二硅胺等。硅烷化处理后的载体只适于涂渍非极性及弱极性固定液，而且只能在低于270℃的柱温下使用。

d. 釉化处理。将待处理的载体在20g·L^{-1}的硼砂水溶液中浸泡48h，搅拌数次后，吸滤，并于120℃烘干，再在860℃高温下灼烧70min，在950℃下保持30min，最后再用开水煮沸20～30min，过滤烘干，过筛备用。处理过的载体吸附性能低，强度大，可用于分析强极性物质（对一般极性和非极性样品，可不必用此法处理）。

除以上介绍的几种常用的处理方法外，尚有物理钝化处理、涂减尾剂等方法，相关知识可查阅有关专著。

目前，市售载体有的已经处理过，过筛，用蒸馏水漂洗除去粉末（已硅烷化的载体应用无水乙醇漂洗）后即可使用（常选用60～80目或80～100目），涂渍前将载体放在105℃烘箱中烘4～6h，除去吸附在载体表面的水蒸气等。

③ 载体的选择。选择适当载体能提高柱效，有利于混合物的分离。选择载体的大致原则如下：

a. 固定液用量大于5%（质量分数）时，一般选用硅藻土白色载体或红色载体。若固定液用量小于5%（质量分数）时，一般选用表面处理过的载体。

b. 腐蚀性样品可选氟载体，而高沸点组分可选用玻璃微球载体。

c. 载体粒度一般选用60～80目或80～100目；高效柱可选用100～120目。

表6-6列出了根据被测组分极性大小选择合适的载体。

表6-6 载体选择参考表

固定液	样品	选用硅藻土载体	备注
非极性	非极性	未经处理过的载体	
非极性	极性	酸、碱洗或经硅烷化处理过的载体	当样品为酸性时，最好用酸洗载体，为碱性时用碱洗载体
极性或非极性，固定液含量（质量分数）小于5%时	极性及非极性	硅烷化载体	
弱极性	极性及非极性	酸洗载体	
弱极性，固定液含量（质量分数）小于5%时	极性及非极性	硅烷化载体	
极性	极性及非极性	酸洗载体	
极性	化学稳定性低	硅烷化载体	对化学活性和极性特强的样品，可选用聚四氟乙烯等特殊载体

（3）合成固定相

① 高分子多孔小球。高分子多孔小球（GDX）是以苯乙烯等为单体与交联剂二乙烯基苯交联共聚的小球，从化学性质上可分为极性和非极性两种。这种聚合物在有些方面具有类似吸附剂的性能，而在另外一些方面又显示出固定液的性能。高分子多孔小球作为固定相主要具有吸附活性低、对含羟基的化合物具有相对低的亲和力、可选择的范围大等优点。

高分子多孔小球本身既可以作为吸附剂在气、固色谱中直接使用，也可以作为载体涂上固定液后使用。在烷烃、芳烃、卤代烷、醇、酮、醛、醚、酯、酸、胺、腈以及各种气体的气相色谱分析中已得到广泛应用。高分子多孔小球在交联共聚过程中，使用不同的单体或不同的共聚条件，可获得不同分离效能、不同极性的产品。

② 化学键合固定相。化学键合固定相，又称化学键合多孔微球固定相。这是一种以表面孔径度可人为控制的球形多孔硅胶为基质，利用化学反应方法把固定液键合于载体表面上制成的键合固定相。这种键合固定相大致可以分为硅氧烷型、硅脂型以及硅碳型三种

类型。

与载体涂渍固定液制成的固定相比较,化学键合固定相主要有以下优点:具有良好的热稳定性;适合于作快速分析;对极性组分和非极性组分都能获得对称峰;耐溶剂。化学键合固定相在气相色谱中常用于分析$C_1 \sim C_3$烷烃、烯烃、炔烃、CO_2、卤代烃及有机含氧化合物等。国产商品主要有上海试剂一厂的500硅胶系列与天津试剂二厂的HDG系列产品,国外的品种主要有美国Waters公司生产的Durapak系列。

(4) 气-液色谱柱的制备　色谱柱分离效能的高低,不仅与选择的固定液和载体有关,而且与固定液的涂渍和色谱柱的填充情况有密切的关系。因此,色谱柱的制备是气相色谱法的重要操作技术之一。

气-液色谱填充柱的制备过程主要包括三个步骤:柱管的选择与清洗、固定液的涂渍和色谱柱的装填。

① 色谱柱柱管的选择与清洗

a.色谱柱柱形、柱内径、柱长度的选择。色谱柱柱形、柱内径、柱长度都会影响柱的分离效果,一般直形优于U形、螺旋形,但后者体积小,为一般仪器常用。柱的内径大小要合适,若内径太大,柱的分离效果不好;若太小,容易造成填充困难和柱压降增大,给操作带来麻烦,所以一般选用3～4mm。柱子长,柱的分离效果好,但柱子的压降增大,保留时间长,甚至会出现扁平峰,使分离效果下降。因此,选择柱长的原则是:在使最难分离的物质对得以分离的情况下,尽量选择短柱。通常使用1～2m长的不锈钢柱子。

b.柱管的试漏与清洗方法。在选定色谱柱后,需要对柱子进行试漏清洗。试漏的方法是将柱子一端堵住,全部浸入水中,另一端通入气体,在高于使用时操作压力下,不应有气泡冒出,否则应更换柱子。柱子的清洗方法应根据柱的材料来选择。若使用的是不锈钢柱,可以用$50 \sim 100 \text{g} \cdot \text{L}^{-1}$的热NaOH水溶液抽洗4～5次,以除去管内壁的油渍和污物,然后用自来水冲洗至中性,烘干后备用。若使用的是玻璃柱,可注入洗涤剂浸泡洗涤两次,然后用自来水冲洗至呈中性。再用蒸馏水洗两次(洗净的玻璃柱内壁不应挂有水珠),在110℃烘箱中烘干后使用。对于铜柱,则需要使用$w(\text{HCl})=10\%$的盐酸溶液浸泡,抽洗,直至抽吸液中没有铜锈或其他浮杂物为止,再用自来水冲洗至呈中性,烘干备用。对经常使用的柱管,在更换固定相时,只要倒出原来装填的固定相,用水清洗后,再用丙酮、乙醚等有机溶剂冲洗2～3次,然后烘干,即可重新装填新的固定相。

② 固定液的涂渍

a.固定液用量的选择。固定液的用量要视载体的性质及其他情况而定。通常将固定液与载体的质量比称为液载比。液载比的大小会直接影响载体表面固定液-液膜的厚度,因而也将影响柱的分离效果。理论和实践都证明,液载比低可以提高柱的分离效果。但液载比不能太低,如果载体表面不能全部被固定液覆盖,则载体会出现吸附现象,出现峰的拖尾。因此,固定液不是越少越好,若用量太少,柱的容量也小,进样量也就要减少。一般常用的液载比为5%～30%。

b.固定液的涂渍。固定液的涂渍是一项重要的基本操作,它要求固定液能均匀地涂敷在载体表面,形成一层牢固的液膜,其方法如下:在确定液载比后,先根据柱的容量,称取一定量的固定液和载体分别置于两个干燥烧杯中,然后在固定液中加入适当的低沸点有机溶剂(所用的溶剂应能够与固定液完全互溶,并易挥发。常用的溶剂有乙醚、甲醇、丙酮、苯、氯仿等）。溶剂用量应刚好能浸没所称取的载体，待固定液完全溶解后，倒入一定量经预处理和筛分过的载体，在通风橱中轻轻晃动烧杯，让溶剂均匀挥发，以保证固定液在载体表面上均匀分布。然后在通风橱中或红外灯下除去溶剂，待溶剂挥发完全后，过筛。除去细粉，即可准备装柱。

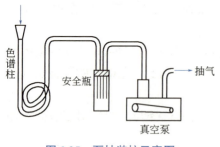

图 6-25　泵抽装柱示意图

对于一些溶解性差的固定液，如硬脂酸盐类、氟橡胶、山梨醇等，则需要采用回流法涂渍。

③ 色谱柱的装填。将已洗净烘干的色谱柱的一端塞上玻璃棉，包以纱布，接入真空泵；在柱的另一端放置一专用的小漏斗，在不断抽气下，通过小漏斗加入涂渍好的固定相。在装填时，应不断轻敲柱管，使固定相填得均匀紧密，直至填满（见图6-25）。取下柱管，将柱入口端塞上玻璃棉，并标上记号。

为了制备性能良好的填充柱，在操作中应遵循以下几条原则：第一，尽可能筛选粒度分布均匀的载体和固定相；第二，保证固定液在载体表面涂渍均匀；第三，保证固定相在色谱柱内填充均匀；第四，避免载体颗粒破碎和固定液的氧化作用等。

④ 色谱柱的老化。新装填好的柱不能马上用于测定，需要先进行老化处理。色谱柱老化的目的有两个，一是彻底除去固定相中残存的溶剂和某些易挥发性杂质；二是促使固定液更均匀，更牢固地涂布在载体表面上。

老化方法是：将色谱柱接入色谱仪气路中，将色谱柱的出气口（接真空泵的一端）直接通大气，不要接检测器，以免柱中逸出的挥发物污染检测器。开启载气，在稍高于操作柱温下（老化温度可选择为实际操作温度以上30℃），以较低流速连续通入载气一段时间（老化时间因载体和固定液的种类及质量而异，2～72h不等）。然后将色谱柱出口端接至检测器上，开启记录仪，继续老化。待基线平直、稳定、无干扰峰时，说明柱的老化工作已完成，可以进样分析。

6.5.3　柱温的选择

柱温是气相色谱的重要操作条件，柱温直接影响色谱柱的使用寿命、柱的选择性、柱效能和分析速度。柱温低有利于分配，有利于组分的分离；但柱温过低，被测组分可能在柱中冷凝，或者传质阻力增加，使色谱峰扩张，甚至拖尾。柱温高，虽有利于传质，但分配系数变小，不利于分离。一般通过实验选择最佳柱温。原则是：使物质既分离完全，又不使峰形扩张、拖尾。柱温一般选各组分沸点平均温度或稍低些。表6-7列出了各类组分适宜的柱温和固定液配比，以供选择参考。

表6-7　柱温的选择

样品沸点/℃	固定液配比/%	柱温/℃
气体、气态烃、低沸点化合物	15～25	室温或<50
100～200	10～15	100～150
200～300	5～10	150～200
300～400	<3	200～250

当被分析组分的沸点范围很宽时，用同一柱温往往造成低沸点组分分离不好，而高沸点组分峰形扁平，此时采用程序升温的办法就能使高沸点及低沸点组分都能获得满意的结果。在选择柱温时还必须注意：柱温不能高于固定液最高使用温度，否则会造成固定液大量挥发流失；同时，柱温至少必须高于固定液的熔点，这样才能使固定液有效地发挥作用。

6.5.4　汽化室温度的选择

合适的汽化室温度既能保证样品迅速且完全汽化，又不引起样品分解。一般汽化室温度比柱温高30～70℃，或比样品组分中最高沸点高30～50℃，就可以满足分析要求。温度是否合适，可通过实验来检查。检查方法是：重复进样时，若出峰数目变化，重现性差，则说明汽化室温度过高；若峰形不规则，出现平头峰或宽峰，则说明汽化室温度太低；若峰形正常，峰数不变，峰形重现性好则说明汽化室温度合适。

6.5.5　进样量与进样技术

（1）进样量　在进行气相色谱分析时，进样量要适当。若进样量过大，所得到的色谱峰峰形不对称程度增加，峰变宽，分离度变小，保留值发生变化，峰高、峰面积与进样量不呈线性关系，无法定量。若进样量太小，又会因检测器灵敏度不够，不能检出。色谱柱最大允许进样量可以通过实验确定。方法是：其他实验条件不变，仅逐渐加大进样量，直至所出峰的半峰宽变宽或保留值改变时，此进样量就是最大允许进样量。对于内径为3～4mm、柱长2m、固定液用量为15%～20%的色谱柱，液体进样量为0.1～10μL；检测器为FID时，进样量应小于1μL。

（2）进样技术　进样时，要求速度快，这样可以使样品在汽化室汽化后随载气以浓缩状态进入柱内，而不被载气所稀释，因而峰的原始宽度就窄，有利于分离。反之，若进样缓慢，样品汽化后被载气稀释，使峰形变宽，并且不对称，既不利于分离也不利于定量。

为保证好的分离结果，为了使分析结果有较好的重现性，在直接进样时要注意以下操作要点。

① 用注射器取样时，应先用丙酮或乙醚抽洗5～6次后，再用被测试液抽洗5～6次，然后缓缓抽取一定量试液（稍多于需要量），此时若有空气带入注射器内，应先排除气泡后，再排去过量的试液，并用滤纸或擦镜纸吸去针杆处所沾的试液（千万勿吸去针头内的试液）。

② 取样后就立即进样，进样时要求注射器垂直于进样口，左手扶着针头防弯曲，右手拿注射器迅速刺穿硅橡胶垫，平稳、敏捷地推进针筒（针头尖尽可能刺深一些，且深度一定，针头不能碰着汽化室内壁），用右手食指平稳、轻巧、迅速地将样品注入，完成后立即拔出（见图6-26）。

③ 进样时要求操作稳当、连贯、迅速。进针位置及速度、针尖停留和拔出速度都会影响进样的重现性。一般进样相对误差为2%～5%。

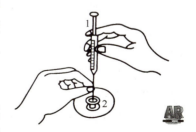

图6-26　微量注射器进样姿势

1—微量注射器；2—进样口

> **思考与练习6.5**
>
> 1. 适合于强极性物质和腐蚀性气体分析的载体是（　　）。
>   A.红色硅藻土载体　　B.白色硅藻土载体　　C.玻璃微球　　D.氟载体
> 2. 用实例说明固定液选择的一般原则。
> 3. 简述色谱柱的老化方法。

任务6.6　气相色谱定性分析

气相色谱定性分析的目的是确定试样的组成，即确定每个色谱峰各代表何种组分。定性分析的理论依据是：在一定固定相和一定操作条件下，每种物质都有各自确定的保留值或确定的色谱数据，并且不受其他组分的影响。也就是说，保留值具有特征性。但在同一色谱条件下，不同物质也可能具有相似或相同的保留值，即保留值并非是专属的。因此对于一个完全未知的混合样品单靠色谱法定性比较困难，往往需要采用多种方法综合解决，例如与质谱仪、红外光谱仪等联用。实际工作中一般所遇到的分析任务，绝大多数其成分大体是已知的，或者可以根据样品来源、生产工艺、用途等信息推测出样品的大致组成和可能存在的杂质。在这种情况下，只需利用简单的气相色谱定性方法便能解决问题。

6.6.1　利用保留值定性

在气相色谱分析中，利用保留值定性是最基本的定性方法，其基本依据是：两个相同的物质在相同的色谱条件下应该具有相同的保留值。但是，相反的结论却不成立，即在相同的色谱条件下，具有相同保留值的两个物质却不一定是同一物质。因此使用保留值定性时必须十分慎重。

利用已知标准物质直接对照定性是一种最简单的定性方法。要求必须在具有已知标准物的情况下，方能使用本法。具体方法是：将未知物和已知标准物质用同一根色谱柱，在相同的色谱操作条件下进行分析，作出色谱图后进行对照比较。如图6-27中将未知试样（a）与已知标准物质（b）在同样的色谱条件下得到的色谱图直接进行比较。可以推测未知样品中峰2可能是甲醇，峰3可能是乙醇，峰4可能是正丙醇，峰7可能是正丁醇，峰9可能是正戊醇。当然，这样的推测只能是初步的，若要得到准确可靠的结论，可再用另一根极性完全不同的色谱柱，做同样的对照比较。如果结论同上，那么最终的定性结果便比较可靠。如果对这个结果还是持怀疑态度，那么便只有用其他定性分析方法去确认了。比如与红外光谱仪或质谱仪联用。

实际过程中，在利用已知纯物质直接对照进行

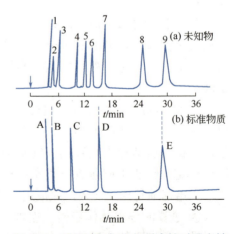

图6-27　利用已知标准物质直接对照定性
已知标准物：A—甲醇；B—乙醇；C—正丙醇；D—正丁醇；E—正戊醇

定性时是利用保留时间（t_R）直接比较，这时要求载气的流速、载气的温度和柱温一定要恒定，载气流速的微小波动、载气温度和柱温的微小变化，都会使保留值（t_R）有变化，从而对定性结果产生影响。为了避免这个问题，有时利用保留体积（V_R）定性。不过，保留体积的直接测量是很困难的，因此一般都是利用载气流速和保留时间来计算保留体积的数值。

实际过程中常采用以下两种方法避免因载气流速和温度的微小变化而引起的保留时间的变化，从而给定性分析结果带来影响。

（1）用相对保留值定性　式（6-6）定义了相对保留值的概念——在相同色谱操作条件下，组分与参比组分的调整保留值之比。相对保留值只受柱温和固定相性质的影响，而柱长、固定相的填充情况和载气的流速均不影响相对保留值（$r_{i/s}$）的大小。所以在柱温和固定相一定时，相对保留值为一定值，用它来定性可得到较可靠的结果。

（2）用已知标准物增加峰高法来定性　在得到未知样品的色谱图后，在未知样品中加入一定量的已知标准物质，然后在同样的色谱条件下，作已知标准物质的未知样品的色谱图。对比这两张色谱图，哪个峰增高了，则说明该峰就是加入的已知纯物质的色谱峰。这一方法既可避免因载气流速的微小变化对保留时间的影响而影响定性分析的结果，又可避免色谱图图形复杂时准确测定保留时间的困难。可以说，本法是在确认某一复杂样品中是否含有某一组分的最好办法。

6.6.2　利用保留指数定性

在利用已知标准物直接对照定性时，已知标准物质的得到往往是一个很困难的问题，一个实验室也不可能备有很多的各种各样的已知标准物质。因此，人们发展了利用文献值对照定性的方法，即利用已知的标准物质的文献保留值与未知物的测定保留值对照进行定性分析。当然，为了使得这样的定性分析结果准确可靠，就必须要求从理论上去解决保留值的通用性及它的可重复性。为此，1958年匈牙利色谱学家柯瓦特（E.Kovats）首先提出用保留指数（I）作为保留值的标准用于定性分析，这是目前使用最广泛并被国际上公认的定性指标。

（1）保留指数的定义　保留指数是把物质的保留行为用紧靠近它的两个正构烷烃标准物来标定的（要使这两个正构烷烃的调整保留时间一个在被测组分的调整保留时间之前，另一个在其后）。某物质X的保留指数I_X可用式（6-22）计算：

$$I_X = 100\left[Z + n\frac{\lg t'_{R(X)} - \lg t'_{R(Z)}}{\lg t'_{R(Z+n)} - \lg t'_{R(Z)}}\right] \tag{6-22}$$

式中，$t'_{R(X)}$、$t'_{R(Z)}$、$t'_{R(Z+n)}$分别代表组分X和具有Z及$Z+n$个碳原子数的正构烷烃的调整保留时间（也可用调整保留体积）；n为两个正构烷烃碳原子的差值，可以为1、2、3、…，但数值不宜过大。

用保留指数定性时，人为规定正构烷烃的保留指数均为其碳原子数乘以100，如正己烷、正庚烷、正辛烷的保留指数分别为600、700、800。

（2）保留指数的确定　要测定某一物质的保留指数，只要与相邻两正构烷烃混合在一起（或分别进行），在相同色谱条件下进行分析，测出保留值，按式（6-22）计算出被测

组分保留指数 I_X，再将计算出的 I_X 值与文献值对照定性。测定出的保留指数的准确度和重现性都很好，用同一色谱柱测定误差小于1%，因此只要柱温和固定液相同，就可以用文献上发表的保留指数定性。但在使用文献上的数据时，色谱实验条件要求必须与文献一致，而且要用几个已知组分验证，最好也用双柱法确认。

【例6-1】 实验测得某组分的调整保留时间以记录纸距离表示为310.0mm。又测得正庚烷和正辛烷的调整保留时间分别为174.0mm和373.4mm。如图6-28所示，计算此组分保留指数（测定条件为：阿皮松L柱，柱温100℃）。

解 已知：$t'_{R(X)}=310.0$mm；$t'_{R(Z)}=174.0$mm；$t'_{R(Z+n)}=373.4$mm

$Z=7$；$Z+n=8$；$n=8-7=1$

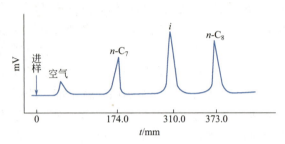

图6-28 保留指数测定示意图

代入式（6-22）得：

$$I_X = 100\left[Z + n\frac{\lg t'_{R(X)} - \lg t'_{R(Z)}}{\lg t'_{R(Z+n)} - \lg t'_{R(Z)}}\right]$$

$$I_X = 100\left[7 + 1 \times \frac{\lg 310.0 - \lg 174.0}{\lg 373.4 - \lg 174.0}\right] = 775.6$$

从文献上查得，在该色谱条件下，$I_{乙酸乙酯}=775.6$，再用纯乙酸乙酯对照实验，可以确认该组分是乙酸乙酯。

（3）利用保留指数定性的特点　保留指数仅与柱温和固定相性质有关，与色谱操作条件无关。不同的实验室测定的保留指数的重现性较好，精度可达±0.03个指数单位。所以，使用保留指数定性具有一定的可靠性。又由于很多色谱文献上都可以查到很多纯物质的保留指数，因此使用保留指数定性也是十分方便的。保留指数定性与用已知标准物直接对照定性相比，虽然避免了寻找已知标准物质的困难，但它也有一定的局限性，对一些多官能团的化合物和结构比较复杂的天然产物是无法采用保留指数进行定性的，主要原因是这些化合物的保留指数文献上很少有报道。

6.6.3 联机定性

色谱法具有很高的分离效能，但它不能对已分离的每一组分进行直接定性。利用前述两种办法定性，也常因找不到对应的已知标准物质而发生困难，加之很多物质的保留值十分接近，甚至相同。常常影响定性结果的准确性。

通常称"四大谱"的质谱法、红外光谱法、紫外光谱法和核磁共振波谱法对于单一组分（纯物质）的有机化合物具有很强的定性能力。因此，若将色谱分析与这些仪器联用，就能发挥各自方法的长处，很好地解决组成复杂的混合物的定性分析问题。

联用方法一般有两种：一种方法是将色谱分离后需要进行定性分析的某些组分分别收集起来，然后再用上述"四大谱"的方法或其他的定性分析方法进行分析。这一方法烦琐、费时且易污染样品，一般只在没有办法的时候才采用（如与某仪器没有合适的连接技术）；另一种方法是将色谱与上述几种仪器通过适当的连接技术——"接口"直接连接起来。将色谱分离后的每一组分，通过"接口"直接送到上述仪器中进行定性分析。这样，色谱和所联用的仪器就成为一个整体——联用仪，可以同时得到样品的定性和定量结果。

除以上介绍的常用定性方法外，还有碳数规律法、沸点规律法、与化学反应结合定性等方法，这里不再作一一介绍，读者可查阅相关专著。

素质拓展阅读

我国自主研制的气相色谱仪在线监测中国空间站

2021年4月29日11时许，搭载中国空间站"天和"核心舱的长征五号B遥二运载火箭，在我国文昌航天发射场点火升空，随着"天和"核心舱与火箭成功分离，进入预定轨道，发射任务取得圆满成功。中国空间站的"天和"核心舱采用了由中科院大连化学物理研究所自主研制的双通道气相色谱仪用于舱内空气中微量挥发性有机物的在线监测，这款双通道气相色谱仪一次采样可同时分析50多种有机组分，是环境控制与生命保障系统（被誉为航天员的生命"保护伞"）的重要组件，国产色谱的"一飞冲天"有力保障了载人空间站飞行试验任务的顺利开展。

自主研制气相色谱仪的发展，极大提高了中国空间站环境控制与生命保障系统的检测效率，为我国航天试验的开展提供了仪器保障。有强大的祖国作为我们的坚强后盾，未来可期。作为一个仪器分析工作者，我们需要持续关注检测方法的发展，坚持"精益求精、爱岗敬业"的工匠精神，为检测新技术的发展，贡献自己的一份力量。

思考与练习6.6

1.对气相色谱作出杰出贡献，因而在1952年获得诺贝尔奖的科学家是（　　）。
 A.茨维特　　　　B.马丁　　　　C.海洛夫斯基　　　　D.罗马金-赛柏

2.气相色谱的定性参数有（　　）。
 A.保留值　　　B.相对保留值　　　C.保留指数　　　D.峰高或峰面积

3.如果样品比较复杂，相邻两峰间距离太近或操作条件不易控制稳定，要准确测量保留值有一定困难时，可采用（　　）。

 A.相对保留值进行定性

 B.加入已知物以增加峰高的办法进行定性

 C.文献保留值数据进行定性

 D.利用选择性检测器进行定性

4.在法庭上，涉及审定一个非法的药品，起诉表明该非法药品经气相色谱分析测得的保留时间，在相同条件下，刚好与已知非法药品的保留时间相一致。辩护证明：有几个无毒的化合物与该非法药品具有相同的保留值。你认为用下列哪个检定方法比较好？（　　）
A.利用相对保留值进行定性
B.用加入已知物以增加峰高的办法
C.利用文献保留指数进行定性
D.用保留值的双柱法进行定性

任务6.7　气相色谱定量分析

6.7.1　定量分析基础

定量分析就是要确定样品中某一组分的准确含量。气相色谱定量分析与绝大部分的仪器定量分析一样，是一种相对的定量方法，而不是绝对的定量方法。

6.7.1.1　定量分析基本公式

气相色谱法是根据仪器检测器的响应值与被测组分的量，在某些条件限定下成正比的关系来进行定量分析的。也就是说，在色谱分析中，在某些条件限定下，色谱峰的峰高或峰面积（检测器的响应值）与所测组分的数量（或浓度）成正比。因此，色谱定量分析的基本公式为：

$$w_i = f_i A_i \tag{6-23}$$

或

$$c_i = f_i h_i \tag{6-24}$$

式中，w_i 为组分的质量；c_i 为组分的浓度；f_i 为组分的校正因子；A_i 为组分 i 的峰面积；h_i 为组分 i 的峰高。在色谱定量分析中，什么时候采用 A_i，什么时候采用 h_i，将视具体情况而定。一般来说，对浓度敏感型检测器，常用峰高定量；对质量敏感型检测器，常用峰面积定量。

6.7.1.2　峰高和峰面积的准确测定

峰高和峰面积是气相色谱的定量参数，它们的测量精度将直接影响定量分析的精度。峰高是峰尖至峰底（或基线）的距离，峰面积是色谱峰与峰底（或基线）所围成的面积。因此要准确地测量峰高和峰面积，关键在于峰底（或基线）的确定。峰底是从峰的起点与峰的终点之间的一条连接直线。一个完全分离的峰，峰底与基线是相重合的。

在使用积分仪和色谱工作站测量峰高和峰面积时，仪器可根据人为设定积分参数（半峰宽、峰高和最小峰面积等）和基线来计算每个色谱峰的峰高和峰面积。然后直接打印出峰高和峰面积的结果，以供定量计算使用。

当使用记录仪记录色谱峰时，则需要用手工测量的方法对色谱峰和峰面积进行测量。虽然目前已很少采用手工测量法去测量色谱峰的峰高和峰面积。但是了解手工测量色谱峰峰高和峰面积的方法对理解积分仪和色谱工作站的工作原理及各种积分参数的设定是大有裨益的。所以，下面简单介绍几种常用的手工测量法。

（1）峰高乘以半峰宽法　当色谱峰形对称且不太窄时，可采用此法。即
$$A = hW_{1/2} \tag{6-25}$$
式中，h 为峰高；$W_{1/2}$ 为半峰宽。

这种方法测得的峰面积为实际峰面积的 0.94 倍，因此实际面积应为：
$$A_{实际} = 1.065 h W_{1/2} \tag{6-26}$$

（2）峰高乘以平均峰宽　当峰不对称时，一般可采用此法。即先分别测出峰高为 0.15 和 0.85 处的峰宽，然后按式（6-27）计算面积。
$$A = \frac{1}{2}(W_{0.15} + W_{0.85})h \tag{6-27}$$

此法计算出的峰面积较准确。

（3）峰高乘以保留时间法　在一定操作条件下，同系物的半峰宽与保留时间成正比，即
$$W_{1/2} \propto t_R \qquad W_{1/2} = b t_R \tag{6-28}$$

作相对计算时，b 可以约去。

此法适用于狭窄的峰，或有的峰窄、有的峰又较宽的同系物的峰面积的测量。

对一些对称的狭窄峰，可直接以峰高代替峰面积，这样做既简便快速，又准确。

6.7.1.3　定量校正因子的测定

气相色谱定量分析的依据是基于待测组分的量与其峰面积成正比的关系。但是峰面积的大小不仅与组分的量有关，而且还与组分的性质及检测器性能有关。用同一检测器测定同一种组分，当实验条件一定时，组分量愈大，相应的峰面积就愈大。但同一检测器测定相同质量的不同组分时，却由于不同组分性质不同，检测器对不同物质的响应值不同，因而产生的峰面积也不同。因此不能直接应用峰面积计算组分含量。为此，引入"定量校正因子"来校正峰面积。定量校正因子分为绝对校正因子和相对校正因子。

（1）绝对校正因子（f_i）　绝对校正因子是指单位峰面积或单位峰高所代表的组分的量，即
$$f_i = m_i / A_i \tag{6-29}$$
或
$$f_{i(h)} = m_i / h_i \tag{6-30}$$

式中，m_i 为组分质量（或物质的量，或体积）；A_i 为峰面积；h_i 为峰高。峰高定量校正因子 $f_{i(h)}$ 受操作条件影响大，因而在用峰高定量时，一般不直接引用文献值，必须在实际操作条件下用标准纯物质测定。显然要准确求出各组分的绝对校正因子，一方面要准确知道进入检测器的组分的量 m_i，另一方面要准确测量出峰面积或峰高，并要求严格控制色谱操作条件，这在实际工作中有一定困难。因此，实际测量中通常不采用绝对校正因子，而采用相对校正因子。

（2）相对校正因子（$f'_{i/s}$）　相对校正因子是指组分 i 与另一标准物 s 的绝对校正因子之比，用 $f'_{i/s}$ 表示。
$$f'_{i/s} = \frac{f_i}{f_s} = \frac{m_i A_s}{m_s A_i} \tag{6-31}$$

或

$$f'_{i/s} = \frac{f_i}{f_s} = \frac{c_i h_s}{c_s h_i} \quad (6\text{-}32)$$

式中，$f'_{i/s}$为相对校正因子；f_i为i物质的绝对校正因子；f_s为基准物质的绝对校正因子；m_i为i物质的质量；c_i为i物质的浓度；A_i为i物质的峰面积；h_i为i物质的峰高；m_s为基准物质的质量；c_s为基准物质的浓度；A_s为基准物质的峰面积；h_s为基准物质的峰高。

常用的基准物质对不同检测器是不同的，热导检测器常用苯作基准物，氢火焰离子化检测器常用正庚烷作基准物质。

通常将相对校正因子简称为校正因子，它是一个量纲为1的量，数值与所用的计量单位有关。根据物质量的表示方法不同，校正因子可分为以下几种。

① 相对质量校正因子。组分的量以质量表示时的相对校正因子，用f'_m表示。这是最常用的校正因子。

$$f'_m = \frac{f_{i(m)}}{f_{s(m)}} = \frac{m_i/A_i}{m_s/A_s} = \frac{m_i A_s}{m_s A_i} \quad (6\text{-}33)$$

式中，下标i、s分别代表被测物和标准物。

② 相对摩尔校正因子。指组分的量以物质的量n表示时的相对校正因子，用f'_M表示。

$$f'_M = \frac{f_{i(M)}}{f_{s(M)}} = f'_m \frac{M_s}{M_i} \quad (6\text{-}34)$$

式中，M_i、M_s分别为被测物和标准物的摩尔质量。

③ 相对体积校正因子。对于气体样品，以体积计量时，对应的相对校正因子称为相对体积校正因子，以f'_V表示。当温度和压力一定时，相对体积校正因子等于相对摩尔校正因子，即

$$f'_V = f'_M \quad (6\text{-}35)$$

上面所介绍的相对校正因子均是峰面积校正因子，若将各式中的峰面积A_i和A_s用峰高h_i、h_s表示，则可以得到三种峰高相对校正因子，即$f'_{m(h)}$、$f'_{M(h)}$、$f'_{V(h)}$。

(3) 校正因子的实验测定方法　准确称取色谱纯（或已知准确含量）的被测组分和基准物质，配制成已知准确浓度的样品，在已定的色谱实验条件下，取一定体积的样品进样，准确测量所得组分和基准物质的色谱峰峰面积，根据式（6-33）、式（6-34）和式（6-35），就可以计算出相对质量校正因子、相对摩尔校正因子和相对体积校正因子。

(4) 相对响应值S'_i　相对响应值是物质i与标准物质s的响应值（灵敏度）之比，单位相同时，与校正因子互为倒数，即

$$S'_i = \frac{1}{f'_i} \quad (6\text{-}36)$$

式中，f'和S'_i只与试样、标准物质以及检测器类型有关，而与操作条件和柱温、载气流速、固定液性质等无关，是一个通用的参数。

6.7.2　定量方法

色谱中常用的定量方法有归一化法、标准曲线法、内标法和标准加入法。按测量参数，上述4种定量方法又可分为峰面积法和峰高法。这

码6-12　气相色谱定量方法

些定量方法各有优缺点和使用范围，因此实际工作中应根据分析的目的、要求以及样品的具体情况选择合适的定量方法。

6.7.2.1 归一化法

当试样中所有组分均能流出色谱柱，并在检测器上都能产生信号时，可用归一化法计算组分含量。所谓归一化法就是以样品中被测组分经校正过的峰面积（或峰高）占样品中各组分经校正过的峰面积（或峰高）的总和的比例来表示样品中各组分含量的定量方法。

设试样中有 n 个组分，各组分的质量分别为 m_1，m_2，…，m_n，在一定条件下测得各组分峰面积分别为 $A_1, A_2, …, A_n$，各组分峰高分别为 $h_1, h_2, …, h_n$，则组分 i 的质量分数 w_i 为：

$$w_i = \frac{m_i}{m} = \frac{m_i}{m_1 + m_2 + \cdots + m_n} = \frac{f'_{i/s} A_i}{f'_{1/s} A_1 + f'_{2/s} A_2 + \cdots + f'_{n/s} A_n} = \frac{f'_{i/s} A_i}{\sum f'_{i/s} A_i} \quad (6\text{-}37)$$

或

$$w_i = \frac{m_i}{m} = \frac{m_i}{m_1 + m_2 + \cdots + m_n} = \frac{f'_{i(h)/s(h)} h_i}{f'_{1(h)/s(h)} h_1 + f'_{2(h)/s(h)} h_2 + \cdots + f'_{n(h)/s(h)} h_n} = \frac{f'_{i(h)/s(h)} h_i}{\sum f'_{i(h)/s(h)} h_i} \quad (6\text{-}38)$$

式中，$f'_{i/s}$ 为 i 组分的相对质量校正因子；A_i 为组分 i 的峰面积。

当 f'_i 为摩尔校正因子或体积校正因子时，所得结果分别为 i 组分的摩尔百分含量或体积百分含量。

若试样中各组分的相对校正因子很接近（如同分异构体或同系物），则可以不用校正因子，直接用峰面积归一化法进行定量。这样，式（6-37）可简化为：

$$w_i = \frac{A_i}{\sum A_i} \quad (6\text{-}39)$$

采用积分仪或色谱工作站处理数据时，往往采用峰面积直接归一化法定量，得出各组分的面积百分比，其结果的相对误差在10%左右；若是对校正因子比较接近的组分（如同系物）而言，直接峰面积归一化定量结果的误差却是很小的，在误差允许范围之内。

归一化法定量的优点是简便、精确，进样量的多少与测定结果无关，操作条件（如流速、柱温）的变化对定量结果的影响较小。

归一化法定量的主要问题是校正因子的测定较为麻烦，虽然从文献中可以查到一些化合物的校正因子，但要得到准确的校正因子，还是需要用每一组分的基准物质直接测量。如果试样中的组分不能全部出峰，则绝对不能采用归一化法定量。

操作练习21　苯系物的气相色谱分析

一、目的要求
1. 了解苯系物的气相色谱分离分析方法。
2. 学习柱效能的测定方法。
3. 掌握相对校正因子的测定和归一化定量方法。
4. 熟练掌握微量注射器的进样技术。

二、基本原理
在工业生产及环境监测中，通常采用气相色谱法对苯系物进行分离和分析。这类试样主要涉及苯、甲苯、二甲苯、乙苯、异丙苯及三甲苯等苯系物。采用邻苯二甲酸二壬酯（DNP）为固定液的色谱柱，具有良好的分离效果。样品在色谱柱内被分离后，进入热导（或氢火焰离子化）检测器进行检测，在记录仪上得到色谱图。然后，计算分离效能、利用保留时间定性及应用归一化法定量。

根据本实验的教学目的，将各项实验内容的基本原理分述如下。

1. 柱效能的测定

色谱柱的分离效能，主要由柱效率和分离度来衡量。柱效率是以样品中难分离组分的保留值及峰宽来计算的理论塔板数或理论塔板高度表示的。

理论塔板数
$$n = 5.54\left(\frac{t_R}{W_{1/2}}\right)^2 = 16\left(\frac{t_R}{W_b}\right)^2$$

理论板高
$$H = L/n$$

板数越大或板高越小，说明柱效率越好。但柱效率只反映了色谱柱对某一组分的柱效能，不能反映相邻组分的分离程度，因此，还需计算最难分离物质对的分离度。

分离度是指色谱柱对样品中相邻两组分的分离程度，分离度 R 的计算方法如下：

$$R = \frac{t_{R(2)} - t_{R(1)}}{W_{1/2(1)} + W_{1/2(2)}}$$

分离度数值越大，两组分分开的程度越大，当 R 达到 1.5 时，可认为两组分已完全分开。

2. 用纯物质保留值对照定性

在一个确定的色谱条件下，每一物质有一个确定的保留值，所以在相同的条件下，未知物的保留值和已知物的保留值相同时，就可以认为未知物即是用于对照用的已知纯物质。但是，有不少物质在同一条件下可能有非常相近而不容易察觉差异的保留值，所以，当样品组成未知时，仅用纯物质的保留值与样品中组分的保留值对照定性是困难的。这种情况，需用两根不同极性的柱子或两种以上不同极性固定液配成的柱子，或用色谱-质谱联合等其他方法定性。对于一些组成基本上可以估计的样品，那么准备这样一些纯物质，在同样的色谱条件下，以纯物质的保留时间或保留距离对照，用来判断某色谱峰属于什么组分是一种简单而方便的定性方法。在许多分析工作中有一定的用处。

3. 校正因子的测定

色谱定量分析中，几乎都要用到校正因子。校正因子有绝对校正因子和相对校正因子。

绝对校正因子 f_i 是指 i 物质的进样量 m_i 与它的峰面积 A_i 或峰高 h_i 的比例系数。

$$m_i = f_i A_i \text{（或）} m_i = f_{i(h)} h_i$$

只有在仪器条件和操作条件严格恒定的情况下，一种物质的绝对校正因子才是稳定值，才有使用意义，同时，要准确测定绝对校正因子，还要求有纯物质，并能准确知道进样量 m_i，所以它的应用受到限制。

相对校正因子是指 i 物质的绝对校正因子与作为相对基准的 s 物质的绝对校正因子之比。可以表示为

$$f'_{i/s} = \frac{f_i}{f_s} = \frac{m_i A_s}{m_s A_i}$$

测定相对校正因子，只需配制 i 和 s 的质量比 m_i/m_s 为已知的标准样，进样后测出它们的峰面积之比 A_i/A_s，即可计算 $f'_{i/s}$。进样多少，不必准确计量，所以比绝对校正因子更容易测定。而且，只要是同类检测器，色谱操作条件不同时，相对校正因子基本上保持恒定，使用中不必要求操作条件严格稳定，适应性和通用性更强。有纯物质可以自行测定，没有纯物质时，可以引用文献中的相对校正因子。

4.归一化法定量

归一化法定量的依据是：当样品中所有组分均出峰时，那么 $\sum fA$ 就代表样品的进样量，某一组分进样量则为 $f_i A_i$，i 组分的质量分数 w_i 为

$$w_i = \frac{f_i A_i}{\sum f_i A_i}$$

上式中各组分的校正因子，均以相对校正因子代替，则

$$w_i = \frac{f'_{i/s} A_i}{\sum f'_{i/s} A}$$

所以，用归一化法定量时，就是在测知各组分的相对校正因子后，将样品中所有组分的峰面积测出，按照上式计算各组分的百分含量。

6.7.2.2 标准曲线法

标准曲线法也称外标法或直接比较法，是一种简便、快速的定量方法。

与分光光度分析中的标准曲线法相似，首先用欲测组分的标准样品绘制标准曲线。具体方法是：用标准样品配制成不同浓度的标准系列，在与待测组分相同的色谱条件下，等体积准确进样，测量各峰的峰面积或峰高，用峰面积或峰高对样品浓度绘制标准曲线，此标准曲线应是通过原点的直线。若标准曲线不通过原点，则说明存在系统误差。标准曲线的斜率即为绝对校正因子。

在测定样品中的组分含量时，要用与绘制标准曲线完全相同的色谱条件作出色谱图，测量色谱峰面积或峰高，然后根据峰面积和峰高在标准曲线上直接查出注入色谱柱中样品组分的浓度。

当欲测组分含量变化不大，并已知这一组分的大概含量时，也可以不必绘制标准曲线，而用单点校正法，即直接比较法定量。具体方法是：先配制一个和待测组分含量相近的已知浓度的标准溶液，在相同的色谱条件下，分别将待测样品溶液和标准样品溶液等体积进样，作出色谱图，测量待测组分和标准样品的峰面积或峰高，然后由下式直接计算样品溶液中待测组分的含量。

$$w_i = \frac{w_s}{A_s} A_i \tag{6-40}$$

$$w_i = \frac{w_s}{h_s} h_i \tag{6-41}$$

式中，w_s 为标准样品溶液的质量分数；w_i 为样品溶液中待测组分的质量分数；A_s（h_s）为标准样品的峰面积（峰高）；A_i(h_i) 为样品中组分的峰面积（峰高）。

显然，当方法存在系统误差时（即标准工作曲线不通过原点），单点校正法的误差比之标准曲线法要大得多。

标准曲线法的优点是：绘制好标准工作曲线后测定工作就变得相当简单，可直接从标准工作曲线上读出含量，因此特别适合于大量样品的分析。

标准曲线法的缺点是：每次样品分析的色谱条件（检测器的响应性能、柱温、流动相流速及组成、进样量、柱效等）很难完全相同，因此容易出现较大误差。此外，标准工作曲线绘制时，一般使用欲测组分的标准样品（或已知准确含量的样品），而实际样品的组成却千差万别，因此必将给测量带来一定的误差。

 操作练习22　酒中甲醇含量的测定

> **一、目的要求**
> 1. 掌握外标定量法。
> 2. 熟练掌握微量注射器进样技术。
> 3. 掌握色谱工作站的应用。
>
> **二、基本原理**
> 外标法是在一定的操作条件下，用纯组分或已知浓度的标准溶液配制一系列不同含量的标准样品，定量的准确进样，用所得色谱图相应组分峰面积（或峰高）对组分含量作标准曲线。分析样品时，由准确定量进样所得峰面积（或峰高），从标准曲线上查出其含量。
>
> 酒中甲醇含量的测定，以氢火焰离子化检测器利用醇类物质在氢火焰中的化学电离进行检测，根据甲醇的色谱峰高与标准曲线比较进行定量。

6.7.2.3　内标法

若试样中所有组分不能全部出峰，或只要求测定试样中某个或某几个组分的含量时，可以采用内标法定量。

所谓的内标法就是将一定量选定的标准物（称内标物 s）加入一定量试样中，混合均匀后，在一定操作条件下注入色谱仪，出峰后分别测量组分 i 和内标物 s 的峰面积（或峰高），按下式计算组分 i 的含量。

$$w_i = \frac{m_i}{m_{试样}} = \frac{m_s \frac{f'_i A_i}{f'_s A_s}}{m_{试样}} = \frac{m_s}{m_{试样}} \times \frac{A_i}{A_s} f'_{i/s} \tag{6-42}$$

式中，f'_i、f'_s 分别为组分 i 和内标物 s 的质量校正因子；A_i、A_s 分别为组分 i 和内标物 s 的峰面积。也可以用峰高代替峰面积，则：

$$w_i = \frac{m_s}{m_{试样}} \times \frac{h_i}{h_s} f'_{i/s(h)} \tag{6-43}$$

式中，$f'_{i(h)}$、$f'_{s(h)}$ 分别为组分 i 和内标物 s 的峰高校正因子。

内标法中，常以内标物为基准，即 $f'_s = 1.0$，则式（6-42）可改写为：

$$w_j = f' \frac{m_s}{m_{试样}} \times \frac{A_i}{A_s} \quad (6\text{-}44)$$

式(6-43)可改写为:

$$w_i = f'_{s(h)} \frac{m_s}{m_{试样}} \times \frac{h_i}{h_s} \quad (6\text{-}45)$$

内标法的关键是选择合适的内标物,对于内标物的要求如下:

① 内标物应是试样中不存在的纯物质;

② 内标物的性质应与待测组分性质相近,以使内标物的色谱峰与待测组分色谱峰靠近,并与之完全分离;

③ 内标物与样品应完全互溶,但不能发生化学反应;

④ 内标物加入量应接近待测组分含量。

内标法的优点是:进样量的变化、色谱条件的微小变化对内标法定量结果的影响不大,特别是在样品前处理(如浓缩、萃取、衍生化等)前加入内标物,然后再进行前处理时,可部分补偿欲测组分在样品前处理时的损失。若要获得很高精度的结果,可以加入数种内标物,以提高定量分析的精度。

内标法的缺点是:选择合适的内标物比较困难,内标物的称量要准确,操作较复杂。使用内标法定量时要测量待测组分和内标物的两个峰的峰面积(或峰高),根据误差叠加原理,内标法定量的误差中,由于峰面积测量引起的误差是标准曲线法定量的2倍。但是由于进样量的变化和色谱条件变化引起的误差,内标法比标准曲线法要小很多,所以总的来说,内标法定量比标准曲线法定量的准确度和精密度都要好。

操作练习23　乙醇中微量水分的测定

一、目的要求

1. 掌握内标定量法。
2. 了解聚合物固定相的色谱特性。
3. 了解色谱工作站的应用。

二、基本原理

分离有机物中微量水分,最好选用有机高分子聚合物固定相(如GDX类)。它的特点是憎水性,分离时水峰在前,出峰很快,且峰形对称,而有机物出峰在后,主峰对水峰的测定无干扰。这是因为这类固定相对氢键型化合物,如水、醇等的亲和力很弱,一般又按相对分子质量大小顺序出峰。使用GDX类固定相,一般不需涂固定液,只将一定粒度的GDX装柱老化即可使用,制柱也较简单。

为了校准和减少由于操作条件的波动而对分析结果产生的影响,实验采用内标法定量。

内标法是一种常用方法,准确度高。使用内标法定量时,试样中加入一定量的某纯物质(内标物)m_s,设待测物的量为m_i,测出i和s物质的峰面积为A_i和A_s,则有

$$\frac{m_i}{m_s} = \frac{A_i f_i}{A_s f_s}$$

试样中 i 组分的百分含量为

$$w_i = \frac{m_i}{m_{\text{样}}} = \frac{A_i f_i m_s}{A_s f_s m_{\text{样}}} = \frac{A_i m_s}{A_s m_{\text{样}}} f'_{i/s}$$

式中，$m_{\text{样}}$ 为试样总量；$f'_{i/s}$ 为峰面积相对校正因子。

内标法中常以峰高 (h) 定量，则试样中 i 组分的百分含量为

$$w_i = \frac{h_i m_s}{h_s m} f''_{i/s}$$

式中，$f''_{i/s}$ 为峰高相对校正因子。

内标物应是样品中不存在的纯物质，能与试样互溶，但不发生化学反应，其色谱峰与待测组分峰要尽量靠近，位于几个待测组分色谱峰的中间，但又能完全分开，内标物的加入量也要接近被测组分的含量。

本实验采用甲醇为内标物，其色谱峰在乙醇和水之间。配制内标标准溶液时，可以按质量计，亦可按体积计，本实验结果要求表示为组分的体积分数，故采用量取体积的方法配制内标标准溶液。

6.7.2.4 标准加入法

标准加入法实质上是一种特殊的内标法，是在选择不到合适的内标物时，以欲测组分的纯物质为内标物，加入到待测样品中，然后在相同的色谱条件下，测定加入欲测组分纯物质前后欲测组分的峰面积（或峰高），从而计算欲测组分在样品中的含量的方法。

标准加入法的具体做法如下：首先在一定的色谱条件下作出欲分析样品的色谱图，测定其中欲测组分 i 的峰面积 A_i（或峰高 h_i）；然后在该样品中准确加入定量欲测组分 (i) 的标样或纯物质（与样品相比，欲测组分的浓度增量为 ΔW_i），在完全相同的色谱条件下，作出已加入欲测组分 (i) 标样或纯物质后的样品的色谱图。测定这时欲测组分 (i) 的峰面积 A'_i（或峰高 h'_i），此时待测组分的含量为：

$$w_i = \frac{\Delta W_i}{\dfrac{A'_i}{A_i} - 1} \tag{6-46}$$

或

$$w_i = \frac{\Delta W_i}{\dfrac{h'_i}{h_i} - 1} \tag{6-47}$$

标准加入法的优点是：不需要另外的标准物质作内标物，只需欲测组分的纯物质，进样量不必十分准确，操作简单。若在样品的预处理之前就加入已知准确量的欲测组分，则可以完全补偿欲测组分在预处理过程中的损失，是色谱分析中较常用的定量分析方法。

标准加入法的缺点是：要求加入欲测组分前后两次色谱测定的色谱条件完全相同，以保证两次测定时的校正因子完全相等，否则将引起分析测定的误差。

6.7.3 气相色谱法的应用实例

气相色谱法广泛用于各种领域，如石油化工、高分子材料、药物、食品、香料与精

油、农药、环境保护等。下面以几个简单的实例来说明气相色谱法的广泛应用。

（1）石油化工产品的GC分析　石油产品包括各种气态烃类物质、汽油与柴油、重油与蜡等，早期气相色谱的目的之一便是快速有效地分析石油产品。图6-29显示了用Al_2O_3/KCl PLOT柱分离分析$C_1 \sim C_5$烃的色谱图。

（2）高分子材料的GC分析　分析高分子材料的主要目的是弄清高分子化合物由哪些单体共聚而成。高分子材料的分子量比较大，分析时常用衍生法、裂解法或顶空分析法，具体方法可参阅相关专著。图6-30显示了标准单体混合物的色谱图。

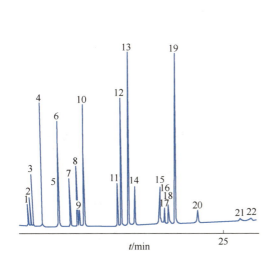

图6-29　$C_1 \sim C_5$烃类物质的分离分析色谱图

色谱柱：Al_2O_3/KCl PLOT柱，50m×0.32mm，d_f=5.0μm；
柱温：70℃（10min）$\xrightarrow{3℃·min^{-1}}$200℃；
载气：N_2，$\bar{u}$=26cm·s^{-1}
检测器：FID；汽化室温度：250℃；检测器温度：250℃
1—甲烷；2—乙烷；3—乙烯；4—丙烷；5—环丙烷；
6—丙烯；7—乙炔；8—异丁烷；9—丙二烯；10—正丁烷；
11—反-2-丁烯；12—1-丁烯；13—异丁烯；14—顺-2-丁烯；
15—异戊烷；16—1,2-丁二烯；17—丙炔；
18—正戊烷；19—1,3-丁二烯；20—3-甲基-1-丁烯；
21—乙烯基乙炔；22—乙基乙炔

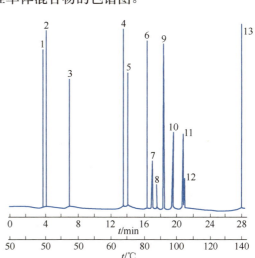

图6-30　标准单体混合物色谱

色谱柱：二甲基聚硅氧烷，25m×0.33mm，d_f=1.0μm；
柱温：50℃（10min）$\xrightarrow{5℃·min^{-1}}$
150℃$\xrightarrow{40℃·min^{-1}}$250℃（10min）
载气：He，检测器：FID，
汽化室温度：220℃；检测器温度：250℃
1—丙烯酸乙酯；2—异丁烯酸甲酯；3—异丁烯酸乙酯；
4—聚乙烯；5—丙烯酸正丁酯；6—异丁烯酸异丁酯；
7—2-羟基丙基丙烯酸酯；8—1-甲基-2-羟基乙基丙烯酸酯；
9—异丁烯酸正丁酯；10—2-羟基乙基丁烯酸酯；
11—2-羟基丙基丁烯酸酯；12—1-甲基-2-羟基
乙基异丁烯酸酯；13—2-乙基己基丙烯酸酯

（3）药物的GC分析　许多中西成药在提纯浓缩后，能直接或衍生后进行分析，其中主要有镇静催眠药、镇痛药、兴奋剂、抗生素、磺胺类药以及中药中常见的萜烯类化合物等。图6-31显示了镇静药的分离分析色谱图。

（4）食品的GC分析　食品分析可分为三个方面：一是食品组成，如水溶性、类脂类、糖类等样品的分析；二是污染物，如农药、生产和包装中污染物的分析；三是添加剂，如防腐剂、乳化剂、营养补充剂等的分析。目前对食品的组成分析居多，其中酒类与其他饮料、油脂和瓜果是重点分析对象。图6-32显示了牛奶中有机氯农药的分离分析色谱图。

（5）香料与精油的GC分析　天然植物用油提等方法预处理后，可分离出很多色谱峰，需要用气相色谱质谱联用（GC-MS）进行定性，实际操作也比较困难。目前国内主要对玫瑰花、玉兰花、茉莉、薄荷、橘子皮等香料或精油进行了分析测定，结果都比较好。图6-33显示了香料的分离分析色谱图。

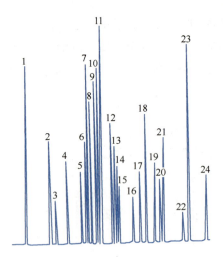

图 6-31 镇静药分离分析色谱图

色谱柱：SE-54，22m×0.24mm；
柱温：120℃ $\xrightarrow{10℃·min^{-1}}$ 250℃（15min）
载气：H_2，检测器：ECD，汽化室温度：
280℃，检测器温度：280℃

1—巴比妥；2—二丙烯巴比妥；3—阿普巴比妥；4—异戊巴比妥；5—戊巴比妥；6—司可巴比妥；7—眠尔通；8—导眠能；9—苯巴比妥；10—环巴比妥；11—美道明；12—安眠酮；13—丙咪嗪；14—异丙嗪；15—丙基解痉素（内标）；16—舒宁；17—安定；18—氯丙嗪；19—3-羟基安定；20—三氟拉嗪；21—氟安定；22—硝基安定；23—利眠宁；24—三唑安定

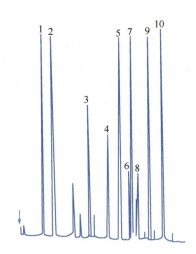

图 6-32 牛奶中有机氯农药的分析

色谱柱：SE-52，25m×0.32mm，d_f=0.15μm；
柱温：40℃（1min） $\xrightarrow{20℃·min^{-1}}$ 140℃
$\xrightarrow{3℃·min^{-1}}$ 220℃
载气：H_2，2mL·min^{-1}，检测器：ECD

1—六氯苯；2—林丹；3—艾氏剂；4—环氧七氯；5—p,p'-DDE；6—狄氏剂；7—p,p'-DDE；8—异艾氏剂；9—o,p'-DDT；10—p,p'-DDT

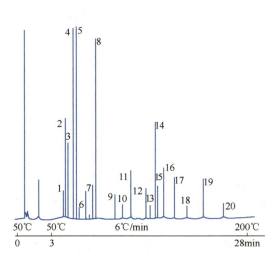

图 6-33 香料的分离分析色谱图

色谱柱：SE-52，25m×0.32mm，检测器：ECD
柱温：50℃（3min） $\xrightarrow{6℃·min^{-1}}$ 200℃

1—苯甲醛；2—乙基-α-羟基异戊酸；3—β-辛-1-醛；4—己酸乙酯；5—乙酸己酯；6—苯甲醇；7—1-苯乙醇；8—里哪醇；9—水杨酸甲酯；10—橙花醇；11—肉桂醇；12—氨茴酸甲酯；13—丁子香酚；14—肉桂酸甲酯；15—香草醛；16—α-紫罗酮；17—β-紫罗酮；18—甲基-N-甲酰氨茴酸酯；19—姜油酮；20—苯甲酸苯酯

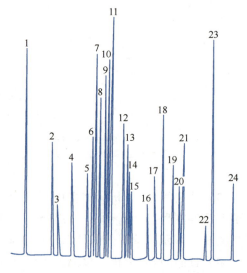

图 6-34 有机氯农药的分离分析色谱图

色谱柱：OA-101，20m×0.24mm；
柱温：80℃ $\xrightarrow{4℃·min^{-1}}$ 250℃，
检测器：ECD

1—氯丹；2—七氯；3—艾氏剂；4—碳氯灵；5—氧化氯丹；6—光七氯；7—光六氯；8—七氯环氧化合物；9—反艾氏剂；10—反九氯；11—顺氯丹；12—狄氏剂；13—异狄氏剂；14—二氢灭蚁灵；15—p,p'-DDE；16—氢代灭蚁灵；17—开蓬；18—光艾氏剂；19—p,p'-DDT；20—灭蚁灵；21—异狄氏剂醛；22—异狄氏剂酮；23—甲氧DDT；24—光狄氏剂

（6）农药的GC分析　气相色谱法在农药中的应用主要是指对含氯、含磷、含氮等三类农药的分析，可使用选择性检测器，可直接进行痕量分析。图6-34显示了用ECD分析有机氯农药的色谱图。

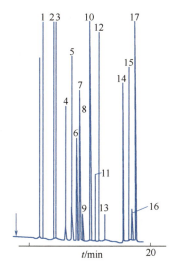

图 6-35　水中溶剂分离分析色谱图

色谱柱：CP-Sil 5CB，25m×0.32mm，检测器：FID；

柱温：35℃（3min）$\xrightarrow{10℃·min^{-1}}$ 220℃，

载气：H_2

1—乙腈；2—甲基乙基酮；3—仲丁醇；4—1,2二氯乙烷；5—苯；6—1,1二氯丙烷；7—1,2二氯丙烷；8—2,3-二氯丙烷；9—氯甲代氧丙烷；10—甲基异丁基酮；11—反-1,3二氯丙烷；12—甲苯；13—未定；14—对二甲苯；15—1,2,3三氯丙烷；16—2,3二氯取代的醇；17—乙基戊基酮

（7）GC在环境检测中的应用　目前利用气相色谱法也可以分析许多环境保护的样品，如有关气体、水质和土壤的污染情况的分析。图6-35显示了水溶剂中常见有机溶剂的分离分析色谱图。

> **思考与练习6.7**
>
> 1.应用归一化法定量应该满足什么条件？
> 2.标准曲线法的应用条件是什么？
> 3.选择内标物的条件是什么？
> 4.一液体混合物中，含有苯、甲苯、邻二甲苯、对二甲苯。用气相色谱法，以热导检测器进行定量，苯的峰面积为$1.26cm^2$，甲苯为$0.95cm^2$，邻二甲苯为$2.55cm^2$，对二甲苯为$1.04cm^2$。求各组分的百分含量。（质量校正因子：苯0.780，甲苯0.794，邻二甲苯0.840，对二甲苯0.812）。
> 5.由纯苯和甲苯的色谱图可知其峰高和半峰宽如下：
>
> | 组分 | 质量/g | 峰高/mm | 半峰宽/mm | 衰减 |
> | --- | --- | --- | --- | --- |
> | 苯 | 0.3912 | 36.6 | 3.5 | 1/2 |
> | 甲苯 | 1.3282 | 34.8 | 4.6 | 1/8 |
>
> 取只含苯和甲苯的试液0.5μL进样分析，得到如下数据：

组分	峰高/mm	半峰宽/mm
苯	61.8	4.2
甲苯	56.4	5.0

试计算苯和甲苯的质量分数。

6. 用内标法测定燕麦敌含量。称取 8.12g 试样，加入内标物正十八烷 1.88g，测得样品峰面积 A（燕麦敌）=68.00mm^2，A（正十八烷）=87.00mm^2。已知燕麦敌对内标物的相对质量校正因子为 2.40。求燕麦敌的质量分数。

7. 某试样中含有甲酸、乙酸、丙酸、水及苯等物质。称取试样 1.055g，以环己酮作内标物，称取 0.1907g 环己酮加到试样中，混匀后，吸取此试液 3μL 进样，从色谱图上测量出各组分的峰面积，如下表所示：

组分	甲酸	乙酸	环己酮	丙酸
峰面积 A/cm^2	14.8	72.6	133	42.4
$f'_{i/s}$	0.261	0.562	1.00	0.938

求试样中甲酸、乙酸、丙酸的质量分数。

项目 7
高效液相色谱对微量组分分析

气相色谱是一种良好的分离分析技术,对于占全部有机物约20%的具有较低沸点且加热不易分解的样品具有良好的分离分析能力。但是,对沸点高、分子量大、受热易分解的有机物、生物活性物质以及多种天然产物(它们约占全部有机物的80%),又如何进行分离分析呢?下面来学习一种新的色谱分析方法:高效液相色谱法,以完成更多的分析任务。

项目描述

学习目标	任务	教学建议	课时计划
1.通过各种色谱方法的对比,使同学们对高效液相色谱法的方法特点有所了解	1.认识高效液相色谱法	通过与已经学习过的气相色谱及经典液相色谱的比较,让学生在比对中自己总结出高效液相色谱法的特点	2学时
2.使学生对色谱分析方法有进一步的认识,理解高效液相色谱的主要类型及选择、基本原理,应用前景相当广阔	2.高效液相色谱法的基本原理	通过一些生动的实例,使学生将多组分样品、仪器、分析产生联想,产生强烈的探索兴趣和动力。引导学生多观察、多思考、多提问	2学时
3.使学生对仪器的各个主要组成部件的功能、特点有了深入的了解,并能正确操作仪器	3.认识高效液相色谱仪	通过生动的实例,让学生在研究中认识仪器的功能、特点。引导学生多观察、多思考、多提问,并产生强烈的求知欲望	2学时
4.使学生对高效液相色谱法有充分的认识,并具备相应的应用能力	4.高效液相色谱法	通过实例分析,使学生对高效液相色谱操作条件产生认识,并产生研究、探索、开发、应用的强烈求知动力	8学时

项目分析

项目7的主要任务是通过对多组分样品、仪器、分析的联系和探讨,掌握液体作流动相,对微量组分进行分析的方法。

具体要求如下:
① 混合维生素E的正相HPLC分析条件的选择;
② 维生素E胶丸中 α-维生素E的定量测定;
③ 果汁(苹果汁)中有机酸的分析;
④ 可乐、咖啡因、茶叶中咖啡因的高效液相色谱分析。

将以上4个具体要求分别对应4个操作练习,分布在任务中完成,通过后续任务的学习,最后完成该项目的目标。

任务 7.1　认识高效液相色谱法

气相色谱能分析具有较低沸点且加热不分解的样品,这部分样品只占全部有机物的约 20%,而其余 80% 属于沸点高、分子量大、受热易分解的有机物、生物活性物质以及多种天然产物,这些物质的分析交给高效液相色谱来完成吧!让我们一起来学习这一方法。

7.1.1　高效液相色谱法的由来

如果用液体流动相去替代气相流动相,则可达到分离分析的目的,对应的色谱分析方法就称为液相色谱法。事实上早在 1906 年,俄国植物学家 Tswett 为了分离植物色素发明的色谱就是所谓的液相色谱。但柱效极低,直到 20 世纪 60 年代后期,才将已比较成熟的气相色谱的理论与技术应用于经典液相色谱,经典液相色谱才得到了迅速的发展。填料制备技术的发展、化学键合型固定相的出现、柱填充技术的进步以及高压输液泵的研制,使液相色谱实现了高速化和高效化,产生了具有现代意义的高效液相色谱,而具有真正优良性能的商品高效液相色谱仪直到 1967 年才出现。

码 7-1　高效液相色谱(HPLC)法的由来

7.1.2　高效液相色谱法与经典液相色谱法比较

高效液相色谱(HPLC)还可称为高压液相色谱、高速液相色谱、高分离度液相色谱或现代液相色谱,与经典液相(柱)色谱法比较,HPLC 能在较短的分析时间内获得高柱效和高分离能力,具体比较如表 7-1 所示。

码 7-2　高效液相色谱(HPLC)法与经典液相色谱法比较

表 7-1　高效液相色谱法与经典液相(柱)色谱法的比较

项目	方法	
	高效液相色谱法	经典液相(柱)色谱法
色谱柱:柱长/cm	10～25	10～200
柱内径/cm	2～10	10～50
固定相粒度:粒径/μm	5～50	75～600
筛孔/目	300～2500	30～200
色谱柱入口压力/MPa	2～20	0.001～0.1
色谱柱柱效/(理论塔板数/m)	$2×10^2$～$5×10^4$	2～50
进样量/g	10^{-6}～10^{-2}	1～10
分析时间/h	0.05～1.0	1～20

7.1.3　高效液相色谱法与气相色谱法比较

高效液相色谱分析法与气相色谱分析法一样,具有选择性高、分离效率高、灵敏度高、分析速度快的特点,但它恰好能适于分析气相色谱分析法不能分析的高沸点有机化合物、高分子和热稳定性差的化合物以及具有生物活性的物质,弥补了气相色谱分析法的不足。这两种分析法的比较如表 7-2 所示。

表7-2　高效液相色谱法和气相色谱法的比较

项目	高效液相色谱法	气相色谱法
进样方式	样品制成溶液	样品需加热汽化或裂解
流动相	1.液体流动相可为离子型、极性、弱极性、非极溶液，可与被分析样品产生相互作用，并能改善分离的选择性 2.液体流动相动力黏度为$10^{-3}Pa·s$，输送流动相压力高达2～20MPa	1.气体流动相为惰性气体，不与被分析的样品发生相互作用 2.气体流动相动力黏度为$10^{-5}Pa·s$，输送流动压力仅为0.1～0.5MPa
固定相	1.分离机理：可依据吸附、分析、筛选、离子交换、亲和等多种原理进行样品分离，可供选用的固定相种类繁多 2.色谱柱：固定相粒度大小为5～10μm；填充柱内径为3～6mm，柱长10～25cm，柱效为10^3～10^4；毛细管柱内径为0.01～0.03mm，柱长5～10m，柱效为10^4～10^5；柱温为常温	1.分离机理：依据吸附、分配两种原理进行分离，可供选用的固定相种类较多 2.色谱柱：固定相粒度大小为0.1～0.5mm；填充柱内径为1～4mm，柱效为10^2～10^3；毛细管柱内径为0.1～0.3mm，柱长10～100m，柱效为10^3～10^4，柱温为常温～300℃
检测器	选择性检测器：UVD，PDAD，FD，ECD；通用型检测器：ELSD，RID	通用型检测器：TCD，FID（有机物）；选择性检测器：ECD*，FPD，NPD
应用范围	可分析低分子量、低沸点；高沸点、中分子、高分子有机化合物（包括非极性、极性）；离子型无机化合物；热不稳定，具有生物活性的生物分子	可分析低分子量、低沸点有机化合物；永久性气体；配合程序升温可分析高沸点有机化合物；配合裂解技术可分析高聚物
仪器组成	溶质在液相中的扩散系数（$10^{-5}cm^2·s^{-1}$）很小，因此在色谱柱以外的死空间应尽量小，以减少柱外效应对分离效应的影响	溶质在液相中的扩散系数（$0.1cm·s^{-1}$）大，柱外效应的影响较小，对于毛细管气相色谱应尽量减少柱外效应对分离效果的影响

注：UVD—紫外吸收检测器；PDAD—二极管阵列检测器；FD—荧光检测器；ECD—电化学检测器；RID—示差折光检测器；ELSD—蒸发激光散射检测器；TCD—热导检测器；FID—氢火焰离子化检测器；ECD*—电子捕获检测器；FPD—火焰光度检测器；NPD—氮磷检测器。

> 思考与练习7.1
>
> 1.简述高效液相色谱法与气相色谱法的异同点。
> 2.某天然高分子的相对分子质量大于400，你认为用什么方法分析比较合适？

任务7.2　高效液相色谱法基本原理

以液体作流动相的色谱称为液相色谱。广义地讲，除柱色谱外，薄层色谱（液-固色谱）和纸色谱（液-液色谱）也属于液相色谱。这里只讨论广义的液相色谱，即柱色谱。柱色谱法按分离机理分类，可分为液-固吸附色谱、液-液分配色谱、键合相色谱、凝胶色谱、离子色谱等。

7.2.1　液-固吸附色谱

7.2.1.1　分离原理

液-固色谱是基于各组分吸附能力的差异进行混合物分离的，其固定相是固体吸附剂。它们是一些多孔性的极性微粒物质，如氧化铝、硅胶等。当混合物随流动相通过吸附剂时，由于流动相与混合物中各组分对吸附剂的吸附能力不同，故在吸附剂表面组分分子和流动相分子对吸附剂表面活性中心发生吸附竞争。与吸附剂结构和性质相似的组分易被吸附，呈现了高保留值；反之，与吸附剂结构和性质差异较大的组分不易被吸附，呈现了低保留值。

7.2.1.2 固定相

吸附色谱固定相可分为极性和非极性两大类。极性固定相主要有硅胶（酸性）、氧化镁和硅酸镁、分子筛（碱性）等。非极性固定相有高强度多孔微粒活性炭和近来开始使用的 5～10μm 的多孔石墨化炭黑，以及高交联度苯乙烯-二乙烯基苯共聚物的单分散多孔微球（5～10μm）与碳多孔小球等，其中应用最广泛的是极性固定相硅胶。早期的经典液相色谱中，通常使用粒径在 100μm 以上的无定形硅胶颗粒，其传质速度慢，柱效低。现在使用全多孔型和表面多孔型硅胶微粒固定相。其中，表面多孔型硅胶微粒固定相吸附剂出峰快、柱效能高，适用于极性范围较宽的混合样品的分析，缺点是样品容量小。而全多孔型硅胶微粒固定相由于其表面积大，柱效高而成为液-固吸附色谱中使用最广泛的固定相。

实际工作中，应根据分析样品的特点及分析仪器来选择合适的吸附剂，选择时考虑的因素主要有吸附剂的形状、粒度、比表面积等。表 7-3 列出了液-固色谱法中常用的固定相的物理性质，可供选择时参考。

表 7-3 液-固色谱法常用的固定相的物理性质

类型	商品名称	形状	粒度/μm	比表面积/m²·g⁻¹	平均孔径/nm
全多孔硅胶	YQG	球形	5～10	300	30
	YQG-1	球形	37～55	400～300	10
	Chromegasorb	无定形	5,10	500	60
	Chromegaspher	球形	3,5,10	500	60
	Si 60，Si 100	球形	5,10	250	100
	Nucleosil 50	球形	5,7,5,10	500	50
薄壳硅胶	YBK	球形	25～37～50	14～7～2	—
	Zipax	球形	37～44	1	80
	Corasil Ⅰ，Ⅱ	球形	37～50	14～7	5
	Perisorb A	球形	30～40	14	6
	Vydac SC	球形	30～40	12	5.7
堆积硅胶	YDG	球形	3,5,10	300	10
全多孔氧化铝	Spherisorb AY	球形	5,10,30	100	15
	Spherisorb AX	球形	5,10,30	175	8
	Lichrosorb ALOXT	无定形	5,10,30	70	15
	Micro Pak-AL	无定形	5,10	70	—
	Bio-Rab AG	无定形	74	200	—

注：平均孔径指多孔基体所有孔洞的平均直径。

7.2.1.3 流动相

在高效液相色谱分析中，除了固定相对样品的分离起主要作用外，合适的流动相（也称作洗脱液）对改善分离效果也会产生重要的辅助效应。

从实用角度考虑，选用作为流动相的溶剂除具有廉价、易购的特点外，还应满足高效液相色谱分析的下述要求：

① 选用的溶剂应当与固定相互不相溶，并能保持色谱柱的稳定性；

② 选用的溶剂应纯度高，以防所含微量杂质在柱中累积，引起柱性能的改变；

③ 选用的溶剂性能应与所使用的检测器相匹配，如使用紫外吸收检测器，就不能选用在检测波长下有紫外吸收的溶剂，若使用示差折光检测器，就不能使用梯度洗脱；

④ 选用的溶剂应对样品有足够的溶解能力，以提高测定的灵敏度；

⑤ 选用的溶剂应具有低的黏度和适当低的沸点，使用低黏度溶剂，可减少溶质的传质阻力，有利于提高柱效；

⑥ 应尽量避免使用具有显著毒性的溶剂，以保证工作人员的安全。

在液相色谱中，选择流动相的基本原则是极性大的试样用极性较强的流动相，极性小的试样则用低极性流动相。

流动相的极性强度可用溶剂强度参数 ε^0 表示。ε^0 是指每单位面积吸附剂表面的溶剂的吸附能力，ε^0 越大，表明流动相的极性也越大。表7-4列出了以氧化铝为吸附剂时，一些常用流动相洗脱强度的次序。

表7-4　氧化铝上的洗脱序列

溶剂	ε^0	溶剂	ε^0	溶剂	ε^0
正戊烷	0.00	氯仿	0.40	乙腈	0.65
异戊烷	0.01	二氯甲烷	0.42	二甲基亚砜	0.75
环己烷	0.04	二氯乙烷	0.44	异丙醇	0.82
四氯化碳	0.18	四氢呋喃	0.45	甲醇	0.95
甲苯	0.29	丙酮	0.56		

实际工作中，应根据流动相的洗脱序列，通过实验，选择合适的流动相。若样品中各组分的分配比 k 值差异较大，可采用梯度洗脱（即间断或连续地改变流动相的组成或其他操作条件，从而改变其色谱洗脱能力的过程）。

7.2.1.4　应用

液-固色谱是以表面吸附性能为依据的，所以它常用于分离极性不同的化合物，但也能分离那些具有相同极性的基团、但数量不同的样品。此外，液-固色谱还适用于分离异构体，这主要是因为异构体有不同的空间排列方式，因此吸附剂对它们的吸附能力有所不同，从而得到分离。

7.2.2　液-液分配色谱

7.2.2.1　分离原理

在液-液分配色谱中，一个液相作为流动相，另一个液相（即固定液）则分散在很细的惰性载体或硅胶上作为固定相。作为固定相的液相与流动相互不相溶，它们之间有一个界面。固定液对被分离组分是一种很好的溶剂。当被分离的样品进入色谱柱后，各组分按照它们各自的分配系数，很快地在两相中达到分配平衡。与气-液色谱一样，这种分配平衡的总结果导致各组分迁移的速度不同，从而实现了分离。很明显，分配色谱法的基本原理与液-液萃取相同，都是分配定律。

依据固定相和流动相的相对极性的不同，分配色谱法可分为：**正相分配色谱法——固定相的极性大于流动相的极性**；**反相分配色谱法——固定相的极性小于流动相的极性**。

在正相分配色谱法中，固定相载体上涂布的是极性固定液，流动相是非极性溶剂。它可用来分离极性较强的水溶性样品，洗脱顺序与液-固色谱法在极性吸附剂上的洗脱结果相似，即**非极性组分先洗脱出来，极性组分后洗脱出来**。

在反相分配色谱法中，固定相载体上涂布极性较弱或非极性的固定液，而用极性较强的溶剂作流动相。它可用来分离油溶性样品，其洗脱顺序与正相液-液色谱相反，即**极性组分先被洗脱，非极性组分后被洗脱**。

7.2.2.2 固定相

分配色谱固定相由两部分组成，一部分是惰性载体，另一部分是涂渍在惰性载体上的固定液。在分配色谱法中常用的固定液如表7-5所示。

表7-5　分配色谱法使用的固定液

正相分配色谱法的固定液	反相分配色谱法的固定液
β,β'-氧二丙腈	甲基聚硅氧烷
1,2,3-三（2-氰乙氧基）丙烷	氰丙基聚硅氧烷
聚乙二醇400、聚乙二醇600	聚烯烃
甘油、丙二醇	正庚烷
冰乙酸	
乙二醇	
乙二胺	
二甲基亚砜	
硝基甲烷	
二甲基甲酰胺	

在分配色谱中使用的惰性载体，主要是一些固体吸附剂，如全多孔球形或无定形微粒硅胶、全多孔氧化铝等。

液-液分配色谱中固定液的涂渍方法与气-液色谱中基本一致。

机械涂渍固定液后制成的液-液色谱柱，在实际使用过程中由于大量流动相通过色谱柱，会溶解固定液而造成固定液流失，并导致保留值减小，柱选择性下降。实际工作中，一般可采用如下几种方法来防止固定液的流失：

① 应尽量选择对固定液仅有较低溶解度的溶剂作为流动相；

② 流动相进入色谱柱前，应预先用固定液饱和，这种被固定相饱和的流动相在流经色谱柱时就不会再溶解固定液了；

③ 使流动相保持低流速经过固定相，并保持色谱柱温度恒定；

④ 若溶解样品的溶剂对固定液有较大的溶解度，应避免过大的进样量。

7.2.2.3 流动相

（1）流动相的一般要求　在分配色谱中，除一般要求外，还要求流动相尽可能不与固定相互溶。

在正相分配色谱中，使用的流动相类似于液-固色谱中使用极性吸附剂时应用的流动相。此时流动相的主体为己烷、庚烷，可加入<20%的极性改性剂，如1-氯丁烷、异丙醚、二氯甲烷、四氢呋喃、氯仿、乙酸乙酯、乙醇、乙腈等。

在反相分配色谱中，使用的流动相类似于液-固色谱中使用非极性吸附剂时应用的流动相。此时流动相的主体为水，可加入一定量的改性剂，如二甲基亚砜、乙二醇、乙腈、甲醇、丙酮、对二氧六环、乙醇、四氢呋喃、异丙醇等。

流动相溶液中往往因溶解有氧气或混入了空气而形成气泡，气泡进入检测器后会引起检测信号的突然变化，在色谱图上出现尖锐的噪声峰。小气泡慢慢聚集后会变成大气泡，大气泡进入流路或色谱柱中会使流动相的流速变慢或不稳定，致使基线起伏。溶解氧常和一些溶剂结合生成有紫外吸收的化合物，在荧光检测中，溶解氧还会使荧光猝灭。溶解气体也有可能引起某些样品的氧化降解和使其溶解，从而导致pH发生变化。凡此种种，都会给分离带来负面的影响。因此，液相色谱实际分析过程中，必须先对流动相进行脱气处理。

（2）流动相的脱气　目前，**液相色谱流动相脱气使用较多的方法有超声波振荡脱气、惰性气体鼓泡吹扫脱气以及在线（真空）脱气装置三种。**

① 超声波振荡脱气的方法是将配制好的流动相连同容器一起放入超声波水槽中，脱气10～20min即可。该法操作简单，又基本能满足日常分析的要求，因此，目前仍被广泛采用。

② 惰性气体（氦气）鼓泡吹扫脱气的效果好，其方法是将钢瓶中的氦气缓慢而均匀地通入储液器中的流动相中，氦气分子将其他气体分子置换和顶替出去，流动相中只含有氦气。因氦气本身在流动相中溶解度很小，而微量氦气所形成的小气泡对检测没有影响，从而达到脱气的目标。

③ 在线真空脱气装置的原理是将流动相通过一段由多孔性合成树脂构成的输液管，该输液管外部有真空容器。真空泵工作时，膜外侧被减压，相对分子质量小的氧气、氮气、二氧化碳就会从膜内进入膜外而被排除。图7-1是单流路真空脱气装置的原理图。在线真空脱气装置的优点是可同时对多个流动相溶剂进行脱气。

码7-3　全玻璃流动相过滤器的工作过程

（3）流动相的过滤　过滤是为了防止不溶物堵塞流路或色谱柱入口处的微孔垫片。流动相过滤常使用G_4微孔玻璃漏斗，可除去3～4μm以下的固态杂质。严格地讲，流动相都应该采用特殊的流动相过滤器（图7-2显示了实验室最常用的全玻璃流动相过滤器），用0.45μm以下微孔滤膜进行过滤后才使用。滤膜分有机溶剂和水溶液专用两种。

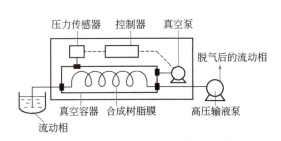

图7-1　单流路真空脱气装置的原理图

图7-2　全玻璃流动相过滤器

7.2.2.4　应用

液-液分配色谱法既能分离极性化合物，又能分离非极性化合物，如烷烃、烯烃、芳烃、稠环、染料、甾族等化合物。由于不同极性键合固定相的出现，分离的选择性可得到很好的控制。

7.2.3 键合相色谱法

采用化学键合相的液相色谱法称为键合相色谱。由于键合固定相非常稳定，在使用中不易流失。由于键合到载体表面的官能团可以是各种极性的，因此，它适用于各种样品的分离分析。目前键合相色谱法已逐渐取代分配色谱法，获得了日益广泛的使用，在高效液相色谱法中占有极其重要的地位。

根据键合固定相与流动相相对极性的强弱，可将键合相色谱法分为正相键合相色谱法和反相键合相色谱法。在正相键合相色谱法中，键合固定相的极性大于流动相的极性，适用于分离油溶性或水溶性极性与强极性化合物。在反相键合相色谱法中，键合固定相的极性小于流动相的极性，适用于分离非极性、极性或离子型化合物，其应用范围比正相键合相色谱法广泛得多。在高效液相色谱法中，70%～80%的分析任务是由反相键合相色谱法来完成的。

7.2.3.1 分离原理

键合相色谱中的固定相特性和分离机理与分配色谱法都存在差异，所以一般不宜将化学键合相色谱法统称为液-液分配色谱法。

（1）正相键合相色谱的分离原理　正相键合相色谱使用的是极性键合固定相[以极性有机基团如氨基（—NH_2）、氰基（—CN）、醚基（—O—）等键合在硅胶表面制成的]，溶质在此类固定相上的分离机理属于分配色谱。

（2）反相键合相色谱的分离机理　反相键合相色谱使用的是极性较小的键合固定相（以极性较小的有机基团，如苯基、烷基等键合在硅胶表面制成的），其分离机理可用疏溶剂作用理论来解释。这种理论认为，键合在硅胶表面的非极性或弱极性基团具有较强的疏水特性，当用极性溶剂为流动相来分离含有极性官能团的有机化合物时：一方面，分子中的非极性部分与疏水基团产生缔合作用，使它保留在固定相中；另一方面，被分离物的极性部分受到极性流动相的作用，促使它离开固定相，并减小其保留作用。显然，键合固定相对每一种溶质分子缔合和解缔能力之差，决定了溶质分子在色谱分离过程中的保留值。由于不同溶质分子这种能力的差异是不一致的，所以流出色谱柱的速度是不一致的，从而使得各种不同组分得到了分离。

7.2.3.2 固定相

化学键合固定相广泛使用全多孔或薄壳型微粒硅胶作为基体，这是由于硅胶具有机械强度高、表面硅羟基反应活性高、表面积和孔结构易控制的特点。

化学键合固定相按极性大小可分为非极性、弱极性和极性化学键合固定相三种。

非极性烷基键合相是目前应用最广泛的柱填料，尤其是 C_{18} 反相键合相（简称ODS），在反相液相色谱中发挥着重要作用，它可完成高效液相色谱分析任务的70%～80%。

7.2.3.3 流动相

在键合相色谱中使用的流动相类似于液-固吸附色谱、液-液分配色谱中的流动相。

（1）正相键合相色谱的流动相　正相键合相色谱中，采用和正相液-液分配色谱相似的流动相，流动相的主体成分为己烷（或庚烷）。为改善分离的选择性，常加入的优选溶剂为质子接受体乙醚或甲基叔丁基醚、质子给予体氯仿和偶极溶剂二氯甲烷等。

（2）反相键合相色谱的流动相　反相键合相色谱中，采用和反相液-液分配色谱相似的流动相，流动相的主体成分为水。为改善分离的选择性，常加入的优选溶剂为质子接受体甲醇、质子给予体乙腈和偶极溶剂四氢呋喃等。

实际使用中，一般采用甲醇-水体系已能满足多数样品的分离要求。由于甲醇的毒性比乙腈小5倍，且价格便宜6～7倍，因此，反相键合相色谱中应用最广泛的流动相是甲醇。

除上述三种流动相外，反相键合色谱中也经常采用乙醇、丙醇及二氯甲烷等作为流动相，其洗脱强度的强弱顺序依次为：

（最弱）水＜甲醇＜乙腈＜乙醇＜四氢呋喃＜丙醇＜二氯甲烷（最强）

虽然实际上采用适当比例的二元混合溶剂就可以适应不同类型的样品分析，但有时为了获得最佳分离，也可以采用三元甚至四元混合溶剂作流动相。

7.2.3.4　应用

（1）正相键合相色谱法的应用　正相键合相色谱用于分离各类极性化合物如染料、炸药、甾体激素、多巴胺、氨基酸和药物等。

（2）反相键合相色谱法的应用　反相键合相色谱系统由于操作简单，稳定性和重复性好，已成为一种通用型液相色谱分析方法。极性、非极性；水溶性、油溶性；离子性、非离子性；小分子、大分子；具有官能团差别或分子量差别的同系物，均可采用反相液相色谱技术实现分离。

① 在生物化学和生物工程中的应用。在生命科学和生物工程研究中，经常涉及对氨基酸、多肽、蛋白质及核碱、核苷、核苷酸、核酸等生物分子的分离分析，反相键合相色谱法正是这类样品的主要分析手段。图7-3显示了用Sperisorb ODS色谱柱分氨基酸标准物的分离谱图。

② 在医药研究中的应用。人工合成药物的纯化及成分的定性、定量测定，中草药有效成分的分离、制备及纯度测定，临床医药研究中人体血液和体液中药物浓度、药物代谢物的测定，新型高效手性药物中手性对映体含量的测定等，都可以用反相键合相色谱予以解决。

磺胺类消炎药是一种常见的药物，主要用于细菌感染疾病的治疗。图7-4显示了磺胺类药物的反相色谱分离。色谱柱Partisil-ODS（5μm，4.6mm×250mm）；流动相：A.10%甲醇水溶液；B.1%乙酸的甲醇溶液。线性梯度程序为：B组分以1.7%·min^{-1}的速率增加。使用紫外检测器（λ=254nm）检测。

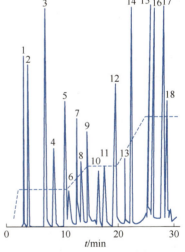

图7-3　氨基酸标准物的分离谱图

色谱峰：1—Aap；2—Glu；3—Asp；
4—Ser；5—Glu；6—His；7—Hse；
8—Glys；9—Thr；10—Arg；
11—β-Ala；12—ALa；13—GABA；
14—Tyr；15—Val；16—Pbe；
17—Ile；18—Leu

色谱柱：Spberisorb ODS。15cm×4.6mm
（内径）。5μm 流动相：A.NaNO$_3$处理的
0.01mol·L^{-1}二氢正磷酸盐。
离子强度为0.08mol·L^{-1}，四氢呋
喃1%，B.甲醇检测器：荧光检测器
（λ_{ex}=340nm，λ_{em}=425nm）

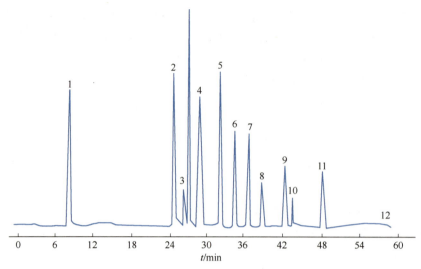

图7-4 磺胺类药物的反相色谱分析

1—磺胺；2—磺胺嘧啶；3—磺胺吡啶；4—磺胺甲基嘧啶；5—磺胺二甲基嘧啶；6—磺胺氧哒嗪；7—磺胺二甲基异噁唑；
8—磺胺乙氧哒嗪；9—4-磺胺-2,6-二甲氧嘧啶；10—磺胺喹噁啉；11—磺胺溴甲吖嗪；12—磺胺呱

③ 在食品分析中的应用。反相键合相色谱法在食品分析中的应用主要包括三个方面：第一，食品本身组成，尤其是营养成分的分析，如维生素、脂肪酸、香料、有机酸、矿物质等；第二，人工加入食品添加剂的分析，如甜味剂、防腐剂、人工合成色素、抗氧化剂等；第三，在食品加工、储运、保存过程中由周围环境引起的污染物的分析，如农药残留、霉菌毒素、病原微生物等。图7-5显示了用反相键合相色谱法分离常见几种脂溶性维生素的分离谱图。

④ 在环境污染分析中的应用。反相键合相色谱方法可适用于对环境中存在的高沸点有机污染物的分析，如大气、水、土壤和食品中存在的多环芳烃、多氯联苯、有机氯农药、有机磷农药、氨基甲酸酯农药、含氮除草剂、苯氧基酸除草剂、酚类、胺类、黄曲霉毒素、亚硝胺等。图7-6显示了用反相键合相色谱法分离多环芳烃化合物的谱图。

7.2.4 凝胶色谱法

凝胶色谱法又称分子排阻色谱法，它是按分子尺寸大小顺序进行分离的一种色谱方法。凝胶色谱法的固定相凝胶是一种多孔性的聚合材料，有一定的形状和稳定性。当被分离的混合物随流动相通过凝胶色谱柱时，尺寸大的组分不发生渗透作用，沿凝胶颗粒间孔隙随流动相流动，流程短，流动速度快，先流出色谱柱。尺寸小的组分则渗入凝胶颗粒内，流程长，流动速度慢，后流出色谱柱。

根据所用流动相的不同，凝胶色谱法可分为两类：即用水溶剂作流动相的凝胶过滤色谱法（GFC）与用有机溶剂如四氢呋喃作流动相的凝胶渗透色谱法（GPC）。

凝胶色谱法主要用来分析高分子物质的相对分子质量的分布以此来鉴定高分子聚合物。由于聚合物的相对分子质量及其分布与其性能有着密切的关系，因此凝胶色谱的结果可用于研究聚合机理，选择聚合工艺及条件，并考察聚合材料在加工和使用过程中相对分子质量的变化等。在未知物的剖析中，凝胶色谱作为一个预分离手段，再配合其他分离方

法，能有效地解决各种复杂的分离问题。

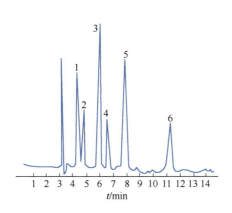

图7-5 脂溶性维生素分离色谱图
色谱峰：1—维生素A；2—维生素A乙酸盐；
3—维生素D_3；4—维生素E；5—维生素E；6—维生素A树脂酸盐
色谱柱：Nuclecsil-120-5C_8，250mm×2.0mm（内径）
柱温：室温
流动相：甲醇-水（体积比=92∶8）
流速：0.2mL·min^{-1}　检测器：UV

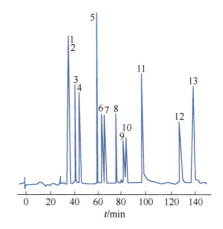

图7-6 多环芳烃化合物分离色谱图
色谱峰：1—硝基苯酚；2—苯酚；3—乙酰苯酚；
4—硝基苯；5—苯酮；6—甲苯；7—溴苯；8—萘；
9—杂质；10—二甲苯；11—联苯；12—菲；13—蒽
色谱柱：ISCOC$_{18}$，键合十八烷基硅，
100mm×0.2mm（内径）；3μm
流动相：甲醇-水（8∶20）　柱温：室温
流速：1.2mL·min^{-1}　检测器：UV（254nm）

> **思考与练习7.2**
> 1.液-固吸附色谱中常用的固定相是什么？在选择固定相时应注意哪些问题？
> 2.何谓液相色谱洗脱液？液相色谱对洗脱液有何要求？
> 3.按固定相与流动相相对极性的不同，液-液分配色谱可分为哪两类？
> 4.何谓键合固定相？请查阅资料了解C_{18}键合固定相的制备与性能特点。
> 5.试说明键合固定相的类型及应用范围。

任务7.3　认识高效液相色谱仪

高效液相色谱仪是实现液相色谱分析的仪器设备，自1967年问世以来，由于使用了高压输液泵、全多孔微粒填充柱和高灵敏度检测器，实现了对样品的高速、高效和高灵敏度的分离测定。20世纪70～80年代，高效液相色谱仪获得快速发展，由于吸收了气相色谱仪的研制经验，并引入微处理技术，极大地提高了仪器的自动化水平。

7.3.1　仪器工作流程

高效液相色谱仪现在多做成一个个单元组件，然后根据分析要求将各所需单元组件组合起来，最基本的组件是高压输液系统、进样器、色谱柱、检测器和色谱工作站（数据处理系统）。此外，还可根据需要配置自动进样系统、预柱、流动相在线脱气装置和自动控制系统等装置。图7-7是普通配置的带有预柱的HPLC的结构图。

高效液相色谱仪的工作流程为：高压输液泵将贮液器中的流动相以稳定的流速（或压

力）输送至分析体系，在色谱柱之前通过进样器将样品导入，流动相将样品依次带入预柱、色谱柱，在色谱柱中各组分被分离，并依次随流动相流至检测器，检测到的信号送至工作站记录、处理并保存。

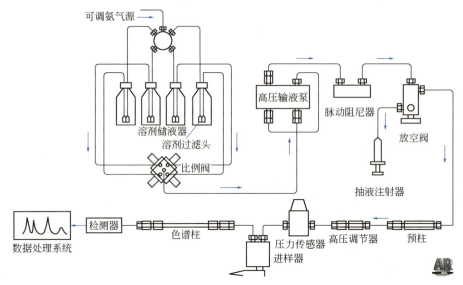

图 7-7　带有预柱的高效液相色谱仪结构示意图

7.3.2　仪器基本结构

7.3.2.1　高压输液系统

高压输液系统一般包括储液器、高压输液泵、过滤器、梯度洗脱装置等。

（1）储液器　储液器主要用来提供足够数量的符合要求的流动相以完成分析工作，对于储液器的要求是：第一，必须有足够的容积，以备重复分析时保证供液；第二，脱气方便；第三，能耐一定的压力；第四，所选用的材质对所使用的溶质都是惰性的。

储液器一般是以不锈钢、玻璃、聚四氟乙烯或特种塑料聚醚醚酮（PEEK）衬里为材料，容积一般以 0.5～2L 为宜。

所有溶剂在放入储液罐之前必须经过 0.45μm 滤膜过滤，除去溶剂中的机械杂质，以防输液管道或进样阀产生阻塞现象。

所有溶剂在使用前必须脱气。因为色谱柱是带压力操作的，而检测器是在常压下工作。若流动相中所含有的空气不除去，则流动相通过柱子时其中的气泡受到压力而压缩，流出柱子后到检测器时因常压而将气泡释放出来，造成检测器噪声增大，使基线不稳，仪器不能正常工作，这在梯度洗脱时尤其突出。

（2）高压输液泵　高压输液泵是高效液相色谱仪的关键部件，其作用是将流动相以稳定的流速或压力输送到色谱分离系统。对于带有在线脱气装置的色谱仪，流动相先经过脱气装置后再输送到色谱柱。

① 高压输液泵的要求。由于高压输液泵的性能直接影响到分离分析结果的好坏，因此，实际分析过程中为了保证良好的分离分析结果，要求高压输液泵必须满足以下几点要

求：第一，泵体材料能耐化学腐蚀；第二，能在高压（30～50MPa）下连续工作；第三，输出流量稳定（±1%），无脉冲，重复性高（±0.5%），而且输出流量范围宽；第四，适用于梯度洗脱。

② 高压输液泵类型。**高压输液泵一般可分为恒压泵和恒流泵两大类**。恒流泵在一定操作条件下可输出恒定体积流量的流动相。目前常用的恒流泵有往复型泵和注射型泵，其特点是泵的内体积小，用于梯度洗脱尤为理想。恒压泵又称气动放大泵，是输出恒定压力的泵，其流量随色谱系统阻力的变化而变化。这类泵的优点是输出无脉动，对检测器的噪声低，通过改变气源压力即可改变流速。缺点是流速不够稳定，随溶剂黏度不同而改变。表7-6列出了几种常见高压输液泵的基本性能。

目前高效液相色谱仪普遍采用的是往复式恒流泵，特别是双柱塞型往复泵。恒压泵在高效液相色谱仪发展初期使用较多，现在主要用于液相色谱柱的制备。

表7-6　几种高压输液泵的性能比较

名　称	恒流或恒压	脉冲	更换流动相	梯度洗脱	再循环	价格
气动放大泵	恒压	无	不方便	需两台泵	不可以	高
螺旋传动注射泵	恒流	无	不方便	需两台泵	不可以	中等
单柱塞型往复泵	恒流	有	方便	可以	可以	较低
双柱塞型往复泵	恒流	小	方便	可以	可以	高
往复式隔膜泵	恒流	有	方便	可以	可以	中等

（3）过滤器　在高压输液泵的进口和它的出口与进样阀之间，应设置过滤器。高压输液泵的活塞和进样阀阀芯的机械加工精度非常高，微小的机械杂质进入流动相，会导致上述部件的损坏；同时机械杂质在柱头的积累，会造成柱压升高，使色谱柱不能正常工作。因此管道过滤器的安装是十分必要的。

常见的溶剂过滤器和管道过滤器的结构，见图7-8。

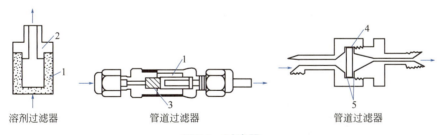

图7-8　过滤器
1—过滤芯；2—连接管接头；3—弹簧；4—过滤片；5—密封垫

过滤器的滤芯是用不锈钢烧结构材料制造的，孔径为2～3μm，耐有机溶剂的侵蚀。若发现过滤器堵塞（发生流量减少的现象），可将其浸入HNO_3溶液中，在超声波清洗器中用超声波振荡10～15min，即可将堵塞的固体杂质洗出。若清洗后仍不能达到要求，则应更换滤芯。

（4）梯度洗脱装置　在进行多组分的复杂样品的分离时，经常会碰到一些问题，如前面一些组分分离不完全，而后面的一些组分分离度太大，且出峰很晚和峰形较差。为了使保留值相差很大的多种组分在合理的时间内全部洗脱并达到相互分离，往往要用到梯度洗脱技术。

在液相色谱中常用的梯度洗脱技术是指流动相梯度，即在**分离过程中改变流动相的组成**（溶剂极性、离子强度、pH等）**或改变流动相的浓度**。梯度洗脱装置依据梯度装置所能提供的流路个数可分为二元梯度、三元梯度等，依据溶液的混合方式又可分为高压梯度和低压梯度。

高压梯度一般只用于二元梯度，即用两个高压泵分别按设定比例输送两种不同溶液至混合器，在高压状态下将两种溶液进行混合，然后以一定的流量输出。其主要特点是，只要通过梯度程序控制器控制每台泵的输出，就能获得任意形式的梯度曲线，而且精度很高，易于实现自动化控制。其主要缺点是必须使用两台高压输液泵，因此仪器价格比较昂贵，故障率也相对较高。

低压梯度是将两种溶剂或四种溶剂按一定比例输入泵前的一个比例阀中，混合均匀后以一定的流量输出。其主要优点是只需一个高压输液泵，且成本低廉、使用方便。实际过程中多元梯度泵的流路是可以部分空置的，如四元梯度泵也可以进行二元梯度操作。

7.3.2.2 进样器

进样器是将样品溶液准确送入色谱柱的装置，要求密封型好，死体积小，重复性好，进样引起色谱分离系统的压力和流量波动要很小。常用的进样器有以下两种。

（1）六通阀进样器　现在的液相色谱仪所采用的手动进样器几乎都是耐高压、重复性好和操作方便的阀进样器。六通阀进样器是最常用的。其进样体积由定量管确定，常规高效液相色谱仪中通常使用的是体积为10μL和20μL的定量管。六通阀进样器的结构如图7-9所示。

操作时先将阀柄置于图7-9（a）所示的采样位置（load），这时进样口只与定量管接通，处于常压状态。用平头微量注射器（体积应为定量管体积的4～5倍）注入样品溶液，样品停留在定量管中，多余的样品溶液从4处溢出。将进样器阀柄顺时针转动60°至图7-9（b）所示的进样位置（inject）时，流动相与定量管接通，样品被流动相带到色谱柱中进行分离分析。

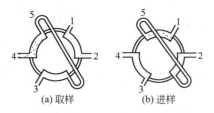

码7-4　高效液相色谱仪自动进样器

图7-9　高效液相色谱仪六通阀进样器
1—色谱柱；2—泵；3—放空；4—样品；5—样品环（定量管）

（2）自动进样器　自动进样器是由计算机自动控制定量阀，按预先编制的注射样品操作程序进行工作。取样、进样、复位、样品管路清洗和样品盘的转动，全部按预定程序自动进行，一次可进行几十个或上百个样品的分析。

自动进样器的进样量可连续调节，进样重复性高，适合于大量样品的分析，节省人力，可实现自动化操作。但此装置一次性投资很高，目前在国内尚未得到广泛应用。

7.3.2.3 色谱柱

色谱是一种分离分析手段,担负分离的色谱柱是色谱仪的心脏,柱效高、选择性好、分析速度快是对色谱柱的一般要求。

(1)色谱柱的结构　色谱柱管为内部抛光的不锈钢柱管或塑料柱管,其结构如图7-10所示。

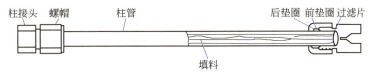

图7-10　色谱柱的结构示意图

通过柱两端的接头与其他部件(如前连进样器,后接检测器)连接。通过螺帽将柱管和柱接头牢固地连成一体。从一端柱接头的剖面图可以看出,为了使柱管与柱接头牢固而严密地连接,通常使用一套两个不锈钢垫圈,呈细环状的后垫圈固定在主管端头合适位置,呈圆锥形的前垫圈再从柱管端头套出,正好与接头的倒锥形相吻合。用连接管将各部件连接时的接头也都采用类似的方法。另外,在色谱柱的两端还需各放置一块由多孔不锈钢材料烧结而成的过滤片,出口端的过滤片起挡住填料的作用,入口端的过滤片既可防止填料倒出,又可保护填充床在进样时不被损坏。

此外,色谱柱在装填料之前是没有方向性的,但填充完毕的色谱柱是有方向的,即流动相的方向应与柱的填充方向(装柱时填充液的流向)一致。色谱柱的管外都以箭头显著地标示了该柱的使用方向(而不像气相色谱那样,色谱柱两头标明接检测器或进样器),安装和更换色谱柱时一定要使流动相能按箭头所指的方向流动。

(2)色谱柱的种类　市售的用于HPLC的各种微粒填料如硅胶,以及硅胶为基质的键合相、氧化铝、有机聚合物微粒(包括离子交换树脂),其粒度一般为3μm、5μm、7μm、10μm等,其柱效的理论值可达5000/m到6000/m理论塔板数。对于一般的分析任务,只需要500塔板数即可,对于较难分离的物质,可采用高达2万理论塔板数柱效的柱子。因此实际过程中一般用100～300mm的柱长就能满足复杂混合物分析的需要。

常用的液相色谱柱的内径有4.6mm或3.9mm两种规格,国内有内径为4mm和5mm的。随着柱技术的发展,细内径柱受到人们的重视,内径2mm柱已作为常用柱,细内径柱可获得与粗内径柱基本相同的柱效,而溶剂的消耗量却大为下降,这在一定程度上除减少了实验成本以外,也降低了废弃流动相对环境的污染和流动相溶剂对操作人员健康的损害。目前,1mm甚至更细内径的高效填充柱都有商品出售,特别是在与质谱联用时,为减少溶剂用量,常采用内径为0.5mm以下的毛细管柱。

细内径柱与常规柱相比,具有如下优点:若注射相同量的试样到细内径柱上,则产生较窄的峰宽,从而使峰高增大(色谱柱不应过载),峰高的增大又使检测器的灵敏度提高。这种增强效应对痕量分析非常重要,因为在痕量分析中试样总量受到限制。

实际过程中用作半制备或制备目的的液相色谱柱的内径一般在6mm以上。

(3)色谱柱的评价　一支色谱柱的好坏要用一定的指标来进行评价。一个合格的色谱柱评价报告给出色谱柱的基本参数,如柱长、内径、填充载体的种类、粒度、柱效等。评价液相色谱柱的仪器系统应满足相当高的要求,一是液相色谱仪器系统的死体积应尽可能小，二是采用的样品及操作条件应当合理，在此合理的条件下，评析色谱柱的样品可以完全分离并有适当的保留时间。表 7-7 列出了评价各种液相色谱柱的样品及操作条件。

表 7-7 评价各种液相色谱柱的样品及操作条件[①]

柱	样品	流动相（体积比）	进样量/μg	检测器
烷基键合相柱（C_8，C_{18}）	苯，萘，联苯，菲	甲醇-水（83∶17）	10	UV254nm
苯基键合相柱	苯，萘，联苯，菲	甲醇-水（57∶43）	10	UV254nm
氰基键合相柱	三苯甲醇、苯乙醇、苯甲醇	正庚烷-异丙醇（93∶7）	10	UV254nm
氨基键合相柱（极性固定相）	苯，萘，联苯，菲	正庚烷-异丙醇（93∶7）		UV254nm
氨基键合相柱（弱阴离子交换剂）	核糖、鼠李糖、木糖、果糖、葡萄糖	水-乙腈（98.5∶1.5）	10	示差折光检测
SO_3H 键合相柱（强阳离子交换剂）	阿司匹林、咖啡因、非那西汀	$0.05mol \cdot L^{-1}$ 甲酸胺-乙醇（90∶10）	10	UV254nm
R_4NCl 键合相柱（强阴离子交换剂）	尿苷、胞苷、脱氧胸腺苷、腺苷、脱氧腺苷	$0.1mol \cdot L^{-1}$ 硼酸盐溶液（加KCl）（pH9.2）	10	UV254nm
硅胶柱	苯，萘，联苯，菲	正己烷	10	UV254nm

① 线速度为 $1mm \cdot s^{-1}$，对柱内径为 5.0mm 的色谱柱最大流量约为 $1mL \cdot min^{-1}$。

（4）保护柱 所谓保护柱，即在分析柱的入口端、装有与分析柱相同固定相的短柱（5～30mm长），可以经常而且方便地更换，因此，起到保护延长分析柱寿命的作用。

虽然采用保护柱会使分析柱损失一定的柱效，但是，换一根分析柱不仅浪费（柱子失效往往只在柱端部分），又费事，而保护柱色谱系统的影响基本上可以忽略不计。所以，即使损失一定的柱效也是可取的。

（5）色谱柱恒温装置 提高柱温有利于降低溶剂黏度和提高样品的溶解度，改变分离度，也是保留值重复稳定的必要条件，特别是对需要高精度地测定保留体积的样品分析而言，尤为重要。

高效液相色谱仪中常用的色谱柱恒温装置有水浴式、电加热式和恒温箱式三种。实际恒温过程中要求最高温度不超过100℃，否则流动相汽化会使分析工作无法进行。

7.3.2.4 检测器

检测器、泵与色谱柱是组成 HPLC 的三大部件。

HPLC 检测器是用于连续监测被色谱系统分离后的柱流出物组成和含量变化的装置，其作用是将柱流出物中样品组成和含量的变化转化为可供检测的信号，完成定性定量分析的任务。

（1）HPLC 检测器的要求 理想的 HPLC 检测器应满足下列要求：第一，具有高灵敏度和可预测的响应；第二，对样品所有组分都有响应，或具有可预测的特异性，适用范围广；第三，温度和流动相流速的变化对响应没有影响；第四，响应与流动相的组成无关，可做梯度洗脱；第五，不造成柱外谱带扩展；第六，使用方便、可靠、耐用，易清洗和检修；第七，响应值随样品组分量的增加而线性增加，线性范围宽；第八，不破坏样品组分；第九，能对被检测的峰提供定性和定量信息；第十，响应时间足够快。

实际过程中很难找到满足上述全部要求的 HPLC 检测器，但可以根据不同的分离目的对这些要求予以取舍，选择合适的检测器。

（2）HPLC 检测器的分类 HPLC 检测器一般分为两类，通用型检测器和专用型检测器。

通用型检测器可连续测量色谱柱流出物（包括流动相和样品组分）的全部特性变化，通常采用差分测量法。这类检测器包括示差折光检测器、电导检测器和蒸发光散射检测器等。通用型检测器适用范围广，但由于对流动相有响应，因此易受温度变化、流动相流速和组成变化的影响，噪声和漂移都较大，灵敏度较低，不能用于梯度洗脱。

专用型检测器用于测量被分离样品组分某种特性的变化，这类检测器对样品中组分的某种物理或化学性质敏感，而这一性质是流动相所不具备的，或至少在操作条件下不显示。这类检测器包括紫外检测器、荧光检测器、安培检测器等。专用型检测器灵敏度高，受操作条件变化和外界环境影响小，并且可用于梯度洗脱操作。但与通用型检测器相比，应用范围受到一定的限制。

（3）检测器的性能指标　常见检测器的性能指标如表7-8所示。

表7-8　检测器性能指标

性能＼检测器	可变波长紫外吸收	示差折光	荧光	电导
测量参数	吸光度（AU）	折射率（RIU）	荧光强度（AU）	电导率（$\mu S \cdot cm^{-1}$）
池体积/μL	1～10	3～10	3～20	1～3
类型	选择性	通用型	选择性	选择性
线性范围	10^5	10^4	10^3	10^4
最小检出浓度/$g \cdot mL^{-1}$	10^{-10}	10^{-7}	10^{-11}	10^{-3}
最小检出量	约1ng	约1μg	约1pg	约1mg
噪声（测量参数）	10^{-4}	10^{-7}	10^{-3}	10^{-3}
用于梯度洗脱	可以	不可以	可以	不可以
对流量敏感性	不敏感	敏感	不敏感	敏感
对温度敏感性	低	10^{-4}℃	低	2%/℃

（4）几种常见的检测器　用于液相色谱的检测器大约有三四十种。以下简单介绍目前在液相色谱中使用比较广泛的紫外-可见光检测器、示差折光检测器、荧光检测器以及近年来出现的蒸发光散射检测器。其他类型的检测器可参阅有关专著。

① 紫外-可见光检测器。紫外-可见光检测器（UV-Vis），又称紫外-可见吸收检测器、紫外吸收检测器，或直接称为紫外检测器，是目前液相色谱中应用最广泛的检测器。在各种检测器中，其使用率占70%左右，对占物质总数约80%的有紫外吸收的物质均有影响，既可检测190～350nm范围（紫外区）的光吸收变化，也可向可见光范围350～700nm延伸。几乎所有的液相色谱装置都配有紫外-可见光检测器。

由朗伯-比耳定律可知，吸光度与吸光系数、溶液浓度和光路长度呈直线关系，也就是说对于给定的检测池，在固定波长下，紫外-可见光检测器可输出一个与样品浓度成正比的光吸收信号——吸光度（A），这就是紫外-可见光检测器的工作原理。

紫外-可见光检测器的基本结构与一般紫外-可见光分光光度计是相通的，均包括光源、分光系统、试样室和检测系统四大部分，如图7-11所示。

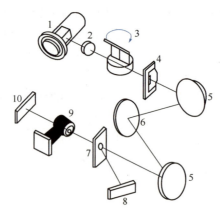

图7-11　紫外-可见光检测器光学系统
1—光源；2—聚光透镜；3—滤光片；4—入口狭缝；5—平面反射镜；6—光栅；7—光分束器；
8—参比光电二极管；9—流通池；10—样品光电二极管

光源1（氘气）发射的光经聚光透镜2聚焦，由可旋转组合滤光片3滤去杂散光，再通过入口狭缝4至平面反射镜5，经反射后到达光栅6，光栅将光衍射色散成不同波长的单色光。当某一波长的单色光经平面反射镜5反射至光分束器7时，透过光分束器的光通过样品流通池，最终到达检测样品的测量光电二极管；被光分束器反射的光到达检测基线波动的参比光电二极管；比较可以获得测量和参比光电二极管的信号差，此即为样品的检测信息。这种可变波长紫外吸收检测器的设计，使它在某一时刻只能采集某一特定的单色波长的吸收信号。光栅的偏转可由预先编制的采集信号程序加以控制，以便于采集某一特定波长的吸收信号，并可使色谱分离过程洗脱出的每个组分峰都获得最灵敏的检测。

在紫外-可见光检测器中，与普通紫外-可见光分光光度计完全不同的部件是流通池。一般标准池体积为5～8μL，光程长为5～10mm，内径小于1mm，结构常采用H型，如图7-12所示。

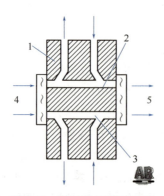

图7-12　紫外检测器流通池
1—流通池；2—测量臂；3—参比臂；4—入射光；5—出射光

② 示差折光检测器。示差折光检测器，又称折光指数检测器（RID），是一种通用型检测器。它是通过连续监测参比池和测量池中溶液的折射率之差来测定试样浓度的检

测器。

溶液的光折射率是溶剂（流动相）和溶质各自的折射率乘以其物质的量浓度之和，溶有样品的流动相和流动相本身之间光折射率之差即表示样品在流动相中的浓度。原则上凡是与流动相光折射率有差别的样品都可用它来测定，其检测限可达 $10^{-6} \sim 10^{-7} \text{g} \cdot \text{mL}^{-1}$。表7-9列出了常用溶剂在20℃时的折射率。

表7-9　常用溶剂在20℃时的折射率

溶剂	折射率	溶剂	折射率	溶剂	折射率
水	1.333	异辛烷	1.404	乙醚	1.353
乙醇	1.362	甲基异丁酮	1.394	甲醇	1.329
丙酮	1.358	氯代丙烷	1.389	乙酸	1.329
四氢呋喃	1.404	甲乙酮	1.381	苯胺	1.586
乙烯乙二醇	1.427	苯	1.501	氯代苯	1.525
四氯化碳	1.463	甲苯	1.496	二甲苯	1.500
氯仿	1.446	己烷	1.375	二乙胺	1.387
乙酸乙酯	1.370	环己烷	1.462	溴乙烷	1.424
乙腈	1.334	庚烷	1.388		

示差折光检测器一般可按物理原理分成四种不同的设计：反射式、偏转式、干涉式和克里斯琴效应示差折光检测器。偏转式折光检测器一般只在制备色谱和凝胶渗透色谱中使用。通常HPLC都使用反射式，因其池体积很小（一般为5μL），可获得较高灵敏度。

③ 荧光检测器。许多化合物，特别是芳香族化合物、生化物质，如有机胺、维生素、激素、酶等被入射的光照射后，能吸收一定波长的光，使原子中的某些电子从基态中的最低振动能级跃迁到较高电子能态的某些振动能级之后，由于电子在分子中的碰撞，消耗一定的能量而下降到第一电子激发态的最低振动能级，再跃迁回到基态中的某些不同振动能级，同时发射出比原来所吸收的光频率较低、波长较长的光，即荧光，被这些物质吸收的光称为激发光（λ_{ex}）。荧光的强度与入射光的强度、样品浓度成正比。

荧光检测器（FD）就是利用某些溶质在受到紫外线激发后，根据能发射可见光（荧光）的性质来进行检测的。它是一种具有高灵敏度和高选择性的浓度型检测器。对不发生荧光的物质，可使与荧光试剂反应，制成可发生荧光的衍生物后再进行测定。

荧光检测器的灵敏度比紫外检测器要高100倍，当要对痕量组分进行选择性检测时，它是一种强有力的检测工具。但它的线性范围较窄，不宜作为一般的检测器来使用。荧光检测器也可用于梯度洗脱。

④ 蒸发光散射检测器。蒸发光散射检测器（ELSD）是近年来新出现的高灵敏度、通用型检测器。自从1985年第一台商品化的ELSD问世以来，已有多家厂商可以提供这种检测器。ELSD是一种质量型的检测器，它可以用来检测任何不挥发性化合物，包括氨基酸、脂肪酸、糖类、表面活性剂等，尤其对于一些较难分析的样品，如磷脂、皂苷、生物碱、甾族化合物等无紫外吸收或紫外末端吸收的化合物更具有其他HPLC检测器无法比拟的优越性。此外，ELSD对流动相的组成不敏感，可以用于梯度洗脱。ELSD的检测灵敏度要高于低波长紫外检测器和示差折光检测器，检测限可低至 10^{-10}g。

蒸发光散射检测器与RI和UV比较，它消除了溶剂的干扰和因温度变化而引起的基线漂移，即使用梯度洗脱也不会产生基线漂移。它还具有死体积小、灵敏度高等优点。所以，ELSD犹如气相色谱分析中的FID一样，必将获得更加广泛的应用。

（5）馏分收集器　对于以分离为目的的制备色谱，馏分收集器是必不可少的。现代的馏分收集器，可以按样品分离后组分流出的先后次序，或按时间、或按色谱峰的起止信号，根据预先设定好的程序，自动完成收集工作。

7.3.2.5　色谱工作站

高效液相色谱的分析结果除可用记录仪绘制谱图外，现已广泛使用色谱数据处理机和色谱工作站来记录和处理色谱分析的数据。下面简单介绍一下色谱工作站的特点。

色谱工作站多采用16位或32位高档微型计算机，其主要功能如下。

（1）自行诊断功能　可对色谱仪的工作状态进行自我诊断，并能用模拟图形显示诊断结果，可帮助色谱工作者及时判断仪器故障并予以排除。

（2）全部操作参数控制功能　色谱仪的操作参数，如柱温、流动相流量、梯度洗脱程序、检测器灵敏度、最大吸收波长、自动进样器的操作程序、分析工作日程等，全部可以预先设定，并实现自动控制。

（3）智能化数据处理和谱图处理功能　可由色谱分析获得色谱图，打印出各个色谱峰的保留时间、峰面积、峰高、半峰宽，并可按归一化法、内标法、外标法等进行数据处理，打印出分析结果。谱图处理功能包括谱图的放大、缩小，峰的合并、删除、多重峰的叠加等。

（4）进行计量认证的功能　工作站储存有对色谱仪器性能进行计量认证的专用程序，可对色谱柱控温精度、流动相流量精度、氘灯和氙灯的光强度及使用时间、检测器噪声等进行监测，并可判断是否符合计量认证标准。

此外，该工作站还具有控制多台仪器的自动化操作功能、网络运行功能，还可运行多种色谱分离优化软件、多维色谱系统操作参数控制软件等，详细情况可参阅有关专著。

不同型号的色谱工作站与上述介绍的色谱工作站相比，基本功能大致相仿。

总的来说，色谱工作站的出现，不仅大大提高了色谱分析的速度，也为色谱分析工作者进行理论研究、开拓新型分析方法创造了有利的条件。可以预料随着电子计算机的迅速发展，色谱工作站的功能也会日益完善。

> **思考与练习7.3**
>
> 1. 高效液相色谱仪最基本的组件有哪些？
> 2. 高压输液系统一般包括哪些组件？
> 3. 高压输液泵按工作方式的不同，可分为哪两类？
> 4. 梯度洗脱装置依据溶液混合的方式可分为哪两类？
> 5. 高效液相色谱仪中，常用的进样器有哪两种？

任务 7.4　高效液相色谱法

高效液相色谱法与气相色谱法在许多方面有相似之处，如各种溶剂的分离原理、溶质在固定相上的保留规律、溶质在色谱柱中的峰形扩散过程等。速率理论解释了引起色谱峰扩张的因素，了解它对色谱实验的实际设计和操作都有着很大的指导意义。

7.4.1　高效液相色谱分析方法建立的一般步骤

一般情况下，HPLC 分离方法的建立遵循以下步骤。

（1）了解样品的基本情况　所谓样品的基本情况，主要包括样品所含化合物的数目、种类（官能团）、相对分子质量、pK_a 值、UV 光谱图以及样品基体的性质（溶剂、填充物等）、化合物在有关样品中的浓度范围、样品的溶解度等。

（2）明确分离目标
① 主要目的是分析还是回收样品组分？
② 是否已知样品所有组分的化学特性，或是否需做定性分析？
③ 是否有必要解析出样品的所有的组分（比如对映体、非对映体、同系物、痕量杂物）？
④ 如需做定量分析，精密度需多高？
⑤ 本法将适用几种样品分析还是许多种样品分析？
⑥ 将使用最终方法的常规实验室中已有哪些 HPLC 设备和技术？

（3）了解样品的性质和需要的预处理　考察样品的来源形式，可以发现，除非样品是适于直接进样的溶液，否则，高效液相色谱分离前均需进行某种形式的预处理。例如，有的样品需加入缓冲溶液以调节 pH；有的样品含有干扰物质或"损柱剂"而必须在进样前将其去除；还有的样品本身是固体，需要用溶剂溶解，为了保证最终的样品溶液与流动相的成分尽量相近，一般最好直接用流动相溶解（或稀释）样品。

（4）检测器的选择　不同的分离目的对检测器的要求不同，如测单一组分，理想的检测器应仅对所测成分响应，而其他任何成分均不出峰。另外，如目的是定性分析或是制备色谱，则最好用通用型检测器，以便能检测到混合物中的各种成分。仅对分析而言，检测器灵敏度越高越好，最低检出量越小越好；如目的是用作制备分离，则检验器的灵敏度没必要很高。

应尽量使用紫外检验器（UV），因为目前一般的 HPLC 都配有这类检测器，它方便且受外界影响小。如被测化合物没有足够的 UV 生色团，则应考虑使用其他检测手段：如示差折光检测器、荧光检测器、电化学检测器等。如果实在找不到合适的检测器，才可以考虑将样品衍生化为有 UV 吸收或有荧光的产物，然后再用 UV 或荧光检测。

7.4.2　定性与定量方法

7.4.2.1　定性方法

由于液相色谱过程中影响溶质迁移的因素较多，同一组分在不同色谱条件下的保留值相差很大，即便在相同的操作条件下，同一组分在不同色谱柱上的保留也可能有很大的差别，因此液相色谱与气相色谱相比，定性的难度更大。常用的定性方法有以下几种。

（1）利用已知标准样品定性　利用标准样品对未知化合物定性是最常用的液相色谱定性方法，该方法的原理与气相色谱法相同。由于每一种化合物在特定的色谱条件下（流动相组成、色谱柱、柱温等相同），其保留值具有特征性，因此可以利用保留值进行定性。如果在相同的色谱条件下被测化合物与标样的保留值一致，就可以初步认为被测化合物与标样相同。若流动相组成经多次改变后，被测化合物的保留值仍与标样的保留值一致，就能进一步证实被测化合物与标样为同一化合物。

（2）利用检测器的选择性定性　同一种检测器对不同种类的化合物的响应值是不同的，而不同种检测器对同一种化合物的响应也是不同的。所以当某一被测化合物同时被两种或两种以上检测器检测时，两检测器或几个检测器对被测化合物检测的灵敏度比值是与被测化合物的性质密切相关的，可以用来对被测化合物进行定性分析，这就是双检测器定性体系的基本原理。

双检测器体系的连接一般有串联连接和并联连接两种方式。当两种检测器中的一种是非破坏型的，则可采用简单的串联连接方式，方法是将非破坏型检测器串接在破坏型检测器之前。若两种检测器都是破坏型的，则需采用并联方式，方法是在色谱柱的出口端连接一个三通，分别连接到两个检测器上。

在液相色谱中最常用于定性鉴定工作的双检测体系是紫外检测器（UV）和荧光检测器（FL）。图7-13是UV和FL串联检测食物中有毒胺类化合物的色谱图。

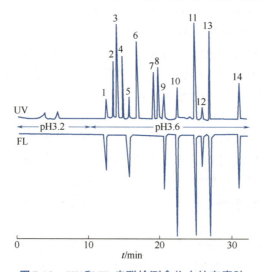

码7-5　高效液相色谱法定性与定量方法

图7-13　UV和FL串联检测食物中的有毒胺
色谱柱：TSK gel ODS 80，250mm×4.6mm，5μm
流动相：0.01mol·L^{-1}三乙胺水溶液（pH3.2或pH3.6）和乙腈；1,5,12—吡啶并咪唑；
2,4—咪唑并喹啉；3,6,7,8—咪唑氧杂喹啉；9,10,11,13,14—吡啶并吲哚

（3）利用紫外检测器全波长扫描功能定性

紫外检测器是液相色谱中使用最广泛的一种检测器。全波长扫描紫外检测器可以根据被测化合物的紫外光谱图提供一些有价值的定性信息。

传统的方法是：在色谱图上某组分的色谱峰出现极大值，即最高浓度时，通过停泵等手段，使组分在检测池中滞留，然后对检测池中的组分进行全波长扫描，得到该组分的紫

外-可见光谱图；再取可能的标准样品按同样方法处理。对比两者光谱图即能鉴别出该组分与标准样品是否相同。对于某些有特殊紫外光谱图的化合物，也可以通过对照标准谱图的方法来识别化合物。

此外，利用二极管阵列检测器得到的包括有色谱信号、时间、波长的三维色谱图，其定性结果与传统方法相比具有更大的优势。

7.4.2.2 定量方法

高效液相色谱的定量方法与气相色谱定量方法类似，主要有面积归一化法、外标法和内标法，简述如下。

（1）归一化法　归一化法要求所有组分都能分离并有响应，其基本方法与气相色谱中的归一化法类似。

由于液相色谱所用检测器为选择性检测器，对很多组分没有响应，因此液相色谱法较少使用归一化法。

（2）外标法　外标法是以待测组分纯品配制标准试样和待测试样同时作色谱分析来进行比较而定量的，可分为标准曲线法和直接比较法。具体方法可参阅气相色谱的外标法定量。

（3）内标法　内标法是比较精确的一种定量方法。它是将已知量的参比物（称内标物）加到已知量的试样中，那么试样中参比物的浓度为已知；在进行色谱测定之后，由待测组分峰量，进而求出待测组分的含量。

操作练习24　可乐、咖啡、茶叶中咖啡因的高效液相色谱分析

一、目的要求
1. 理解反相色谱的原理和应用。
2. 掌握标准曲线定量法。

二、基本原理
咖啡因又称咖啡碱，属黄嘌呤衍生物，化学名称为1，3，7-三甲基黄嘌呤，可由茶叶或咖啡中提取而得的一种生物碱。它能兴奋大脑皮层，使人精神兴奋。咖啡中含咖啡因为1.2%～1.8%，茶叶中含2.0%～4.7%。可乐饮料、APC药片等中均含咖啡因。

试样加温除去二氧化碳和乙醇，调节pH至近中性，过滤后注入高效液相色谱仪，经反相色谱分离后，根据保留时间和峰面积进行定性和定量。

操作练习25　饮料中苯甲酸、山梨酸含量的高效液相色谱分析

一、实验目的
1. 学习高效液相色谱仪的工作原理和操作要点。
2. 了解高效液相色谱仪工作条件的选择方法。
3. 学会使用高效液相色谱仪，识别色谱图。

4. 掌握高效液相色谱仪测定苯甲酸、山梨酸的含量（标准曲线定量方法）的原理及方法。

二、实验原理

试样加温除去二氧化碳和乙醇，调节 pH 至近中性，过滤后注入高效液相色谱仪，经反相色谱分离后，根据保留时间和峰面积进行定性和定量。

思考与练习7.4

1. 简述真空脱气装置的工作原理。
2. 在哪些情况下适合于采用梯度洗脱技术？

附录

附录1 标准电极电位表（18 ~ 25℃）

半反应	$\varphi^{\ominus}/V$	半反应	$\varphi^{\ominus}/V$
$F_2(g) + 2H^+ + 2e^- \rightleftharpoons 2HF$	3.06	$Br_2(aq.) + 2e^- \rightleftharpoons 2Br^-$	1.087
$O_3 + 2H^+ + 2e^- \rightleftharpoons O_2 + H_2O$	2.07	$NO_2 + H^+ + e^- \rightleftharpoons HNO_2$	1.07
$S_2O_8^{2-} + 2e^- \rightleftharpoons 2SO_4^{2-}$	2.01	$Br_3^- + 2e^- \rightleftharpoons 3Br^-$	1.05
$H_2O_2 + 2H^+ + 2e^- \rightleftharpoons 2H_2O$	1.77	$HNO_2 + H^+ + e^- \rightleftharpoons NO(g) + H_2O$	1.00
$MnO_4^- + 4H^+ + 3e^- \rightleftharpoons MnO_2(s) + 2H_2O$	1.695	$VO_2^+ + 2H^+ + e^- \rightleftharpoons VO^{2+} + H_2O$	1.00
$PbO_2(s) + SO_4^{2-} + 4H^+ + 2e^- \rightleftharpoons PbSO_4(s) + 2H_2O$	1.685	$HIO + H^+ + 2e^- \rightleftharpoons I^- + H_2O$	0.99
$HClO_2 + 2H^+ + 2e^- \rightleftharpoons HClO + H_2O$	1.64	$NO_3^- + 3H^+ + 2e^- \rightleftharpoons HNO_2 + H_2O$	0.94
$HClO + H^+ + e^- \rightleftharpoons \frac{1}{2}Cl_2 + H_2O$	1.63	$ClO^- + H_2O + 2e^- \rightleftharpoons Cl^- + 2OH^-$	0.89
$Ce^{4+} + e^- \rightleftharpoons Ce^{3+}$	1.61	$H_2O_2 + 2e^- \rightleftharpoons 2OH^-$	0.88
$H_5IO_6 + H^+ + 2e^- \rightleftharpoons IO_3^- + 3H_2O$	1.60	$Cu^{2+} + I^- + e^- \rightleftharpoons CuI(s)$	0.86
$HBrO + H^+ + e^- \rightleftharpoons \frac{1}{2}Br_2 + H_2O$	1.59	$Hg^{2+} + 2e^- \rightleftharpoons Hg$	0.845
$BrO_3^- + 6H^+ + 5e^- \rightleftharpoons \frac{1}{2}Br_2 + 3H_2O$	1.52	$NO_3^- + 2H^+ + e^- \rightleftharpoons NO_2 + H_2O$	0.80
$MnO_4^- + 8H^+ + 5e^- \rightleftharpoons Mn^{2+} + 4H_2O$	1.51	$Ag^+ + e^- \rightleftharpoons Ag$	0.7995
$Au(III) + 3e^- \rightleftharpoons Au$	1.50	$Hg_2^{2+} + 2e^- \rightleftharpoons 2Hg$	0.793
$HClO + H^+ + 2e^- \rightleftharpoons Cl^- + H_2O$	1.49	$Fe^{3+} + e^- \rightleftharpoons Fe^{2+}$	0.771
$ClO_3^- + 6H^+ + 5e^- \rightleftharpoons \frac{1}{2}Cl_2 + 3H_2O$	1.47	$BrO^- + H_2O + 2e^- \rightleftharpoons Br^- + 2OH^-$	0.76
$PbO_2(s) + 4H^+ + 2e^- \rightleftharpoons Pb^{2+} + 2H_2O$	1.455	$O_2(g) + 2H^+ + 2e^- \rightleftharpoons H_2O_2$	0.682
$HIO + H^+ + e^- \rightleftharpoons \frac{1}{2}I_2 + H_2O$	1.45	$AsO_2^- + 2H_2O + 3e^- \rightleftharpoons As + 4OH^-$	0.68
$ClO_3^- + 6H^+ + 6e^- \rightleftharpoons Cl^- + 3H_2O$	1.45	$2HgCl_2 + 2e^- \rightleftharpoons Hg_2Cl_2(s) + 2Cl^-$	0.63
$BrO_3^- + 6H^+ + 6e^- \rightleftharpoons Br^- + 3H_2O$	1.44	$Hg_2SO_4(s) + 2e^- \rightleftharpoons 2Hg + SO_4^{2-}$	0.6151
$Au(III) + 2e^- \rightleftharpoons Au(I)$	1.41	$MnO_4^- + 2H_2O + 3e^- \rightleftharpoons MnO_2(s) + 4OH^-$	0.588
$Cl_2(g) + 2e^- \rightleftharpoons 2Cl^-$	1.3595	$MnO_4^- + e^- \rightleftharpoons MnO_4^{2-}$	0.564
$ClO_4^- + 8H^+ + 7e^- \rightleftharpoons \frac{1}{2}Cl_2 + 4H_2O$	1.34	$H_3AsO_4 + 2H^+ + 2e^- \rightleftharpoons HAsO_2 + 2H_2O$	0.559
$Cr_2O_7^{2-} + 14H^+ + 6e^- \rightleftharpoons 2Cr^{3+} + 7H_2O$	1.33	$I_3^- + 2e^- \rightleftharpoons 3I^-$	0.545
$MnO_2(s) + 4H^+ + 2e^- \rightleftharpoons Mn^{2+} + 2H_2O$	1.23	$I_2(s) + 2e^- \rightleftharpoons 2I^-$	0.5345
$O_2(g) + 4H^+ + 4e^- \rightleftharpoons 2H_2O$	1.229	$Mo(VI) + e^- \rightleftharpoons Mo(V)$	0.53
$IO_3^- + 6H^+ + 5e^- \rightleftharpoons \frac{1}{2}I_2 + 3H_2O$	1.20	$Cu^+ + e^- \rightleftharpoons Cu$	0.52
$ClO_4^- + 2H^+ + 2e^- \rightleftharpoons ClO_3^- + H_2O$	1.19	$4SO_2(aq.) + 4H^+ + 6e^- \rightleftharpoons S_4O_6^{2-} + 2H_2O$	0.51

续表

半 反 应	$\varphi^{\ominus}/V$	半 反 应	$\varphi^{\ominus}/V$
$HgCl_4^{2-} + 2e^- \rightleftharpoons Hg + 4Cl^-$	0.48	$Cd^{2+} + 2e^- \rightleftharpoons Cd$	−0.403
$2SO_2(aq) + 2H^+ + 4e^- \rightleftharpoons S_2O_3^{2-} + H_2O$	0.40	$Cr^{3+} + e^- \rightleftharpoons Cr^{2+}$	−0.41
$[Fe(CN)_6]^{3-} + e^- \rightleftharpoons [Fe(CN)_6]^{4-}$	0.36	$Fe^{2+} + 2e^- \rightleftharpoons Fe$	−0.440
$Cu^{2+} + 2e^- \rightleftharpoons Cu$	0.337	$S + 2e^- \rightleftharpoons S^{2-}$	−0.48
$VO^{2+} + 2H^+ + e^- \rightleftharpoons V^{3+} + H_2O$	0.337	$2CO_2 + 2H^+ + 2e^- \rightleftharpoons H_2C_2O_4$	−0.49
$BiO^+ + 2H^+ + 3e^- \rightleftharpoons Bi + H_2O$	0.32	$H_3PO_3 + 2H^+ + 2e^- \rightleftharpoons H_3PO_2 + H_2O$	−0.50
$Hg_2Cl_2(s) + 2e^- \rightleftharpoons 2Hg + 2Cl^-$	0.2676	$Sb + 3H^+ + 3e^- \rightleftharpoons SbH_3$	−0.51
$HAsO_2 + 3H^+ + 3e^- \rightleftharpoons As + 2H_2O$	0.248	$HPbO_2^- + H_2O + 2e^- \rightleftharpoons Pb + 3OH^-$	−0.54
$AgCl(s) + e^- \rightleftharpoons Ag + Cl^-$	0.2223	$Ga^{3+} + 3e^- \rightleftharpoons Ga$	−0.56
$SbO^+ + 2H^+ + 3e^- \rightleftharpoons Sb + H_2O$	0.212	$TeO_3^{2-} + 3H_2O + 4e^- \rightleftharpoons Te + 6OH^-$	−0.57
$SO_4^{2-} + 4H^+ + 2e^- \rightleftharpoons SO_2(aq.) + 2H_2O$	0.17	$2SO_3^{2-} + 3H_2O + 4e^- \rightleftharpoons S_2O_3^{2-} + 6OH^-$	−0.58
$Cu^{2+} + e^- \rightleftharpoons Cu^+$	0.159	$SO_3^{2-} + 3H_2O + 4e^- \rightleftharpoons S + 6OH^-$	−0.66
$Sn^{4+} + 2e^- \rightleftharpoons Sn^{2+}$	0.154	$AsO_4^{3-} + 2H_2O + 2e^- \rightleftharpoons AsO_2^- + 4OH^-$	−0.67
$S + 2H^+ + 2e^- \rightleftharpoons H_2S(g)$	0.141	$Ag_2S(s) + 2e^- \rightleftharpoons 2Ag + S^{2-}$	−0.69
$Hg_2Br_2 + 2e^- \rightleftharpoons 2Hg + 2Br^-$	0.1395	$Zn^{2+} + 2e^- \rightleftharpoons Zn$	−0.763
$TiO^{2+} + 2H^+ + e^- \rightleftharpoons Ti^{3+} + H_2O$	0.1	$2H_2O + 2e^- \rightleftharpoons H_2 + 2OH^-$	−0.828
$S_4O_6^{2-} + 2e^- \rightleftharpoons 2S_2O_3^{2-}$	0.08	$Cr^{2+} + 2e^- \rightleftharpoons Cr$	−0.91
$AgBr(s) + e^- \rightleftharpoons Ag + Br^-$	0.071	$[HSnO_2]^- + H_2O + 2e^- \rightleftharpoons Sn + 3OH^-$	−0.91
$2H^+ + 2e^- \rightleftharpoons H_2$	0.000	$Se + 2e^- \rightleftharpoons Se^{2-}$	−0.92
$O_2 + H_2O + 2e^- \rightleftharpoons HO_2^- + OH^-$	−0.067	$[Sn(OH)_6]^{2-} + 2e^- \rightleftharpoons HSnO_2^- + H_2O + 3OH^-$	−0.93
$TiOCl^+ + 2H^+ + 3Cl^- + e^- \rightleftharpoons TiCl_4^- + H_2O$	−0.09	$CNO^- + H_2O + 2e^- \rightleftharpoons CN^- + 2OH^-$	−0.97
$Pb^{2+} + 2e^- \rightleftharpoons Pb$	−0.126	$Mn^{2+} + 2e^- \rightleftharpoons Mn$	−1.182
$Sn^{2+} + 2e^- \rightleftharpoons Sn$	−0.136	$ZnO_2^{2-} + 2H_2O + 2e^- \rightleftharpoons Zn + 4OH^-$	−1.216
$AgI(s) + e^- \rightleftharpoons Ag + I^-$	−0.152	$Al^{3+} + 3e^- \rightleftharpoons Al$	−1.66
$Ni^{2+} + 2e^- \rightleftharpoons Ni$	−0.246	$H_2AlO_3^- + H_2O + 3e^- \rightleftharpoons Al + 4OH^-$	−2.35
$H_3PO_4 + 2H^+ + 2e^- \rightleftharpoons H_3PO_3 + H_2O$	−0.276	$Mg^{2+} + 2e^- \rightleftharpoons Mg$	−2.37
$Co^{2+} + 2e^- \rightleftharpoons Co$	−0.277	$Na^+ + e^- \rightleftharpoons Na$	−2.714
$Tl^+ + e^- \rightleftharpoons Tl$	−0.3360	$Ca^{2+} + 2e^- \rightleftharpoons Ca$	−2.87
$In^{3+} + 3e^- \rightleftharpoons In$	−0.345	$Sr^{2+} + 2e^- \rightleftharpoons Sr$	−2.89
$PbSO_4(s) + 2e^- \rightleftharpoons Pb + SO_4^{2-}$	−0.3553	$Ba^{2+} + 2e^- \rightleftharpoons Ba$	−2.90
$SeO_3^{2-} + 3H_2O + 4e^- \rightleftharpoons Se + 6OH^-$	−0.366	$K^+ + e^- \rightleftharpoons K$	−2.925
$As + 3H^+ + 3e^- \rightleftharpoons AsH_3$	−0.38	$Li^+ + e^- \rightleftharpoons Li$	−3.042
$Se + 2H^+ + 2e^- \rightleftharpoons H_2Se$	−0.40		

附录2 某些氧化还原电对的条件电位

半 反 应	$\varphi^{\ominus}/\text{V}$	介 质
$Ag(II) + e^- \rightleftharpoons Ag^+$	1.927	$4\text{mol}\cdot\text{L}^{-1}$ HNO_3
$Ce(IV) + e^- \rightleftharpoons Ce(III)$	1.74	$1\text{mol}\cdot\text{L}^{-1}$ $HClO_4$
	1.44	$0.5\text{mol}\cdot\text{L}^{-1}$ H_2SO_4
	1.28	$1\text{mol}\cdot\text{L}^{-1}$ HCl
$Co^{3+} + e^- \rightleftharpoons Co^{2+}$	1.84	$3\text{mol}\cdot\text{L}^{-1}$ HNO_3
$[Co(乙二胺)_3]^{3+} + e^- \rightleftharpoons [Co(乙二胺)_3]^{2+}$	−0.2	$0.1\text{mol}\cdot\text{L}^{-1}$ KNO_3 + $0.1\text{mol}\cdot\text{L}^{-1}$ 乙二胺
$Cr(III) + e^- \rightleftharpoons Cr(II)$	−0.40	$5\text{mol}\cdot\text{L}^{-1}$ HCl
$Cr_2O_7^{2-} + 14H^+ + 6e^- \rightleftharpoons 2Cr^{3+} + 7H_2O$	1.08	$3\text{mol}\cdot\text{L}^{-1}$ HCl
	1.15	$4\text{mol}\cdot\text{L}^{-1}$ H_2SO_4
	1.025	$1\text{mol}\cdot\text{L}^{-1}$ $HClO_4$
$CrO_4^{2-} + 2H_2O + 3e^- \rightleftharpoons CrO_2^- + 4OH^-$	−0.12	$1\text{mol}\cdot\text{L}^{-1}$ $NaOH$
$Fe(III) + e^- \rightleftharpoons Fe(II)$	0.767	$1\text{mol}\cdot\text{L}^{-1}$ $HClO_4$
	0.71	$0.5\text{mol}\cdot\text{L}^{-1}$ HCl
	0.68	$1\text{mol}\cdot\text{L}^{-1}$ H_2SO_4
	0.68	$1\text{mol}\cdot\text{L}^{-1}$ HCl
	0.46	$2\text{mol}\cdot\text{L}^{-1}$ H_3PO_4
	0.51	$1\text{mol}\cdot\text{L}^{-1}$ HCl ~ $0.25\text{mol}\cdot\text{L}^{-1}$ H_3PO_4
$[Fe(EDTA)]^- + e^- \rightleftharpoons [Fe(EDTA)]^{2-}$	0.12	$0.1\text{mol}\cdot\text{L}^{-1}$ EDTA pH 4~6
$[Fe(CN)_6]^{3-} + e^- \rightleftharpoons [Fe(CN)_6]^{4-}$	0.56	$0.1\text{mol}\cdot\text{L}^{-1}$ HCl
$FeO_4^{2-} + 2H_2O + 3e^- \rightleftharpoons FeO_2^- + 4OH^-$	0.55	$10\text{mol}\cdot\text{L}^{-1}$ $NaOH$
$I_3^- + 2e^- \rightleftharpoons 3I^-$	0.5446	$0.5\text{mol}\cdot\text{L}^{-1}$ H_2SO_4
$I_2(aq.) + 2e^- \rightleftharpoons 2I^-$	0.6276	$0.5\text{mol}\cdot\text{L}^{-1}$ H_2SO_4
$MnO_4^- + 8H^+ + 5e^- \rightleftharpoons Mn^{2+} + 4H_2O$	1.45	$1\text{mol}\cdot\text{L}^{-1}$ $HClO_4$
$SnCl_6^{2-} + 2e^- \rightleftharpoons SnCl_4^{2-} + 2Cl^-$	0.14	$1\text{mol}\cdot\text{L}^{-1}$ HCl
$Sb(V) + 2e^- \rightleftharpoons Sb(III)$	0.75	$3.5\text{mol}\cdot\text{L}^{-1}$ HCl
$[Sb(OH)_6]^- + 2e^- \rightleftharpoons SbO_2^- + 2OH^- + 2H_2O$	−0.428	$3\text{mol}\cdot\text{L}^{-1}$ $NaOH$
$SbO_2^- + 2H_2O + 3e^- \rightleftharpoons Sb + 4OH^-$	−0.675	$10\text{mol}\cdot\text{L}^{-1}$ KOH
$Ti(IV) + e^- \rightleftharpoons Ti(III)$	−0.01	$0.2\text{mol}\cdot\text{L}^{-1}$ H_2SO_4
	0.12	$2\text{mol}\cdot\text{L}^{-1}$ H_2SO_4
	−0.04	$1\text{mol}\cdot\text{L}^{-1}$ HCl
	−0.05	$1\text{mol}\cdot\text{L}^{-1}$ H_3PO_4
$Pb(II) + 2e^- \rightleftharpoons Pb$	−0.32	$1\text{mol}\cdot\text{L}^{-1}$ $NaAc$

附录3　一些重要的物理常数

量	符号	数值与单位	量	符号	数值与单位
光速（真空）	c	$2.99792\times10^8 \text{m}\cdot\text{s}^{-1}$	法拉第常量	F	$96485.31\text{C}\cdot\text{mol}^{-1}$
普朗克常量	h	$6.62608\times10^{-34}\text{J}\cdot\text{s}$	摩尔气体常量	R	$8.31451\text{J}\cdot\text{mol}^{-1}\cdot\text{K}^{-1}$
电子电荷	e	$1.602177\times10^{-19}\text{C}$	玻尔兹曼常量	k	$1.38066\times10^{-23}\text{J}\cdot\text{K}^{-1}$
电子（静止）质量	m_e	$9.10939\times10^{-31}\text{kg}$	电子伏特能量	eV	$1.60218\times10^{-19}\text{J}$
阿伏伽德罗常量	N_A	$6.022137\times10^{23}\text{mol}^{-1}$			

附录4　增强现实AR使用说明

1.拿出手机扫描教材封面的二维码，下载安装"生动课本"App。

2.翻开本书，凡是带有AR的图片均可进行增强现实扫描，扫描时启动"生动课本"App，用摄像头对准图片，动画就会自动出现在手机屏幕上。扫描时保持手机离纸10cm左右（如果动画没有自动显现，可尝试更近的距离）。本书中AR图片如下。

序号	页码	名称	序号	页码	名称
1	45	单束光分光光度计原理示意图	6	166	平面六通阀取样和进样
2	74	迈克尔逊干涉仪示意图	7	178	检测器结构
3	94	空心阴极灯结构示意图	8	197	微量注射器进样姿势
4	95	火焰原子化器示意图	9	226	带有预柱的高效液相色谱仪结构示意图
5	161	单柱单气路气相色谱仪结构示意	10	232	紫外检测器流通池

3.当动画出现在手机屏幕上后，轻触屏幕即可使动画全屏。

参考答案

项目1答案

项目2答案

项目3答案

项目4答案

项目5答案

项目6答案

项目7答案

参考文献

[1] 常建华.波谱原理及解析.3版.北京:科学出版社,2012.
[2] 朱明华.仪器分析.4版.北京:高等教育出版社,2012.
[3] 齐美玲.气相色谱分析及应用.北京:科学出版社,2016.
[4] 黄一石.仪器分析.4版.北京:化学工业出版社,2020.
[5] 刘约权.现代仪器分析.北京:高等教育出版社,2015.
[6] 董慧茹.仪器分析.北京:化学工业出版社,2016.
[7] 魏福祥.现代仪器分析技术及应用.2版.北京:中国石化出版社,2015.
[8] 王世平.现代仪器分析实验与技术.北京:科学出版社,2015.
[9] 胡润淮.实用仪器分析教程.杭州:浙江大学出版社,2016.
[10] 师宇华.色谱分析.北京:科学出版社,2016.
[11] 刘宏民.实用有机光谱解析.郑州:郑州大学出版社,2015.
[12] 邓勃.实用原子光谱分析.北京:化学工业出版社,2013.
[13] 褚小立.近红外光谱分析技术实用手册.北京:机械工业出版社,2016.
[14] 穆华荣.分析仪器维护.北京:化学工业出版社,2015.
[15] 许国旺.分析化学手册:5.气相色谱分析.3版.北京:化学工业出版社,2016.
[16] 张玉奎.分析化学手册:6.液相色谱分析.3版.北京:化学工业出版社,2016.
[17] AVATAR 360 FTIR仪器使用说明书.
[18] 常建华,董绮功.波谱原理及解析.北京:科学出版社,2001.
[19] 郭明.实用仪器分析教程习题集.杭州:浙江大学出版社,2016.
[20] 谷春秀.化学分析与仪器分析实验.北京:化学工业出版社,2012.
[21] 段科欣.仪器分析实验.北京:化学工业出版社,2009.
[22] 白玲.仪器分析实验.北京:化学工业出版社,2010.

目录

操作练习1　比色皿成套性及仪器波长准确性的检查　　1

操作练习2　邻二氮菲分光光度法测定微量铁　　3

操作练习3　邻二氮菲光度法测铁条件试验　　5

操作练习4　混合液中Co^{2+}和Cr^{3+}双组分的光度法测定　　7

操作练习5　差示法测定样品中高含量镍　　9

操作练习6　配合物组成的光度测定（一）　　11

操作练习7　配合物组成的光度测定（二）　　13

操作练习8　紫外分光光度法测定水中硝酸盐氮　　17

操作练习9　分光光度法测定蔬菜中维生素C的含量　　19

操作练习10　紫外吸收光谱法测定阿司匹林肠溶片剂中乙酰水杨酸的含量　　21

操作练习11　样品的制备　　27

操作练习12　傅里叶红外光谱仪的使用及未知物测定　　29

操作练习13　火焰原子吸收光谱法测定水样中的镁　　31

操作练习14　火焰原子吸收光谱法测定水样中的铜　　33

操作练习15　大米、黄豆中微量元素含量的测定　　35

操作练习16　正常人头发中微量元素含量的测定　　37

操作练习17　水样pH的测定　　39

操作练习18　离子选择性电极法测定水中氟含量　　41

操作练习19　牙膏中氟含量的测定——工作曲线法　　43

操作练习20　重铬酸钾电位滴定法测定铁　　45

操作练习21　苯系物的气相色谱分析　　47

操作练习22　酒中甲醇含量的测定　　49

操作练习23　乙醇中微量水分的测定　　51

操作练习24　可乐、咖啡、茶叶中咖啡因的高效液相色谱分析　　53

操作练习25　饮料中苯甲酸、山梨酸含量的高效液相色谱分析　　55

操作练习1 比色皿成套性及仪器波长准确性的检查

一、目的要求

二、基本原理

三、仪器与试剂
1. 仪器

紫外-可见分光光度计;光学玻璃、石英比色皿,各1套;镨钕滤光片,1套。

2. 试剂

蒸馏水,0.001mol·L^{-1} K$_2$Cr$_2$O$_7$ 的 HClO$_4$ 溶液。

四、实验步骤
1. 吸收池配套性检查

将4只吸收池装上蒸馏水,以一个吸收池为参比,在最大吸收波长处(一般实验通过绘制吸收曲线获得),今天我们是学习实验,就取波长为510nm,调节 A 为0.000,测定其余吸收池的吸光度,记录其余比色皿的吸光度值作为校正值。

2. 波长准确性的检查

用镨钕滤光片在波长520~538nm范围内,以空气做参比,每隔2nm测一次吸光度(或百分透光度,即百分透射比),得到此范围内的中心波长应在529.0nm,若波长偏差在±3nm范围内,可不必对仪器波长进行校正。

五、实验记录
1. 吸收池(比色皿)配套性检查

比色皿的校正值:A_1_____ ; A_2_____ ; A_3_____ ; A_4_____

2. 波长准确性的检查

波长/nm	520	522	524	526	528	529	530	532	534	536	538
吸光度 A											

六、数据处理和结论

绘制镨钕滤光片的吸光度-波长曲线,其中心波长为____nm,说明仪器波长准确性为:_____。

七、思考题

1. 定量分析中，为什么要求使用同一套比色皿？定性分析是否也有相同的要求？为什么？

2. 在一般分析中，实验前为什么要对仪器波长的准确性进行检查？

实验出勤	预习报告	实验态度	实验操作	实验结果	书写报告	文明操作	总成绩
10	5	20	15	30	10	10	

实验结束，指导教师签名确认数据（否则无效）_____

操作练习2　邻二氮菲分光光度法测定微量铁

一、目的要求

二、基本原理

三、仪器与试剂

1. 仪器

紫外-可见分光光度计；容量瓶（50mL），8只；吸量管（10mL），2支；可调定量加液器（0～10mL），3只。

2. 试剂

$20.0\mu g \cdot mL^{-1}$ 铁标准溶液：准确称取 $0.8634g\ NH_4Fe(SO_4)_2 \cdot 12H_2O$，置于烧杯中，以30mL $2mol \cdot L^{-1}$ HCl溶液溶解后转入1000mL容量瓶中，用水稀释至刻度，从中吸取50.00mL该溶液于250mL容量瓶中，加20mL $2mol \cdot L^{-1}$ HCl溶液，用水稀释至刻度，摇匀。

0.15%邻二氮菲溶液（临用时配制）：先用少许乙醇溶解，再用水稀释。

10%盐酸羟胺溶液（临用时配制）。

$1mol \cdot L^{-1}$ NaAc溶液。

四、实验步骤

1. 测定波长的确定

（1）显色溶液的配制　取50mL的容量瓶6只，分别准确加入 $20.0\mu g \cdot mL^{-1}$ 的铁标准溶液 0.00mL、2.00mL、4.00mL、6.00mL、8.00mL、10.00mL，再于各容量瓶中分别加入10%的盐酸羟胺溶液1mL，摇匀，稍停，再各加入 $1mol \cdot L^{-1}$ 的NaAc溶液5mL及0.15%的邻二氮菲溶液2mL。每加一种试剂后均摇匀再加另一种试剂，最后用蒸馏水稀释至刻度，摇匀。

微课扫一扫
标准溶液的配制

（2）测绘吸收曲线并选择测定波长　选用加有6.00mL铁标准溶液的显色溶液，以不含有色、无色可显色物质的分析铁的试剂溶液为参比，用1cm的比色皿，在波长450～550nm之间，每隔10nm测量一次吸光度。在峰值附近，每隔2nm测量一次。以吸光度为纵坐标、波长为横坐标，绘制吸收曲线。

选择吸收曲线的最大吸收波长 λ_{max} 为本实验的测定波长。

2. 标准曲线的绘制

在上述选定波长下，以不含铁的试剂溶液为参比，用1cm的比色皿，测定以上配制好的各个显色溶液的吸光度，绘制标准曲线。

3. 样品的测定

分别准确吸取两份铁试样溶液各5.00mL于50mL的容量瓶中，依次加入10%

的盐酸羟胺溶液1mL、1mol·L^{-1}的NaAc溶液5mL及0.15%的邻二氮菲溶液2mL，用水稀释至刻度，摇匀。在与标准曲线同样的条件下，测量其吸光度。

注意事项：
① 试样和标准曲线测定的实验条件应尽可能保持一致。
② 盐酸羟胺易氧化，不宜久置。

五、实验记录

1. 测定波长的确定

波长 λ/nm	450	460	470	480	490	500	506	508	510	512	514	520	530	540	550
吸光度 A															

2. 标准曲线的绘制及样品测定

比色皿的校正值：A_1_____；A_2_____；A_3_____；A_4_____

铁标准溶液/mL	2.00	4.00	6.00	8.00	10.00	铁试样溶液
含铁量/μg	40.0	80.0	120.0	160.0	200.0	c_x
吸光度 A						
校正吸光度 $A_{校正}$						

六、数据处理及计算结果

1. 测定波长的确定

根据上述数据绘制吸收曲线，确定最大吸收波长即测定波长为_____。

2. 标准曲线的绘制及样品测定

① 以校正吸光度为纵坐标，含铁量（μg）为横坐标，绘制标准曲线。
② 通过标准曲线查得试样吸光度相应的含铁量 m_x(μg)。
③ 试样的原始浓度计算如下：

$$试样的原始浓度\, c_x = \frac{试样含铁量\, m_x,\ \mu g}{试液体积\, V,\ mL}(\mu g \cdot mL^{-1})$$

七、思考题

1. 什么叫吸收曲线？什么叫标准曲线？各有何实际意义？

2. 被测溶液的吸光度值在标尺上取什么范围为好？为什么？如何控制被测溶液的吸光度值在此范围内？

实验出勤	预习报告	实验态度	实验操作	实验结果	书写报告	文明操作	总成绩
10	5	20	15	30	10	10	

实验结束，指导教师签名确认数据（否则无效）_____

班级_____ 学号_____ 姓名_____ 成绩_____

操作练习3　邻二氮菲光度法测铁条件试验

一、目的要求

二、基本原理

三、仪器与试剂

1. 仪器

紫外-可见分光光度计；容量瓶（50mL），8只；吸量管（5mL、10mL），各2支；可调定量加液器（0～10mL），4只。

2. 试剂

20.0μg·mL^{-1}铁标准溶液。

0.15%邻二氮菲溶液（临用时配制）。

10%盐酸羟胺溶液（临用时配制）。

1mol·L^{-1}NaAc溶液。

1mol·L^{-1}HCl溶液。

0.2mol·L^{-1}NaOH溶液。

广泛pH试纸，精密pH试纸。

四、实验步骤

1. 有色（配合物）溶液的稳定性试验

吸取浓度为20.0μg·mL^{-1}的铁标准溶液5.00mL至50mL容量瓶中，然后加10%盐酸羟胺溶液1mL，摇匀并放置约2min，依次加入1mol·L^{-1}NaAc溶液5mL和0.15%邻二氮菲溶液2mL，用水稀释至刻度，迅速充分摇匀。用1cm比色皿，以不含铁的相应试剂空白溶液作参比，在510nm波长处测定不同放置时间有色（配合物）溶液的吸光度。

放置时间 t/min	2	5	15	30	60	120
吸光度 A						

2. 溶液酸度试验

按下表由上至下依次加入试剂（mL），在50mL容量瓶中配制显色溶液。

容量瓶编号	1	2	3	4	5	6	7
20.0μg·mL^{-1}铁标准溶液	5.00	5.00	5.00	5.00	5.00	5.00	5.00
10%盐酸羟胺溶液	1	1	1	1	1	1	1
1mol·L^{-1}HCl溶液	1.0	1.0	1.0	1.0	1.0	1.0	1.0
0.2mol·L^{-1}NaOH溶液	0	4.0	6.0	8.0	12.0	16.0	20.0
0.15%邻二氮菲溶液	2	2	2	2	2	2	2
pH							
（校正）吸光度 A							

由于此显色体系的试剂空白溶液吸光度不随酸度而变化，因此仍用步骤1中的试剂空白溶液作参比，在510nm波长处，用1cm比色皿测定各溶液的吸光度。各溶液pH值的测定，可先用广泛pH试纸确定其范围，然后用精密pH试纸确定其较准确的pH值。

3.显色剂用量试验

按下表由上至下依次加入试剂（mL），在50mL容量瓶中配制显色溶液。

容量瓶编号	1	2	3	4	5	6	7	8
$20.0\mu g \cdot mL^{-1}$ 铁标准溶液	5.00	5.00	5.00	5.00	5.00	5.00	5.00	5.00
10% 盐酸羟胺溶液	1	1	1	1	1	1	1	1
$1 mol \cdot L^{-1}$ NaAc 溶液	5	5	5	5	5	5	5	5
0.15% 邻二氮菲溶液	0	0.1	0.2	0.5	1.0	2.0	3.0	4.0
（校正）吸光度 A								

以表中不含显色剂的溶液（即1号溶液）为参比，用1cm比色皿在510nm波长处，测定各溶液的吸光度。

五、数据处理及计算结果

1.有色（配合物）溶液的稳定性试验

以吸光度 A 为纵坐标、时间 t 为横坐标，绘制 A-t 曲线。根据曲线确定铁与邻二氮菲显色反应完全所需的适宜时间为：_____。

2.溶液酸度试验

以吸光度 A 为纵坐标、pH 为横坐标，绘制 A-pH 曲线。根据曲线确定邻二氮菲测定铁的适宜酸度范围为：_____。

3.显色剂用量试验

以吸光度 A 为纵坐标、加入的显色剂（邻二氮菲）用量 $V_{显色剂}$ 为横坐标，绘制 A-$V_{显色剂}$ 曲线。根据曲线确定测定铁时显色剂（邻二氮菲）的适宜用量为：_____。

六、思考题

邻二氮菲测铁的显色剂用量和pH范围为多少最适宜？试分析超过此范围的影响是什么？

实验出勤	预习报告	实验态度	实验操作	实验结果	书写报告	文明操作	总成绩
10	5	20	15	30	10	10	

实验结束，指导教师签名确认数据（否则无效）_____

操作练习4　混合液中 Co^{2+} 和 Cr^{3+} 双组分的光度法测定

一、目的要求

二、基本原理

三、仪器与试剂

1. 仪器

紫外-可见分光光度计；容量瓶（50mL），9只；吸量管10mL，3支。

2. 试剂

$0.700 mol \cdot L^{-1}$ $Co(NO_3)_2$ 标准溶液。

$0.200 mol \cdot L^{-1}$ $Cr(NO_3)_3$ 标准溶液。

四、实验步骤

1. 溶液的配制

取4只50mL容量瓶，分别加入 $0.700 mol \cdot L^{-1}$ $Co(NO_3)_2$ 标准溶液2.50mL、5.00mL、7.50mL、10.00mL；另取4只50mL容量瓶，分别加入 $0.200 mol \cdot L^{-1}$ $Cr(NO_3)_3$ 标准溶液2.50mL、5.00mL、7.50mL、10.00mL。用水稀释至刻度，摇匀。

另取1只50mL容量瓶，加入未知试样溶液10.00mL，用水稀释至刻度，摇匀。

2. 波长的选择

分别取含 $Co(NO_3)_2$ 标准溶液5.00mL及含 $Cr(NO_3)_3$ 标准溶液5.00mL的两个容量瓶的溶液测绘吸收曲线。用1cm比色皿，以蒸馏水为参比，从420nm～700nm，每隔20nm测一次吸光度，吸收峰附近应多测几个点。将两种组分的吸收曲线绘在同一坐标系内，根据吸收曲线选择最大吸收波长 λ_1 和 λ_2 作为测定波长。

3. 吸光度的测量

以蒸馏水为参比，用1cm比色皿，在波长 λ_1 及 λ_2 处，分别测量上述配制好的9个溶液的吸光度。

五、实验记录

1. 不同波长下 Co^{2+} 溶液吸光度

λ/nm	420	440	460	480	500	505	510	515	520
吸光度 A									
λ/nm	540	560	580	600	620	640	660	680	700
吸光度 A									

2. 不同波长下 Cr^{3+} 溶液吸光度

λ/nm	420	440	460	480	500	520	540	560	565
吸光度 A									
λ/nm	570	575	580	600	620	640	660	680	700
吸光度 A									

3. 摩尔吸光系数的测定

标准溶液	$Co(NO_3)_2$, 0.700 mol·L^{-1}				$Cr(NO_3)_3$, 0.200 mol·L^{-1}			
取样量 /mL	2.50	5.00	7.50	10.00	2.50	5.00	7.50	10.00
稀释后浓度 /mol·L^{-1}								
(校正) 吸光度 A_{λ_1}								
(校正) 吸光度 A_{λ_2}								

4. 试样溶液中 Co^{2+} 和 Cr^{3+} 的测定

测定波长 /nm	λ_1	λ_2
(校正) 吸光度 A^{Co+Cr}		

六、数据处理及计算结果（请用空白纸、坐标纸另外附数据处理过程）

1. 波长的选择

以吸光度为纵坐标，波长为横坐标，绘制 Co^{2+} 和 Cr^{3+} 溶液的吸收曲线，选择最大吸收波长 λ_1 和 λ_2 作为测定波长。

2. 摩尔吸光系数的测定

以吸光度为纵坐标，浓度为横坐标，绘制 $Co(NO_3)_2$ 溶液及 $Cr(NO_3)_3$ 溶液分别在 λ_1 及 λ_2 处测得的标准曲线（共四条）。绘制时坐标分度的选择应使标准曲线的倾斜度在 45° 左右。求出四条直线的斜率即为 Co、Cr 两组分分别在波长 λ_1 和 λ_2 处的摩尔吸光系数 $\varepsilon_{\lambda_1}^{Co}$、$\varepsilon_{\lambda_1}^{Cr}$、$\varepsilon_{\lambda_2}^{Co}$ 及 $\varepsilon_{\lambda_2}^{Cr}$。

3. 试样溶液中 Co^{2+} 和 Cr^{3+} 的测定

通过解二元一次方程组，计算出试液中 Co^{2+} 和 Cr^{3+} 的浓度，并求出试样中 Co^{2+} 和 Cr^{3+} 的原始浓度。

七、思考题

吸光系数和哪些因素有关？

实验出勤	预习报告	实验态度	实验操作	实验结果	书写报告	文明操作	总成绩
10	5	20	15	30	10	10	

实验结束，指导教师签名确认数据（否则无效）_____

操作练习5　差示法测定样品中高含量镍

一、目的要求

二、基本原理

三、仪器与试剂

1. 仪器

紫外-可见分光光度计（附一组消光片）；容量瓶（50mL），12只；吸量管（5mL、10mL），各2支；量筒（10mL、25mL），各1只。

2. 试剂

50.0mg·mL^{-1}镍标准溶液：称取991g Ni(NO$_3$)$_2$·6H$_2$O，用水溶解并稀释至4L，备用。

四、实验步骤

1. 标准曲线法

（1）做比色皿成套性检查　用1cm的比色皿。

（2）溶液的配制与测定　分别吸取镍标准溶液1.00mL、2.00mL、3.00mL、4.00mL、5.00mL、6.00mL、7.00mL、8.00mL、9.00mL、10.00mL和1份10.00mL试样溶液于11只50mL容量瓶中，稀释至刻度，摇匀。在400nm波长下，用1cm比色皿，以蒸馏水作参比，分别测定吸光度。

（3）溶液吸光度的测定　在以上镍标准系列溶液中选一个比试样溶液的吸光度低但又较接近，而且吸光度差值大于0.2的镍标准溶液为参比，分别测定其他较浓镍标准溶液及试样溶液的吸光度。

2. 比较法

选一块比试样溶液吸光度低但又较接近，而且吸光度差值大于0.2的消光片。先以空气为参比在400nm波长处测定其实际吸光度A_0，然后将此消光片插放在盛有蒸馏水空白溶液的比色皿前，以此作参比分别测定试样溶液的吸光度A_x和一个合适的镍标准溶液的吸光度A_s（该镍标准溶液应与待测试样溶液接近且吸光度与参比相差0.2以上）。

班级_____ 学号_____ 姓名_____ 成绩_____

五、实验记录

1. 标准曲线法

镍标准溶液/mL	1.00	2.00	3.00	4.00	5.00	6.00	7.00	8.00	9.00	10.00	试样溶液
（校正）吸光度A（普通法）											
（校正）吸光度A（差示法）											

2. 比较法

试样溶液吸光度A_x	标准溶液吸光度A_s	消光片吸光度A_0

六、数据处理及计算结果

1. 作普通分光光度法标准曲线，求算试样溶液的浓度。
2. 作差示分光光度法标准曲线，求算试样溶液的浓度。
3. 用比较法公式

$$\frac{c_x}{c_s} = \frac{A_x + A_0}{A_s + A_0}$$

计算试样溶液的浓度c_x，式中c_s为镍标准溶液的浓度。

七、思考题

高吸光度差示法和一般的分光光度法的不同点是什么？简单说明。

实验出勤	预习报告	实验态度	实验操作	实验结果	书写报告	文明操作	总成绩
10	5	20	15	30	10	10	

实验结束，指导教师签名确认数据（否则无效）_____

操作练习6 配合物组成的光度测定（一）

一、实验原理

二、仪器和试剂

1.仪器

紫外-可见分光光度计；容量瓶（50mL），10只；刻度吸管（25mL、5mL），各1支；可调定量加液器（0～10mL），2只。

2.试剂

3.58×10^{-4} mol·L^{-1}（20.0μg·mL^{-1}）铁标准溶液：准确称取0.8634g NH$_4$Fe(SO$_4$)$_2$·12H$_2$O，置于烧杯中，以30mL 2mol·L^{-1} HCl溶液溶解后转入1000mL容量瓶中，用水稀释至刻度，从中吸取50.00mL溶液于250 mL容量瓶中，加20mL 2mol·L^{-1} HCl溶液，用水稀释到刻度，摇匀。

100g·L^{-1}盐酸羟胺。

3.58×10^{-4} mol·L^{-1}邻二氮菲（用分析纯邻二氮菲配置时注意：①少量酒精溶解，再稀释；②用时配制。）

1mol·L^{-1} NaAc溶液。

三、实验步骤及其使用注意事项

盐酸羟胺、醋酸钠溶液、邻二氮菲溶液用量如下：

盐酸羟胺/mL	1
醋酸钠溶液/mL	5

显色剂的用量试验：配制好溶液后，以蒸馏水为参比，用1cm比色皿在510nm波长下测定各溶液的吸光度，并记录在下表中。

容量瓶编号	1	2	3	4	5	6	7	8	9	10
铁标准溶液/mL	5.00	5.00	5.00	5.00	5.00	5.00	5.00	5.00	5.00	5.00
邻二氮菲/mL	1.00	2.00	3.00	4.00	5.00	6.00	7.00	8.00	9.00	10.00
（校正）吸光度A										
容量瓶编号	11	12	13	14	15	16	17	18	19	20
铁标准溶液/mL	5.00	5.00	5.00	5.00	5.00	5.00	5.00	5.00	5.00	5.00
邻二氮菲/mL	11.00	12.00	13.00	14.00	15.00	16.00	17.00	18.00	19.00	20.00
（校正）吸光度A										

作出A-$V_{显色剂}$曲线，找出亚铁与邻二氮菲配合物的组成（配位比）。

实验出勤	预习报告	实验态度	实验操作	实验结果	书写报告	文明操作	总成绩
10	5	20	15	30	10	10	

实验结束,指导教师签名确认数据(否则无效)_____

操作练习7 配合物组成的光度测定（二）

一、实验原理

二、仪器和试剂

1. 仪器

紫外-可见分光光度计；容量瓶（50mL），10只；刻度吸管（25mL），2支；可调定量加液器（0～10mL），2只。

2. 试剂

3.58×10^{-4} mol·L^{-1}（20.0μg·mL^{-1}）铁标准溶液：准确称取0.8634g NH$_4$Fe(SO$_4$)$_2$·12H$_2$O，置于烧杯中，以30mL 2mol·L^{-1} HCl溶液溶解后转入1000mL容量瓶中，用水稀释至刻度，从中吸取50.00mL该溶液于250mL容量瓶中，加20mL 2mol·L^{-1} HCl溶液，用水稀释到刻度，摇匀。

100g·L^{-1}盐酸羟胺。

3.58×10^{-4} mol·L^{-1}邻二氮菲（用分析纯邻二氮菲配置时注意：①少量酒精溶解，再稀释；②用时配制。）

1mol·L^{-1} NaAc溶液。

三、实验步骤及其使用注意事项

盐酸羟胺、醋酸钠溶液、邻二氮菲溶液用量如下：

盐酸羟胺/mL	1
醋酸钠溶液/mL	5

显色剂的用量实验：配制好溶液后，以蒸馏水为参比，用1cm比色皿在510nm波长下测定各溶液的吸光度，并记录在下表中。

容量瓶编号	1	2	3	4	5	6	7	8	9	10	11
铁标准溶液/mL	20.00	19.00	18.00	17.00	16.00	15.00	14.00	13.00	12.00	11.00	10.00
邻二氮菲/mL	0.00	1.00	2.00	3.00	4.00	5.00	6.00	7.00	8.00	9.00	10.00
（校正）吸光度A											
容量瓶编号	12	13	14	15	16	17	18	19	20	21	
铁标准溶液/mL	9.00	8.00	7.00	6.00	5.00	4.00	3.00	2.00	1.00	0.00	
邻二氮菲/mL	11.00	12.00	13.00	14.00	15.00	16.00	17.00	18.00	19.00	20.00	
（校正）吸光度A											

作出 $A - \dfrac{V_R}{V_R + V_M}$ 曲线，找出峰形曲线的两侧直线部分延长交点处对应的 $\dfrac{V_R}{V_R + V_M}$ 值，将此处的 V_R、V_M 代入公式：$n = \dfrac{V_R}{V_M}$，找出亚铁与邻二氮菲配合物的组成（配位比 n）。

实验出勤	预习报告	实验态度	实验操作	实验结果	书写报告	文明操作	总成绩
10	5	20	15	30	10	10	

实验结束，指导教师签名确认数据（否则无效）_____

班级_____ 学号_____ 姓名_____ 成绩_____　　　　　　　　　　操作练习　　15

仪器分析操作考核实验方法1
考题1　分光光度法测定金属离子

分光光度法测定金属离子1
实验数据记录与处理报告单

一、吸收曲线的绘制及测定波长的选择

（请在吸收曲线上标注曲线名称、最大吸收波长、制作人）

结论：金属离子与显色剂生成配合物的最大吸收波长：_____。

二、未知试样的定量测量

1. 标准曲线的绘制

测量波长：_____；　标准溶液原始浓度：_____。

溶液代号	吸取标液体积/mL	$\rho/\mu g \cdot mL^{-1}$	（校正）吸光度 A
1			
2			
3			
4			
5			
6			

2. 未知物含量的测定

平行测定次数	1	2	3
（校正）吸光度 A			
查得的浓度 $/\mu g \cdot mL^{-1}$			
原始试液浓度 $/\mu g \cdot mL^{-1}$			

（请在标准曲线上标注曲线名称、比色皿规格、制作人）

计算公式：

定量分析结果：未知物的浓度为_____。

实验出勤	预习报告	实验态度	实验操作	实验结果	书写报告	文明操作	总成绩
10	5	20	15	30	10	10	

实验结束，指导教师签名确认数据（否则无效）_____

分光光度法测定金属离子2
实验数据记录与处理报告单

一、吸收曲线的绘制及测定波长的选择
（请在吸收曲线上标注曲线名称、最大吸收波长、制作人）
结论：金属离子与显色剂生成配合物的最大吸收波长：_____。

二、未知试样的定量测量
1. 标准曲线的绘制

测量波长：_____； 标准溶液原始浓度：_____。

溶液代号	吸取标液体积/mL	$\rho/\mu g \cdot mL^{-1}$	（校正）吸光度 A
1			
2			
3			
4			
5			
6			

2. 未知物含量的测定

平行测定次数	1	2	3
（校正）吸光度 A			
查得的浓度 $/\mu g \cdot mL^{-1}$			
原始试液浓度 $/\mu g \cdot mL^{-1}$			

（请在标准曲线上标注曲线名称、比色皿规格、制作人）

计算公式：

定量分析结果：未知物的浓度为 _____。

实验出勤	预习报告	实验态度	实验操作	实验结果	书写报告	文明操作	总成绩
10	5	20	15	30	10	10	

实验结束，指导教师签名确认数据（否则无效）_____

班级_____ 学号_____ 姓名_____ 成绩_____

操作练习8 紫外分光光度法测定水中硝酸盐氮

一、目的要求

二、基本原理

三、仪器与试剂

1. 仪器

紫外-可见分光光度计；1cm石英比色皿；容量瓶（50mL），8只；吸量管（10mL），2支。

2. 试剂

氢氧化铝悬浮液：溶解125g $KAl(SO_4)_2 \cdot 12H_2O$（化学纯）或 $NH_4Al(SO_4)_2 \cdot 12H_2O$（化学纯）于1L水中，加热至60℃，然后在搅拌下慢慢加入55mL浓氨水，放置1h后转入大瓶内，用蒸馏水反复洗涤沉淀至洗液中不含氨、氯化物、硝酸盐和亚硝酸盐为止。澄清后把上层清液尽量倾出，只留浓的悬浮液，最后加100mL水。使用前应振荡均匀。

硝酸盐氮标准贮备液：称取0.7218g无水KNO_3溶于去离子水中，移至1000mL容量瓶，用去离子水稀释至刻度。此标准溶液含氮$100.0\mu g \cdot mL^{-1}$。

硝酸盐标准液：准确移取10.00mL贮备液于100mL容量瓶中，用去离子水稀释至刻度，此标准液含氮$10.0\mu g \cdot mL^{-1}$。

0.8%氨基磺酸溶液（避光保存于冰箱中）。

$1mol \cdot L^{-1}$ HCl溶液。

四、实验步骤

① 取10.00mL透明水样于50mL容量瓶中（若水样不透明或参考吸光度比值A_{275}/A_{220}大于0.20，则取水样100mL，加2mL $Al(OH)_3$悬浮液处理后，离心过滤，取滤液10mL）。

② 另取50mL容量瓶7只，分别加入含氮$10.0\mu g \cdot mL^{-1}$的硝酸盐标准液0.00mL、1.00mL、2.00mL、4.00mL、6.00mL、8.00mL、10.00mL。

③ 向水样和标准系列溶液中分别加入$1mol \cdot L^{-1}$ HCl 1mL，氨基磺酸1滴（NO_2^-浓度小于$0.1mg \cdot L^{-1}$时可以不加），分别用去离子水稀释至刻度，摇匀。

④ 用1cm石英比色皿，以空白溶液作参比，测定220nm处的吸光度，水样还需测定275nm处的吸光度。

五、实验记录

硝酸盐标准液/mL	1.00	2.00	4.00	6.00	8.00	10.00	待测水样
（校正）吸光度 A（220nm）							
（校正）吸光度 A（275nm）							

六、数据处理及计算结果

① 以吸光度为纵坐标，硝酸盐氮总量为横坐标，绘制标准曲线。

② 计算水样的校正吸光度 $A_{校}$，$A_{校}=A_{220}-A_{275}$。

③ 由 $A_{校}$ 值从标准曲线上查出相当的水样中所含硝酸盐氮的总量（μg）。

④ 按下式计算原待测水样中硝酸盐氮的含量。

$$\text{硝酸盐氮的含量}(N, \mu g \cdot mL^{-1}) = \frac{\text{硝酸盐氮总量/μg}}{\text{水样/mL}}$$

七、思考题

此实验中，能否用普通光学玻璃比色皿进行测定？为什么？

实验出勤	预习报告	实验态度	实验操作	实验结果	书写报告	文明操作	总成绩
10	5	20	15	30	10	10	

实验结束，指导教师签名确认数据（否则无效）_____

操作练习9　分光光度法测定蔬菜中维生素C的含量

一、实验目的

二、实习原理

三、仪器与试剂

1. 仪器

紫外-可见分光光度计；石英吸收池，2只；容量瓶（50mL），10只；容量瓶（1000mL），2只；吸量管（10 mL）2支。

2. 试剂

维生素C。

四、实验步骤

（1）准备工作

① 清洗容量瓶等需要使用的玻璃仪器，晾干待用。

② 检查仪器，开机预热20min，并调试至正常工作状态。

（2）配制维生素C系列标准溶液　称取0.5000g维生素C，溶于蒸馏水中，定量转移100mL容量瓶中，稀释至标线，摇匀。用吸量管吸取10mL定量转移入1000mL容量瓶中，用蒸馏水稀释至刻线，摇匀。分别吸取上述溶液0.00mL、2.00mL、4.00mL、6.00mL、8.00mL、10.00mL于6个洁净且干燥的50mL容量瓶中，用蒸馏水稀释至标线，摇匀。

（3）绘制吸收光谱曲线　以蒸馏水为参比，在220～320nm范围内绘制维生素C的吸收光谱曲线，并确定入射光波长λ_{max}。

（4）绘制工作曲线　以蒸馏水为参比，在λ_{max}处测定维生素C系列标准的各溶液的吸光度并记录测定结果和实验条件。

（5）试样的测定

① 称取蔬菜或水果的准确质量，然后用果汁机（或先用碾钵碾，后放入干净纱布中挤压）获得蔬菜汁或加适量水匀浆，于1000r/min下，离心10min，取上层清液，视维生素C含量及样液颜色确定稀释倍数（一般黄瓜需稀释约100倍，西红柿需稀释约200倍，季节、产地不同会影响测定结果）。

② 以蒸馏水为参比，在λ_{max}处测定稀释后各溶液的吸光度并记录测定结果，在标准曲线上找出稀释后的果汁的含量，并根据稀释倍数计算出相应果汁或蔬菜汁中的维生素C的含量。

（6）结束工作

① 实验完毕，关闭电源。取出吸收池，清洗晾干后入盒保存。

② 清理工作台，罩上仪器防尘罩，填写仪器使用记录。

注意事项：试液取样量应经实验来调整，以其吸光度在适宜的范围内为宜。

五、数据记录

维生素C标准溶液/mL	2.00	4.00	6.00	8.00	10.00	蔬菜或水果1名称：	蔬菜或水果2名称：
含维生素C质量/μg						稀释倍数：	稀释倍数：
（校正）吸光度 A							

六、数据处理

① 绘制维生素C的吸收曲线。

② 计算蔬菜中维生素C的含量。

$$\rho_{维C标液} = \frac{0.5000}{100.0 \times 10^{-3}} \times \frac{10}{1000} = 50.00 \times 10^{-3} (g \cdot L^{-1}) = 50.00 (\mu g \cdot mL^{-1})$$

从 A-ρ 工作曲线上查得 $\rho_{x,番茄}$，则 $\rho_{番茄汁} = \rho_{x,番茄} \cdot n$（$n$ 为稀释倍数）

从 A-ρ 工作曲线上查得 $\rho_{x,黄瓜}$，则 $\rho_{黄瓜汁} = \rho_{x,黄瓜} \cdot n$（$n$ 为稀释倍数）

结论：

实验出勤	预习报告	实验态度	实验操作	实验结果	书写报告	文明操作	总成绩
10	5	20	15	30	10	10	

实验结束，指导教师签名确认数据（否则无效）_____

班级＿＿＿＿ 学号＿＿＿＿ 姓名＿＿＿＿ 成绩＿＿＿＿

操作练习10　紫外吸收光谱法测定阿司匹林肠溶片剂中乙酰水杨酸的含量

一、实验目的

二、基本原理

三、仪器和试剂

1. 仪器

普析通用T6紫外-可见分光光度计；全玻璃流动相过滤器，1套；容量瓶（250mL），1只；容量瓶（50mL），8只；刻度吸量管（10mL），2支。

2. 试剂

1.0000 mg·mL^{-1} 水杨酸贮备液：称取0.5000g水杨酸先溶于少量0.3mol·L^{-1} NaOH溶液中，然后用蒸馏水定容于500mL容量瓶中。

0.10 mol·L^{-1} NaOH溶液。

100.0 μg·mL^{-1} 水杨酸标准溶液：由1.0000mg·mL^{-1} 水杨酸贮备液稀释而成。

四、实验内容

将6个50mL容量瓶按0～5依次编号。分别移取水杨酸标准溶液0.00mL、2.00mL、4.00mL、6.00mL、8.00mL、10.00mL于相应编号容量瓶中，稀释至刻度，摇匀。

将一片称重后的阿司匹林肠溶片放在清洁的50mL烧杯中，加2.0mL 0.10mol·L^{-1} NaOH溶液先溶胀，再用玻棒搅拌溶解。在全玻璃流动相过滤器中先放入水性过滤纸，用全玻璃流动相过滤器定量地转移烧杯中的内含物，用10mL的0.1 mol·L^{-1} NaOH溶液淋洗烧杯和全玻璃流动相过滤器2次（共20mL），用20mL蒸馏水淋洗漏斗4次（共80mL），并将滤液收集于同一个250mL容量瓶中，最后用蒸馏水稀释至刻度，摇匀。

从250mL容量瓶中取合适体积$V_{液}$（2.00～10.00mL）的阿司匹林肠溶片溶液至一个50mL容量瓶中，蒸馏水稀释至30mL左右，在80℃水浴中加热10min，冷却至室温，稀释至刻度，摇匀。

在紫外分光光度计上对标样3进行扫描，波长范围是200～400nm，找出最大吸收波长，并在该波长下由低浓度到高浓度测定标准溶液的吸光度，最后测定未知液的吸光度。

五、数据记录

水杨酸标准溶液/mL	2.00	4.00	6.00	8.00	10.00	水杨酸试样溶液
含水杨酸质量/μg	200	400	600	800	1000	m_x
（校正）吸光度 A						

六、数据处理

① 以吸光度 A 为纵坐标，水杨酸的质量 m 为横坐标作标准曲线。

② 根据阿司匹林肠溶片溶液的吸光度值，在标准曲线上求出相应的质量 m_x，并换算成乙酰水杨酸的浓度。

③ 根据稀释关系，求出1片阿司匹林肠溶片中乙酰水杨酸的含量，与制造药厂所标明的含量（称量）进行比较，计算药片中乙酰水杨酸的质量分数。

$$\omega_{\text{乙酰水杨酸}} = \frac{m_x}{m_{\text{药片}}} \times \frac{250.0}{V_{\text{液}}} \times \frac{180.15}{138.12}$$

七、思考题

1. 浓度在什么范围的标准溶液不能直接配制？

2. 万分之一的电子天平称取用于配制标准溶液的物质的最小质量是多少，为什么？

实验出勤	预习报告	实验态度	实验操作	实验结果	书写报告	文明操作	总成绩
10	5	20	15	30	10	10	

实验结束，指导教师签名确认数据（否则无效）_____

仪器分析操作考核实验方法2
考题2　紫外分光光度法测定未知物

水杨酸、苯甲酸测定实验数据记录与处理1（单机操作）

一、吸收池配套性检查

比色皿的校正值：A_1_____；A_2_____；A_3_____；A_4_____

二、未知试样的定性分析

1. 标准物质①的吸收曲线

标准物质①的名称：_____；浓度：_____

λ/nm									
吸光度A									
λ/nm									
吸光度A									
λ/nm									
吸光度A									

2. 标准物质②的吸收曲线

标准物质②的名称：_____；浓度：_____

λ/nm									
吸光度A									
λ/nm									
吸光度A									
λ/nm									
吸光度A									

3. 未知物质的吸收曲线

λ/nm									
吸光度A									
λ/nm									
吸光度A									
λ/nm									
吸光度A									

定性结论，未知物为：_____。

三、未知试样的定量测量

1. 标准曲线的绘制

测量波长：＿＿＿＿＿＿；标准溶液的原始浓度：＿＿＿＿＿＿。

溶液序号	1	2	3	4	5	6
吸取标准溶液体积/mL						
吸光度 A						
校正吸光度 $A_{校正}$						

2. 未知物含量的测定

样品编号	吸光度 A	校正吸光度 $A_{校正}$	试液原始浓度 /μg·mL^{-1}	平均值/ μg·mL^{-1}	相对平均偏差

四、计算公式及过程

由 A-m 工作曲线查得：

$mx_1 =$ ＿＿＿＿＿＿ μg $mx_2 =$ ＿＿＿＿＿＿ μg

$$\rho_{x_1} = \frac{m_{x_1}}{10.00} =$$

$$\rho_{x_2} = \frac{m_{x_2}}{10.00} =$$

$$\overline{\rho_x} = \frac{\rho_{x_1} + \rho_{x_2}}{2} =$$

相对平均偏差：$\dfrac{|\rho_{x_1} - \rho_{x_2}|}{2 \times \overline{\rho_x}} =$

定量分析结果：未知物的浓度为 ＿＿＿＿＿＿＿＿＿＿。

实验出勤	预习报告	实验态度	实验操作	实验结果	书写报告	文明操作	总成绩
10	5	20	15	30	10	10	

实验结束，指导教师签名确认数据（否则无效）＿＿＿＿＿＿

班级_____ 学号_____ 姓名_____ 成绩_____

水杨酸、苯甲酸测定实验数据记录与处理2（联机操作）（样品1）

一、未知试剂的定性分析

1. 定性扫描标准物质溶液①：_____（名称）的吸收光谱曲线
2. 定性扫描标准物质溶液②：_____（名称）的吸收光谱曲线
3. 定性扫描未知物质溶液的吸收光谱曲线

（请打印合适的定性扫描溶液的吸收光谱曲线，标注吸收光谱曲线的名称、最大吸收波长，放于实验记录表后面，自己手绘吸收曲线的同学，可用A4纸设计表格记录数据。）

定性结论，未知物为：_____，最大吸收波长：_____。

二、未知试样的定量测量

1. 标准曲线的绘制（测量波长：_____；标准溶液原始浓度：_____）

溶液代号	吸取标液体积/mL	$\rho/\mu g \cdot mL^{-1}$	校正吸光度 $A_{校正}$
0			
1			
2			
3			
4			
5			
6			

2. 未知物含量的测定

平行测定次数	1	2	3
校正吸光度 $A_{校正}$			
查得的浓度/$\mu g \cdot mL^{-1}$			
试液平均浓度/$\mu g \cdot mL^{-1}$			

（请在标准曲线上标注曲线名称、比色皿规格，打印后放于实验记录表后面）

计算公式：

定量分析结果：未知物的浓度为_____。

实验出勤	预习报告	实验态度	实验操作	实验结果	书写报告	文明操作	总成绩
10	5	20	15	30	10	10	

实验结束，指导教师签名确认数据（否则无效）_____

班级_____ 学号_____ 姓名_____ 成绩_____

水杨酸、苯甲酸测定实验数据记录与处理2（联机操作）（样品2）

一、未知试剂的定性分析

1. 定性扫描标准物质溶液①：_____（名称）的吸收光谱曲线
2. 定性扫描标准物质溶液②：_____（名称）的吸收光谱曲线
3. 定性扫描未知物质溶液的吸收光谱曲线

（请打印合适的定性扫描溶液的吸收光谱曲线，标注吸收光谱曲线的名称、最大吸收波长，放于实验记录表后面，自己手绘吸收曲线的同学，可用A4纸设计表格记录数据。）

定性结论，未知物为：_____，最大吸收波长：_____。

二、未知试样的定量测量

1. 标准曲线的绘制（测量波长：_____；标准溶液原始浓度：_____）

溶液代号	吸取标液体积/mL	$\rho/\mu g \cdot mL^{-1}$	校正吸光度$A_{校正}$
0			
1			
2			
3			
4			
5			
6			

2. 未知物含量的测定

平行测定次数	1	2	3
校正吸光度$A_{校正}$			
查得的浓度/$\mu g \cdot mL^{-1}$			
试液平均浓度/$\mu g \cdot mL^{-1}$			

（请在标准曲线上标注曲线名称、比色皿规格，打印后放于实验记录表后面）

计算公式：

定量分析结果：未知物的浓度为_____。

实验出勤	预习报告	实验态度	实验操作	实验结果	书写报告	文明操作	总成绩
10	5	20	15	30	10	10	

实验结束，指导教师签名确认数据（否则无效）_____

班级_____ 学号_____ 姓名_____ 成绩_____

操作练习11　样品的制备

一、实验目的

二、实验原理

三、实验操作

采用压片法对固态样品进行制样。

把固体样品的细粉，均匀地分散在碱金属卤化物中并压成透明薄片的一种方法。

将1～2mg试样与100～200mg磨细干燥的纯KBr混合，研细均匀，置于模具中，在压片机上边抽真空，边压成厚约1mm、直径约为10mm的透明薄片，即可用于测定。试样和KBr都应经干燥处理，研磨到粒度小于2μm，以免散射光影响。

四、思考题

1. 固体样品有哪些制样方法？

2. 液体样品有哪些制样方法？

班级_____ 学号_____ 姓名_____ 成绩_____

实验出勤	预习报告	实验态度	实验操作	实验结果	书写报告	文明操作	总成绩
10	5	20	15	30	10	10	

实验结束，指导教师签名确认数据（否则无效）_____

操作练习12　傅里叶红外光谱仪的使用及未知物测定

一、目的要求

二、基本原理

三、仪器与试剂

1. 仪器

尼高力AVATAR360型（或其他型号）红外光谱仪；

玛瑙研钵；

手压式压片机（含压片模具等）；

可拆式液体吸收池。

2. 试剂

NaCl晶片；

无水乙醇（分析纯）；

苯乙酮（分析纯）；

苯甲酸（分析纯）；

对硝基苯甲酸（分析纯）；

溴化钾（光谱纯或分析纯）于130℃下干燥24h，存于保干器中，备用。

四、实验步骤

1. 波数准确性检查（可选做）

将聚苯乙烯薄膜置于仪器样品仓的光路中，从$4000 \sim 600 cm^{-1}$进行波数扫描，得到红外吸收光谱，将该红外吸收光谱与谱图库中聚苯乙烯薄膜的标准光谱进行比对。

2. 标准红外光谱的测绘（可选做）

（1）液膜法测纯液体样品的红外光谱　取两片NaCl晶片，用四氯化碳清洗其表面并晾干。在一NaCl晶片上滴1～2滴无水乙醇，用另一NaCl晶片压于其上，装入可拆式液体吸收池架中。然后将液体池架插入尼高力AVATAR360型（或其他型号）红外光谱仪的试样安放处。

从$4000 \sim 600 cm^{-1}$进行波数扫描，即得乙醇的红外光谱。

用同样的方法得到苯乙酮的红外光谱。

（2）溴化钾压片法测纯固体样品的红外光谱（可选做）　取1～2mg苯甲酸

（已在80℃下干燥），在玛瑙研钵中充分研磨后，再加入100mg溴化钾粉末，继续磨细至颗粒大小约为2μm直径，并使之完全混合均匀。然后将粉末状的混合物移入压模内摊铺均匀，置压模于压片机上，慢慢施加压力至约30MPa并维持3min，再逐渐减压，即得一透明薄片。将该薄片装于样品架上插入尼高力AVATAR360型（或其他型号）红外光谱仪的试样安放处。

从 $4000 \sim 600 cm^{-1}$ 进行波数扫描，即得苯甲酸的红外光谱，并与谱图库中各物质的红外标准光谱进行检索、比对。

用同样的方法得到对硝基苯甲酸的红外光谱。

3. 未知试样红外光谱的测绘（可选做）

根据未知试样的性状，用上述液膜法或溴化钾压片法测绘其红外光谱。

以上测定均以空气或空白为参比。

五、结果处理

① 通过将聚苯乙烯薄膜的红外光谱与谱图库中聚苯乙烯薄膜的标准光谱进行比对，得出结论。

② 通过将未知物的红外光谱与谱图库中各物质的标准光谱进行比对，推断未知有机物可能的结构式。

六、思考题

红外光谱法测定未知物结构有什么优势？

实验出勤	预习报告	实验态度	实验操作	实验结果	书写报告	文明操作	总成绩
10	5	20	15	30	10	10	

实验结束，指导教师签名确认数据（否则无效）＿＿＿＿

操作练习13　火焰原子吸收光谱法测定水样中的镁

一、目的要求

二、基本原理

三、仪器与试剂

1. 仪器

原子吸收分光光度计；镁元素空心阴极灯；容量瓶（50mL），7只；吸量管（5mL），2支。

2. 试剂

$50.0\mu g \cdot mL^{-1}$镁标准溶液：准确称取于800℃灼烧至恒重的氧化镁（分析纯）1.6583g，加入$1mol \cdot L^{-1}$ HCl至完全溶解，移入1000mL容量瓶中，用去离子水稀释至刻度，摇匀，此溶液中含镁$1.000mg \cdot mL^{-1}$。实验前以去离子水稀释至$50.0\mu g \cdot mL^{-1}$，摇匀备用。

$10mg \cdot mL^{-1}$ $SrCl_2$溶液：称取30.4g $SrCl_2 \cdot 6H_2O$溶于少量去离子水中，再用去离子水稀释至100mL。

四、实验步骤

1. 测定条件

分析线波长：285.2nm。

灯电流：3mA。

狭缝宽度：0.5nm。

燃烧器高度：2～4mm。

火焰：乙炔-空气。

燃助比：1∶4。

2. 溶液的配制

取7只50mL容量瓶，分别加入0.50mL、1.00mL、2.00mL、3.00mL、4.00mL、5.00mL浓度为$50.0\mu g \cdot mL^{-1}$的镁标准溶液及5.00mL待测水样，再各加入2.0mL $SrCl_2$溶液，然后以去离子水稀释至刻度，摇匀。

3. 吸光度测定

待仪器稳定后，用去离子水作空白喷雾调零，分别测定各标准溶液及待测水样的吸光度。

五、实验记录

镁标准溶液/mL	0.50	1.00	2.00	3.00	4.00	5.00	待测水样
吸光度 A							

六、数据处理及计算结果

绘制镁的标准曲线，根据待测水样的吸光度从标准曲线查得相应的含镁量，计算待测水样的原始浓度。

七、思考题

使用某型号的原子吸收分光光度计测定由标准溶液配制的标准系列溶液的吸光度，绘制的吸光度-浓度关系曲线见下图，在吸光度大于 0.5 之后出现了如下图曲线 2 所示的负偏离，该如何调整标准溶液的浓度？

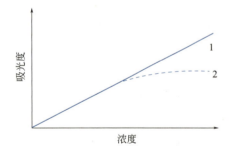

实验出勤	预习报告	实验态度	实验操作	实验结果	书写报告	文明操作	总成绩
10	5	20	15	30	10	10	

实验结束，指导教师签名确认数据（否则无效）_____

操作练习14　火焰原子吸收光谱法测定水样中的铜

一、目的要求

二、基本原理

三、仪器与试剂

1. 仪器

原子吸收分光光度计；铜元素空心阴极灯；容量瓶（50mL），6只；刻度吸管（5mL、25mL），各1支。

2. 试剂

100.0μg·mL^{-1}铜标准溶液。

稀硝酸：1∶100，1∶200。

四、实验步骤

1. 测定条件

分析线波长：324.8nm。

灯电流：4mA。

狭缝宽度：0.5nm。

燃烧器高度：2～4mm。

火焰：乙炔-空气。

乙炔流量：2L·min^{-1}。

空气流量：9L·min^{-1}。

2. 溶液的配制

分别吸取25.00mL待测水样5份于5个50mL容量瓶中，各加入浓度为100.0μg·mL^{-1}的铜标准溶液0.00mL、1.00mL、2.00mL、3.00mL、4.00mL，"0"号容量瓶用1∶100稀硝酸稀释至刻度；第"1"～"4"号容量瓶用1∶200稀硝酸稀释至刻度。

3. 吸光度测定

待仪器稳定后，用去离子水作空白参比，分别测定上述五份溶液的吸光度。

班级_____ 学号_____ 姓名_____ 成绩_____

五、实验记录

容量瓶编号	0	1	2	3	4
水样/mL	25.00	25.00	25.00	25.00	25.00
加入铜标准溶液/mL	0	1.00	2.00	3.00	4.00
吸光度 A					

六、数据处理及计算结果

① 以吸光度为纵坐标，加入的铜元素标准溶液的浓度为横坐标，绘制铜的标准加入法曲线。

② 将直线外推至与横坐标相交，由交点到原点的距离在横坐标上对应的浓度求出试样中铜的含量。

七、思考题

本实验中对加入的标准溶液浓度大小有无要求？为什么？

实验出勤	预习报告	实验态度	实验操作	实验结果	书写报告	文明操作	总成绩
10	5	20	15	30	10	10	

实验结束，指导教师签名确认数据（否则无效）_____

操作练习15　大米、黄豆中微量元素含量的测定

一、操作前的准备工作

二、目的要求

三、基本原理

四、仪器与试剂

1. 仪器

原子吸收分光光度计；锌、钙等微量元素空心阴极灯；容量瓶（50mL），16只；刻度吸管（5mL），2支。

2. 试剂

$25.0\mu g \cdot mL^{-1}$锌标准溶液：准确称取适量ZnO（于800℃灼烧至恒重），加入6 $mol \cdot L^{-1}$ HCl溶液至完全溶解，移入1000mL容量瓶，用去离子水稀释至刻度，摇匀，此溶液中含锌$1.000mg \cdot mL^{-1}$。实验前以去离子水稀释至$25.0\mu g \cdot mL^{-1}$，摇匀备用。

$50.0\mu g \cdot mL^{-1}$钙标准溶液：准确称取适量$CaCO_3$（不能烘，否则变成了氧化钙），加入$3mol \cdot L^{-1}$ HCl溶液至完全溶解，移入1000mL容量瓶，用去离子水稀释至刻度，摇匀，此溶液中含钙$1.000mg \cdot mL^{-1}$。实验前以去离子水稀释至$50.0\mu g \cdot mL^{-1}$，摇匀备用。

五、实验步骤

1. 溶液的配制

（1）锌标准溶液系列的配制　取6只50mL容量瓶，分别加入0.50mL、1.00mL、2.00mL、3.00mL、4.00mL、5.00mL浓度为$25.0\mu g \cdot mL^{-1}$的锌标准溶液，然后以去离子水稀释至刻度，摇匀。

（2）钙标准溶液系列的配制　取6只50ml容量瓶，分别加入1.00mL、2.00mL、4.00mL、6.00mL、8.00mL、10.00mL、浓度为$50.0\mu g \cdot mL^{-1}$的钙标准溶液，然后以去离子水稀释至刻度，摇匀。

（3）试样的制备　分别准确称取约1.5g大米、黄豆于瓷坩埚内，在电炉上低温炭化，至无烟为止，放入800℃马弗炉中烘烤4h左右，取出，冷却，呈灰白色，即灰化完全。样品冷却后，加0.5mL $6mol \cdot L^{-1}$的HCl溶液于电炉上微热溶解，用蒸

馏水定容至 50.00 mL，若溶液浑浊，采用干过滤法过滤一下溶液。

2.吸光度的测定

待仪器稳定后，用去离子水作空白喷雾调零，分别测定各标准溶液及试样的吸光度。

六、实验记录

锌标准溶液/mL	0.50	1.00	2.00	3.00	4.00	5.00	大米试样		黄豆试样	
吸光度 A										

钙标准溶液/mL	1.00	2.00	4.00	6.00	8.00	10.00	大米试样		黄豆试样	
吸光度 A										

七、数据处理及计算结果

绘制锌、钙的（吸光度与所含锌、钙的质量）标准曲线，根据试样的吸光度从标准曲线上查得相应的含锌、钙的质量。计算大米、黄豆中锌、钙含量。

$$\omega_{锌}=\frac{m_{锌}}{m_{大米}} \qquad \omega_{锌}=\frac{m_{锌}}{m_{黄豆}} \qquad \omega_{钙}=\frac{m_{钙}}{m_{大米}} \qquad \omega_{钙}=\frac{m_{钙}}{m_{黄豆}}$$

实验出勤	预习报告	实验态度	实验操作	实验结果	书写报告	文明操作	总成绩
10	5	20	15	30	10	10	

实验结束，指导教师签名确认数据（否则无效）_____

操作练习16　正常人头发中微量元素含量的测定

一、操作前的准备工作

二、目的要求

三、基本原理

四、仪器与试剂

1. 仪器

原子吸收分光光度计；锌、钙等微量元素空心阴极灯；容量瓶（50mL），8只；刻度吸管（5mL），2支。

2. 试剂

$25.0\mu g \cdot mL^{-1}$ 锌标准溶液：准确称取适量 ZnO（于800℃灼烧至恒重），加入 $6mol \cdot L^{-1}$ HCl 溶液至完全溶解，移入1000mL容量瓶，用去离子水稀释至刻度，摇匀，此溶液中含锌 $1.000mg \cdot mL^{-1}$。实验前以去离子水稀释至 $25.0\mu g \cdot mL^{-1}$，摇匀备用。

$50.0\mu g \cdot mL^{-1}$ 钙标准溶液：准确称取适量 $CaCO_3$（不能烘，否则变成了氧化钙），加入 $3mol \cdot L^{-1}$ HCl 溶液至完全溶解，移入1000mL容量瓶，用去离子水稀释至刻度，摇匀，此溶液中含钙 $1.000 mg \cdot mL^{-1}$。实验前以去离子水稀释至 $50.0\mu g \cdot mL^{-1}$，摇匀备用。

五、实验步骤

1. 溶液的配制

（1）锌标准溶液系列的配制　取6只50mL容量瓶，分别加入0.50mL、1.00mL、2.00mL、3.00mL、4.00mL、5.00mL浓度为 $25.0\mu g \cdot mL^{-1}$ 的锌标准溶液，然后以去离子水稀释至刻度，摇匀。

（2）钙标准溶液系列的配制　取6只50mL容量瓶，分别加入1.00mL、2.00mL、4.00mL、6.00mL、8.00mL、10.00mL、浓度为 $50.0\mu g \cdot mL^{-1}$ 的钙标准溶液，然后以去离子水稀释至刻度，摇匀。

（3）试样的制备　取1g左右的枕部发，用1%的洗洁精（50～60℃）浸泡30min后，用去离子水洗到无洗涤剂味，60℃烘干，准确称取约0.2g头发于瓷坩埚内，在电炉上低温炭化，至无烟为止，放入800℃马弗炉中烘烤4h左右，取出，冷却，成灰白色，若有黑色物质，加少量1∶1 HNO_3 溶液溶解。于电炉上赶跑 HNO_3 后，再放入800℃马弗炉中，至灰化完全。样品冷却后，加0.5mL 6mol·L^{-1} HCl溶液于电炉上微热溶解，用蒸馏水溶至50.00mL，若溶液浑浊，采用干过滤法过滤一下溶液。

2.吸光度的测定

待仪器稳定后，用去离子水作空白喷雾调零，分别测定各标准溶液及试样的吸光度。

六、实验记录

锌标准溶液/mL	0.50	1.00	2.00	3.00	4.00	5.00	头发试样
吸光度 A							

钙标准溶液/mL	1.00	2.00	4.00	6.00	8.00	10.00	头发试样
吸光度 A							

七、数据处理及计算结果

绘制锌、钙的（吸光度与所含锌、钙的质量）标准曲线，根据试样的吸光度从标准曲线上查得相应的含锌、钙的质量。计算头发中的锌、钙含量。

$$\omega_{锌} = \frac{m_{锌}}{m_{头发}} \qquad \omega_{钙} = \frac{m_{钙}}{m_{头发}}$$

实验出勤	预习报告	实验态度	实验操作	实验结果	书写报告	文明操作	总成绩
10	5	20	15	30	10	10	

实验结束，指导教师签名确认数据（否则无效）_____

操作练习17　水样pH的测定

一、目的要求

二、基本原理

三、仪器与试剂

1. 仪器

梅特勒-托利多FE28型（或雷磁pHS-3C型或其他型号）酸度计；231型玻璃电极，1支；232型甘汞电极，1支；塑料烧杯（50mL），3只。

2. 试剂

pH标准缓冲溶液甲（邻苯二甲酸氢钾）：称取在（115±5）℃下烘干2~3h的邻苯二甲酸氢钾（$KHC_8H_4O_4$）10.12g，溶于不含CO_2的去离子水中，在容量瓶中稀释至1000mL，摇匀，转入塑料瓶中，备用。

pH标准缓冲溶液乙（混合磷酸盐）：分别称取在（115±5）℃下烘干2~3h的磷酸二氢钾（KH_2PO_4）3.39g和磷酸氢二钠（Na_2HPO_4）3.53g，溶于不含CO_2的去离子水中，在容量瓶中稀释至1000mL，摇匀，贮于塑料瓶中，备用。

pH标准缓冲溶液丙（硼砂）：称取硼砂（$Na_2B_4O_7 \cdot 10H_2O$）3.80g，溶于不含CO_2的去离子水中，在容量瓶中稀释至1000mL，摇匀，贮于塑料瓶中，备用。（注意：硼砂不能烘！称重前应放在以蔗糖和NaCl饱和溶液为干燥剂的干燥器中平衡数天，使其组成恒定。）

以上各种pH标准缓冲溶液也可用市售袋装标准缓冲溶液试剂按规定进行配制。

pH标准缓冲溶液应贮于塑料瓶中密封保存，通常能稳定2~3个月。如发现浑浊、发霉、沉淀等现象时不能继续使用。

pH标准缓冲溶液的pH随温度不同而稍有差异，参见下表。

不同温度时标准缓冲溶液的pH

温度/℃	标准缓冲溶液的pH		
	$KHC_8H_4O_4$	$KH_2PO_4+Na_2HPO_4$	$Na_2B_4O_7 \cdot 10H_2O$
0	4.01	6.98	9.46
5	4.00	6.95	9.39
10	4.00	6.92	9.33
15	4.00	6.90	9.28
20	4.00	6.88	9.23
25	4.00	6.86	9.18
30	4.01	6.85	9.14
35	4.02	6.84	9.11
40	4.03	6.84	9.07
45	4.04	6.83	9.04
50	4.06	6.83	9.02
55	4.07	6.83	8.99
60	4.09	6.84	8.97
70	4.12	6.85	8.93
80	4.16	6.86	8.89

四、实验步骤

1. 电极的外观检查

① 玻璃电极球膜应无裂纹，内参比溶液中无气泡生成，内参比电极应浸入内参比溶液中。

② 甘汞电极内的饱和KCl溶液应浸没内部小玻璃管的下口，并有少许KCl晶体，且在弯管内不许有气泡将溶液隔断。KCl溶液应能缓缓从下端陶瓷芯的毛细孔渗出，检查的方法是：先将陶瓷芯外擦干，然后用滤纸贴在陶瓷芯下端，如有溶液渗下，滤纸上有湿印，则证明毛细管未堵塞。

2. 一点定位法测量溶液的pH

① 用pH试纸粗略检查试样溶液的pH，选择与其pH相近的pH标准缓冲溶液校正仪器（定位）。

② 选用仪器"pH"档，将清洗干净的玻璃、甘汞电极对浸入选定的pH标准缓冲溶液中，按下测量按钮，转动定位调节旋钮（有斜率调节旋钮的仪器，此时该旋钮应调至斜率为100%处），使仪器显示的pH稳定在该标准缓冲溶液的pH。

③ 松开测量按钮，取出电极，用蒸馏水冲洗几次，小心用滤纸吸去电极上的水液。

④ 将玻璃、甘汞电极对浸入待测水样中，按下测量按钮，读取稳定的pH，记录。

⑤ 测量完毕，清洗电极，并将玻璃电极浸泡在蒸馏水中。

3. 二点定位法测量溶液的pH

① 同样，先用pH试纸粗略检查试样溶液的pH，选择与其pH相邻的两份pH标准缓冲溶液校正仪器（定位）。

② 选用仪器"pH"档，将清洗干净的玻璃、甘汞电极对浸入选定的较低pH标准缓冲溶液中，按下测量按钮，转动定位调节旋钮（此时，斜率调节旋钮应处于100%处），使仪器显示为0。

③ 松开测量按钮，取出电极，用蒸馏水冲洗几次，小心用滤纸吸去电极上的水液。

④ 将玻璃、甘汞电极对浸入选定的较高pH标准缓冲溶液中，按下测量按钮，缓慢调节斜率调节旋钮，使仪器显示为两份pH标准缓冲溶液的数pH数值之差，再转动定位调节旋钮使仪器显示的pH稳定在第二份标准缓冲溶液的pH数值。

⑤ 松开测量按钮，取出电极，用蒸馏水冲洗并吸干。将玻璃、甘汞电极对浸入待测水样中，按下测量按钮，读取稳定的pH，记录。

⑥ 测量完毕，清洗电极，并将玻璃电极浸泡在蒸馏水中。

注意事项：

① 玻璃电极使用前应在蒸馏水中浸泡活化24h以上；

② 甘汞电极在使用时应把上面的小橡皮套及下端橡皮套拔去，以保持足够的液位差，杜绝被测液流入的可能。不用时，可用橡皮套将下端毛细孔套住；

③ 玻璃电极球泡的玻璃很薄，要小心使用。安装时甘尔电极下部应低于玻璃球泡，以免球泡在搅拌时碰坏；

④ 水样取样后要及时测量，以免受空气中CO_2气体的影响；

⑤ 由于玻璃电极内阻很高，使用电磁搅拌可能引起电磁干扰，搅拌引起的涡流可能使液接电位波动，因此用玻璃电极测pH时，一般不使用电磁搅拌。正确的操作是将电极浸入溶液后，用手摇动一下测量杯或开启搅拌使电极与溶液充分接触，然后停止搅拌，待显示数值稳定后再读数。

五、实验记录及结果

测定方法	一点定位法	二点定位法
待测水样的pH		

六、思考题

玻璃电极长时间不用，使用前应如何处理？暂时不使用时，应将电极如何处理？

实验出勤	预习报告	实验态度	实验操作	实验结果	书写报告	文明操作	总成绩
10	5	20	15	30	10	10	

实验结束，指导教师签名确认数据（否则无效）_____

操作练习18　离子选择性电极法测定水中氟含量

一、目的要求

二、基本原理

三、仪器与试剂

1. 仪器

PXD-2型（或其他型号）离子计或精密酸度计；201型（或其他型号）氟离子选择性电极，1支；232型甘汞电极，1支；电磁搅拌器，1台；容量瓶（100mL），11只；吸量管（10mL），2支；移液管（25mL），1支；塑料烧杯（50mL），8只。

2. 试剂

100μg·mL^{-1}氟标准溶液：准确称取于120℃烘干2h并冷却的NaF 0.2210g，溶于去离子水，转入1000mL容量瓶中，稀释至刻度，贮于聚乙烯瓶中。

10.0μg·mL^{-1}氟标准溶液：吸取100μg·mL^{-1}氟标准溶液10.00mL于100mL容量瓶中，用去离子水稀释至刻度。

总离子强度调节缓冲溶液（TISAB）：于1000mL烧杯中加入500mL去离子水和57mL冰醋酸、58g NaCl、12g $Na_3C_6H_5O_7 \cdot 2H_2O$（柠檬酸钠），搅拌至溶解。将烧杯放在冷水浴中，缓缓加入6mol·L^{-1}NaOH溶液（约125mL），直到pH在5.0~5.5之间，放至室温，转入1000mL容量瓶中，用去离子水稀释至刻度。

四、实验步骤

1. 氟电极的准备

电极使用前，先置于10^{-3}mol·L^{-1}NaF溶液中浸泡1~2h，进行活化，再用去离子水清洗电极到空白电位，即氟电极在去离子水中的电位为−300mV左右（此值各支电极不一样）。电极内装入内参比溶液（0.1mol·L^{-1} NaF/0.1mol·L^{-1} NaCl），为防止晶片内侧附着气泡而使电路不通，在电极使用前，可让晶片朝下，轻击电极杆，以排除晶片上可能附着的气泡。

2. 标准曲线法

（1）溶液的配制　准确吸取10.0μg·mL^{-1}的氟标准溶液2.00mL、4.00mL、6.00mL、8.00mL、10.00mL及待测水样25.00mL，分别放入6个100mL容量瓶中，各加入TISAB溶液10mL，用去离子水稀释至刻度，摇匀。

（2）电位的测量　将上述配制好的标准系列溶液由低浓度到高浓度依次转入塑料烧杯中，插入氟离子选择性电极和饱和甘汞电极，电磁搅拌2min，静置1min，待电位稳定后读数（即读取平衡电位值，达到平衡电位所需时间还与电极状况、溶液浓度和温度等有关。视实际情况掌握）。最后，如法测定待测水样的电位值，此值也即为标准加入法计算结果所需的E_1。

3. 标准加入法

① 准确吸取25.00mL待测水样于100mL容量瓶中，再准确加入1.00mL浓度为100.0μg·mL^{-1}的氟标准溶液，然后加入TISAB溶液10mL，用去离子水稀释至刻度，摇匀。

② 将上述配制好的溶液转入塑料烧杯中，插入氟离子选择性电极和饱和甘汞电极，电磁搅拌2min，静置1min，读取稳定电位值，即为E_2。

五、实验记录

1. 标准曲线法

氟标准溶液/mL	2.00	4.00	6.00	8.00	10.00	待测水样
$-\lg m_{F^-}$（容量瓶中）						
E						

2. 标准加入法

溶液	待测水样	加入氟标准溶液的待测水样
E		

六、数据处理及计算结果

1. 标准曲线法

以电位值E为纵坐标、容量瓶中所含氟离子质量的负对数为横坐标，绘制标准曲线。根据待测水样的电位值E_x（即E_1）从标准曲线上查出F$^-$浓度，再求出待测水样的原始浓度（μg·mL^{-1}）。

2. 标准加入法

根据待测水样加入氟标准溶液前后的电位值E_1和E_2，按下式计算待测水样的氟含量：

$$c_{F^-}(\mu g \cdot mL^{-1}) = \frac{\Delta c}{10^{|E_2-E_1|/S}-1}$$

七、思考题

总离子强度调节缓冲溶液是由哪些组分组成的？各组分的作用是怎样的？

实验出勤	预习报告	实验态度	实验操作	实验结果	书写报告	文明操作	总成绩
10	5	20	15	30	10	10	

实验结束，指导教师签名确认数据（否则无效）_____

操作练习19　牙膏中氟含量的测定——工作曲线法

一、实验目的

二、方法原理

三、仪器与试剂

1.仪器

氟离子选择电极；232型饱和甘汞电极；电磁搅拌器；PXD-2型通用离子计。

2.试剂

用去离子水配制下述各试剂。

总离子强度调节缓冲溶液（TISAB）：称取58.8g二水合柠檬酸钠和85g硝酸钠，加水溶解，用盐酸调节pH至5～6，转入1000mL容量瓶中，稀释至标线，摇匀。

［总离子强度调节缓冲溶液（TISAB）亦可用如下方法配制：于1000mL烧杯中加入500mL去离子水和57mL冰醋酸、58gNaCl、12g$Na_3C_6H_5O_7 \cdot 2H_2O$（柠檬酸钠），搅拌至溶解。将烧杯放入冷水浴中，缓缓加入6mol·L^{-1} NaOH溶液（约125mL），直到pH至5.0～5.5之间，放至室温，转入1000mL容量瓶中，用去离子水稀释至刻度。］

1mol·L^{-1}盐酸溶液：取10mL（分析纯）盐酸、加水稀释至120mL即可。

氟标准储备溶液：在分析天平上精确称取0.2210g经100℃干燥4h的氟化钠，并溶于水中，移入1000mL容量瓶中加水稀释至刻度，此溶液含氟量为100μg·mL^{-1}。

氟标准溶液：根据牙膏的标注含量，尝试配制合适浓度的氟标准溶液。

四、实验操作

1.标准系列溶液的制备

吸取0.00mL、2.00mL、4.00mL、6.00mL、8.00mL、10.00mL氟标准溶液，分别置于50mL容量瓶中，并于各容量瓶中加入25mL总离子强度调节剂，10mL 1mol·L盐酸，加水稀释至刻度，摇匀备用。

2.样品溶液的制备

准确称取1.000g牙膏（精确至0.0001g），用适量水溶解于50mL容量瓶中，再加入25mL总离子强度调节剂、10mL的1mol·L^{-1}盐酸溶液，加水稀释至刻度，摇匀备用。

3.操作

将氟电极、甘汞电极分别与离子计相接，插入蒸馏水中，将电位洗至空白值，而后将上述各溶液依次倒入小聚乙烯塑料烧杯中，并取水样50mL（注意：测定水样前仍然需要用蒸馏水将电位洗至空白值）。然后将电极分次插入氟的各标准系列及试样溶液中（注意：浓度由稀到浓）。开动搅拌器，待电位值（或pX值）稳定后依次测取读数。

五、数据记录

容量瓶号	1	2	3	4	5	6	试样
吸取氟标准溶液的体积/mL	0	2.00	4.00	3.00	8.00	10.00	
每50mL溶液中所含氟离子质量 m_{F^-} /g							
$-\lg m_{F^-}$							
电位值 E/mV							

六、结果处理

1. 绘制工作曲线

以电极电位为纵坐标，以每50mL溶液中所含氟离子质量的负对数为横坐标绘制工作曲线，试液（牙膏储备液）实测电位值在工作曲线上查找对应该电位下每50mL溶液中所含氟离子的质量 m_x 值。

2. 按下式计算

$$w = \frac{m_x}{m_{牙膏}}$$

式中　　w——牙膏中含氟的质量分数；

　　　　m_x——牙膏中含氟的质量，g；

　　　　$m_{牙膏}$——牙膏的质量，g。

实验出勤	预习报告	实验态度	实验操作	实验结果	书写报告	文明操作	总成绩
10	5	20	15	30	10	10	

实验结束，指导教师签名确认数据（否则无效）_____

班级_____ 学号_____ 姓名_____ 成绩_____

操作练习20　重铬酸钾电位滴定法测定铁

一、目的要求

二、基本原理

三、仪器与试剂

1. 仪器

PXD-2型（或其他型号）离子计或精密酸度计；213型（或其他型号）铂电极，1支；232型甘汞电极，1支；电磁搅拌器，1台；微量酸式滴定管，1支；移液管（25mL），1支；烧杯（150mL），1只。

2. 试剂

$0.0167mol \cdot L^{-1}$ $K_2Cr_2O_7$：准确称取4.9032g在120℃干燥过的$K_2Cr_2O_7$，溶于水中，转移到1000mL容量瓶中，稀释至刻度。

H_2SO_4、H_3PO_4混合酸（1∶1）。

氧化还原指示剂：0.2%邻苯氨基苯甲酸或0.5%邻二氮菲-硫酸亚铁溶液。

四、实验步骤

1. 电极处理

将铂电极浸入10% HNO_3溶液中煮沸5min，必要时可用氧化焰燃烧铂片数分钟，再用10% HNO_3溶液浸泡。使用前用HCl溶液浸泡片刻后洗涤干净。为了指示灵敏，铂电极应保持清洁光亮。

2. 搭建装置

按图5-23搭建装置。

3. 预滴定

在一只100mL烧杯中加入$(NH_4)_2Fe(SO_4)_2$样品溶液25.00mL、混合酸10mL，稀释至50mL。加1~2滴氧化还原指示剂，用浓度为$0.0167mol \cdot L^{-1}$的$K_2Cr_2O_7$标准溶液滴定至指示剂颜色突变，记录消耗的$K_2Cr_2O_7$标准溶液体积，以了解终点范围。

4. 样品测定

在一只100mL烧杯中加入$(NH_4)_2Fe(SO_4)_2$样品溶液25.00mL、混合酸10mL并稀释至50mL，放置于搅拌台上，将铂-甘汞电极对浸入溶液，放入一只铁芯搅拌子，然后使铂-甘汞电极对与离子计正确连接。

开动电磁搅拌器，记录溶液的初始电位，然后滴加一定体积的$K_2Cr_2O_7$标准溶液，待电位稳定后读取并记录电位值。按照"离化学计量点愈远，滴定剂加入量可较多；离化学计量点愈近，滴定剂加入量要少"的原则进行滴定。所以，在离化学计量点尚远时，每次可加入滴定剂2~3mL，甚至更多，记录一次电位值读数；随着化学计量点的接近，滴定剂加入量要逐渐减少；而在化学计量点附近，电位的变化很大，每次只能加入滴定剂0.1mL（或0.05mL，视终点体积的大小而定），记录一次电位值读数；化学计量点后，滴定剂每次加入量可逐渐增加，记录相应的电位值。滴定至电位变化不大为止。

五、实验记录及数据处理

① 按下表格式记录并计算（$\Delta E/\Delta V$ 及 $\Delta^2 E/\Delta V^2$ 的计算，以够用为度）。

V/mL	电位 E/mV	ΔE	$\Delta E/\Delta V$	$\Delta^2 E/\Delta V^2$	V/mL	电位 E/mV	ΔE	$\Delta E/\Delta V$	$\Delta^2 E/\Delta V^2$

② 绘制 E-V 曲线、ΔE-ΔV 曲线，分别确定 $V_{终点}$（根据老师要求选择性完成）。
③ 用二阶微商法计算 $V_{终点}$，求出待测样品中 Fe^{2+} 的浓度（$mol \cdot L^{-1}$）。

终点体积（mL）：1._____ 2._____
结果计算公式及过程：
结果计算（$c_{Fe^{2+}}$，$mol \cdot L^{-1}$）：1._____ 2._____
结果计算平均值：_____；相对平均偏差：_____

实验出勤	预习报告	实验态度	实验操作	实验结果	书写报告	文明操作	总成绩
10	5	20	15	30	10	10	

实验结束，指导教师签名确认数据（否则无效）_____

操作练习21　苯系物的气相色谱分析

一、目的要求

二、基本原理
1. 校正因子的测定

2. 归一化法定量

三、仪器与试剂
1. 仪器

气相色谱仪；毛细管色谱柱；全自动氢气发生器；微量注射器（1μL），1支；微量注射器（5μL），1支；磨口碘量瓶或磨口试剂瓶（20mL），4只。

2. 试剂

苯（色谱纯），甲苯（色谱纯），乙苯（色谱纯）。

准确称取适量的苯（色谱纯）、甲苯（色谱纯）、乙苯（色谱纯）配制成标准混合溶液，准确记录好各自的质量，供处理数据时使用。

苯的质量$m_{苯}$=_____g；甲苯的质量$m_{甲苯}$=_____g；乙苯的质量$m_{乙苯}$=_____g。

苯、甲苯、乙苯的混合试样。

四、实验步骤
1. 色谱操作条件的选择

选择合适的检测器；桥电流；载气：氢气；载气流量；柱温；汽化室温度。

分流比可根据进样后色谱图的情况适当选择。

2. 测定标样

在完全相同的色谱条件下，分别进苯、甲苯、乙苯的标样，每次进样0.5～1μL，记录色谱图。

3. 测定标准混合溶液

待基线稳定后，用5μL微量注射器进1～2μL标准混合溶液，记录色谱图，通过色谱工作站准确测量各组分的保留值t_R，测量峰高h和峰面积。

4. 测定混合试样

待基线稳定后，用10μL微量注射器进1～2μL混合试样，记录色谱图，通过色谱工作站准确测量各组分的保留值t_R，测量峰高h和峰面积。

五、实验记录

打印标样及试样色谱图及数据。

六、数据处理及计算结果

（1）将各纯物质与标准混合溶液、混合试样组分峰的保留值 t_R 对照，确定标准混合溶液、混合试样中各色谱峰对应的物质。

（2）根据打印的色谱图及数据，用归一化法求出苯、甲苯和乙苯各组分的含量。

数据处理如下：

① 标准混合溶液中：

苯的质量 $m_{苯}$ =_____ g；甲苯的质量 $m_{甲苯}$ =_____ g；乙苯的质量 $m_{乙苯}$ =_____ g。

由标准混合溶液色谱图上的数据得知：

苯的峰面积 $A_{苯}$ =_____ ；甲苯的峰面积 $A_{甲苯}$ =_____ ；乙苯的峰面积 $A_{乙苯}$ =_____ 。

由以上数据计算：$f'_{苯/苯} = 1$

$$f'_{甲苯/苯} = \frac{m_{甲苯}}{m_{苯}} \cdot \frac{A_{苯}}{A_{甲苯}} =$$

$$f'_{乙苯/苯} = \frac{m_{乙苯}}{m_{苯}} \cdot \frac{A_{苯}}{A_{乙苯}} =$$

② 由混合试样溶液的色谱图上的数据得知：

苯的峰面积 $A_{苯}$ =_____ ；甲苯的峰面积 $A_{甲苯}$ =_____ ；乙苯的峰面积 $A_{乙苯}$ =_____ 。

将混合试样溶液色谱图上苯、甲苯、乙苯的峰面积代入下式计算：

$$w_{苯} = \frac{f'_{苯/苯} \cdot A_{苯}}{f'_{苯/苯} \cdot A_{苯} + f'_{甲苯/苯} \cdot A_{甲苯} + f'_{乙苯/苯} \cdot A_{乙苯}} =$$

$$w_{甲苯} = \frac{f'_{甲苯/苯} \cdot A_{甲苯}}{f'_{苯/苯} \cdot A_{苯} + f'_{甲苯/苯} \cdot A_{甲苯} + f'_{乙苯/苯} \cdot A_{乙苯}} =$$

$$w_{乙苯} = 1 - w_{苯} - w_{甲苯} =$$

七、思考题

1. 归一化法中是否严格要求进样量很准确？

2. 归一化法在使用上受到哪些条件的限制？

实验出勤	预习报告	实验态度	实验操作	实验结果	书写报告	文明操作	总成绩
10	5	20	15	30	10	10	

实验结束，指导教师签名确认数据（否则无效）_____

操作练习22　酒中甲醇含量的测定

一、目的要求

二、基本原理

三、仪器与试剂

1. 仪器

气相色谱仪；毛细管色谱柱；全自动氢气发生器；微量注射器（1μL），1支；磨口碘量瓶或磨口试剂瓶（20mL），5只。

2. 试剂

甲醇（色谱纯），60%乙醇水溶液（不含甲醇）。

四、实验步骤

① 选择合适的色谱柱。

② 色谱仪的调节

③ 甲醇标准系列溶液的配制：以60%乙醇水溶液为溶剂，配制浓度分别为0.10%、0.30%、0.50%、0.70%的甲醇标准系列溶液。

④ 色谱测定：用微量注射器分别吸取适当体积的各甲醇标准系列溶液及试样溶液注入色谱仪，取得色谱图。以保留时间对照定性，确定甲醇色谱峰。

五、实验记录

浓度	甲醇标准系列溶液				试样溶液
	0.10%	0.30%	0.50%	0.70%	c_x
色谱峰高					

六、数据处理及计算结果

① 以色谱峰高为纵坐标，甲醇标准系列溶液的浓度为横坐标，绘制标准曲线。

② 根据试样溶液色谱图中甲醇峰峰高，查出试样溶液中甲醇的含量。

七、思考题

1. 外标法是否要求严格准确进样？操作条件的变化对定量结果有无明显影响？为什么？

2. 哪些情况下，采用外标法定量较为适宜？

实验出勤	预习报告	实验态度	实验操作	实验结果	书写报告	文明操作	总成绩
10	5	20	15	30	10	10	

实验结束，指导教师签名确认数据（否则无效）_____

操作练习23 乙醇中微量水分的测定

一、目的要求

二、基本原理

三、仪器与试剂

1. 仪器

气相色谱仪；毛细管色谱柱；全自动氢气发生器；微量注射器（1μL），1支；磨口碘量瓶或磨口试剂瓶（20mL），2只。

2. 试剂

甲醇（色谱纯）；无水乙醇（色谱纯）。

四、实验步骤

（1）选择合适的色谱柱
（2）色谱仪的调节
（3）峰面积（或峰高）相对校正因子的测定
① 内标标准溶液的配制（记录配制过程中称取的甲醇、乙醇、水的质量数据）。

甲醇的质量 $m_{甲醇}$=_____ g；乙醇的质量 $m_{乙醇}$_____ g；水的质量 $m_{水}$=_____ g。

② 吸取适量体积的内标标准溶液，进样，记录色谱图，通过色谱工作站测量水及甲醇的色谱峰高、峰面积。

（4）内标法定量
① 样品溶液的配制（记录配制过程中称取甲醇、含水乙醇样品的质量数据）。

甲醇的质量 $m_{甲醇}$=_____ g；含水乙醇样品的质量 $m_{样}$=_____ g。

② 准确吸取适量体积的样品溶液，进样，记录色谱图，通过色谱工作站测量水及甲醇的色谱峰高、峰面积。

五、实验记录

打印实验所得色谱图及相关数据。

六、数据处理及计算结果

（1）根据色谱图上峰面积（或峰高）的相关数据，按下式计算水相对于甲醇的峰面积（或峰高）相对质量校正因子，选择一种计算方法即可。

$$f'_{i/s} = \frac{f_i}{f_s} = \frac{m_i A_s}{m_s A_i}$$ （峰面积相对质量校正因子）或 $$f''_{i/s} = \frac{m_i h_s}{m_s h_i}$$ （峰高相对质量校

正因子）

（2）根据内标法测定待测试样所得的实验数据和峰面积（或峰高）相对校正因子，按下式计算水的百分含量。

$$\omega_i = \frac{m_s}{m_{样}} \cdot \frac{A_i}{A_s} \cdot f'_{i/s} \quad 或 \quad \omega_i = \frac{m_s}{m_{样}} \cdot \frac{h_i}{h_s} f''_{i/s}$$

数据处理如下：

① 内标标准溶液中：

甲醇的质量 $m_{甲醇}$ =_____ g；水的质量 $m_{水}$ =_____ g。

由内标标准溶液色谱图上的数据得知：

甲醇的峰面积 $A_{甲醇}$ =_____ ；水的峰面积 $A_{水}$ =_____ g。

将上面的数据代入下式计算：

$$f'_{水/甲醇} = \frac{m_{水}}{m_{甲醇}} \cdot \frac{A_{甲醇}}{A_{水}} =$$

② 样品溶液中：

甲醇的质量 $m_{甲醇}$ =_____ g；含水乙醇样品的质量 $m_{样}$ =_____ ；

由样品溶液色谱图上的数据得知：

甲醇的峰面积 $A_{甲醇}$ =_____ ；水的峰面积 $A_{水}$ =_____ 。

将上面的数据代入下面的公式计算：

$$w_{水} = \frac{m_{甲醇}}{m_{样}} \cdot \frac{A_{水}}{A_{甲醇}} \cdot f'_{水/甲醇} =$$

七、思考题

1. 色谱内标法有哪些优点？在什么情况下采用内标法较方便？

2. 本实验为什么可以采用峰高或峰面积定量？

实验出勤	预习报告	实验态度	实验操作	实验结果	书写报告	文明操作	总成绩
10	5	20	15	30	10	10	

实验结束，指导教师签名确认数据（否则无效）_____

操作练习24　可乐、咖啡、茶叶中咖啡因的高效液相色谱分析

一、目的要求

二、基本原理

三、仪器与试剂

1. 仪器

高效液相色谱仪（带紫外检测器）；25μL平头微量注射器。

2. 试剂

甲醇（色谱纯）；二次蒸馏水；氯仿（分析纯）；1mol·L^{-1} NaOH；NaCl（分析纯）；Na$_2$SO$_4$（分析纯）；咖啡因（分析纯）；可口可乐（1.25L瓶装）；咖啡；茶叶。

1000μg·mL^{-1}咖啡因标准贮备溶液：将咖啡因在110℃下烘干0.5h。准确称取0.1000g咖啡因，用流动相溶解，定量转移至100mL容量瓶中；

250.0μg·mL^{-1}咖啡因标准溶液：吸取1000μg·mL^{-1}咖啡因标准贮备溶液25.00mL于100mL容量瓶中，用流动相稀释至刻度。

四、实验步骤

1. 按操作说明书使色谱仪正常工作

色谱条件为：

柱温：室温

流动相：甲醇∶水=60∶40（经0.45μm滤膜过滤）；

流动相流量：1.0mL·min^{-1}；

检测波长：275nm。

2. 咖啡因标准系列溶液配制

分别用吸量管吸取2.00mL、4.00mL、6.00mL、8.00mL、10.00mL咖啡因标准溶液（250.0μg·mL^{-1}）于5只25mL容量瓶，用流动相定容至刻度，浓度分别为20.0μg·mL^{-1}、40.0μg·mL^{-1}、60.0μg·mL^{-1}、80.0μg·mL^{-1}、100.00μg·mL^{-1}。

3. 样品处理如下

将约100mL可口可乐置于250mL洁净干燥的烧杯中，剧烈搅拌30min或用超声波脱气5min，以赶尽可口可乐中的二氧化碳。将样品溶液分别进行干过滤(即用漏斗、干滤纸过滤)，弃去前过滤液，取后面的过滤液。

吸取样品滤液25.00mL于125mL分液漏斗中，加入1.0mL饱和NaCl溶液，1mL 1mol·L^{-1} NaOH溶液，然后用20mL氯仿分三次萃取（10mL、5mL、5mL）。将氯仿提取液分离后经过装有无水硫酸钠的小漏斗（在小漏斗的颈部放一团脱脂棉，上

面铺一层无水硫酸钠）脱水，过滤于25mL容量瓶中，最后用少量氯仿多次洗涤无水硫酸钠小漏斗，将洗涤液合并至容量瓶中，定容至刻度。

取上述溶液若干毫升（通过实验确定）于25mL容量瓶，用流动相定容至刻度。取该溶液20μL，重复两次，要求两次所得的咖啡因色谱峰面积基本一致，否则继续进样，直至每次进样色谱峰面积基本一致。

4.绘制工作曲线

待液相色谱仪基线平直后，分别注入咖啡因标准系列溶液20μL，重复两次，要求两次所得的咖啡因色谱峰面积基本一致，否则继续进样，直至每次进样色谱峰面积基本一致。

五、数据记录

标准系列号	1	2	3	4	5	试样
咖啡因的浓度/μg·mL^{-1}	20.0	40.0	60.0	80.0	100.0	ρ_x
咖啡因峰面积/mV·s						

六、结果处理

① 绘制峰面积与咖啡因质量（或浓度、体积）关系的工作曲线。

② 从工作曲线上查找并计算出试样中咖啡因的含量。

实验出勤	预习报告	实验态度	实验操作	实验结果	书写报告	文明操作	总成绩
10	5	20	15	30	10	10	

实验结束，指导教师签名确认数据（否则无效）_____

操作练习25 饮料中苯甲酸、山梨酸含量的高效液相色谱分析

一、目的要求

二、工作原理

三、仪器与试剂

1. 仪器

高效液相色谱仪（带紫外检测器）。

25μL平头微量注射器。

2. 试剂

甲醇（色谱纯）；二次蒸馏水；氯仿（分析纯）；$1mol·L^{-1}$ NaOH；NaCl（分析纯）；Na_2SO_4（分析纯）；苯甲酸（分析纯）；山梨酸（分析纯）；可口可乐（1.25L瓶装）。

$1000μg·mL^{-1}$苯甲酸、山梨酸标准贮备溶液：将苯甲酸、山梨酸在110℃下烘干0.5h。准确称取0.1000g苯甲酸、山梨酸，用流动相溶解，定量转移至100mL容量瓶中。

$50.00μg·mL^{-1}$苯甲酸、山梨酸标准溶液：吸取$1000μg·mL^{-1}$苯甲酸、山梨酸标准贮备溶液2.50mL于50mL容量瓶中，用流动相稀释至刻度。

四、操作步骤

1. 按操作说明书使色谱仪正常工作

色谱条件为：

柱温：室温；

流动相：甲醇∶水=60∶40（经0.45μm滤膜过滤）；

流动相流量：$1.0mL·min^{-1}$；

检测波长：224nm、252nm。

2. 苯甲酸标准系列溶液配制

分别用吸量管吸取2.00mL、4.00mL、6.00mL、8.00mL、10.00mL苯甲酸标准溶液（$50.00μg·mL^{-1}$）于5只25mL容量瓶，用流动相定容至刻度，浓度分别为$4.00μg·mL^{-1}$、$8.00μg·mL^{-1}$、$12.00μg·mL^{-1}$、$16.00μg·mL^{-1}$、$20.00μg·mL^{-1}$。

山梨酸标准系列溶液配制：分别用吸量管吸取1.00mL、2.00mL、3.00mL、4.00mL、5.00mL山梨酸标准溶液（$50.00μg·mL^{-1}$）于5只25mL容量瓶，用流动相定容至刻度，浓度分别为$2.00μg·mL^{-1}$、$4.00μg·mL^{-1}$、$6.00μg·mL^{-1}$、$8.00μg·mL^{-1}$、$10.00μg·mL^{-1}$。

3. 样品配制
由教师配制苯甲酸、山梨酸试样。

4. 绘制工作曲线
待液相色谱仪基线平直后,分别注入苯甲酸、山梨酸标准系列溶液20μL,重复两次,要求两次所得的苯甲酸、山梨酸色谱峰面积基本一致,否则继续进样,直至每次进样色谱峰面积基本一致。

五、数据记录

标准系列号	1	2	3	4	5	试样
苯甲酸的浓度/μg·mL^{-1}	4.00	8.00	12.00	16.00	20.00	ρ_x
苯甲酸峰面积/mV·s						

标准系列号	1	2	3	4	5	试样
山梨酸的浓度/μg·mL^{-1}	2.00	4.00	6.00	8.00	10.00	ρ_x
山梨酸峰面积/mV·s						

六、结果处理
① 绘制峰面积与苯甲酸质量(或浓度、体积)关系的工作曲线。
② 绘制峰面积与山梨酸质量(或浓度、体积)关系的工作曲线。
③ 从工作曲线上查找并计算出试样中苯甲酸、山梨酸的含量。

七、思考题
1. 配制好的流动相需要经过哪些操作才能用于高效液相色谱仪?

2. 流动相使用前脱气的目的是什么?

实验出勤	预习报告	实验态度	实验操作	实验结果	书写报告	文明操作	总成绩
10	5	20	15	30	10	10	

实验结束,指导教师签名确认数据(否则无效)_____